中等职业教育国家规划教材
全国中等职业教育教材审定委员会审定

环境监测技术

第二版

主　编　　　　李　弘
责任主审　　　陈家军
审　稿　薛纪渝　夏星辉

化学工业出版社
·北京·

本书较为详细地介绍了环境监测的基本原理、技术方法、环境标准和监测过程的质量保证。突出环境监测的特点，在一定的理论基础上，强调实践，注重专业素质和能力的培养，并配合教材内容选编了一定数量的阅读材料，增强了教材的可读性。

本书为中等职业学校环境保护与监测专业教材，亦可作为中等职业学校环境类及其他专业的教学用书，或作为环境保护科技人员、管理干部、环保职工培训教材及参考书。

图书在版编目（CIP）数据

环境监测技术/李弘主编．—2版．—北京：化学工业出版社，2013.10（2023.10重印）
中等职业教育国家规划教材
ISBN 978-7-122-18225-8

Ⅰ.①环⋯ Ⅱ.①李⋯ Ⅲ.①环境监测-中等专业学校-教材 Ⅳ.①X83

中国版本图书馆 CIP 数据核字（2013）第 198207 号

责任编辑：王文峡	文字编辑：林 媛
责任校对：蒋 宇	装帧设计：杨 北

出版发行：化学工业出版社（北京市东城区青年湖南街13号　邮政编码100011）
印　　装：高教社（天津）印务有限公司
787mm×1092mm　1/16　印张18　字数457千字　2023年10月北京第2版第8次印刷

购书咨询：010-64518888　　　　　售后服务：010-64518899
网　　址：http://www.cip.com.cn
凡购买本书，如有缺损质量问题，本社销售中心负责调换。

定　价：46.00元　　　　　　　　　　　　　　　　　　版权所有　违者必究

中等职业教育国家规划教材出版说明

为了贯彻《中共中央国务院关于深化教育改革全面推进素质教育的决定》精神，落实《面向 21 世纪教育振兴行动计划》中提出的职业教育课程改革和教材建设规划，根据教育部关于《中等职业教育国家规划教材申报、立项及管理意见》（教职成［2001］1 号）的精神，我们组织力量对实现中等职业教育培养目标和保证基本教学规格起保障作用的德育课程、文化基础课程、专业技术基础课程和 80 个重点建设专业主干课程的教材进行了规划和编写，从 2001 年秋季开学起，国家规划教材将陆续提供给各类中等职业学校选用。

国家规划教材是根据教育部最新颁布的德育课程、文化基础课程、专业技术基础课程和 80 个重点建设专业主干课程的教学大纲（课程教学基本要求）编写，并经全国中等职业教育教材审定委员会审定。新教材全面贯彻素质教育思想，从社会发展对高素质劳动者和中初级专门人才需要的实际出发，注重对学生的创新精神和实践能力的培养。新教材在理论体系、组织结构和阐述方法等方面均作了一些新的尝试。新教材实行一纲多本，努力为教材选用提供比较和选择，满足不同学制、不同专业和不同办学条件的教学需要。

希望各地、各部门积极推广和选用国家规划教材，并在使用过程中，注意总结经验，及时提出修改意见和建议，使之不断完善和提高。

教育部职业教育与成人教育司

前 言

本书第一版于 2002 年 7 月出版，在此期间，随着我国环境保护工作的不断加强和推进，相当一部分环境保护法律、法规、标准等基本文件已经发生了重大改变。由于第一版中所引用的环境标准已严重滞后于教学工作的实际需要，部分内容中的数据也已过时。为此，有必要对原教材进行修订、补充。

本书保持了第一版教材的基本结构与风格，最主要的修订内容包括：(1) 重点关注了各章内容中所涉及的现行国家环境标准，将第一版教材中已失效的旧标准一律换用最新国家标准（名称及标准号），并对第一版教材中引用的相关图表、数据进行了更新和规范；(2) 对第一版教材中的阅读材料（知识窗）进行了大量更新，凡涉及污染物排放量、人口数量等内容均采用近年的资料及数据，特别是对有关 PM2.5 的知识进行了补充；(3) 教材附录部分的图表，全部更换为最新国家标准中的图表。

本书由李弘主编，其中李弘编写绪论和第一章，王炳强编写第二章，李志富编写第三、四、五章，黄艳杰编写第六、七章，杨小林编写第八章。本教材第二版的修订工作得到了化学工业出版社的热情支持，常州工程职业技术学院朱建梅副教授，以及许宁、陈炳和、黄一石、薛叙明、丁敬敏、徐忠娟对本教材的修订提供了极大的帮助，李耀中副教授对修订稿进行了审阅，在此谨向上述单位和专家表示衷心感谢。

由于编写者学识水平所限，本书难免有不当之处，恳请各位读者及专家不吝赐教。

李 弘
2013 年 4 月

第一版前言

当今世界上，环境问题已经成为制约人类生存的重大问题和热点问题。人类只有一个地球，保护良好的自然环境不仅对于今天的人类十分重要，而且它还关系到我们的子孙后代的生存安全。中国是一个拥有13亿人口的大国，她的繁荣与富强在很大程度上取决于环境问题的良好解决，从这个意义上来说，保护环境、治理污染已是我们义不容辞的责任。

近几十年来，世界环境科学发展十分迅速，环境监测的内容、方法、规范、标准等各方面发生了重大变化，各类现代化的自动检测设备、大型水污染治理设备已得到长足发展并已广泛投入使用，环境保护的国际合作和协同行动日益加强。特别是我国政府对环境治理工作的高度重视和加大投入，使目前我国的环境污染状况得到了明显的改善。同时，也对我国今后环境保护工作和从业人员的素质提出了更高的要求。

为适应环境保护事业的发展和环保教学的需要，根据教育部批准的全国中等职业学校环境保护与监测专业指导性教学计划，化学工业出版社组织全国10多所学校的教师编写了这套中等职业学校三年制环境保护专业系列教材。

环境监测技术是环境保护与监测专业的一门主干专业课。本教材依据指导性教学计划的要求，在内容上注重结合我国环境监测工作的现有技术水平，注意介绍和反映国内外最新技术和科技成果，力求体现新知识、新技术、新材料、新方法。为使教材能够适应三年制中职教育的生源特点，本教材在写作文体上力求语言简洁、重点突出、循序渐进，并配有大量插图和阅读材料。每章前后，分别设置了学习指南和本章小结，以帮助学生明确学习要求。监测实验安排在有关各章的后面，使理论和实践融为一个有机的整体。本教材的教学时数为120~150学时（包括实验）。书中打 * 号的章节和实验为选学内容。

本教材由李弘主编及编写绪论和第一章，王炳强编写第二章，李志富编写第三、四、五章，黄艳杰编写第六、七章，杨小林编写第八章。

本教材在编写过程中，得到了化工出版社的大力支持，也得到了沈永祥、许宁、陈炳和、黄一石、李耀中、薛叙明、徐忠娟等领导和老师的热情指导和帮助。常州化工学校的黄一石老师亲自起草了编写大纲，常州市环境保护研究所的蒋菊英同志审阅全部书稿并提出了许多宝贵的意见。书稿在编写过程中参考借鉴了大量国内高校的相关教材及文献资料（参考文献列于书后）。在此谨向原作者及上述各位专家表示衷心的感谢。

限于作者的水平，书中的错误与不足在所难免，敬请批评指正。

作 者
2002 年 2 月 28 日

目 录

绪论 …………………………………………… 1
0.1 环境监测 ………………………………… 1
　0.1.1 环境监测的概念 ………………… 1
　0.1.2 环境监测的目的 ………………… 1
　0.1.3 环境监测的分类 ………………… 2
　0.1.4 环境监测的原则和要求 ………… 2
　0.1.5 环境监测技术 …………………… 3
0.2 环境标准简介 …………………………… 4
　0.2.1 环境质量标准 …………………… 5
　0.2.2 污染物排放标准 ………………… 6
0.3 环境监测学习指南 ……………………… 7

1. 水体监测 …………………………………… 9
1.1 概述 ……………………………………… 9
　1.1.1 水体和水体污染 ………………… 9
　1.1.2 水质和水质标准 ………………… 10
　1.1.3 水质监测的目的和项目 ………… 12
1.2 水质监测方案的制定 …………………… 17
　1.2.1 地表水监测方案的制定 ………… 17
　1.2.2 地下水监测方案的制定 ………… 20
　1.2.3 水污染源监测方案的制定 ……… 21
1.3 水样的采集和保存 ……………………… 22
　1.3.1 水样的采集 ……………………… 23
　1.3.2 流量的测定 ……………………… 27
　1.3.3 水样的运输和保存 ……………… 29
　1.3.4 水样的预处理 …………………… 30
1.4 水体物理性质的测定 …………………… 33
　1.4.1 水温的监测 ……………………… 33
　1.4.2 色度的测定 ……………………… 33
　1.4.3 悬浮物的测定（重量法） ……… 34
　1.4.4 浊度的测定 ……………………… 34
　1.4.5 电导率的测定 …………………… 35
　1.4.6 透明度的测定 …………………… 35
1.5 水中无机物的测定 ……………………… 36
　1.5.1 金属化合物的测定 ……………… 37
　1.5.2 非金属元素无机物的测定 ……… 41
1.6 水中有机化合物的测定 ………………… 48
　1.6.1 化学耗氧量（COD）的测定 …… 48
　1.6.2 高锰酸盐指数的测定 …………… 48
　1.6.3 五日生化需氧量（BOD_5）

　　的测定 …………………………… 49
　1.6.4 总有机碳（TOC）和总需氧量
　　（TOD）的测定 …………………… 51
　1.6.5 挥发酚的测定 …………………… 52
　*1.6.6 矿物油类测定 …………………… 52
1.7 水质污染的生物监测 …………………… 53
　1.7.1 概述 ……………………………… 53
　1.7.2 生物群落法 ……………………… 54
　1.7.3 细菌学检验法 …………………… 56
1.8 水污染连续自动监测 …………………… 57
　1.8.1 水污染连续自动监测项目
　　和方法 …………………………… 58
　1.8.2 水污染连续自动监测系统 ……… 58
　1.8.3 水污染连续自动监测的仪器
　　和装置 …………………………… 59
1.9 实验 ……………………………………… 64
　1.9.1 水样的采集、色度的测定 ……… 64
　1.9.2 浊度的测定 ……………………… 66
　1.9.3 六价铬的测定 …………………… 67
　1.9.4 砷的测定 ………………………… 70
　*1.9.5 汞的测定 ………………………… 72
　1.9.6 亚硝酸盐氮的测定 ……………… 75
　1.9.7 氨氮的测定 ……………………… 77
　1.9.8 COD 的测定 ……………………… 79
　*1.9.9 BOD 的测定 ……………………… 81
　1.9.10 酚的测定 ………………………… 85
　1.9.11 阴离子洗涤剂的测定 …………… 87
　*1.9.12 污水中油的测定 ………………… 89

2. 大气和废气监测 …………………………… 93
2.1 大气和空气污染 ………………………… 93
　2.1.1 大气、空气和大气污染 ………… 93
　2.1.2 大气污染物及其存在形式 ……… 94
　2.1.3 大气污染源 ……………………… 96
　2.1.4 大气污染与大气扩散 …………… 96
2.2 空气污染监测方案的制定 ……………… 98
　2.2.1 基础资料的收集 ………………… 98
　2.2.2 监测项目的确定 ………………… 99
　2.2.3 采样点的布设 …………………… 100
　2.2.4 采样时间和频率 ………………… 102

2.3 采样方法和采样仪器 …………… 104
　2.3.1 采样方法 ……………………… 104
　2.3.2 采样仪器 ……………………… 108
　2.3.3 采样效率及评价 ……………… 110
　2.3.4 污染物浓度的表示方法和气体体积计算 ……………………… 111
　2.3.5 采样记录 ……………………… 112
2.4 污染源监测 ……………………… 114
　2.4.1 固定污染源监测 ……………… 114
　2.4.2 流动污染源监测 ……………… 120
2.5 空气污染物的测定 ……………… 123
　2.5.1 粒子状污染物的测定 ………… 123
　2.5.2 分子状污染物的测定 ………… 125
2.6 空气污染生物监测法 …………… 135
　2.6.1 概述 …………………………… 135
　2.6.2 植物受害过程监测依据 ……… 136
　2.6.3 空气污染的指示植物及受害症状 ……………………… 136
　2.6.4 空气污染监测方法 …………… 138
2.7 空气污染连续自动监测 ………… 140
　2.7.1 监测项目 ……………………… 140
　2.7.2 空气污染连续自动监测系统的组成 ………………………… 141
　2.7.3 空气污染自动监测仪器 ……… 145
2.8 实验 ……………………………… 151
　2.8.1 TSP 的测定（小流量采样） … 151
　2.8.2 烟道尘的测定 ………………… 152
　*2.8.3 降尘的测定 …………………… 153
　*2.8.4 汽车尾气中 NO_x 的测定 …… 154
　2.8.5 SO_2 的测定 ………………… 156
　2.8.6 氮氧化物的测定 ……………… 158
　2.8.7 硫酸盐化速率的测定 ………… 159

3. 噪声监测 …………………………… 163
3.1 噪声及声学基础 ………………… 163
　3.1.1 噪声的定义 …………………… 163
　3.1.2 噪声的分类和来源 …………… 163
　3.1.3 噪声的特征 …………………… 164
　3.1.4 噪声的频率、波长和声速 …… 165
　3.1.5 噪声的物理量度 ……………… 166
3.2 噪声的主观评价及评价参数 …… 172
　3.2.1 主观评价 ……………………… 172
　3.2.2 噪声的评价参数 ……………… 174
3.3 噪声测量仪器与噪声监测 ……… 176
　3.3.1 声级计 ………………………… 176
　3.3.2 其他噪声测量仪器 …………… 179

　3.3.3 噪声的监测 …………………… 179
3.4 环境噪声监测实验 ……………… 184

*4. 固体废物监测 ……………………… 188
4.1 工业有害固体废物及固体废物样品的采集和制备 ……………… 188
　4.1.1 固体废物的概念 ……………… 188
　4.1.2 固体废物的种类、特性和危害 … 188
　4.1.3 固体废物样品的采集、制备和保存 …………………… 191
4.2 有害物质的监测方法 …………… 195
　4.2.1 水分的测定 …………………… 195
　4.2.2 pH 值的测定 ………………… 195
　4.2.3 总汞的测定 …………………… 196
　4.2.4 铬的测定 ……………………… 197
　4.2.5 氰化物的测定 ………………… 199
　4.2.6 固体废物遇水反应性试验 …… 201
　4.2.7 固体废物渗漏模拟试验 ……… 201
　4.2.8 急性毒性的初筛试验 ………… 202

5. 土壤污染监测 ……………………… 204
5.1 土壤污染物的来源和特点 ……… 204
　5.1.1 土壤的组成 …………………… 204
　5.1.2 土壤污染源和污染物 ………… 204
　5.1.3 土壤污染的特点和危害 ……… 206
5.2 土壤污染物的测定 ……………… 209
　5.2.1 监测项目 ……………………… 209
　5.2.2 样品的采集、制备和保存 …… 209
　5.2.3 土壤污染物的测定 …………… 211
5.3 实验：土壤中铜的测定 ………… 215

*6. 生物污染监测 ……………………… 219
6.1 污染物在生物体内的分布 ……… 219
　6.1.1 污染物在植物体内的分布 …… 219
　6.1.2 污染物在动物体内的分布 …… 219
6.2 生物样品的采集、制备和预处理 … 220
　6.2.1 生物样品的采集、制备 ……… 220
　6.2.2 生物样品的预处理 …………… 224
6.3 生物样品监测方法 ……………… 227
　6.3.1 光谱分析法 …………………… 227
　6.3.2 色谱分析法 …………………… 227
　6.3.3 测定实例 ……………………… 227

*7. 放射性污染监测 …………………… 230
7.1 基本概念 ………………………… 230
　7.1.1 放射性及其来源 ……………… 230
　7.1.2 放射性污染的危害 …………… 231
　7.1.3 放射性污染度量单位 ………… 232
　7.1.4 放射性监测对象和内容 ……… 234

7.2 放射性监测方法 …… 234
  7.2.1 放射性监测仪器 …… 234
  7.2.2 放射性监测方法 …… 237

8. 监测过程的质量保证 …… 243
8.1 数据处理和结果的表述 …… 243
  8.1.1 误差与偏差 …… 243
  8.1.2 有效数字及运算规则 …… 245
  8.1.3 可疑数据的取舍 …… 246
  8.1.4 回归分析法在工作曲线上的应用 …… 249
  8.1.5 测定结果的表述 …… 251
  8.1.6 监测结果的统计检验 …… 251
8.2 实验室质量保证 …… 255
  8.2.1 名词解释 …… 255
  8.2.2 实验室内部质量控制图 …… 256
8.3 环境标准物质 …… 261
  8.3.1 环境标准物质及分类 …… 261
  8.3.2 标准物质的制备 …… 263
8.4 质量保证检查单和环境质量图 …… 263
  8.4.1 质量保证检查单 …… 263
  8.4.2 环境质量图 …… 265

附录 …… 272
  附录1 环境空气质量标准（GB 3095—2012） …… 272
  附录2 地表水环境质量标准（GB 3838—2002） …… 274
  附录3 水样常用保存技术 …… 276

参考文献 …… 279

绪 论

20世纪是工业文明大获全胜的世纪。在这个世纪中，人类发明了汽车、飞机、宇宙飞船、电子计算机，发明了农药、染料、塑料、合成纤维，人类的足迹踏上月球、跨越海底，几乎实现了科幻作家们以往所描述的所有幻想。科技的发展使人类从来没有像今天这样无所不能，也从来没有像今天这样为所欲为，以至于当今人类对自然界任何新的征服已经不再是什么智慧和勇气的证明，而越来越成为一种对弱者的蛮霸和欺凌。

然而，从另一个视角来看，20世纪也是工业文明大暴败迹的世纪。人类对物欲的追求正在以惊人的速度消耗着地球上的一切资源。当人类因为自身的需求不惜大规模地污染河流、砍伐森林、制造臭氧空洞的时候，当漫无节制的消费和物欲在几代人的时间内就足以将地球环境毁坏殆尽并将最终威胁到人类自身生存的时候，人们终于意识到：善待自然环境就是善待人类自己，对自然的尊重与保护、与自然的和谐发展、与地球生物圈的共存共荣乃是人类唯一可行的可持续发展道路。

0.1 环境监测

0.1.1 环境监测的概念

环境监测是环境科学的一个重要分支学科。"环境监测"这一概念最初是随着核工业的发展而产生的。由于放射性物质对人体及周围环境的威胁，迫使人们对核设施进行监测，测量放射性的强度，并可随时报警。随着工业的发展和环境污染问题的频频出现，环境监测的含义扩大了，逐步由工业污染源监测发展到大环境的监测，即监测的对象不仅仅指污染物及污染因子，还延伸到对生物、生态变化的监测。

环境监测就是运用现代科学技术方法以间断或连续的形式定量地测定环境因子及其他有害于人体健康的环境污染物的浓度变化，观察并分析其环境影响过程与程度的科学活动。从执法监督的意义上说，它是用科学的方法监视和检测代表环境质量和变化趋势的各种数据的全过程。

0.1.2 环境监测的目的

环境监测的目的是为了及时、准确、全面地反映环境质量现状及发展趋势，并为环境管理、污染源控制、环境规划、环境评价提供科学依据。具体可概括为以下几个方面。

① 根据环境质量标准，评价环境质量。

② 根据污染物的浓度分布、发展趋势和速度，追踪污染源，为实施环境监测和控制污染提供科学依据。

③ 根据长期积累的监测资料，为研究环境容量，实施总量控制、目标管理、预测预报环境质量提供科学依据。

④ 为保护人类健康、维护地球自然环境和合理使用自然资源，制定、修订环境标准、环境法律和法规等提供科学依据。

⑤ 为环境科学研究提供科学数据。

0.1.3 环境监测的分类

0.1.3.1 按监测目的分类

（1）研究性监测　研究性监测又称科研监测，它通常是由环保管理部门或科研单位针对某种新的污染物或污染源进行的监测。其目的是研究确定污染因素的运动规律，鉴定环境中需要注意的污染物；如果监测数据表明存在环境污染时，还必须确定污染对环境、人体、生物体的危害性及其影响程度。

（2）监视性监测　监视性监测又称例行监测，一般指按照国家有关技术规定，对环境中已知污染因素和污染物质定期定点进行监测，以确定环境质量及污染源状况，评价控制措施的效果，衡量环境标准实施情况和环境保护工作的进展。我国地域辽阔，例行监测面广量大，因此必须建立全国性的自动化环境监测网络。

（3）特定目标监测　特定目标监测又称应急监测，按目的不同又可分为以下几种。

① 事故性监测　污染事故发生时，及时深入事故地点进行监测，确定污染物的种类、扩散方向、扩散速度和污染程度及危害范围，查找污染发生的原因，为控制污染事故提供科学依据。

② 仲裁监测　主要针对污染事故纠纷、环境执法过程中发生的矛盾进行监测。仲裁监测应由国家指定的具有权威的监督部门进行，提供的数据具有法律效力，以供仲裁之用。

③ 考核验证监测　包括人员考核、方法验证、新建项目的环境考核评价、排污许可证制度考核监测、"三同时"项目验收监测、污染治理项目竣工时的验收监测。

④ 咨询服务监测　为政府部门、科研机构和生产单位所提供的服务性监测。

0.1.3.2 按监测对象分类

按监测对象的不同可分为水体污染监测、大气和废气污染监测、噪声污染监测、土壤污染监测、生物污染监测、放射性污染监测和电磁污染监测等。

0.1.4 环境监测的原则和要求

0.1.4.1 环境监测的原则

环境监测应遵循"优先监测"的原则。所谓"优先监测"原则具体是指：①对环境质量影响大的污染物优先；②有可靠监测手段并能获得准确数据的污染物优先；③已有环境标准或有可比性资料依据的污染物优先；④人类社会行为中预计会向环境排放的污染物优先。

众所周知，20世纪以来，世界化学品的生产和合成品种、数量获得了惊人的发展，它为满足工业、农业、医药、军事等各行各业的需要和提高人类的生活质量做出了巨大贡献。有关文献显示，1900年世界上生产和使用的化学品约为5.5万种，而到1999年则已超过了2000万种。据专家估计，目前进入环境的化学物质已达10万种以上。但事实上，我们既无可能也无必要对每一种化学品都进行监测，而只能有重点、有针对性地对部分污染物进行监测和控制，这就需要对众多有毒污染物进行分级排队，从中筛选出潜在危害性大、在环境中出现频率高的污染物作为监测和控制对象。经过优先选择的污染物称为环境优先污染物，简称优先污染物。对优先污染物进行的监测称为"优先监测"。

优先污染物是指难以降解、在环境中有一定残留水平、出现频率较高、具有生物积累性、毒性较大以及现代已有检出方法的化学物质。

美国是最早开展优先监测的国家。早在20世纪70年代中期就规定了水质中129种优先监测污染物，其后又提出了43种空气优先监测污染物名单。

"中国环境优先监测研究"亦已完成，提出了"中国环境优先监测污染物黑名单"，包括14种化学类别，共68种有毒化学物质，其中有机物58种，无机物10种。

0.1.4.2 环境监测的要求

具有可靠的监测手段和评价标准是环境监测的基本条件。因为有了可靠的监测手段，才能获得科学准确的监测结果；有了评价标准，才能对监测数据做出正确的解释和判断，使环境监测更具有实际意义，从而避免监测的盲目性。环境监测是环境保护技术的重要组成部分，环境监测数据既为评价环境质量提供了信息，同时也为制订管理措施，建立各项环境保护法令、法规、条例提供了决策依据。因此，环境监测工作一定要保证监测结果的准确可靠，能够科学地反映实际。环境监测的要求可大致概括为下列五个方面。

（1）代表性　代表性是指采样时间、采样地点及采样方法等必须符合有关规定，使采集的样品能够反映总体的真实状况。

（2）完整性　完整性主要强调监测计划的实施应当完整，即必须按预期计划保证采样数量和测定数据的完整性、系统性和连续性。

（3）可比性　可比性不仅要求各实验室之间对同一样品的监测结果相互可比，也要求同一个实验室对同一样品的监测结果应该达到相关项目之间的数据可比；相同项目没有特殊情况时，历年同期的数据也是可比的。

（4）准确性　准确性指测定值与真值的符合程度。

（5）精密性　精密性则表现为测定值有良好的重复性和再现性。

准确性和精密性是监测分析结果的固有属性，必须按照所用方法的特性使之正确实现。

0.1.5　环境监测技术

环境监测技术包括采样技术、测试技术和数据处理技术和综合评价技术。关于采样技术和数据处理技术将在以后的有关章节中加以阐述，这里仅对目前较常用的污染物测试技术作一概括。

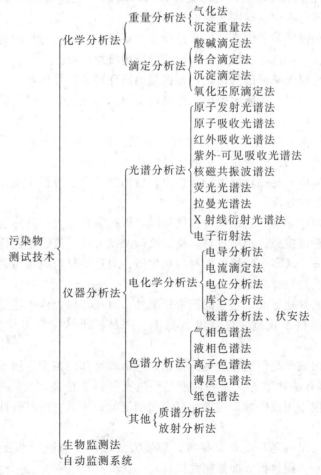

0.2 环境标准简介

环境标准是由政府有关部门颁布的强制性的技术法规，是环境保护法的一个重要组成部分，是评价环境质量、进行环境管理的重要手段和基础。它是环境保护政策的决策结果，也是环境保护的执法依据。我国的环境标准定为六类、两级。

六类环境标准及分级如下所述。

（1）环境质量标准 环境质量标准是以保护人体健康、促进生态良性循环为目标，对环境中各类有害物质在一定时间和空间范围内的允许浓度所做的限制性规定。环境质量标准主要包括环境空气质量标准、水环境质量标准及环境噪声、土壤、生态质量标准等。环境质量标准又分国家标准和地方标准。

国家环境质量标准是国家对环境中的各类有害物质或因素在一定条件下的允许浓度所作的规定。按照环境要素和污染因素分为大气、水质、土壤、噪声、放射性等环境质量标准与污染因素控制标准，适用于全国范围。

地方环境质量标准由地方政府参照国家环境质量标准制定，这种标准是国家环境质量标准的补充、完善和具体化。

（2）污染物排放标准（即污染物控制标准） 污染物排放标准是根据环境质量要求，结合社会技术经济条件和环境特点，对污染源排入环境的有害物质或有害因素所作的控制规定。污染物排放标准也有国家标准和地方标准之分。

国家排放标准是国家为了实现环境质量标准的要求，以常见污染物为主要控制对象，对不同行业、公用设备（如汽车、锅炉等）制定的通用排放标准。

地方排放标准是以国家标准为依据，根据当地的环境条件等因素，在执行国家排放标准不能保证地方环境质量时，所制定的地方控制污染源的标准。它可以起到补充、修订、完善国家标准之不足的作用。

（3）环境基础标准 这是在环境标准化工作范围内，对有指导意义的符号、代号、图式、量纲、规范等所作的统一规定，是制定其他环境标准的基础。

（4）环境方法标准 是在环境保护工作中，以抽样试验、分析、统计、计算、测定等作业方法为对象而制定的标准。

（5）环境标准物质标准 这是一种实物标准，因此也常称为样品标准。它是为了在环境保护工作中和环境标准实施过程中校准仪器、检验测试方法、进行量值传递而由国家法定机关制作的能够确定一个或多个特性值的材料和物质。对这些材料或物质必须达到的要求所作的规定称为环境标准物质标准。

（6）环境保护的其他标准 它是除国家标准外，对在环保工作中还需要统一协调的项目所作的统一规定。如技术规范、仪器设备标准、产品标准、安全卫生标准、环境管理办法等。

这六大类标准构成了我国的环境标准体系，它由政府部门制定，属于强制性标准（即强制性技术法规），具有法律效力。这些标准是经过充分科学论证，在协调有关标准、规范、制度的基础上，积极采用或等效采用国际标准而制定的，所以它的时效性特别强，要随时注意其变更情况。

这里需要特别指出的是环境基础标准、环境方法标准、环境标准物质标准只有国家标准，地方（或行业）必须执行（即强制性执行）。

0.2.1 环境质量标准

0.2.1.1 水环境质量标准

我国已颁布的水环境质量标准有：《地表水环境质量标准》（GB 3838—2002）；《地下水质量标准》（GB/T 14848—93）；《海水水质标准》（GB 3097—1997）；《农田灌溉水质标准》（GB 5084—2005）；《渔业水质标准》（GB 11607—89）；《生活饮用水卫生标准》（GB 5749—2006）等。

我国的《地表水环境质量标准》最早是在1983年编制的，在1988年和1999年两次修订，目前实施的标准为《地表水环境质量标准》（GB 3838—2002），该标准从2002年6月1日开始实施，同时废止《地面水环境质量标准》（GB 3838—88）和《地表水环境质量标准》（GBZB1—1999）。新标准适用于中华人民共和国领域内江河、湖泊、运河、渠道、水库等具有使用功能的地表水水域，主要内容如下。

（1）按地表水域使用目的和保护目标把水域功能分为五类

Ⅰ类　主要适用于源头水、国家自然保护区。

Ⅱ类　主要适用于集中式生活饮用水水源地一级保护区、珍贵鱼类保护区、鱼虾产卵场等。

Ⅲ类　主要适用于集中式生活饮用水水源地二级保护区、一般鱼类保护区及游泳区。

Ⅳ类　主要适用于一般工业用水区及人体非直接接触的娱乐用水区。

Ⅴ类　主要适用于农业用水区及一般景观要求水域。

同一水域兼有多种功能的，依最高功能划分类别。有季节性功能的，可按季节划分类别。

（2）规定了水质监测项目及标准值　本标准项目共计109项，其中地表水环境质量基本项目24项，集中式生活饮用水地表水源地补充项目5项，集中式生活饮用水地表水源地特定项目80项。

0.2.1.2 环境空气质量标准

环境空气质量标准首次发布于1982年，1996年第一次修订，2000年第二次修订，2012年第三次修订。其主要内容如下。

（1）标准规定了环境质量功能区划分（共分三类）　一类区为自然保护区、风景名胜区和其他需要特殊保护的地区；二类区为城镇规划中确定的居住区、商业交通居民混合区、文化区、一般工业区和农村地区；三类区为特定工业区。

（2）规定了质量标准分级（共分三级）　一类区执行一级标准；二类区执行二级标准；三类区执行三级标准。

（3）规定了各项污染物不允许超过的浓度限值、监测采样和鉴定分析方法，还规定了取值时间、数据统计的有效性。

《环境空气质量标准》（GB 3095—2012）和现行的《环境空气质量标准》（GB 3095—1996）相比较，新修订后的标准作了如下调整：

① 调整了环境空气功能区分类方案，将三类区（特定工业区）并入二类区（城镇规划中确定的居住区、商业交通居民混合区、文化区、一般工业区和农村地区）；

② 调整了污染物项目及限值，增设了PM2.5平均浓度限值和臭氧8h平均浓度限值，收紧了PM10、二氧化氮、铅和苯并[a]芘等污染物的浓度限值；

③ 收严了监测数据统计的有效性规定，将有效数据要求由50%～75%提高至75%～90%；

④ 更新了二氧化硫、二氧化氮、臭氧、颗粒物等的分析方法标准，增加自动监测分析方法；

⑤ 明确了标准实施时间。规定新标准发布后分期分批予以实施。

分期实施新标准的时间要求：

2012 年，京津冀、长三角、珠三角等重点区域以及直辖市和省会城市；

2013 年，113 个环境保护重点城市和国家环保模范城市；

2015 年，所有地级以上城市；

2016 年 1 月 1 日，全国实施新标准。

因此《环境空气质量标准》(GB 3095—1996) 到 2016 年 1 月 1 日起废止。

0.2.1.3 环境噪声标准

目前为止，我国已颁布的噪声标准有：《声环境质量标准》(GB 3096—2008)；《机场周围飞机噪声环境标准》(GB 9660—88)；《城市港口及江河两岸区域环境噪声标准》(GB 11339—89)；《工业企业厂界噪声标准》(GB 12348—2008)；《建筑施工场界环境噪声排放标准》(GB 12523—2011)；《城市轨道交通车站 站台声学要求和测量方法》(GB 14227—2006)；《摩托车和轻便摩托车加速行驶噪声限值及测量方法》(GB 16169—2005)；《汽车定置噪声限值》(GB 16170—1996) 等等。

《声环境质量标准》(GB 3096—2008) 适用于城市区域，乡村生活区域可参照本标准执行。2008 年 10 月 1 日起实施，相应的 GB 3096—93 和 GB/T 14623—93 废止。其主要内容如下。

(1) 规定了城市中不同环境噪声区域的划分标准（共分五类）

0 类标准　适用于疗养区、高级别墅区、高级宾馆区等特别需要安静的区域。位于城郊和乡村的这一类区域分别按严于 0 类标准 5dB 执行。

1 类标准　适用于以居住、文教机关为主的区域。乡村居住环境可参照执行该类标准。

2 类标准　适用于居住、商业、工业混杂区。

3 类标准　适用于工业区。

4 类标准　适用于城市中的道路交通干线道路两侧区域、穿越城区的内河航道两侧区域。穿越城区的铁路主、次干线两侧区域的背景噪声（指不通过列车时的噪声水平）限值也执行该类标准。

(2) 规定了城市五类区域的环境噪声最高限值　分为昼间和夜间，其中各类声环境功能区夜间突发噪声，其最大声级超过环境噪声限值的幅度不得高于 15dB (A)。

0.2.2　污染物排放标准

0.2.2.1　污水综合排放标准 (GB 8978—1996)

该标准自 1998 年 1 月 1 日起生效，代替 GB 8978—88。

该标准是对 GB 8978—88《污水综合排放标准》的修订。修订的主要内容是提出年限制标准，用年限制代替原标准，以现有企业和新扩改企业分类。以该标准实施之日为界限，划分为两个时间段。1997 年 12 月 31 日前建设的单位，执行第一时间段规定的标准；1998 年 1 月 1 日起建设的单位，执行第二时间段规定的标准值。

标准适用范围中明确了综合排放标准与行业排放标准不交叉执行的原则，造纸工业、船舶及船舶工业、海洋石油开发工业、纺织染整工业、肉类加工工业、合成氨工业、钢铁工业、航天推进剂使用、兵器工业、磷肥工业、烧碱工业、聚氯乙烯工业所排放的污水执行相应的国家行业标准,其他一切排放污水的单位一律执行该标准。

除上述12个行业外,已颁布的17个行业水污染物排放标准均纳入本次修订内容。该标准与原标准相比,第一时间段的标准值基本维持原标准的水平。

为控制纳入本次修订的17个行业水污染物排放标准中的特征污染物及其他有毒有害污染物,增加控制项目10项。第二时间段规定的标准比原标准增加控制项目40项,COD、BOD_5等项目的最高允许排放浓度适当从严。

0.2.2.2 大气污染物综合排放标准 (GB 16297—1996)

该标准自1997年1月1日起生效,同时代替 GB 3548—83、GB 4276—84、GB 4277—84、GB 4282—84、GB 4912—85、GB 4916—85、GB 4917—85、GBJ 4—73 等各标准中的废气部分。标准设置了三项指标。

① 通过排气筒排放的污染物最高允许排放浓度;

② 通过排气筒排放的污染物,按排气筒高度规定的最高允许排放速率,任何一个排气筒必须同时遵守上述两项指标,超过其中任何一项均为超标排放;

③ 对以无组织方式排放的污染物,规定无组织排放的监控点及相应的监控浓度限值。

标准中还规定了排放速率分组。现有污染源分为一、二、三级(新污染源为二、三级),按污染源所在环境空气质量功能区类别,执行相应级别的排放速率标准。即:位于一类区的污染源执行一级标准(一类区禁止新、扩建污染源,一类区现有污染源改建时执行现有污染源的一级标准);位于二类区的污染源执行二级标准;位于三类区的污染源执行三级标准。

标准中还规定了监测布点、采样时间和频次、采样方法和分析方法等等。

标准代码的字母意义

国家质量监督检验检疫总局标准:GB——国家强制标准;GB/T——国家推荐标准; GB/Z——国家指导性技术文件。

国家环境保护标准:GHZB——国家环境质量标准;GWPB——国家污染物排放标准; GWKB——国家污染物控制标准。

中华人民共和国环境保护标准:HJ——中华人民共和国环境保护部标准;HJ/T——中华人民共和国环境保护部推荐标准。

国家标准与国际标准对应关系:IDT——等同采用(identical);MOD——修改采用(modified);NEQ——非等效。

0.3 环境监测学习指南

① 环境监测是一门涉及多学科的专业课程,需要有比较扎实的基础理论知识和技能。特别是无机化学、有机化学、生物学、分析化学等都是十分重要的基础课。因此,牢固掌握基础课知识对学习环境监测有极大的帮助。

② 环境标准是环境监测工作的依据,必须认真学习和掌握,并努力在实践工作中加以运用。同时要学会使用文献和网络工具来检索各类标准和方法。

③ 环境监测涉及的内容很多,在学习过程中要善于归纳和总结,在老师的指导下,理解重点和要点;并通过对习题的解答来巩固所学知识。

④ 环境监测重在技术的实际应用,因此,要特别重视野外采样技术和实验技能的提高

和掌握；要在老师的指导下，认真做好每一个实验，并在实验的过程中强化对理论知识的理解。

思考与练习

1. 环境监测的目的是什么？它是如何分类的？
2. 试利用网络或文献检索我国《环境空气质量标准》。
3. 试利用网络或文献检索我国《地表水环境质量标准》。
4. 我国环境标准共分六大类，请你指出下列标准各属于哪一类。

船舶污染物排放标准、中华人民共和国海水水质标准、ISO 14000 环境审核员资格要求、一次性可降解餐饮具通用技术条件、环境空气中氡的标准测量方法、给水排水设计基本术语标准、饮用净水水质标准、室内空气中臭氧卫生标准。

5. 什么是环境优先污染物？为什么要优先监测？

阅读园地

用卫星寻找污染源

保护环境有一项重要的工作是绘制污染物的全球分布图。早先的污染分布图是用陆上的污染物探测器得到的数据绘制的，且一般只限于怀疑有污染的城市或工业区，这显然不能满足全球治理污染的要求。

现在，美国科学家发明了一种新的方法，可以比较准确地绘制出全球有毒温室气体一氧化碳的世界分布图。这种一氧化碳分布图是用新的地球遥感卫星扫描全球对流层中的一氧化碳得到的数据绘制的，因为遥感卫星的传感器可以检测到由一氧化碳放射的红外线并跟踪它。

科罗拉多博尔德美国大气研究中心和多伦多大学的科学家综合这些数据绘制了一幅表明一氧化碳来源以及它随风飘动到什么地方的大气流动模型图，其中还包括云层的遮蔽区。

由于一氧化碳一般是燃烧中的副产物，它和氧化氮会以同样的方式扩散，因此，一氧化碳是其他污染物的一种良好的示踪物。换句话说，检测到一氧化碳的源头，也就检测到了氧化氮等有毒气体的源头。多伦多大学的詹姆斯·德拉蒙德说，他们最近利用遥感卫星绘制出的有毒气体分布图表明，在巴西和东南亚有一个巨大的一氧化碳污染源，估计是由森林大火造成的。遥感卫星上的对流层污染物测量传感器的分辨率约为 22km，还不是很高。德拉蒙德希望进一步改进传感器，使其能够检测出来自工厂和公路网上的污染物。

1. 水体监测

☞ **学习指南**

水体监测是环境监测最核心的内容之一。本章主要介绍水体监测的有关基础知识，需要重点掌握以下几方面的内容：理解水体、水质和水体污染的概念；掌握水体和污染源等的监测断面、采样点的设置原则以及采样时间和采样频率的确定；掌握常用采样器的使用和维护方法；掌握水样的预处理方法、原理和作用；通过实验掌握各种水体污染物的检测方法。

1.1 概述

水是人类赖以生存的最重要的自然资源之一。地球上的水分布于由海洋、江、河、湖和地下水、大气水分及冰川共同构成的地球水圈中。据估计，地球上存在的总水量大约为 $1.37 \times 10^{18} m^3$，其中，海水约占 97.3%，淡水仅占 2.7%。淡水不但占的比例小，而且大部分存于地球南北极的冰川、冰盖中，可利用的淡水资源只有河流、淡水湖和地下水的一部分，总计不到总量的 1%。

我国是一个水资源贫乏的国家，拥有水资源总量为 $2.72 \times 10^{12} m^3$（其中地下水 $8 \times 10^{11} m^3$），居世界第六位，但人均水资源占有量仅 $2200 m^3$，不足世界人均占有量的四分之一。全国 600 多个城市中大约有一半城市缺水，每年因缺水造成上千亿元人民币的经济损失。首都北京严重缺水，被列为世界十大缺水城市之一。

问题的严重性不仅在于人类对水资源的需求量越来越大，而且还在于人为的污染造成了今天我们可资利用的水资源越来越少。因此，保护水资源日益成为全人类共同关注的重大课题。

1.1.1 水体和水体污染

从自然地理的角度来看，水体是指地表被水覆盖地区的自然综合体。在环境科学领域中，水体不仅包括水，而且也包括水中的悬浮物、底泥及水生生物等，它是一个完整的生态系统。

1.1.1.1 水体的类型

水体有不同的类型。

按有无径流划分为外流水体、内流水体。如果地面降水量超过蒸发和蒸腾量，其差数作为径流返回海洋，即为外流水体，如长江、黄河等；如所受之水为沙漠、山脉或高原所阻不能流入海洋，借助蒸发作用消失或渗入沙中，以保持其平衡，即为内流水体，如塔里木河、罗布泊等。

根据化学成分和溶解于水中的盐含量，水体又可分为咸水体和淡水体。

根据成因，水体可分为自然水体和人工水体。

1.1.1.2 水体污染

水体污染是指排入水体的污染物的含量超过了水体的自净能力，从而导致了水体的物理特征和化学特征发生不良变化，破坏了水中固有的生态系统，破坏了水体的功能及其在经济发展和人民生活中的作用。

水体污染可分为化学型污染、物理型污染和生物型污染三种主要类型。

(1) 化学型污染　随污水及其他废弃物排入水中的有机物如碳水化合物、蛋白质、油脂、纤维素，无机物如酸、碱、盐等造成的水体污染。

(2) 物理型污染　热污染是典型的物理污染。工矿企业、热电站的热污水使水体的水温升高，水中的化学反应、生化反应也随之加快，溶解氧减少，影响鱼类的生存和繁殖。水温升高还会使水中的氰化物、重金属离子等毒物的毒性增强。其次还有放射性物质进入水体造成的放射性污染。

(3) 生物型污染　主要指病原体污染。生活污水中的粪便，屠宰、畜牧、制革业、餐饮业以及医院等排出的污水，常含有各种病原体，如病毒、病菌、寄生虫等。

2011 年中国淡水环境

2011 年，全国地表水总体为轻度污染*。湖泊（水库）富营养化问题仍突出。

长江、黄河、珠江、松花江、淮河、海河、辽河、浙闽片河流、西南诸河和内陆诸河十大水系监测的 469 个国控断面中，Ⅰ～Ⅲ类、Ⅳ～Ⅴ类和劣Ⅴ类水质断面比例分别为 61.0%、25.3% 和 13.7%。主要污染指标为化学需氧量、五日生化需氧量和总磷。

2011 年，监测的 26 个国控重点湖泊（水库）中，Ⅰ～Ⅲ类、Ⅳ～Ⅴ类和劣Ⅴ类水质的湖泊（水库）比例分别为 42.3%、50.0% 和 7.7%。主要污染指标为总磷和化学需氧量（总氮不参与水质评价），见表 1-1。

表 1-1　2011 年重点湖泊（水库）水质状况

湖泊(水库)类型	Ⅰ类	Ⅱ类	Ⅲ类	Ⅳ类	Ⅴ类	劣Ⅴ类	主要污染指标
三湖①	0	0	0	0	1	1	总磷、化学需氧量
大型淡水湖	0	0	1	4	3	1	
城市内湖	0	0	2	3	0	0	
大型水库	1	4	3	1	0	0	

① 三湖是指太湖、滇池和巢湖。

2011 年，全国共 200 个城市开展了地下水水质监测，共计 4727 个监测点。优良-良好-较好水质的监测点比例为 45.0%，较差-极差水质的监测点比例为 55.0%。

2011 年，全国废水排放总量为 652.1 亿吨，化学需氧量排放总量为 2499.9 万吨（见表 1-2），比上年下降 2.04%；氨氮排放总量为 260.4 万吨，比上年下降 1.52%。

表 1-2　2011 年全国废水中主要污染物排放量

COD/万吨					氨氮/万吨				
排放总量	工业源	生活源	农业源	集中式	排放总量	工业源	生活源	农业源	集中式
2499.9	355.5	938.2	1186.1	20.1	260.4	28.2	147.6	82.6	2.0

资料来源：2011 中国环境状况公报

1.1.2　水质和水质标准

水质是指水与水中杂质共同表现的综合特征。描述水质量的参数称为水质指标。依据水的不同用途以及水体保护的需要，国家环保总局和国家质量技术监督局制定了相应的水质标准和污水排放标准。水质标准中的各项指标是对水体进行监测、评价、利用以及污染治理的主要依据。

水质标准主要有：饮用净水水质标准、农田灌溉水质标准、游泳池水质标准、海水水质标准、地表水水质标准、渔业水质标准、自来水水质标准、地下水水质标准、污水排入城市下水道水质标准等。

以饮用净水水质标准为例，其中的水质指标包括感官性状和一般化学指标、毒理学指标、细菌学指标等三大类，参见表1-3。

表1-3 饮用净水水质标准（CJ 94—2005）

项　目	限　值
感官性状和一般化学指标	
色	色度不超过5度，并不得呈现其他异色
浑浊度	不超过0.5度(NTU)
臭和味	不得有异臭、异味
肉眼可见物(红虫等)	不得含有
pH	6.0~8.5
总硬度(以$CaCO_3$计)/(mg/L)	300
铝/(mg/L)	0.2
铁/(mg/L)	0.2
锰/(mg/L)	0.05
铜/(mg/L)	1.0
锌/(mg/L)	1.0
挥发酚类(以苯酚计)/(mg/L)	0.002
阴离子合成洗涤剂/(mg/L)	0.2
硫酸盐/(mg/L)	100
氯化物/(mg/L)	100
溶解性总固体/(mg/L)	500
耗氧量(以O_2计)/(mg/L)	2
毒理学指标	
砷/(mg/L)	0.01
镉/(mg/L)	0.003
铬(六价)/(mg/L)	0.05
银/(mg/L)	0.05
氰化物/(mg/L)	1.0
铅/(mg/L)	0.01
汞/(mg/L)	0.001
硝酸盐(以N计)/(mg/L)	10
硒/(mg/L)	0.01
四氯化碳/(mg/L)	0.002
氯仿/(mg/L)	0.03
溴酸盐(使用臭氧时)/(mg/L)	0.01

续表

项　目	限　值
毒理学指标	
甲醛(使用臭氧时)/(mg/L)	0.9
亚氯酸盐(使用二氧化氯消毒时)/(mg/L)	0.7
氯酸盐(使用复合二氧化氯消毒时)/(mg/L)	0.7
细菌学指标	
细菌总数/(CFU/mL)	50
总大肠菌群	每100mL水样中不得检出
粪大肠菌群	每100mL水样中不得检出
余氯/(mg/L)	0.01(管网末梢水)
二氧化氯(使用二氧化氯消毒时)/(mg/L)	0.01(管网末梢水)
臭氧(使用臭氧时)/(mg/L)	0.01(管网末梢水)

1.1.3　水质监测的目的和项目

水质监测可分为水环境现状监测和水污染源监测。代表水环境现状的水体包括地表水（江、河、湖、库、海水）和地下水；水污染源包括生活污水、医院污水和各种工业废水，有时还包括农业退水、初级雨水和酸性矿山排水。

1.1.3.1　水质监测的目的

水质监测的目的可概括为以下几个方面：

① 对进入江、河、湖、库、海洋等地表水体的污染物质及渗透到地下水中的污染物质进行经常性的监测，以掌握水质现状及其发展趋势；

② 对生产过程、生活设施及其他排放源排放的各类污水进行监视性监测，为污染源管理和排污收费提供依据；

③ 对水环境污染事故进行应急监测，为分析判断事故原因、危害及采取对策提供依据；

④ 为国家政府部门制定环境保护法规、标准和规划，全面开展环境保护管理工作提供有关数据和资料；

⑤ 为开展水环境质量评价、预测预报及进行环境科学研究提供基础数据和手段。

1.1.3.2　水质监测的项目

水质监测的项目主要包括物理的、化学的和生物的三个方面，但由于水体中通常都含有数量繁多的化学物质和微生物，不可能全部加以监测，因而监测项目的选择首先取决于水体目前和将来的用途，其次是监测站的职能。

《地表水和污水监测技术规范》(HJ/T 91—2002) 中分别规定了地表水监测项目（参见表1-4）、工业污水监测项目（参见表1-5）和地表水必测项目分析方法（参见表1-6）。

表1-4　地表水监测项目

	必测项目	选测项目[①]
河流	水温、pH、溶解氧、高锰酸盐指数、化学需氧量、BOD、氨氮、总氮、总磷、铜、锌、氟化物、硒、砷、汞、镉、铬(六价)、铅、氰化物、挥发酚、石油类、阴离子表面活性剂、硫化物和粪大肠菌群	总有机碳、甲基汞，其他项目参照表1-5，根据纳污情况由各级相关环境保护主管部门确定

续表

	必测项目	选测项目①
集中式饮用水源地	水温、pH、溶解氧、悬浮物②、高锰酸盐指数、化学需氧量、BOD、氨氮、总磷、总氮、铜、锌、氟化物、铁、锰、硒、砷、汞、镉、铬（六价）、铅、氰化物、挥发酚、石油类、阴离子表面活性剂、硫化物、硫酸盐、氯化物、硝酸盐和粪大肠菌群	三氯甲烷、四氯化碳、三溴甲烷、二氯甲烷、1,2-二氯乙烷、环氧氯丙烷、氯乙烯、1,1-二氯乙烯、1,2-二氯乙烯、三氯乙烯、四氯乙烯、氯丁二烯、六氯丁二烯、苯乙烯、甲醛、乙醛、丙烯醛、三氯乙醛、苯、甲苯、乙苯、二甲苯③、异丙苯、氯苯、1,2-二氯苯、1,4-二氯苯、三氯苯④、四氯苯⑤、六氯苯、硝基苯、二硝基苯⑥、2,4-二硝基甲苯、2,4,6-三硝基甲苯、硝基氯苯⑦、2,4-二硝基氯苯、2,4-二氯苯酚、2,4,6-三氯苯酚、五氯酚、苯胺、联苯胺、丙烯酰胺、丙烯腈、邻苯二甲酸二丁酯、邻苯二甲酸二(2-乙基己基)酯、水合肼、四乙基铅、吡啶、松节油、苦味酸、丁基黄原酸、活性氯、滴滴涕、林丹、环氧七氯、对硫磷、甲基对硫磷、马拉硫磷、乐果、敌敌畏、敌百虫、内吸磷、百菌清、甲萘威、溴氰菊酯、阿特拉津、苯并[a]芘、甲基汞、多氯联苯⑧、微囊藻毒素-LR、黄磷、钼、钴、铍、硼、锑、镍、钡、钒、钛、铊
湖泊水库	水温、pH、溶解氧、高锰酸盐指数、化学需氧量、BOD、氨氮、总磷、总氮、铜、锌、氟化物、硒、砷、汞、镉、铬（六价）、铅、氰化物、挥发酚、石油类、阴离子表面活性剂、硫化物和粪大肠菌群	总有机碳、甲基汞、硝酸盐、亚硝酸盐，其他项目参照表1-4，根据纳污情况由各级相关环境保护主管部门确定
排污河（渠）	根据纳污情况，参照表1-4中工业废水监测项目	

① 监测项目中，有的项目监测结果低于检出限，并确认没有新的污染源增加时可减少监测频次。根据各地经济发展情况不同，在有监测能力（配置GC/MS）的地区每年应监测1次选测项目。
② 悬浮物在5mg/L以下时，测定浊度。
③ 二甲苯指邻二甲苯、间二甲苯和对二甲苯。
④ 三氯苯指1,2,3-三氯苯、1,2,4-三氯苯和1,3,5-三氯苯。
⑤ 四氯苯指1,2,3,4-四氯苯、1,2,3,5-四氯苯和1,2,4,5-四氯苯。
⑥ 二硝基苯指邻二硝基苯、间二硝基苯和对二硝基苯。
⑦ 硝基氯苯指邻硝基氯苯、间硝基氯苯和对硝基氯苯。
⑧ 多氯联苯指PCB-1016、PCB-1221、PCB-1232、PCB-1242、PCB-1248、PCB-1254和PCB-1260。

表1-5 工业污水监测项目

类 型	必测项目	选测项目①
黑色金属矿山（包括磷铁矿、赤铁矿、锰矿等）	pH、悬浮物、重金属②	硫化物、锑、铋、锡、氰化物
钢铁工业（包括选矿、烧结、炼焦、炼铁、炼钢、连铸、轧钢等）	pH、悬浮物、COD、挥发酚、氰化物、油类、六价铬、锌、氨氮	硫化物、氟化物、BOD、铬
选矿药剂	COD、BOD、悬浮物、硫化物、重金属	
有色金属矿山及冶炼（包括选矿、烧结、电解、精炼等）	pH、COD、悬浮物、氰化物、重金属	硫化物、铍、铝、钒、钴、锑、铋
非金属矿物制品业	pH、悬浮物、COD、BOD、重金属	油类
煤气生产和供应业	pH、悬浮物、COD、BOD、油类、重金属、挥发酚、硫化物	多环芳烃、苯并[a]芘、挥发性卤代烃
火力发电（热电）	pH、悬浮物、硫化物、COD	BOD
电力、蒸汽、热水生产和供应业	pH、悬浮物、硫化物、COD、油类	BOD
煤炭采造业	pH、悬浮物、硫化物	砷、油类、汞、挥发酚、COD、BOD
焦化	COD、悬浮物、挥发酚、氨氮、氰化物、油类、苯并[a]芘	总有机碳

续表

类型		必测项目	选测项目[①]
石油开采		COD、BOD、悬浮物、油类、硫化物、挥发性卤代烃、总有机碳	挥发酚、总铬
石油加工及炼焦业		COD、BOD、悬浮物、油类、硫化物、挥发酚、总有机碳、多环芳烃	挥发酚、总有机碳、多环芳烃苯并[a]芘、苯系物、铝、氯化物
化学矿开采	硫铁矿	pH、COD、BOD、硫化物、悬浮物、砷	
	磷矿	pH、氟化物、悬浮物、磷酸盐(P)、黄磷、总磷	
	汞矿	pH、悬浮物、汞	硫化物、砷
无机原料	硫酸	酸度(或pH)、硫化物、重金属、悬浮物	砷、氟化物、氯化物、铝
	氯碱	碱度(或酸度、或pH)、COD、悬浮物	汞
	铬盐	酸度(或碱度、或pH)、六价铬、总铬、悬浮物	汞
有机原料		COD、挥发酚、氰化物、悬浮物、总有机碳	苯系物、硝基苯类、总有机碳、有机氯类、邻苯二甲酸酯等
塑料		COD、BOD、油类、总有机碳、硫化物、悬浮物	氯化物、铝
化学纤维		pH、COD、BOD、悬浮物、总有机碳、油类、色度	氯化物、铝
橡胶		COD、BOD、油类、总有机碳、硫化物、六价铬	苯系物、苯并[a]芘、重金属、邻苯二甲酸酯、氯化物等
医药生产		pH、COD、BOD、油类、总有机碳、悬浮物、挥发酚	苯胺类、硝基苯类、氯化物、铝
染料		COD、苯胺类、挥发酚、总有机碳、色度、悬浮物	硝基苯类、硫化物、氯化物
颜料		COD、硫化物、悬浮物、总有机碳、汞、六价铬	色度、重金属
油漆		COD、挥发酚、油类、总有机碳、六价铬、铅	苯系物、硝基苯类
合成洗涤剂		COD、阴离子合成洗涤剂、油类、总磷、黄磷、总有机碳	苯系物、氯化物、铝
合成脂肪酸		pH、COD、悬浮物、总有机碳	油类
聚氯乙烯		pH、COD、BOD、总有机碳、悬浮物、硫化物、总汞、氯乙烯	挥发酚
感光材料,广播电影电视业		COD、悬浮物、挥发酚、总有机碳、硫化物、银、氰化物	显影剂及其氧化物
其他有机化工		COD、BOD、悬浮物、油类、挥发	pH、硝基苯类、氯化物
化肥	磷肥	pH、COD、BOD、悬浮物、磷酸盐、氟化物、总磷	砷、油类
	氮肥	COD、BOD、悬浮物、氨氮、挥发酚、总氮、总磷	砷、铜、氰化物、油类
合成氨工业		pH、COD、悬浮物、氨氮、总有机碳、挥发酚、硫化物、氰化物、石油类、总氮	镍
农业	有机磷	COD、BOD、悬浮物、挥发酚、硫化物、有机磷、总磷	总有机碳、油类
	有机氯	COD、BOD、悬浮物、硫化物、挥发酚、有机氯	总有机碳、油类
除草剂工业		pH、COD、悬浮物、总有机碳、百草枯、阿特拉津、吡啶	除草醚、五氯酚、五氯酚钠、2,4-D、丁草胺、绿麦隆、氯化物、铝、苯、二甲苯、氨、氯甲烷、联吡啶
电镀		pH、碱度、重金属、氰化物	钴、铝、氯化物、油类
烧碱		pH、悬浮物、汞、石棉、活性氯	COD、油类
电气机械及器材制造业		pH、COD、BOD、悬浮物、油类、重金属	总氮、总磷
普通机械制造		COD、BOD、悬浮物、油类、重金属	氰化物

续表

类　　型	必测项目	选测项目[①]
电子仪器、仪表	pH、COD、BOD、氰化物、重金属	氟化物、油类
造纸及纸制品业	酸度(或碱度)、COD、BOD、可吸附有机卤化物(AOX)、pH、挥发酚、悬浮物、色度、硫化物	木质素、油类
纺织染整业	pH、色度、COD、BOD、悬浮物、总有机碳、苯胺类、硫化物、六价铬、铜、氨氮	总有机碳、氯化物、油类、二氧化氯
皮革、毛皮、羽绒服及其制品	pH、COD、BOD、悬浮物、硫化物、总铬、六价铬、油类	总氮、总磷
水泥	pH、悬浮物	油类
油毡	COD、BOD、悬浮物、油类、挥发酚	硫化物、苯并[a]芘
玻璃、玻璃纤维	COD、BOD、悬浮物、氰化物、挥发酚、氟化物	铅、油类

① 选测项目同表1-4注①；
② 重金属系指 Hg、Cr、Cr(Ⅵ)、Cu、Pb、Zn、Cd 和 Ni 等，具体监测项目由县级以上环境保护行政主管部门确定。

注：表中所列必测项目、选测项目的增减，由县级以上环境保护行政主管部门认定。

表1-6　地表水必测项目分析方法

序号	测定项目	分析方法	最低检出浓度
1	pH	玻璃电极法	
2	悬浮物	重量法	
3	总硬度	1. 硬度计算法 2. EDTA滴定法	
4	电导率	电导仪法	
5	溶解氧（DO）	1. 碘量法 2. 叠氮化钠修正法 3. 高锰酸钾修正法 4. 膜电极法	
6	化学耗氧量	高锰酸钾法： 1. 酸性高锰酸钾法 2. 碱性高锰酸钾法	0.5mg/L
7	五日生化需氧量（BOD_5）	20℃五天培养法	
8	氨氮	1. 纳氏试剂比色法 2. 苯酚-次氯酸盐比色法 3. 铵离子选择电极法	目视比色法为0.02mg/L 分光光度法为0.05mg/L 分光光度法为0.01mg/L 0.07mg/L
9	亚硝酸盐氮	1. N-1-萘基-乙二胺比色法 2. 分子吸收分光光度法	0.005mg/L
10	硝酸盐氮	1. 酚二磺酸比色法 2. 紫外分光光度法（试行） 3. 戴氏合金还原-纳氏试剂比色法	0.02mg/L 氮 0.08mg/L 硝酸盐氮
11	挥发性酚	1. 4-氨基安替比林-氯仿萃取比色法 2. 直接光度法	用13mL氯仿提取3cm比色皿比色为0.002mg/L
12	氰化物	1. 异烟酸-吡唑啉酮比色法 2. 吡啶-巴比妥酸比色法 3. 硝酸银滴定法	0.004mg/L 0.002mg/L

续表

序号	测定项目	分析方法	最低检出浓度
13	砷	1. 二乙基硫代氨基甲酸银（Ag-DDC）比色法 2. 硼氢化钾-二乙基二硫代氨基甲酸银比色法	0.007mg/L 0.006mg/L
14	汞	1. 冷原子吸收法 2. 双硫腙比色法	0.05～0.14μg/L 0.001mg/L（取250mL水样测定时）
15	六价铬	二苯碳酰二肼比色法	0.004mg/L
16	铅	1. 原子吸收分光光度法 2. 双硫腙比色法 3. 阳极溶出伏安法	实用浓度范围 直接法：1.0～20mg/L APDO法：0.02～0.4mg/L KI法：0.04～1.00mg/L 0.01mg/L 0.04mg/L
17	镉	1. 原子吸收分光光度法 2. 双硫腙比色法 3. 阳极溶出伏安法	实用浓度范围 直接法：0.04～1.0mg/L APDO法：0.02～0.03mg/L KI法：0.04～0.07mg/L 0.01mg/L 0.03mg/L
18	石油类	1. 重量法 2. 紫外分光光度法 3. 非分散红外光法	5mg/L 0.05mg/L 0.05mg/L
19	浊度	比浊法	
20	氟化物	1. 离子选择电极法 2. 氟试剂比色法 3. 茜素磺酸锆目视比色法	0.05mg/L 0.05mg/L 0.1mg/L
21	细菌总数	倾注培养法	
22	大肠菌群	1. 发酵法 2. 滤膜法	
23	总氮	碱性过硫酸钾消解紫外分光光度法	
24	总磷	钼蓝比色法	0.025mg/L
25	透明度	塞氏盘法（现场测定法）	

思考与练习

1. 水体有哪些分类方法？
2. 水体污染的主要类型有哪些？
3. 请就我国水资源紧缺的原因，提出你个人的分析和观点。
4. 联合国日前发表的《2010年世界人口状况》报告说，世界人口到2050年将超过90亿，人口过亿的国家将增至17个，印度将取代中国成为世界人口第一大国。如果按照美国纽约城市居民人均日用生活水量670L计算，届时全世界每天需要消耗多少立方米的水。

阅读园地

环保之母——蕾切尔·卡逊

20世纪60年代以前，全世界几乎没有人怀疑农药对人类会有害处，相反，大规模地使用农药,使人类终于看到了彻底摆脱饥饿的希望。

人类发现环境问题的存在始于20世纪60年代初,美国海洋生物学家蕾切尔·卡逊(1907—1964)称得上是一位先行者。1958年开始,她应约写一本关于环境问题的书,在写作的过程中走访调查了许多地区,她首先注意到由于化学杀虫剂的生产和应用,很多生物随着害虫一起被杀灭,连人类自己也不能幸免。1962年《寂静的春天》正式出版,作者在书中向世人发出警告:"从那时起,一个奇怪的阴影遮盖了这个地区,一切都开始变化。……神秘莫测的疾病袭击了成群的小鸡,牛羊病倒和死亡……不仅在成人中,而且在孩子们中间也出现了一些突然的、不可解释的死亡现象……一种奇怪的寂静笼罩了这个地方,这儿的清晨曾经荡漾着鸟鸣的声浪,而现在一切声音都没有了。只有一片寂静覆盖着田野、树林和沼泽。"

《寂静的春天》像是黑暗中的一声呐喊,唤醒了广大民众。尽管当时的工业界特别是化学工业界,因担心卡逊这些惊世骇俗的预言会损害他们的商业利益,而对她发起了猛烈的抨击;尽管当时的美国政府没有及时给予卡逊应有的支持;尽管卡逊本人在书籍出版两年后,终因遭受到癌症和诋毁攻击的双重折磨而与世长辞,但卡逊的警告还是唤醒了人类。由于它的广泛影响,美国政府开始对书中提出的警告进行调查,最终改变了对农药政策的取向,并于1970年成立了环境保护署。美国各州也相继通过立法来限制杀虫剂的使用。

30多年以后,美国前副总统阿尔·戈尔亲自为《寂静的春天》撰写前言,以表彰蕾切尔·卡逊为保护地球环境所做出的杰出贡献。他在前言中写道"作为一位被选出来的政府官员,给《寂静的春天》作序有一种自卑的感觉,因为它是一座丰碑,它为思想的力量比政治家的力量更强大提供了无可辩驳的证据。……《寂静的春天》犹如旷野中的一声呐喊,用它深切的感受、全面的研究和雄辩的论点改变了历史的进程。如果没有这本书,环境运动也许会被延误很长时间,或者现在还没有开始。"

1.2 水质监测方案的制定

监测方案是一项监测任务的总体构思和设计,监测方案的制定需要考虑和明确这样一些内容:监测目的,监测对象,监测项目,设计监测断面的种类、位置和数量,合理安排采样时间和采样频率,选定采样方法和分析测定技术,确定水样的保存、运输和管理方法,提出监测报告要求,制定质量保证程序、措施和方案的实施计划等。

不同水体的监测方案稍有差别,以下分别进行介绍。

1.2.1 地表水监测方案的制定

1.2.1.1 基础资料的调查和收集

在制定监测方案之前,应尽可能完备地收集欲监测水体及所在区域的有关资料,主要有以下几方面。

① 水体的水文、气候、地质和地貌资料。如水位、水量、流速及流向的变化;降雨量、蒸发量及历史上的水情;河流的宽度、深度、河床结构及地质状况;湖泊沉积物的特性、间温层分布、等深线等。

② 水体沿岸城市分布、工业布局、污染源及其排污情况、城市给排水情况等。

③ 水体沿岸的资源现状和水资源的用途;饮用水源分布和重点水源保护区;水体流域土地功能及近期使用计划等。

④ 历年的水质监测资料等。

1.2.1.2 监测断面和采样点的设置

监测断面即为采样断面，一般分为四种类型，即背景断面、对照断面、控制断面和消减断面。对于地表水的监测来说，并非所有的水体都必须设置四种断面。国家标准《采样方案设计技术规定》（GB 12997—91）中规定了水（包括底部沉积物和污泥）的质量控制、质量表征、污染物鉴别及采样方案的原则，强调了采样方案的设计。

采样点的设置应在调查研究、收集有关资料、进行理论计算的基础上，根据监测目的和项目以及考虑人力、物力等因素来确定。

（1）河流监测断面和采样点设置　对于江、河水系或某一个河段，水系的两岸必定遍布很多城市和工厂企业，由此排放的城市生活污水和工业污水成为该水系受纳污染物的主要来源，因此要求设置四种断面，即背景断面、对照断面、控制断面和消减断面。以一个综合性的河段为例（见图1-1），简单介绍其断面设置和布点原则。

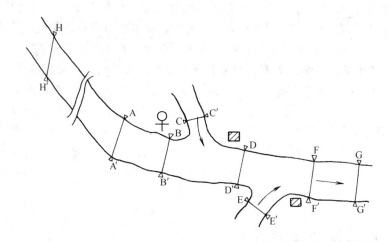

图1-1　河流监测断面设置示意图

→—水流方向；♀—自来水厂；▨—排污口；A—A′—对照断面；B—B′，C—C′，
D—D′，E—E′，F—F′—控制断面；G—G′—消减断面；H—H′—背景断面

① 对照断面　具有判断水体污染程度的参比和对照作用或提供本底值的断面。它是为了解流入监测河段前的水体水质状况而设置。这种断面应设在河流进入城市或工业区以前的地方。设置这种断面必须避开各种污水的排污口或回流处。常设在所有污染源上游处，排污口上游100～500m处，一般一个河段只设一个对照断面（有主要支流时可酌情增加）。

② 控制断面　为及时掌握受污染水体的现状和变化动态，进而进行污染控制而设置的断面。这类断面应设在排污区下游，较大支流汇入前的河口处；湖泊或水库的出入河口及重要河流入海口处；国际河流出入国境交界处及有特殊要求的其他河段（如临近城市饮水水源地、水产资源丰富区、自然保护区、与水源有关的地方病发病区等）。控制断面一般设在排污口下游500～1000m处。断面数目应根据城市工业布局和排污口分布情况而定。

③ 消减断面　当工业污水或生活污水在水体内流经一定距离而达到（河段范围）最大程度混合时，其污染状况明显减缓的断面。这种断面常设在城市或工业区最后一个排污口下游1500m以外的河段上。

④ 背景断面　当对一个完整水体进行污染监测或评价时，需要设置背景断面。对于一

条河流的局部河段来说，通常只设对照断面而不设背景断面。背景断面一般设置在河流上游不受污染的河段处或接近河流源头处，尽可能远离工业区、城市居民密集区和主要交通线以及农药和化肥施用区。通过对背景断面的水质监测，可获得该河流水质的背景值。

在设置监测断面后，应先根据水面宽度确定断面上的采样垂线，然后再根据采样垂线的深度确定采样点数目和位置。一般是当河面水宽小于50m时，设一条中泓垂线；50~100m时，在左右近岸有明显水流处各设一条垂线；100~1000m时，设左、中、右三条垂线；水面宽大于1500m时，至少设5条等距离垂线。每一条垂线上，当水深小于或等于5m时，只在水面下0.3~0.5m处设一个采样点；水深5~10m时，在水面下0.3~0.5m处和河底以上约0.5m处各设1个采样点；水深10~50m时，要设三个采样点，水面下0.3~0.5m处一点，河底以上约0.5m处一点，1/2水深处一点；水深超过50m时，应酌情增加采样点个数。

监测断面和采样点位置确定后，应立即设立标志物。每次采样时以标志物为准，在同一位置上采样，以保证样品的代表性。

（2）湖泊、水库中监测断面和采样点的设置　湖泊、水库监测断面设置前，应先判断湖泊、水库是单一水体还是复杂水体，考虑汇入湖、库的河流数量、水体径流量、季节变化及动态变化、沿岸污染源分布等，然后按以下原则设置监测断面（见图1-2）。

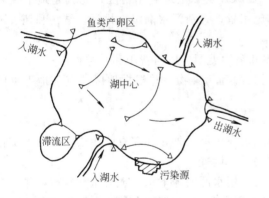

图1-2　湖、库监测断面设置示意图
⌒ 为监测断面

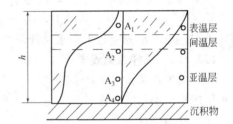

图1-3　不同温层采样示意图
A_1—表温层中；A_2—间温层下；
A_3—亚温层中；A_4—沉积物
表面上1m处；h—水深

① 在进出湖、库的河流汇合处设监测断面。
② 以功能区为中心（如城市和工厂的排污口、饮用水源、风景游览区、排灌站等），在其辐射线上设置弧形监测断面。
③ 在湖库中心，深、浅水区，滞流区，不同鱼类的回游产卵区，水生生物经济区等设置监测断面。

湖、库采样点的位置与河流相同。但由于湖、库深度不同，会形成不同水温层（见图1-3），此时应先测量不同深度的水温、溶解氧等，确定水层情况后，再确定垂线上采样点的位置。位置确定后，同样需要设立标志物，以保证每次采样在同一位置上。

1.2.1.3　采样时间和频率的确定

为使采取的水样具有代表性，能反映水质在时间和空间上的变化规律，必须确定合理的采样时间和采样频率。一般原则如下：

① 对较大水系干流和中、小河流，全年采样不少于 6 次，采样时间分为丰水期、枯水期和平水期，每期采样两次；
② 流经城市、工矿企业、旅游区等的水源每年采样不少于 12 次；
③ 底泥在枯水期采样一次；
④ 背景断面每年采样一次。

1.2.2 地下水监测方案的制定

地球表面的淡水大部分是贮存在地面之下的地下水，所以地下水是极宝贵的淡水资源。地下水的主要水源是大气降水，降水转成径流后，其中一部分通过土壤和岩石的间隙而渗入地下形成地下水。严格地说，由重力形成的存在于地表之下饱和层的水体才是地下水。目前大多数地下水尚未受到严重污染，但一旦受污，又非常难以通过自然过程或人为手段予以消除。可供现成利用的地下水有井水、泉水等。

1.2.2.1 基础资料的调查和收集

① 收集、汇总监测区域的水文、地质、气象等方面的有关资料和以往的监测资料。例如，地质图、剖面图、测绘图、水井的成套参数、含水层、地下水补给、径流和流向，以及温度、湿度、降水量等。
② 调查监测区域内城市发展、工业分布、资源开发和土地利用情况，尤其是地下工程规模、应用等；了解化肥和农药的施用面积和施用量；查清污水灌溉、排污、纳污和地表水污染现状。
③ 测量或查知水位、水深，以确定采水器和泵的类型、所需费用和采样程序。
④ 在完成以上调查的基础上，确定主要污染源和污染物，并根据地区特点与地下水的主要类型把地下水分成若干个水文地质单元。

1.2.2.2 采样点的设置

(1) 地下水背景值采样点的确定　采样点应设在污染区外，如需查明污染状况，可贯穿含水层的整个饱和层，在垂直于地下水流方向的上方设置。

(2) 受污染地下水采样点的确定　对于作为应用水源的地下水，现有水井常被用作日常监测水质的现成采样点。当地下水受到污染需要研究其受污情况时，则常需设置新的采样点。例如在与河道相邻近地区新建了一个占地面积不太大的垃圾堆场的情况下，为了监测垃圾中污染物随径流渗入地下，并被地下水挟带转入河流的状况，应如图 1-4 所示设置地下水监测井。如果含水层渗透性较大，污染物会在此水区形成一个条状的污染带，则监测井位置应处在污染带内，在邻近污染源一侧设点 A，在靠近河道一侧设点 B，而且监测井的进水部

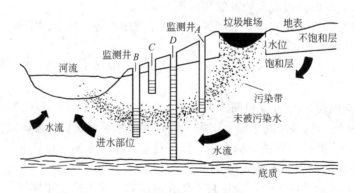

图 1-4　受污染地下水采样点的设置

位应对准污染带所在位置。显然，在图中 C 或 D 点位置设井或设定的进水位置都是不适宜的。

一般地下水采样时应在液面下 0.3~0.5m 处采样，若有间温层，可按具体情况分层采样。

1.2.2.3 采样时间和频率的确定

采样时间与频率一般是：每年应在丰水期和枯水期分别采样检验一次，10 天后再采检一次可作为监测数据报出。

1.2.3 水污染源监测方案的制定

水污染源包括工业废水源、生活污水源、医院污水源等。在制定监测方案时，首先也要进行调查研究，收集有关资料，查清用水情况、污水的类型、主要污染物及排污去向和排放量等。

1.2.3.1 基础资料的调查和收集

(1) 调查污水的类型　工业废水、生活污水、医院污水的性质和组成十分复杂，它们是造成水体污染的主要原因。根据监测的任务，首先需要了解污染源所产生的污水类型。工业废水、生活污水、医院污水等所生成的污染物具有较大的差别。相对而言，工业污水往往是我们监测的重点，这是由于工业用水不仅在数量上而且在污染物的浓度上都是比较大的。

工业废水可分为物理污染污水、化学污染污水、生物及生物化学污染污水三种主要类型以及混合污染污水。

(2) 调查污水的排放量　对于工业废水，可通过对生产工艺的调查，计算出排放水量并确定需要监测的项目；对于生活污水和医院污水则可在排水口安装流量计或自动监测装置进行排放量的计算和统计。

(3) 调查污水的排污去向　调查内容有：①车间、工厂、医院或地区的排污口数量和位置；②直接排入还是通过渠道排入江、河、湖、库、海中，是否有排放渗坑。

1.2.3.2 采样点的设置

(1) 工业废水源采样点的确定

① 含汞、镉、总铬、砷、铅、苯并[a]芘等第一类污染物的污水，不分行业或排放方式，一律在车间或车间处理设施的排出口设置采样点。

② 含酸、碱、悬浮物、生化需氧量、硫化物、氟化物等第二类污染物的污水，应在排污单位的污水出口处设采样点。

③ 有处理设施的工厂，应在处理设施的排放口设点。为对比处理效果，在处理设施的进水口也可设采样点，同时采样分析。

④ 在排污渠道上，选择道直、水流稳定、上游无污水流入的地点设点采样。

⑤ 在排水管道或渠道中流动的污水，由于管道壁的滞留作用，使同一断面的不同部位流速和浓度都有变化，因此可在水面下 $\frac{1}{4}$~$\frac{1}{2}$ 处采样，作为代表平均浓度水样采集。

(2) 综合排污口和排污渠道采样点的确定

① 在一个城市的主要排污口或总排污口设点采样。

② 在污水处理厂的污水进出口处设点采样。

③ 在污水泵站的进水和安全溢流口处布点采样。

④ 在市政排污管线的入水处布点采样。

1.2.3.3 采样时间和频率的确定

工业废水的污染物含量和排放量常随工艺条件及开工率的不同而有很大差异，故采样时间、周期和频率的选择是一个比较复杂的问题。

一般情况下，可在一个生产周期内每隔 0.5h 或 1h 采样 1 次，将其混合后测定污染物的平均值。如果取几个生产周期（如 3~5 个周期）的污水样监测，可每隔 2h 取样 1 次。对于排污情况复杂、浓度变化大的污水，采样时间间隔要缩短，有时需要 5~10min 采样 1 次，这种情况最好使用连续自动采样装置。对于水质和水量变化比较稳定或排放规律性较好的污水，待找出污染物浓度在生产周期内的变化规律后，采样频率可大大降低，如每月采样测定两次。

城市排污管道大多数受纳 10 个以上工厂排放的污水，由于在管道内污水已进行了混合，故在管道出水口，可每隔 1h 采样 1 次，连续采集 8h；也可连续采集 24h，然后将其混合制成混合样，测定各污染组分的平均浓度。

我国《地表水和污水监测技术规范》中对向国家直接报送数据的污水排放源规定：工业废水每年采样监测 2~4 次；生活污水每年采样监测 2 次，春、夏季各 1 次；医院污水每年采样监测 4 次，每季度 1 次。

思考与练习

1. 在排污管道或渠道中采样时，是否可以在有湍流状况的部位采集？
2. 流经城市的河流，一般应设置哪些断面？试说明其功能和布设原则。
3. 第一类污染物和第二类污染物的采样要求是什么？
4. 在一个河段上设置消减断面，它与排污口的距离有何规定？

阅读园地

千里淮河"零点行动"

1997 年 12 月 31 日，是淮河流域工业污染源达标排放的最后期限。在国家环保部门的直接领导下，1998 年 1 月 1 日零点前，豫、皖、鲁、苏四省 3000 多名人员，完成了淮河流域干支流上 7 个断面与 2 个污染源的水质监测，并于零点之后立即对 1200 多家排污企业进行现场督查与执法行动。这个"零点行动"涉及范围之广、参与人数之多、规模之大在我国环保史上还从未有过。

1998 年 1 月 1 日零点，国家环保总局领导人在中央电视台向全国人民郑重宣布：截止 1998 年 1 月 1 日零点，淮河流域 1562 家日排百吨污水以上的工业企业中，已完成治理达标企业 1139 家，治理工程正在施工和已停产治理的企业 215 家，治理无望而责令关闭的 18 家，因其他原因停产转产破产的 190 家；日排污水百吨以下的 1844 家企业中，1504 家已完成治理达标，这样共已削减淮河流域 40% 以上的污染负荷。至此，淮河干流与支流的水质有了明显好转，我国完成了淮河治污第一阶段的任务。但还有不少河流污染仍然严重，有些河段污染还有加剧趋势，要使淮河水变清，还需要继续艰苦努力。

1.3 水样的采集和保存

水样的采集和保存是水体监测工作的重要环节，它既要保证水样采集的样本数量能够反映被监测水体的水质状况，同时还必须保证水样在运输和保存的过程中不发生影响水样分析的化学和物理变化。因此，对采集水样的方法、工具、容器甚至运输工具都有一定的要求。水样采集的原则是：

① 力求以最低的采样频数，取得最有时间代表性的样品；
② 充分考虑水体功能、影响范围以及有关水文要素；
③ 既要满足反映水质状况的需要，又实际可行。

1.3.1　水样的采集

1.3.1.1　水样类型

《水质采样技术指导》(HJ 494—2009) 中规定了水样的类型。

(1) 瞬时水样　瞬时水样是指在某一时间和地点从水体中随机采集的分散水样。当水体水质稳定，或其组分在相当长的时间或相当大的空间范围内变化不大时，瞬时水样具有很好的代表性；当水体组分及含量随时间和空间变化时，就应隔时、多点采集瞬时水样，分别进行分析，摸清水质的变化规律。

(2) 混合水样　混合水样是指在同一采样点于不同时间所采集的瞬时水样的混合水样，有时称"时间混合水样"，以区别于其他混合水样。这种水样在观察平均浓度时非常有用，但不适用于被测组分在贮存过程中发生明显变化的水样。

(3) 综合水样　把不同采样点同时采集的各个瞬时水样混合后所得到的样品称综合水样。这种水样在某些情况下更具有实际意义。例如，当为几条污水河、渠建立综合处理厂时，以综合水样取得的水质参数作为设计的依据更为合理。

1.3.1.2　采样前准备

采样前应首先提出周密的采样计划，包括确定采样断面、垂线和采样点，采样时间和路线，人员分工，采样器材和交通工具等。其次进行采样器的准备。

(1) 采样器的一般要求　与水样接触部分材质应采用聚乙烯、有机玻璃塑料或硬质玻璃。使用上应灵活、方便。

(2) 采样器的准备　采样前要根据监测对象的要求选择合适的采样器，并进行清洗。一般先用洗涤剂除去油污，自来水冲洗干净，再用10%硝酸或盐酸洗刷，最后用自来水冲洗干净后备用。

(3) 容器的准备　容器的材质对于水样在贮存期间的稳定性影响很大，通常使用的容器有塑料容器和玻璃容器。需要避免下列情况的发生：①从塑料容器溶解下来的有机质和从玻璃容器溶解下来的钠、硅、硼等污染水样；②容器吸附水样中某些组分，如玻璃吸附痕量金属、塑料吸附有机质和痕量金属；③水样与容器直接发生化学反应，如水样中的氟化物与玻璃容器间的反应等。

高压低密度聚乙烯塑料和硬质玻璃可满足上述要求。通常塑料容器用于测定金属和其他无机物的监测项目，玻璃容器用于测定有机物和生物等的监测项目。对特殊监测项目用的容器，可选用其他高级化学惰性材料制作的容器。

容器在使用前都必须经过洗涤。装测金属类水样的容器，先用洗涤剂清洗，自来水冲净，再用10%硝酸或盐酸浸泡8h，用自来水冲净，然后用蒸馏水清洗干净；装测有机物水样的容器，先用洗涤剂清洗，再用自来水冲净，然后用蒸馏水清洗干净，贴好标签备用。

(4) 交通工具的准备　最好有专用的监测船和采样船，否则，可根据具体的水面条件和气候选用适当的船只，同时准备好陆地交通工具。

1.3.1.3　采样器和采样方法

(1) 地表水的采集

① 水桶或瓶子　采集水体表层水时，可用水桶、瓶子直接采取，一般将其沉至水面下 0.3～0.5m 处采集。

② 常用采水器　常用采水器有单层采水瓶和有机玻璃采水器等，主要用于无湍急水流的湖泊、水库和池塘等水体的深层水采样。

单层采水瓶是一个装在金属框内用绳索吊起的玻璃瓶，框底装有铅块，以增加重量，瓶口配塞，以绳索系牢，绳上标有高度，将采水瓶降落到预定的深度，然后将细绳上提，把瓶塞打开，水样便充满水瓶。如图 1-5 所示。

有机玻璃采水器为圆柱形，上下底面均有活门。采水器沉入水中后，活门自动开启，沉入哪一深度就能采哪一水层的水样。采水器内部有温度计，可同时测知水温。有机玻璃采水器现有 1500mL、2500mL 等各种容量和不同深度的型号。如图 1-6 所示。

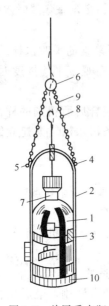
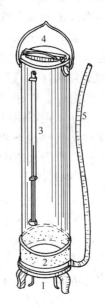

图 1-5　单层采水瓶

1—水样瓶；2，3—采水瓶架；4，5—平衡控制挂钩；6—固定采水瓶绳的挂钩；7—瓶塞；8—采水绳；9—开瓶塞的软绳；10—铅锤

图 1-6　有机玻璃采水器

1—进水阀门；2—压重铅阀；3—温度计；4—溢水门；5—橡胶管

③ 急流采水器　适用于水流量较大的河流、渠道等采样水体。采集水样时，打开铁框的铁栏，将样瓶用橡胶塞塞紧，再把铁栏扣紧，然后沿船身垂直方向伸入水深处，打开钢管上部橡皮管的夹子，水样便从橡胶塞的长玻璃管流入样瓶中，瓶内空气由短玻璃管沿橡皮管排出。如图 1-7 所示。

④ 双层溶解气体采样瓶　适用于测定溶解气体（如 DO）项目的水样采集，结构如图 1-8 所示。将采样器沉入要求水深处后，打开上部的橡胶管夹，水样进入小瓶并将空气驱入大瓶，从连接大瓶短玻璃管的橡胶管排出，直到大瓶中充满水样，提出水面后迅速密封。

⑤ 其他采水器　其他采水器还有直立式采水器、塑料手摇泵采样器等。如图 1-9 和图 1-10 所示。在需要自动采取水样的场合，可使用各种形式的泵式采水装置，如电动采水泵、固定式自动采水装置、比例组合式自动采水装置等。

(2) 污水样品的采集　污水一般都有固定的排水口，流量较小，距地面距离近，地形也不复杂，所以，所用采样设备和方法比较简单。

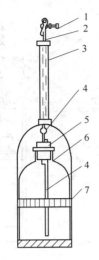
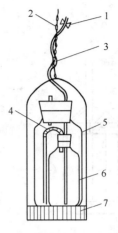

图 1-7　急流采水器　　　　　　　　　图 1-8　双层溶解气体采样瓶
1—夹子；2—橡胶管；3—钢管；4—玻璃管；　　1—夹子；2—绳子；3—橡胶管；4—塑料管；
5—橡皮塞；6—玻璃取样瓶；7—铁框　　　　　5—大瓶；6—小瓶；7—带重锤的夹子

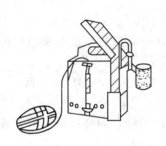
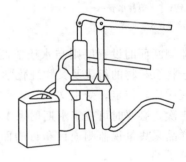

图 1-9　直立式采水器　　　　　　　图 1-10　塑料手摇泵采样器

① 浅水采样　水面距地面较近时，可用容器直接灌注，注意不要用手接触污水。为安全起见，可用聚乙烯塑料长把勺采样。

② 深水采样　水面距地面较远时，可用自制的负重架，架内固定聚乙烯塑料样品容器，沉入污水中采样。也可用塑料手摇泵或电动采水泵采样。

③ 自动采样　在企业内部的监测中，利用连续自动采水器采样具有很高的效率，所得数据不仅用于环保，也可为生产部门提供生产情况的信息，因此，有条件的企业应开展连续自动监测。

(3) 地下水样的采集　从监测井中采集水样常利用抽水机设备。启动后，先放水数分钟，将积留在管道内的杂质及陈旧水排出，然后用采样容器接取水样。对于无抽水设备的水井，可选择合适的专用采水器采集水样。地下水专用采水器有简易采水器、改良的 Kemmerer 采水器和深层采水器，如图 1-11～图 1-13 所示。

对于自喷泉水，可在涌水口处直接采样。

地下水的水质比较稳定，一般采集瞬时水样，即能有较好的代表性。

(4) 底质（沉积物）样品的采集　水、底质和水生生物组成了一个完整的水环境体系。底质能记录给定水环境的污染历史，反映难降解物质的积累情况，以及水体污染的潜在危险。底质的性质对水质、水生生物有着明显的影响，是天然水是否被污染及污染程度的重要标志。所以，底质样品的采集监测是水环境监测的重要组成部分。

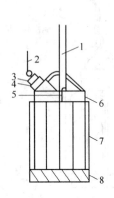 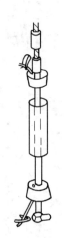 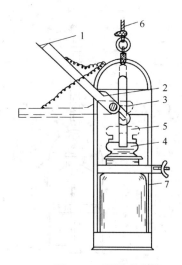

图 1-11 简易采水器
1—采水器软绳；2—壶塞软绳；
3—软塞；4—进水口；
5—固定挂钩；6—塑料水壶；
7—钢丝架；8—重锤

图 1-12 改良的 Kemmerer 采水器

图 1-13 深层采水器
1—叶片；2,3—杠杆；4,5—玻璃塞；6—悬挂绳；7—金属架

底质监测断面的设置原则与水质监测断面相同，其位置应尽可能与水质监测断面相重合，以便于将沉积物的组成及其物理化学性质与水质监测情况进行比较。

由于底质比较稳定，受水文、气象条件影响较小，故采样频率远较水样低，一般每年枯水期采样 1 次，必要时可在丰水期增采 1 次。

底质样品采集量视监测项目和目的而定，一般为 1~2kg，如样品不易采集或测定项目较少时，可予酌减。

底质采样器应根据采样要求和水体特征选用。通常有如下几种。

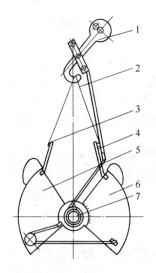 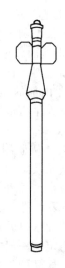

图 1-14 掘式采泥器
1—吊钩；2—钢丝绳；3,4—铁门；
5,6—内外斗壳；7—主轴

图 1-15 重力管状钻式底质采样器

① 掘式（抓式）采泥器　适用于采集量较大的表层底质样品。常用掘式采泥器见图 1-14。在水流平稳且水深较浅的水域可选用张口面积 $0.025m^2$ 规格的，对于水深流急的水体，应选用张口面积 $0.05\sim0.10m^2$ 的采泥器。

② 管式泥芯采样器　适用于采集柱状样品。常用重力管状钻式采泥器，如图 1-15 所示。采样分析结果可反映污染物在底质中垂直分布状况。

③ 简易采样用具　当水深小于 0.6m 时，可用长柄塑料勺直接采集表层底质。

1.3.1.4　水样采集量

样品采集量与分析方法及水样的性质有关。一般来说，采集量应考虑实际分析用量和复试量（或备用量）。对污染物质浓度较高的水样可适当少取，因为超过一定浓度的水样在分析时要经过稀释方可测定。表 1-7 列出了正常浓度水样的采集量（不包括平行样和质控样）。

表 1-7　水样采集量

监测项目	水样采集量/mL	监测项目	水样采集量/mL	监测项目	水样采集量/mL
悬浮物	100	氯化物	50	溴化物	100
色度	50	金属	1000	碘化物	100
嗅	200	铬	100	氰化物	500
浊度	100	硬度	100	硫酸盐	50
pH	50	酸度、碱度	100	硫化物	250
电导率	100	溶解氧	300	COD	100
凯氏氮	500	氨氮	400	苯胺类	200
硝酸盐氮	100	BOD_5	1000	硝基苯	100
亚硝酸盐氮	50	油	1000	砷	100
磷酸盐	50	有机氯农药	2000	显影剂类	100
氟化物	300	酚	1000		

1.3.1.5　采样现场记录和水样标签

采样结束后，需要填写采样记录和水样标签，以防止出现样品混淆和丢失。国家标准《水质采样样品的保存和管理技术规定》（HJ 493—2009）中明确规定了记录的样式和要求。

水样采集后，根据不同的分析要求，将样品分装成数份，并分别加入保存剂。对每份样品都应附一张完整的水样标签。水样标签的内容如下：

```
样品编号_____　采样断面_____
采样点_____　添加保存剂种类和数量_____
监测项目_____　采样者_____　登记者_____
采样时间_____年___月___日
```

对需要现场测试的项目，如 pH 值、电导、温度、流量等应按表 1-8 进行记录，并妥善保管现场记录。

1.3.2　流量的测定

在水质监测工作中，除需要水质监测数据外，还需要全面掌握水环境状况，这其中包括水体的水位、流速、流量等水文参数，这是一项重要的基础性工作。因为在计算水体污染负荷是否超过环境容量、控制污染源排放量、评估污染控制效果等工作中，都必须知道相应水体的流量。较大的河流，水利部门一般都设有水文监测断面，前面介绍的监测断面应尽量与水文断面重合，就是为了利用其数据和设备。对于小河流、排污渠和排污管道，通常需要监测人员自行测量其流量，常用的测定方法如下。

表 1-8 采样现场数据记录

采样地点	样品编号	采样日期	时间		pH	温度	其他参量			备注
			采样开始	采样结束						

采样人：　　　　　　　　交接人：　　　　　　　　复核人：　　　　　　　　审核人：

注：1. 备注中应根据实际情况填写以下内容：水体类型、气象条件（气温、风向、风速、天气状态）、采样点周围环境状况、采样点经纬度、采样点水深、采样层次等。
2. 摘自《水质采样样品的保存和管理技术规定（HJ 493—2009）》。

(1) **流速仪法**　对于水深大于 0.05m，流速大于 0.015m/s 的河、渠，可用流速仪测定水流速度，然后按下式计算流量：

$$Q = \bar{v}S$$

式中　Q——流量，m^3/s；
　　　$\bar{v}$——水流断面平均流速，m/s；
　　　S——水流断面面积，m^2。

(2) **浮标法**　浮标法是一种粗略测量流速的简易方法。测量时，选择一平直河段，测量该河段 2m 间距内水流横断面的面积，求出平均横断面面积。在上游投入浮标，测量浮标流经确定河段（L）所需时间，重复测量几次，求出所需时间的平均值（t），即可计算出流速（L/t），再按下式计算流量：

$$Q = \bar{v}S = \frac{0.7LS}{t}$$

式中　Q——流量，m^3/s；
　　　$\bar{v}$——平均流速，m/s；
　　　L——浮标流经距离，m；
　　　t——流经 L 距离所需时间，s；
　　　S——水流平均横断面面积，m^2。

(3) **堰板法**　这种方法适用于不规则的污水沟、污水渠中水流量的测量。该方法是用三角形或矩形、梯形堰板拦住水流，形成溢流堰，测量堰板前后水头和水位，计算流量。图 1-16 为用三角堰法测量流量的示意图，流量按下式计算：

$$Q = Kh^{5/2}$$

$$K = 1.354 + \frac{0.004}{h} + \left(0.14 + \frac{0.2}{\sqrt{D}}\right)\left(\frac{h}{B} - 0.09\right)^2$$

式中　Q——流量，m^3/s；
　　　h——过堰水头高度，m；
　　　K——流量系数；
　　　D——从水流底至堰缘的高度，m；
　　　B——堰上游水流宽度，m。

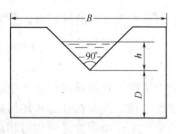

图 1-16　直角三角堰

在下述条件下，上式误差 $<\pm 1.4\%$：$0.5m \leqslant B \leqslant 1.2m$；$0.1m \leqslant D \leqslant 0.75m$；$0.07m \leqslant h \leqslant 0.26m$；$h \leqslant B/3$。

（4）其他方法　用容积法测定污水流量也是一种简便方法。即将污水导入已知容积的容器或污水池、污水箱中，测量流满容器或池、箱的时间，然后用其除受纳容器的体积便可求知流量。

国内现已生产多种规格的污水流量计，测定流量简便、准确。此外，还可以用压差法、根据工业用水平衡计算法或排水管径大小测量法估算污水流量。

1.3.3　水样的运输和保存

各种水质的水样，从采集到分析测定这段时间内，由于环境条件的改变、微生物新陈代谢活动和化学作用的影响，会引起水样某些物理参数及化学组分的变化。为将这些变化降低到最低程度，需要尽可能地缩短运输时间，尽快分析测定和采取必要的保护措施，有些项目必须在采样现场测定。

1.3.3.1　水样的运输管理

采样后应将水样充满容器并密封，瓶中不得留有空气。贴上标签，尽快运送到实验室进行分析（水样运输允许的最长时间为24h）。运输过程应注意以下几点。

（1）防止震动　为防止水样在运输过程中因震动、碰撞导致损失或玷污，装箱时应用泡沫塑料或波纹纸板等将容器间隔。

（2）防止沾污　塞紧试样瓶盖，必要时用封口胶，以防止新的污染物进入容器和沾染瓶口。

（3）低温运输　为防止样品的生物和化学变化，水样都需在低于采样水体温度的条件下运输。需冷藏的样品，应配备专门的隔热容器，放入制冷剂，将样品置于其中；冬季应采取保温措施，防止冻裂样品瓶。

（4）避免日光照射　为防止水样发生对光敏感的化学反应或其他变化，运输途中应避免日光直接照射。

在水样转运过程中，每个水样都要附有一张管理程序登记卡（见表1-9）。在转交水样时，转交人和接收人都必须清点和检查水样并在登记卡上签字，注明日期和时间。管理程序登记卡是水样在运输过程中的文件，必须妥为保管，以防止差错和备查。尤其是通过第三者把水样从采样地点转移到实验室分析人员手中时，这张管理程序登记卡就显得更为重要了。

表1-9　管理程序登记卡

课题编号		课题名称			样品容器编号		备注	
采样人员（签字）								
采样点编号	日期	时刻	混合样	定时样	采样点位置			
转交人签字：		日期时刻		接收人签字：		转交人签字：	日期时刻	接收人签字：
转交人签字：		日期时刻		接收人签字：		转交人签字：	日期时刻	接收人签字：
转交人签字：		日期时刻		接收人签字：		转交人签字：	备注：	

1.3.3.2 水样的保存方法

引起水样发生变化的主要原因有：①物理因素——有挥发和吸附作用等，如水样中 CO_2 挥发可引起 pH 值、总硬度、酸（碱）度发生变化，水样中某些组分可被容器壁或悬浮颗粒物表面吸附而损失；②化学因素——有化合、络合、聚合、水解、氧化还原反应等，这些作用将会导致水样组成发生变化；③生物因素——由于细菌等微生物的新陈代谢活动使水样中有机物浓度和溶解氧浓度降低。

针对上述水样发生变化的原因，常用的水样保存方法有以下几种。

(1) 冷藏法 水样冷藏温度一般要低于采样时的温度。水样采集后，立即投入冰箱或冰-水浴中并置于暗处。冷藏温度一般是 2~5℃。冷藏不能长期保存水样。

(2) 冷冻法 为了延长保存期限，抑制微生物活动，减缓物理挥发和化学反应速率，可采用冷冻保存。冷冻温度在 -20℃。但要特别注意冷冻过程和解冻过程中，不同状态的变化会引起水质的变化。为防止冷冻过程中水的膨胀，无论使用玻璃容器还是塑料容器都不能将水样充满整个容器。

(3) 添加保护剂法 为了防止样品中某些被测成分在保存和运输过程中发生分解、挥发、氧化等变化，常加入保护剂。例如在测定氨氮、化学需氧量时的水样中加入 $HgCl_2$，可以抑制生物的氧化还原作用；在测定氰化物或挥发性酚的水样中加入 NaOH，将 pH 调至 12 左右，可使其生成稳定的盐类等。

常用样品的保存方法可参考附录 3 水样常用保存技术，或直接查阅《水质采样样品的保存和管理技术规定》(HJ 493—2009)。

1.3.4 水样的预处理

水样在进行分析以前，一般都要进行预处理，这是因为水样中往往存在多种金属离子、无机化合物和有机化合物，这种复杂的组成许多时候都会对分析测定造成严重的干扰，使分析结果失真，为此就必须进行消化处理。除此之外，许多水样的待测元素或组分含量极低，以至于使用通常的分析仪器会出现检测不出或误差较大的情况，为此就需要进行富集或分离。

1.3.4.1 水样的消化

消化也称消解，它是将样品与酸、氧化剂、催化剂等共置于回流装置或密闭装置中，加热分解并破坏有机物的一种方法，金属化合物的测定多采用此法进行预处理。处理的目的一是排除有机物和悬浮物的干扰，二是将金属化合物转变成简单的稳定形态，同时消化还可达浓缩之目的。消解后的水样应清澈、透明、无沉淀。常用的消解法有以下几种。

(1) 硝酸消解法 此法适用于较清洁的水样。操作方法是：取水样 50~200mL 于烧杯中，加入 5~10mL 浓 HNO_3，加热煮沸，蒸发至试液清澈透明，呈浅色或无色，否则，应补加 HNO_3 继续消解；当液体蒸发至近干时，取下烧杯，稍冷后加 2%HNO_3 20mL 溶解可溶盐；若有沉淀，应过滤；滤液冷至室温后于 50mL 容量瓶中定容，备用。

(2) 硝酸-高氯酸消解法 此法适用于含有机物、悬浮物较多的水样。操作方法是：取适量水样于烧杯或锥形瓶中，加入 5~10mL HNO_3，加热消解至大部分有机物被分解；取下烧杯，稍冷，加 2~5mL 高氯酸，继续加热至开始冒白烟，若试液仍呈深色，再补加 HNO_3，继续加热至冒浓厚白烟并逐渐消失时，取下烧杯冷却；用 2%HNO_3 溶解，如有沉淀，应过滤；滤液冷至室温定容，备用。

(3) 硫酸-高锰酸钾消解法 该法常用于消解测定汞的水样。$KMnO_4$ 是强氧化剂，在中性、碱性、酸性条件下都可以氧化有机物,其氧化产物多为草酸根,但在酸性介质中还可继续氧化。操作方法是:取适量水样,加适量 H_2SO_4 和 5% $KMnO_4$,混匀后加热煮沸,冷却,滴加盐酸羟胺溶液破坏过量的 $KMnO_4$。

(4) 其他消化方法 除上述三种方法以外,其他消化方法还有:硝酸-硫酸消化法、硫酸-磷酸消化法、多元消化法和碱分解法。它们分别适用于不同的水样预处理。

1.3.4.2 水样的富集和分离

当水样中的待测组分含量低于分析方法的检测限时,就必须进行富集或浓缩;当有共存干扰组分时,就必须采取分离或掩蔽措施。富集和分离往往是不可分割、同时进行的。常用的方法有过滤、挥发、蒸馏、溶剂萃取、离子交换、吸附、共沉淀、层析、低温浓缩等,要结合具体情况选择使用。

(1) 挥发 挥发分离法是利用某些污染组分挥发度大,或者将待测组分转变成易挥发物质,然后用惰性气体带出而达到分离的目的。例如,用冷原子荧光法测定水样中的汞时,先将汞离子用氯化亚锡还原为原子态汞,再利用汞易挥发的性质,通入惰性气体将其带出并送入仪器测定;用分光光度法测定水中的硫化物时,先使之在磷酸介质中生成硫化氢,再用惰性气体载入乙酸锌-乙酸钠溶液中吸收,从而达到与母液分离的目的。分离装置如图1-17所示。

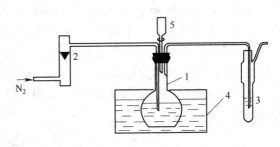

图1-17 测定硫化物的吹气分离装置
1—500mL 平底烧瓶(内装水样);2—流量计;
3—吸收管;4—恒温水浴;5—分液漏斗

(2) 蒸馏 蒸馏法是利用水样中各组分具有不同的沸点而使其彼此分离的方法。测定水样中的挥发酚、氰化物、氟化物、氨氮时,均需在酸性介质中进行预蒸馏分离。蒸馏具有消解、富集和分离三种作用。蒸馏装置分别如图1-18~图1-20所示。

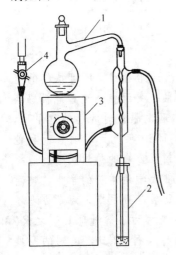

图1-18 挥发酚、氰化物
的蒸馏装置
1—500mL 全玻璃蒸馏器;
2—接收瓶;3—电炉;4—水龙头

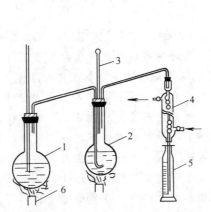

图1-19 氟化物水蒸气蒸馏装置
1—水蒸气发生瓶;2—烧瓶
(内装水样);3—温度计;
4—冷凝管;5—接收瓶;6—热源

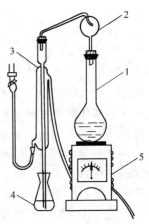

图1-20 氨氮蒸馏装置
1—凯氏烧瓶;2—定氮球;
3—直形冷凝管及导管;
4—收集瓶;5—电炉

（3）溶剂萃取　在对水质中的有机化合物进行测定时，常用溶剂萃取法进行预处理。溶剂萃取法的原理是：物质在不同的溶剂相中分配系数不同，因此可达到组分的分离与富集的目的。萃取有以下两种类型。

① 有机物质的萃取　分散在水相中的有机物质易被有机溶剂萃取，这是由于与水相比有机物质更容易溶解在有机溶剂中，利用此原理可以富集分散在水样中的有机污染物质。例如，用4-氨基安替比林光度法测定水样中的挥发酚时，当酚含量低于 0.05mg/L 时，则水样经蒸馏分离后需再用三氯甲烷进行萃取浓缩；用紫外光度法测定水中的油和用气相色谱法测定有机农药（六六六、DDT）时，需先用石油醚萃取等。

② 无机物的萃取　由于有机溶剂只能萃取水相中以非离子状态存在的物质（主要是有机物质），而多数无机物质在水相中以水合离子状态存在，故无法用有机溶剂直接萃取。为实现用有机溶剂萃取，需先加入一种试剂，使其与水相中的离子态组分相结合，生成一种不带电、易溶于有机溶剂的物质，即将其由亲水性变成疏水性。该试剂与有机相、水相共同构成萃取体系。根据生成可萃取物类型的不同，可分为螯合物萃取体系、离子缔合物萃取体系、三元络合物萃取体系和协同萃取体系等。在水质监测中，螯合物萃取体系应用较多。

除上述介绍的预处理方法以外，还有许多方法可用于水样的预处理，如离子交换、共沉淀分离、活性炭吸附、干灰化等技术也广泛应用于样品的预处理中。限于本教材的性质，不宜陈述过多。

思考与练习

1. 保存水样的基本要求是什么？多采取哪些措施？
2. 对于采集到的水样，在运输途中应注意哪些方面？
3. 在测定水样中的金属化合物时，需要将样品中对测定有干扰作用的有机物和悬浮颗粒物分解掉，使待测金属以离子形式进入溶液中，请问应采取何种预处理方法？

阅读园地

"地球日"的诞生

20世纪60年代末，在不息的工业革命浪潮中，狂热的人们已开始看到，不可持续的生产方式和生活方式带来的全球环境危机远比现代化生活来得更迅猛、更沉重。这种危机感唤醒了人们。1962年，美国威斯康星州民主党参议员盖洛德·纳尔逊说服当时的总统肯尼迪，做了一次保护野生动物的旅行，以此来引起公众注意保护环境。1969年夏天，纳尔逊和他的同事们成立了一个组织，首先提出设立"地球日"的建议，得到了公众的热烈反响。

丹尼斯·海斯是"地球日"设想的支持者之一。他当时是哈佛大学法学院的学生，特意飞到华盛顿会见纳尔逊，并谈了自己的设想。在得到纳尔逊的鼓励后，丹尼斯·海斯办理了停学手续，全力以赴地搞起了环境保护运动。1970年，这位日后被称为"'地球日'之父"的丹尼斯·海斯，开始组织和发动群众。在他的热情倡导下，同年4月22日，美国的一些环境保护工作者和社会名流首次在美国国内开展了"地球日"活动。这一天，全美国有1万所中小学、2000所高等院校和全国的各大团体共2000万人参加了这次活动。人们高举着受污染的地球模型、巨幅画和图表进行了大规模的游行、集会、演讲等环境保护宣传教育活动，要求政府采取环境保护的措施。

1990年，庆祝"地球日"活动达到了高潮，美国国会宣布：将每年的4月22日定为美国法定的地球日。"1990年地球日"主席丹尼斯·海斯与其他国家的活动小组磋商，决定把1990年的"地球日"定为"国际地球日"。这一天，很多国家都进行了地球日活动，全世界参加纪念活动的人数多达2亿。中国国务院总理在中央电视台发表了纪念"地球日"20周年的电视讲话，国家环保局局长在报纸上发表了题为《人类的前途，历史的重任——写在"地球日"20周年之际》的纪念文章。

此后，"地球日"的影响与时俱进，每逢这一天，全世界许多国家都开展各种纪念活动。这些活动推动了环境保护事业的发展，促进了联合国环境规划署的设立。由于"地球日"是公众自发倡导的环境保护活动，它的影响促使全世界各国无数致力于环境保护的非政府组织（NGO）应运而生，成长壮大，逐渐形成全球性民间绿色运动的浪潮。

2000年，在纪念"地球日"30周年之际，丹尼斯·海斯特意来到中国，与中国的许多民间环保组织的领导人和积极分子见面，中国政府与民间环保组织共同举行了大型宣传纪念活动。这一年，全世界参加"地球日"活动的有近十亿人，说明环境问题已日益成为公众关注的焦点。

1.4 水体物理性质的测定

水体水质的优劣主要是通过物理、化学和生物三大类指标来评价的。就物理学指标而言，它主要包括水温、色度、悬浮物、浊度、电导率、透明度等六个项目。对于某些特殊水体（如工业污水、生活污水等），还需附加测定嗅、残渣、矿化度（地下水）、氧化还原电位等项目。

1.4.1 水温的监测

目前主要有水温计法、深水温度计法和颠倒温度计法三种。

（1）水温计法　水温计适用于测量水体的表层温度。水温计是安装于金属半圆槽壳内的水银温度表，下端连接一个金属贮水杯，温度表水银球部分悬在杯中，其顶端的槽壳带一圆环，拴以一定长度的绳子。测温范围通常为 $-6 \sim 41℃$，最小分度值为 $0.2℃$。测量时将其插入一定深度的水中，放置5min后，迅速提出水面并读数。

（2）深水温度计法　深水温度计结构与水温计相似。盛水圆筒较大，并有上、下活门，利用其放入水中和提升时的自动开启和关闭，使筒内装满所测温度的水样。该法适用于水深40m以内的水温的测量。测量范围 $-2 \sim 40℃$，分度值为 $0.2℃$。

（3）颠倒温度计法　颠倒温度计适用于测量水深在40m以上的各层水温，一般装在颠倒采水器上使用。它由主温表和辅温表构成。主温表是双端式水银温度计，用于观测水温，测量范围 $-2 \sim 32℃$，分度值为 $0.10℃$；辅温表为普通水银温度计，用于观测读取水温时的气温，以校正因环境温度改变而引起的主温表读数的变化，测量范围 $-20 \sim 50℃$，分度值为 $0.5℃$。测量时，将其沉入预定深度水层，放置7min后提出水面立即读数，并根据主、辅温度表的读数，用海洋常数表进行校正。

以上各种温度计均应定期进行校核。

1.4.2 色度的测定

衡量颜色深浅的指标称为色度，色度的标准单位是度。标准规定在每升溶液中含有2mg六水合氯化钴（Ⅳ）和1mg铂[以六氯铂（Ⅳ）酸的形式]时产生的颜色为1度。

水的颜色可分为真色和表色两种。真色是指去除悬浮物后水的颜色,没有去除悬浮物的水所具有的颜色称为表色。对于清洁或浊度很低的水,其真色和表色相近;对于着色很深的工业污水,二者差别较大。水的色度一般是指真色而言。国家标准《水质色度的测定》(GB 11903—89)中规定水的色度用铂-钴比色法和稀释倍数法来测定。

(1) 铂-钴比色法 本方法是用氯铂酸钾与氯化钴配成标准色列,再与水样进行目视比色确定水样的色度。测定时如果水样浑浊则应放置澄清,也可用离心法或用孔径 $0.45\mu m$ 滤膜过滤去除悬浮物,但不能用滤纸过滤。

该方法适用于清洁水,轻度污染并略带黄色调的水,比较清洁的地表水、地下水和饮用水等。如果水样中有泥土或其他分散很细的悬浮物,用澄清、离心等方法处理仍不透明时,则测定表色。测定时要求监测人员从上往下垂直观察,比较水样和铂-钴标准色列的颜色,水样的色度为标准色列中颜色最相近的那支比色管的色度。

(2) 稀释倍数法 此方法适用于污染较严重的地表水和工业污水。测定时,首先用眼睛观察样品,再用文字描述水样颜色的深浅(无色、浅色或深色)、色调(红、橙、黄、绿、蓝和紫等),如果可能的话,还应包括样品的透明度(透明、浑浊或不透明);然后将水样用光学纯水稀释至将近无色,移入同一套比色管中,在白色背景下与同样液柱高度的无色光学纯水比较颜色深浅;若与纯水颜色有差异,再进行稀释,直至不能觉察出颜色为止;记下此时稀释倍数值,即为该水样的稀释倍数,并以此表示颜色深浅。

1.4.3 悬浮物的测定(重量法)

悬浮物的测定采用国家标准《水质悬浮物的测定(重量法)》(GB 11901—89),此标准适用于地表水、地下水、生活污水和工业污水中悬浮物的测定。

水中悬浮物是指水样通过孔径为 $0.45\mu m$ 的滤膜,截留在滤膜上并于 103~105℃烘干至恒重的固体物质。

测定方法是:先将 $0.45\mu m$ 微孔滤膜于 103~105℃烘箱中烘干至恒重,并称其质量(称准至 0.2mg),再将恒重的微孔滤膜放在滤膜过滤器的滤膜托盘上,加盖配套的漏斗,并用夹子固定好;以蒸馏水湿润滤膜,并不断吸滤;量取 100mL 水样抽吸过滤,使水样全部通过滤膜;然后以每次 10mL 蒸馏水连续洗涤三次,继续吸滤以除去痕量水分;停止吸滤后,仔细取出载有悬浮物的滤膜放在原恒重的称量瓶里,移入烘箱中于 103~105℃下烘干 1h 后移入干燥器中,冷却至室温,称其质量;反复烘干、冷却、称量,直到两次称量的质量差≤0.4mg 为止。过滤前后二者之差即为悬浮物质量,再除以水样的体积,即得到悬浮物的测定结果,单位是 mg/L。

操作时要注意水样中不能加入任何保护剂,以防破坏物质在固、液间的分配平衡。飘浮和浸没的不均匀固体物质不属于悬浮物质,应从水样中除去。

1.4.4 浊度的测定

浊度是水中悬浮物对光线透射时所发生的阻碍程度的一种衡量指标。国家标准《水质浊度的测定》(GB 13200—91)中规定了水质浊度测定的两种方法。一种是分光光度法,此法适用于饮用水、天然水及高浊度水,最低检测浊度为 3 度;另一种是目视比浊法,它适用于饮用水和水源水等低浊度的水,最低检测浊度为 1 度。

(1) 目视比浊法 将水样与用硅藻土配制的标准浊度溶液进行比较,以确定水样的浊度。测定时配制一系列标准浊度溶液,其范围视水样浊度而定,取与标准浊度溶液等体积的摇匀水样,目视比较水样的浊度。我国采用 1L 蒸馏水中含有 1mg 一定粒度的硅藻土溶液的浊度为一个浊度单位。

（2）分光光度法　将一定量的硫酸肼与六亚甲基四胺聚合，生成白色高分子聚合物，以此作为浊度标准溶液。再用其配制一系列不同浊度的溶液，在 680nm 波长处分别测其吸光度，绘制吸光度-浊度校准曲线，再测水样的吸光度，即可从校准曲线上查得水样的浊度。如果水样经过稀释，要换算成原水样的浊度。

1.4.5　电导率的测定

水的电导率的大小与其中所含的电解质（无机酸、碱、盐）的数量有关。当它们的浓度较低时，电导率随浓度增大而增加，因此，水的电导率的大小反映了水中离子的总浓度或含盐量。不同类型的水有不同的电导率。

新鲜蒸馏水的电导率为 $0.5\sim2\mu S/cm$，但放置一段时间后，因吸收了 CO_2，电导率增加到 $2\sim4\mu S/cm$；超纯水的电导率小于 $0.10\mu S/cm$；天然水的电导率多在 $50\sim500\mu S/cm$ 之间；矿化水可达 $500\sim1000\mu S/cm$；含酸、碱、盐的工业污水电导率往往超过 $10000\mu S/cm$；海水的电导率约为 $30000\mu S/cm$。

水样的电导率可用电导率仪（或电导仪）测定，操作方便，可直接读数。有关仪器的操作方法可参见仪器说明书。需要注意的是：电导率的测定通常在 25℃ 进行，如果温度不是 25℃，则需要进行温度校正。此外，水样采集后应尽快测定电导率，水样中如含有粗大悬浮物、油脂等杂质会干扰测定，应预先过滤或萃取除去。

1.4.6　透明度的测定

水样的澄清程度称为透明度，它是与浊度相反的一个指标。测定透明度的方法有铅字法、塞氏盘法和十字法。

（1）铅字法　铅字法适用于天然水或处理后的水，使用透明度计进行测定。

透明度计是一种长 33cm、内径 2.5cm 的标有刻度的玻璃筒，筒底有一磨光玻璃片。筒与玻璃片之间有一个橡皮圈，用金属夹固定。距玻璃筒底部 1~2cm 处有一放水侧管。测定时，将振荡均匀的水样倒入筒内至 30cm 处，从筒口垂直向下观察，以刚好能清楚地辨认出其底部的标准铅字印刷符号时的水柱高度（以 cm 计）为该水样的透明度。如不能看清，则缓慢地放出水样，直到刚好能辨认出符号为止，记录此时水柱高度（cm）。超过 30cm 时为透明水。

本法受监测人员的主观影响较大，因此最好取多次或数人测定结果的平均值为监测数据。

（2）塞氏盘法　塞氏盘法也是一种简单实用的透明度测定方法，适用于现场测定。塞氏盘为直径200mm、黑白各半的圆盘，将其沉入水中，以刚好看不到它时的水深（cm）表示透明度。

（3）十字法　在内径为 30mm，长为 0.5m 或 1.0m 的具刻度玻璃筒的底部放一白瓷片，片中部有宽度为 1mm 的黑色十字和四个直径为 1mm 的黑点。将待测水样注满筒内，从筒下部缓慢放水，直至明显地看到十字而看不到四个黑点为止，以此时水柱高度（cm）表示透明度。当高度达 1m 以上时即为透明水。

思考与练习

1. 请指出下列叙述是否正确

（1）水的颜色可分为"表色"和"真色"。"表色"是指除去悬浮物后水的颜色，"真色"是指没有除去悬浮物的水的颜色。

(2) 水溶液的电导率取决于离子的性质、浓度、溶液的温度和黏度等。
(3) 浊度是水中悬浮物对光线透射时所发生的阻碍程度的一种衡量指标。
(4) 在进行悬浮物测定时,所有能被滤膜截留的杂质都属于悬浮物质。
2. 在水样的色度测定中,为什么要求从上往下垂直观察。
3. 用分光光度法测定浊度时,应选择什么波长。

阅读园地

我国研制成功污染事故预警系统

由大连市环境信息中心完成的国家重点科技项目——"重大环境污染事故区域预警系统"可以满足应急指挥的需要,把污染损失降到最低。

20世纪80年代中期,相继发生了博帕尔毒气泄漏事件和切尔诺贝利核电站爆炸事件,造成了数以千计的人员伤亡和殃及后代的遗传疾病。为了防止类似事件发生,1988年联合国环境规划署制定了 APEL (Awareness and Preparedness for Emergencies at the Level) 计划,以增强公众对风险事故的防范意识,制定必要的应急行动方案,强化事故预防措施,最大限度地减少由此带来的人员和财产损失。之后,美国和欧洲的一些国家先后建立了城市级的重大污染事故预警系统。我国政府也非常重视类似事故的发生,国家环保总局于1990年下发了"关于对重大环境污染事故隐患进行风险评价的通知"。1997年大连市环境信息中心承担了"重大污染事故预警系统"项目,1999年完成项目任务。两年来,该系统在大连市环境监理处、大连市危险废物中心试运行,使用情况一直良好。

该系统以大连为蓝本,建立了环境污染事故隐患的调查、评价、预测、预防、应急处理方法以及计算机软件系统。能够在某风险源发生事故时,计算给定气象、水文条件下污染物在不同时间内的扩散浓度、扩散范围、污染等级,确定一定范围内的影响人群和敏感单位,提供应急措施、报警信息和救援信息,为重大污染事故应急指挥奠定了基础。一旦发生污染事故,迅速及时启动救援系统,获得相关专业信息,确定最短路径救援方案,把损失降到最低。

专家认为,该系统将全面、直观、迅速、灵活融于软件之中,把重大污染事故所需的多种信息、多种预测模型的算法与地理信息系统、计算机网络技术、多媒体技术相结合,具有信息检索查询、污染预测和系统维护三项使用功能,适用于市级环境污染事故的管理部门、城市社会救援系统以及危险品的生产、贮存、使用和运输部门,具有极大的使用推广价值。

1.5 水中无机物的测定

无论是自然水体还是排放污水,其中都会含有各种各样的无机物质。这些无机物几乎都以离子的形式存在(水底沉积物除外),当它们的浓度超过一定的数值时,就会对水生生物和人体造成危害。尤其是水体中所含的重金属离子汞、镉、铅、铬等,虽然从检测的绝对浓度来看是微量的,但它们大多可经食物链和生物放大作用而成万倍地富集,最终导致各类水污染灾害的发生。日本在1931年发生的"痛痛病"事件和1956年发生的"水俣病"事件就分别是由于镉中毒和甲基汞中毒引起的,成为震惊世界的两大环境灾难。因此,各国政府对污水排放中的无机物含量都有极严格的限制,水中无机物的测定也就必然成为环境监测工作的重要内容。

1.5.1 金属化合物的测定

水体中的金属元素有些是人体健康必需的常量元素和微量元素，有些是有害于人体健康的，如汞、镉、铬、铅、铜、锌、镍、钡、钒、砷等。受"三废"污染的地表水和工业污水中有害金属化合物的含量往往明显增加。

有害金属侵入人的机体后，将会使某些酶失去活性而出现不同程度的中毒症状。其毒性大小与金属种类、理化性质、浓度及存在的价态和形态有关。汞、铅、砷、锡等金属的有机化合物比相应的无机化合物毒性要强得多；可溶性金属要比颗粒态金属毒性大；六价铬比三价铬毒性大等。

由于金属以不同形态存在时其毒性大小不同，所以需要分别测定可过滤金属、不可过滤金属和金属总量。可过滤态系指能通过孔径 $0.45\mu m$ 滤膜的部分；不可过滤态系指不能通过 $0.45\mu m$ 微孔滤膜的部分，金属总量是不经过滤的水样经消解后测得的金属含量，应是可过滤金属与不可过滤金属之和。

测定水体中金属元素广泛采用的方法有分光光度法、原子吸收分光光度法、阳极溶出伏安法及容量法，尤以前两种方法用得最多；容量法用于常量金属的测定。

1.5.1.1 钙镁总量的测定

水中钙镁含量也称为水的硬度，平时我们所说的软水和硬水，就是对水中钙镁含量的高低而言。硬度高的水在加热过程中会因钙镁盐的受热分解而在锅炉、管道和炊具内形成有害的水垢。所以工业用水（特别是锅炉用水）大多需要测定硬度。

钙镁含量测定常用原子吸收分光光度法和 EDTA 滴定法。《水质硬度》（GB 7477—87）规定地下水和地表水中钙和镁总量的测定采用 EDTA 滴定法，方法测定的最低浓度为 0.05mmol/L，此方法不适用于钙镁含量高的海水测定。

(1) 测定原理　EDTA（乙二胺四乙酸，H_4Y）是一种性能良好的络合剂，在 pH＝10 的氨性缓冲溶液中能与许多种金属离子形成稳定的螯合物。EDTA 络合滴定的终点可用金属指示剂铬黑 T（EBT）来指示。

(2) 测定步骤　用移液管吸取 50.0mL 试样置 250mL 锥形瓶中，加 4mL 缓冲溶液（pH＝10）和 3 滴铬黑 T 指示液，立即用 EDTA 标准溶液滴定，开始滴定时速度宜稍快，接近终点时宜稍慢，并充分振摇，滴定至红色消失刚出现纯蓝色即为终点，整个滴定过程应在 5min 内完成。记录消耗 EDTA 溶液的体积（mL）。

(3) 计算

$$c = \frac{c_1 V_1}{V_0}$$

式中　c——钙和镁总量，mmol/L；

c_1——EDTA 标准滴定溶液的浓度，mmol/L；

V_1——消耗 EDTA 溶液的体积，mL；

V_0——试样体积，mL。

如试样经过稀释，采用稀释因子修正计算。1mmol/L 相当于 100.1mg/L 以 $CaCO_3$ 表示的硬度。

水 的 硬 度

各国对水的硬度有不同的规定，我国的定义是：总硬度为钙和镁的总浓度，并折算成

CaO 的含量来表示。通常把 1L 水中含有 10mgCaO 称为 1°（1 度）。水的硬度在 8°以下的为软水，在 8°以上的为硬水，硬度大于 30°的是最硬水。

1.5.1.2 汞的测定

地表水汞污染的主要来源是贵金属冶炼、食盐电解制钠、仪表制造、农药、军工、造纸、氯碱工业、电池生产、医院等行业排放的污水。

由于汞的毒性大、来源广泛，汞作为重要的测定项目为各国所重视，分析方法较多。化学分析方法有：硫氰酸盐法、双硫腙法、EDTA 络合滴定法及沉淀重量法等。仪器分析方法有：阳极溶出伏安法、气相色谱法、中子活化法、X 射线荧光光谱法、冷原子吸收法、冷原子荧光法、中子活化法等。

我国国家标准规定总汞的测定采用冷原子吸收分光光度法（HJ 597—2011）和高锰酸钾-过硫酸钾消解法 双硫腙分光光度法（GB 7469—87）。以下主要介绍冷原子吸收分光光度法。

（1）测定原理 汞蒸气对波长为 253.7nm 的紫外光有选择性吸收，在一定的浓度范围内，吸光度与汞浓度成正比。

水样中的汞化合物经酸性高锰酸钾热消解，全部转化为二价汞离子，用盐酸羟胺将多余的氧化剂还原，再用氯化亚锡将二价汞还原成金属汞。在室温下通入空气或氮气流，以鼓泡方式将金属汞气化，并载入冷原子吸收测汞仪，测出其吸收值，即可求得试样中汞的含量。

（2）仪器简介 冷原子吸收专用汞分析仪，主要有光源、吸收管、试样系统、光电检测系统、显示系统等主要部件组成。国内外一些不同类型的测汞仪差别主要在吸收管和试样系统的不同。图 1-21 为测汞装置示意图。

光源：作用是产生供吸收的辐射。多数仪器用低压汞灯作光源，也有的使用空心阴极灯。

吸收管：作用相当于分光光度计的比色管，盛放汞原子蒸气。

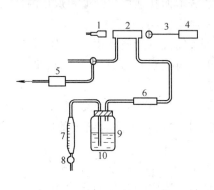

图 1-21 测汞仪原理示意图
1—汞灯；2—吸收池；3—检测器；
4—记录仪；5—除汞装置；6—干燥管；
7—流量计；8—空气泵；9—还原容器；10—试样

试样系统：指将试样引入吸收管的这部分装置，基本上常用的有循环泵法、通气法、注射器法和直接加热汞齐法。

光电检测系统：作用是将光信号转换成电信号，过去常用真空或充气光电管，现多用硫化镉光敏电阻和光电倍增管。

显示系统：多为机械表头式或数字直读式，可显示水样和标准系列的吸光度。

（3）测定步骤 参见 1.9.5 汞的测定。

1.5.1.3 镉的测定

镉的毒性很强，可在人体的肝、肾等组织中蓄积，造成各脏器组织的损坏，尤以对肾脏损害最为明显。它还可以导致骨质疏松和软化。

绝大多数淡水的含镉量低于 $1\mu g/L$，海水中镉的平均浓度为 $0.15\mu g/L$。镉的主要污染源是电镀、采矿、冶炼、染料、电池和化学工业等排放的污水。

国家标准中规定镉的测定方法有原子吸收分光光度法（GB 7475—87）和双硫腙分光光度法（GB 7471—87），检测范围是 $0.001\sim0.05mg/L$。

以下以原子吸收分光光度法为例,介绍镉的测定方法。

(1) 测定原理　原子吸收分光光度法又称原子吸收光谱分析,简称原子吸收分析(以 AAS 表示)。由锐线光源(镉空心阴极灯)发射的特征谱线(共振线)穿越被测水样的原子蒸气,由于镉原子的选择性吸收而使入射光强度与透射光强度产生差异。在仪器稳定的条件下,共振线被吸收的程度与火焰的长度和原子蒸气浓度的关系,遵守朗伯-比尔定律:原子蒸气对共振线辐射的吸收程度与试液中的基态原子数成正比,与原子蒸气的厚度成正比。即

$$A = \lg \frac{I_0}{I_t} = K'N_0L$$

式中　A——吸光度;
　　　I_0——入射光强度;
　　　I_t——透射光强度;
　　　K'——吸光系数;
　　　N_0——试液中的基态原子数;
　　　L——原子蒸气的厚度(即火焰长度)。

当喷雾的速度和火焰的长度都保持不变时,则吸光度与试样中待测离子的浓度成正比。即

$$A = Kc$$

式中　K——吸光系数;
　　　c——待测离子浓度。

据此,即可根据吸光度来测定水样中镉的含量。

(2) 测定方法

① 校准曲线法　配制一系列含待测离子的标准溶液,在原子吸收分光光度计上分别测定其吸光度。以扣除空白值之后的吸光度对浓度作图,在一定浓度范围内得到一条直线——校准曲线。同样,测定待测水样的吸光度,根据吸光度从校准曲线上查得待测离子的浓度。需要说明的是,目前新型的原子吸收分光光度计大多已配置了计算机接口,并有专用的软件支持,校准曲线和样品分析数据均可由计算机自动完成。

② 标准加入法　当试样的基体组成复杂且对测定有明显干扰时,则在校准曲线呈线性关系的浓度范围内可以采用标准加入法。

取四份相同体积的试样溶液,从第二份开始按比例加入不同体积的标准溶液,然后稀释到刻度,此时溶液浓度分别为 c_x、c_x+c_0、c_x+2c_0、c_x+3c_0。喷雾这四份溶液,测得相应的吸光度 A_x、A_1、A_2、A_3,然后以吸光度对加入的标准浓度作图,会得到一条直线。如图 1-22 所示。

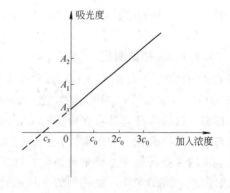

图 1-22　标准加入曲线

直线与浓度轴的交点 c_x,即为样品中元素浓度。

使用时应注意,为了得到较为准确的外推结果,最好用四个点以上制作外推直线,同时首次加进标准溶液的浓度最好大致和试样溶液浓度相当,即 $c_0 \approx c_x$。

1.5.1.4 铅的测定

铅是可在人体和动植物组织中蓄积的有毒金属，其主要毒性效应是导致贫血、神经机能失调和肾损伤等。铅对水生生物的安全浓度为 0.16mg/L。

铅的主要污染源是蓄电池、冶炼、五金、机械、涂料和电镀工业等部门排放的污水。测定水体中铅的方法与测定镉的方法相同，广泛采用原子吸收分光光度法（GB 7475—87）和双硫腙分光光度法（GB 7470—87）。以上两种方法为国家标准规定的方法，除此之外，也可以用阳极溶出伏安法和示波极谱法。以下介绍双硫腙分光光度法。

(1) 测定原理 在 pH 为 8.5～9.5 的氨性柠檬酸盐-氰化物的还原介质中，铅与双硫腙反应生成红色螯合物，用三氯甲烷（或四氯化碳）萃取后于 510nm 波长处比色测定，利用校准曲线法即可求得水样中铅的含量。

(2) 测定步骤

①消化过的水样 取 100mL 消化过的水样，向其中加入 20mL(1+4)HNO_3，然后将溶液经漏斗滤入 250mL 分液漏斗中。用 50mL 蒸馏水洗涤取样容器，并将洗涤水滤入分液漏斗。向分液漏斗中加入 50mL 氨性柠檬酸盐-氰化钾溶液，混匀后冷至室温。再加入 10mL 双硫腙工作液，剧烈振荡 30s，然后放置分层。在分液漏斗的茎管内塞入无铅棉花，然后放出下层有机相，弃去最初的 2mL $CHCl_3$ 层（配制双硫腙工作液的溶剂），再注入比色皿中，在 510nm 处测定萃取液的吸光度。

②未经消化的水样 取 100mL 酸化过的水样（pH=2），放入 250mL 分液漏斗中。加入 20mL(1+4)HNO_3 和 50mL 氨性柠檬酸盐-氰化钾溶液，摇匀后加入 10mL 双硫腙工作液，然后按前述相同步骤处理。

③校准曲线 至少用 5 个浓度的系列标准溶液和一份空白绘制浓度-吸光度曲线，根据曲线确定萃取液中铅的浓度。

(3) 计算

$$\rho(Pb)(mg/L) = \frac{m}{V}$$

式中 m——从校准曲线上查得的 10mL 萃取液中 Pb 的质量，μg；

  V——水样的体积，mL。

1.5.1.5 铬的测定

铬的化合物主要有 CrO_4^{2-}（六价）和 Cr_2O_3（三价）。在水体中一般以 CrO_4^{2-}、$HCr_2O_7^-$、$Cr_2O_7^{2-}$ 三种形式存在。铬是生物体所必需的微量元素之一，但浓度高时则对人体有害。铬的毒性与其存在价态有关，通常认为六价铬的毒性比三价铬大 100 倍。但是对鱼类来说，三价铬化合物的毒性比六价铬大。

铬的工业污染源主要来自铬矿石加工、金属表面处理、皮革鞣制、印染、照相材料等行业的污水。铬是水质污染控制的一项重要指标。

水中铬的测定方法主要有二苯碳酰二肼分光光度法、原子吸收分光光度法、硫酸亚铁铵滴定法等。二苯碳酰二肼分光光度法是国内外的标准方法；滴定法适用于含铬量较高的水样。以下介绍分光光度法。

(1) 六价铬的测定

①测定原理 在酸性溶液中，六价铬与二苯碳酰二肼反应，生成紫红色化合物，其色度在一定浓度范围内与含量成正比，于 540nm 波长处进行比色测定，利用校准曲线法求水样中铬的含量。本方法适用于地表水和工业污水中六价铬的测定。

② 测定步骤　参见 1.9.3 六价铬的测定。

(2) 总铬的测定　三价铬不与二苯碳酰二肼反应，必须将三价铬氧化至六价铬后，才能显色。

在酸性溶液中，以 $KMnO_4$ 将水样中的 Cr^{3+} 氧化为 Cr^{6+}，过量的 $KMnO_4$ 用 $NaNO_2$ 分解，过剩的 $NaNO_2$ 以 $CO(NH_2)_2$ 分解，然后调节溶液的 pH 值，加入显色剂显色，按测定六价铬的方法进行比色测定。

1.5.2　非金属元素无机物的测定

水体中所含的非金属无机化合物种类很多，与重金属元素相比，绝大多数对人体影响较小。但有些元素（如 N、P 等）可造成水体的过度富营养化，导致藻类大量繁殖，水质恶化，水生生物大量死亡。因此，对自然水体和排放污水中非金属元素无机物的监测也是十分必要的。

1.5.2.1　pH 值的测定（直接电位法）

pH 值是溶液中氢离子活度 a_{H^+} 的负对数，即 $pH=-\lg a_{H^+}$。天然水的 pH 值大多在 6~9 范围内，当水体受到酸或碱的污染后，pH 值就会发生变化。

(1) 测定原理　直接电位法（也称玻璃电极法）是精确测定 pH 值最常用的方法。测定时，以玻璃电极为指示电极，饱和甘汞电极为参比电极，与被测水样组成工作电池，即可用 pH 计读出试样的 pH 值。该法的优点是准确、快速，基本上不受溶液的颜色、浊度、胶体物质、氧化剂和还原剂以及高含盐量的干扰，便于现场测定。

(2) 测定步骤

① 将玻璃电极和甘汞电极连接在酸度计上，接通电源；

② 将电极浸入标准缓冲溶液中，将 pH 读数调整到缓冲溶液的标准 pH 值，然后取出电极，用蒸馏水冲洗并用滤纸吸干；

③ 将电极插入待测溶液，待读数稳定后记录 pH 值。

(3) 注意事项　玻璃电极在使用前应浸泡 24h 激活。

1.5.2.2　溶解氧的测定

溶解在水中的气态氧称为溶解氧，用 DO 表示。氧在水中的溶解度与大气中氧的平衡有关，受压力、温度、水质等影响很大。清洁地表水中氧含量都可达到饱和的程度，正常情况下含氧量约为 9mg/L 左右。这些溶解氧除供水体中各种生物的呼吸以外，还被消耗于氧化水中的还原性无机物（如硫化物、亚硝酸根、亚铁离子等）以及水中好氧微生物氧化分解有机物质的过程。因此，它是水体具有自净能力的关键要素。测定水样中溶解氧的方法有碘量法（GB 7489—87）和电化学探头法（HJ 506—2009）。前者适用于清洁水的测定，后者适用于污水的测定。目前常用电化学探头法测定溶解氧。

(1) 测定原理　电化学探头法也称氧化电极法。所用的探头是一种聚四氟乙烯（或聚乙烯）薄膜电极。此类氧电极分为极谱型和原电池型两种，使用较多是极谱型电极。极谱型氧电极由黄金阴极、银-氯化银阳极、聚四氟乙烯（或聚乙烯）薄膜、壳体等部分组成。电极腔内充有氯化钾溶液，电极薄膜将内电解液和被测水样分开，只允许溶解氧渗过。当在两个电极上外加一个固定极化电压时（0.5~0.8V），水样中的溶解氧渗过薄膜在阴极上还原，产生了该温度下与氧浓度（或该温度下溶解氧分压）成正比的还原电流。因此，在一定条件下只要测得还原电流，就可以求出水中溶解氧的浓度。图 1-23 为电极结构示意图，图 1-24 为溶解氧测定仪工作原理示意图。

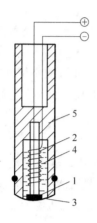

图 1-23　溶解氧电极结构

1—黄金阴极；2—银丝阳极；
3—薄膜；4—KCl 溶液；5—壳体

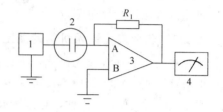

图 1-24　溶解氧测定仪原理图

1—极化电压源；2—溶解氧电极测量池；
3—放大器；4—记录表

根据所采用探头的不同类型，可测定氧的浓度（mg/L），或氧的饱和百分率（％溶解氧），或者二者皆可测定。此方法既可用于实验室的测定，也可用于现场测定或连续监测。

（2）测定步骤　测定时，首先用水样校正零点，再用化学法校准仪器刻度值，最后测定水样，便可直接显示其溶解氧浓度。仪器设有自动或手动温度补偿装置，补偿由于温度变化造成的测量误差。

1.5.2.3　氰化物的测定

氰化物属剧毒品，它被人体吸收后将导致人体内氧气输送中断而最终窒息死亡。水中的氰化物常以简单的氰化物（如氰化钠）和络合氰化物（如铁氰化钾）等形式存在。简单氰化物比配位氰化物毒性大。地表水中一般不含氰化物，氰化物污染主要来自电镀、焦化、选矿、石油化工、有机玻璃、农药等行业。

测定水体中氰化物有两项不同的指标，一种是测定氰化物，另一种是测定总氰化物，由此产生两种不同的分离（蒸馏）方法。现说明如下。

① 向水样中加入酒石酸和硝酸锌，调节 pH 值为 4，加热蒸馏，则简单氰化物及部分络合氰化物［如 $Zn(CN)_4^{2-}$］以氰化氢形式被蒸馏出来，用氢氧化钠溶液吸收。取此蒸馏液测得的氰化物为易释放的氰化物。

② 向水样中加入磷酸和 EDTA，在 pH<2 的条件下加热蒸馏，此时可将全部简单氰化物和除钴氰络合物外的绝大部分络合氰化物以氰化氢的形式蒸馏出来，用氢氧化钠溶液吸收。取该蒸馏液测得的结果为总氰化物。

氰化物的蒸馏装置见图 1-18。

氰化物的分析方法有滴定分析法、分光光度法（又分异烟酸-吡唑啉酮比色法和吡啶-巴比妥酸比色法）和离子选择电极法。HJ 484—2009 规定了地表水、生活污水和工业废水中氰化物的样品采集与制备，及容量法和分光光度法样品分析方法。现以总氰化物的测定为例介绍氰化物的测定方法。

（1）测定原理　首先将水样中的氰化物通过蒸馏方法分离出来，并用 NaOH 溶液吸收，然后选择分光光度法（或滴定分析法、离子选择电极法）进行测定。

（2）测定步骤

① 氰化氢的释放和吸收　取一定量水样加入蒸馏瓶中，在接收瓶内加入 10mL 氢氧化

钠溶液作为吸收液。再向蒸馏瓶中加入 10mL EDTA 二钠溶液和适量磷酸，使 pH 小于 2。装配好装置后进行蒸馏。当接收瓶内溶液近 100mL 时，停止蒸馏，用少量水洗馏出液导管，取出接收瓶，用水稀释至标线，此碱性馏出液可用于测定总氰化物。

② 校准曲线的绘制　取 8 支具塞比色管，分别加入 1.00μg/mL 氰化钾标准贮备液 0，0.20mL、0.50mL、1.00mL、2.00mL、3.00mL、4.00mL 和 5.00mL，各加氢氧化钠至 10mL。向各管中加入 1 滴酚酞指示剂，用盐酸调节溶液红色刚消失为止。加入 5mL 磷酸盐缓冲溶液，摇匀，迅速加入 0.2mL 氯胺 T 溶液，立即盖塞、混匀，放置 3～5min，再加入 5mL 吡啶-巴比妥酸溶液，加水稀释至标线，混匀。在 40℃ 水浴中，放置 20min，取出冷却至室温。在 580nm 波长处，用 10mm 比色皿，以试剂空白（零浓度）作参比，测定吸光度，并绘制校准曲线。

③ 试样测定　按上述同样方法对试样进行显色，将显色后的试样溶液在同样的条件下测定吸光度并从校准曲线上查出相应的氰化物含量。

④ 计算

$$\rho = \frac{(m_a - m_b)}{V} \times \frac{V_1}{V_2}$$

式中　ρ——总氰化物含量（以 CN^- 计），mg/L；
　　　m_a——从校准曲线上查出试样的含氰化物质量，μg；
　　　m_b——从校准曲线上查出试剂空白的含氰化物质量，μg；
　　　V——样品的体积，mL；
　　　V_1——试样（馏出液）总体积，mL；
　　　V_2——试样（比色时所取馏出液）体积，mL。

1.5.2.4　含氮化合物的测定

（1）氨氮的测定　水中的氨氮是指以游离氨（或称非离子氨 NH_3）和离子氨（NH_4^+）形式存在的氮，两者的组成比取决于水的 pH 值。对地表水，常要求测定非离子氨。

水中氨氮主要来源于生活污水中含氮有机物受微生物作用的分解产物，焦化、合成氨等工业污水以及农田排水等。氨氮含量较高时，对鱼类呈现毒害作用，对人体也有不同程度的危害。

测定水中氨氮的方法有纳氏试剂分光光度法（HJ 535—2009）、水杨酸-次氯酸盐分光光度法（HJ 536—2009）、离子选择电极法和蒸馏中和滴定法（HJ 537—2009）。现以分光光度法为例说明氨氮的测定方法。

① 测定原理　纳氏试剂分光光度法的基本原理是：在水样中加入碘化钾和碘化汞的强碱溶液（纳氏试剂），它可与氨反应生成黄棕色胶状化合物，此化合物在较宽的波长范围内具有强吸收，通常使用 410～425nm 范围波长的光进行比色分析。反应式为：

$$2K_2[HgI_4] + 3KOH + NH_3 = NH_2Hg_2OI + 7KI + 2H_2O$$

② 测定步骤　参见 1.9.7 氨氮的测定。

（2）亚硝酸盐氮的测定　亚硝酸盐是含氮化合物分解过程的中间产物，极不稳定，可被氧化成硝酸盐，也易被还原成氨，所以取样后立即测定，才能检出 NO_2^-。

水体中亚硝酸盐的主要来源是污水、石油、燃料燃烧以及硝酸盐肥料工业，染料、药物、试剂厂家排放的污水。淡水、蔬菜中亦含有亚硝酸盐，含量不等。

亚硝酸盐氮的测定，通常采用重氮偶合比色法和离子色谱法等。重氮比色法中按试剂不同分为 N-(1-萘基)-乙二胺比色法和 $α$-萘胺比色法，两者的原理和操作基本相同。

① 测定原理　N-(1-萘基)-乙二胺比色法测定亚硝酸盐氮的基本原理是：在 pH 值为 1.8 ± 0.3 的磷酸介质中，亚硝酸盐与对氨基苯磺酰胺反应，生成重氮盐，再与 N-(1-萘基)-乙二胺偶联生成红色染料，于 540nm 处进行比色测定。

本法适用于饮用水、地表水、地下水、生活污水和工业废水中亚硝酸盐的测定。最低检出浓度为 0.003mg/L，测定上限为 0.20mg/L。

② 测定步骤　参见 1.9.6 亚硝酸盐氮的测定。

(3) 硝酸盐氮的测定　硝酸盐是在有氧环境中最稳定的含氮化合物，也是含氮有机化合物经无机化作用最终阶段的分解产物。清洁的地表水中硝酸盐氮含量较低，受污染水体和一些深层地下水中含量较高。制革和酸洗废水、某些生化处理设施的出水及农田排水中常含大量硝酸盐。人体摄入硝酸盐后，经肠道中微生物作用转变成亚硝酸盐而呈现毒性作用。

水中硝酸盐的测定方法有酚二磺酸分光光度法、镉柱还原法、戴氏合金还原法、紫外分光光度法和离子选择电极法等。

酚二磺酸分光光度法测定硝酸盐氮的基本原理是：硝酸盐在无水存在情况下与酚二磺酸反应，生成硝基二磺酸酚，于碱性溶液中又生成黄色的硝基酚二磺酸三钾盐，于 410nm 处测其吸光度，并与标准溶液比色定量。

该方法测定浓度范围大，显色稳定，适用于测定饮用水、地下水和清洁地表水中的硝酸盐氮。最低检出浓度为 0.02mg/L，测定上限为 2.0mg/L。

1.5.2.5　硫化物的测定

地下水（特别是温泉水）及生活污水常含有硫化物，其中一部分是在厌氧条件下，由于微生物的作用，使硫酸盐还原或含硫有机物分解而产生的。焦化、造气、选矿、造纸、印染、制革等工业废水中亦含有硫化物。

测定水中硫化物的方法有对氨基二甲基苯胺分光光度法、碘量法、电位滴定法、离子色谱法、极谱法、库仑滴定法、比浊法等，其中以前三种方法应用较广泛。

(1) 对氨基二甲基苯胺分光光度法　在含三价铁离子的酸性溶液中，硫离子与对氨基二甲基苯胺反应，生成蓝色的亚甲蓝染料，颜色的深浅与水样中硫离子浓度成正比，可在 665nm 波长处比色定量。

本法最低检出浓度为 0.02mg/L（S^{2-}），测定上限为 0.8mg/L。

(2) 碘量法　本法适用于测定硫化物含量大于 1mg/L 的水样。其基本原理是：水样中的硫化物与乙酸锌生成白色硫化锌沉淀，将其用酸溶解后，加入过量碘溶液，则碘与硫化物反应析出硫，用硫代硫酸钠标准溶液滴定剩余的碘，根据硫代硫酸钠溶液消耗量，间接计算硫化物的含量。

*1.5.2.6　总磷的测定

天然水体中的磷以各种形式存在，如正磷酸盐、过磷酸盐、偏磷酸盐和多磷酸盐等，但磷含量很低。磷是生物生长的必备元素，但含量又不能过高，如果水体中磷含量>0.2 mg/L 时，可造成藻类的过度生长，直至达到富营养化的有害程度，透明度降低，造成绿潮、赤潮的发生。水中磷的污染主要来自化肥、冶炼、合成洗涤剂等行业以及生活污水排放。

GB 11893—89 规定水质中总磷的测定采用钼酸铵分光光度法。总磷包括溶解的、颗粒的、有机的和无机的磷。

(1) 测定原理　在中性条件下用过硫酸钾（或硝酸-高氯酸）使试样消解，将所含的磷全部氧化为正磷酸盐。在酸性介质中，正磷酸盐与钼酸铵反应，在锑盐存在下生成钼杂多酸，用抗坏血酸还原成钼蓝测定。测定中还原剂很多，抗坏血酸较好。

（2）测定步骤 水样用过硫酸钾加热消解，然后向水样中加入抗坏血酸并混合均匀，30s后加钼酸铵溶液显色。用30mm比色皿，在700nm波长下，以水做参比进行分光光度测定，并记录吸光度。

配制磷酸盐系列标准溶液，按水样同样的方法进行显色，以水做参比进行分光光度测定，用所得数据绘制校准曲线。

用扣除了空白试验的吸光度值从校准曲线上查出磷的含量。

（3）注意事项 采取500mL水样后加入1mL硫酸（密度为1.84g/mL）调节样品的pH值，使之低于或等于1，或不加任何试剂于冷处保存（注：含磷量较少的水样，不要用塑料瓶采样，因磷酸盐易吸附在塑料瓶壁上）。

*1.5.2.7 总砷的测定

总砷是单体形态、无机和有机化合物中砷的总称。

元素砷毒性很低，而砷的化合物均有毒，其中三价砷化合物的毒性最大。如As_2O_3俗称砒霜有剧毒，致死量为60~200mg。地表水中砷污染主要来源于染料、涂料、制药、农药、采矿等行业。

测定水体中砷的方法主要有：水质中总砷的测定采用二乙基二硫代氨基甲酸银分光光度法（GB 7485—87）；水质中痕量砷的测定采用硼氢化钾-硝酸银分光光度法（GB 11900—89）；除此之外还有原子吸收分光光度法。

（1）测定原理 锌与酸作用，产生新生态氢。在碘化钾和氯化亚锡存在下，使五价砷还原为三价，三价砷被新生态氢还原成气态砷化氢。用二乙基二硫代氨基甲酸银-三乙醇胺的三氯甲烷溶液吸收砷，生成红色胶体银，在波长510nm处，测其吸光度。以空白校正后的吸光度用校准曲线法定量。

（2）测定步骤 参见1.9.4砷的测定。

*1.5.2.8 氟化物的测定

氟化物广泛存在于天然水中。有色冶金、钢铁、铝加工、玻璃、磷肥、电镀、陶瓷、农药等行业排放的废水和含氟矿物污水是氟化物的人为污染源。

测定水中氟化物的主要方法有：氟离子选择电极法、氟试剂分光光度法、茜素磺酸锆目视比色法、离子色谱法和硝酸钍滴定法。其中以前两种方法应用最为广泛。

对于污染严重的生活污水和工业废水，以及含氟硼酸盐的水，测定前均要进行预蒸馏。清洁的地表水，地下水可直接取样测定。

（1）氟离子选择电极法

① 测定原理 以氟离子选择电极作指示电极，饱和甘汞电极作参比电极，与被测溶液组成原电池，用离子计或酸度计测量电池电动势。此电池的电动势随溶液中氟离子浓度的变化而改变。

测量时，先用氟离子系列标准溶液绘制校准曲线，然后在相同条件下测定电极对与水样组成工作电池的电动势，即可利用校准曲线求出水样中F^-的浓度。

② 测定步骤 通常采用校准曲线法。用无分度吸管分别取1.00mL，3.00mL，5.00mL，10.00mL，20.00mL氟化物标准溶液，置于50mL容量瓶中，加入10mL总离子强度缓冲调节剂（简称TISAB，常用的是0.2mol/L柠檬酸钠-1mol/L硝酸钠溶液），用水稀释至标线，摇匀。分别移入100mL聚乙烯杯中，各放入一只塑料搅拌子，以浓度由低到高为顺序，分别依次插入电极，连续搅拌溶液，待电位稳定后，在继续搅拌下读取电位值

(E)。在每一次测量之前，都要用水将电极冲洗干净，并用滤纸吸干水分。在坐标纸上绘制 $E(mV)$-$\lg c_F(mg/L)$ 校准曲线。同样方法测定水样的电位值（E_x），从校准曲线上查出测定液中 F^- 浓度，再换算成原水样的浓度。

(2) 氟试剂分光光度法　氟试剂也称茜素氨羧络合剂，化学名称为 1,2-羟基蒽醌-3-甲胺-N,N-二乙酸。在 pH=4.1 的醋酸盐缓冲介质中，它与 F^- 和 $LaNO_3$ 反应，生成蓝色的三元络合物，颜色深度与 F^- 浓度成正比，可在 620nm 波长处比色定量。

由于三元络合物在水中溶解度较低，以有机溶剂提取后，可直接进行比色测定，称为萃取比色法，其灵敏度大为提高。

*1.5.2.9　游离氯和总氯的测定

水质分析中的游离氯是指以次氯酸、次氯酸盐以及溶解的单质氯形式存在的氯，而总氯则是指包括游离氯、氯胺（如 NH_2Cl、NCl_3 等）以及有机氯等形式存在的氯。

氯离子（及氯化物）是水体中常见的阴离子，含量范围变化很大。江、河、湖水中含量低，海水、盐湖水中含量很高。氯在水中的存在形式，取决于 pH 值的大小，一般情况下，主要是次氯酸及其盐类。

氯的污染主要来自电镀行业、氯碱行业和生活污水等。国家标准中规定水中氯化物的测定采用硝酸银滴定法（GB 11896—89），水中游离氯和总氯的测定采用 N,N-二乙基-1,4-苯二胺滴定法（HJ 585—2010）。前者适用于水中含氯量较高的水样，后者适用于水中含氯量较低的水样（0.03~5mg/L 游离氯或总氯）。

(1) 测定原理

① 游离氯的测定　在 pH 为 6.2~6.5 条件下，游离氯直接与 N,N-二乙基-1,4-苯二胺（DPD）反应生成红色化合物。用硫酸亚铁铵标准溶液滴定至红色消失。

② 总氯的测定　在过量碘化钾存在下，总氯直接与 N,N-二乙基-1,4-苯二胺（DPD）反应生成红色化合物，然后用硫酸亚铁铵标准溶液滴定至红色消失。

(2) 测定步骤

① 取 100mL 水样两份（V_0），如总氯（Cl_2）超过 5mg/L，则取较小体积水样，用水稀释至 100mL。

② 游离氯的测定　在 250mL 锥形瓶中，迅速依次加入 5.0mL 缓冲液、5.0mL DPD 试剂和第一份水样，并混合均匀。立即用硫酸亚铁铵标准溶液滴定至无色为终点，记录滴定所消耗硫酸亚铁铵标准溶液的体积（V_1）。

③ 总氯的测定　在 250mL 锥形瓶中迅速加入 5.0mL 缓冲液、5.0mL DPD 试液、第二份水样和约 1g 碘化钾混匀。2min 后，用硫酸亚铁铵标准溶液滴定至无色为终点。若在 2min 内观察到粉红色再现，继续滴定到无色作为终点。记录滴定所消耗硫酸亚铁铵标准溶液的体积（V_2）。

④ 校正氧化锰及六价铬的干扰　进行补充测定，向水样中预先加入亚砷酸钠或硫代乙酰胺溶液，可消除不包括氧化锰和六价铬的所有氧化物，以便确定氧化锰和六价铬的影响。

取 100mL 水样于 250mL 锥形瓶中，加入 1mL 亚砷酸钠或硫代乙酰胺溶液混匀。再加入 5.0mL 缓冲液和 5.0mL DPD 溶液，在氧化锰干扰的情况下，立即用硫酸亚铁铵标准溶液滴定至无色为终点。30min 后，滴定六价铬的干扰。记录滴定所消耗硫酸亚铁铵标准溶液的体积（V_3），此消耗相当于氧化锰和六价铬的干扰。

(3) 计算

① 游离氯的计算

$$c = \frac{c_1(V_1 - V_3)}{V_0}$$

式中　c——游离氯(Cl_2)浓度，mmol/L；
　　　c_1——硫酸亚铁铵标准滴定溶液的浓度，mmol/L；
　　　V_0——水样体积，mL；
　　　V_1——滴定所消耗硫酸亚铁铵标准溶液的体积，mL；
　　　V_3——校正干扰滴定所消耗硫酸亚铁铵标准溶液的体积，mL。如不存在氧化锰和六价铬时，$V_3 = 0$ mL。

② 总氯的计算

$$c = \frac{c_1(V_2 - V_3)}{V_0}$$

式中　c——总氯（Cl_2）浓度，mmol/L；
　　　V_2——在测定总氯中消耗硫酸亚铁铵标准溶液的体积，mL。
　　　其他符号意义同前。

（4）注意事项　按要求采取具有代表性的水样，采样后立即测定，自始至终避免强光、振摇和温热。

思考与练习

1. 现有一份水样进行总氯测定，已知硫酸亚铁铵标准溶液的浓度为 2.8mmol/L，水样体积为 100mL，滴定所消耗的硫酸亚铁铵标准溶液的体积为 26.50mL，校正干扰滴定所消耗的硫酸亚铁铵标准溶液的体积为 2.3mL，请计算水样的总氯含量（以 mmol/L 为单位）。
2. 用 EDTA 络合滴定法测定水中总硬度时，加入三乙醇胺能消除哪几种离子的干扰？
3. 总氰化物不包括下列哪一种物质：
   A. 碱土金属的氰化物　B. 铵的氰化物　C. 钴氰络合物　D. 镍氰络合物
4. 测定可过滤金属时所用滤膜的孔径应为多少微米？
5. 测得某溶液的 pH 值为 6.0，其氢离子活度为多少摩尔每升？
6. 试简述原子吸收分光光度计的工作原理。
7. 用分光光度法测定水样中 Pb^{2+} 浓度，分别向 4 份 20mL 样品中加入浓度为 1mg/L 铅标准溶液 0.00mL、1.00mL、2.00mL、4.00mL，然后稀释到 25mL。在相同条件下测定吸光度，分别为 10.0，12.3，16.5 和 23.4，试求水样中 Pb^{2+} 浓度。

日本水俣病事件

日本熊本县水俣湾外围的"不知火海"是被九州本土和天草诸岛围起来的内海，那里海产丰富，是渔民们赖以生存的主要渔场。水俣镇是水俣湾东部的一个小镇，有 4 万多人居住，周围的村庄还住着 1 万多农民和渔民。"不知火海"丰富的渔产使小镇格外兴旺。

1956 年，水俣湾附近发现了一种奇怪的病。这种病症最初出现在猫身上，被称为"猫舞蹈症"。病猫步态不稳，抽搐、麻痹，甚至跳海死去，被称为"自杀猫"。随后不久，此地也发现了患这种病症的人。患者由于脑中枢神经和末梢神经被侵害，轻者口齿不清、步履蹒跚、面部痴呆、手足麻痹、感觉障碍、视觉丧失、震颤、手足变形，重者神经失常，或酣睡，或兴奋，身体弯弓高叫，直至死亡。当时这种病由于病因不明而被叫做"怪病"。这种"怪病"就是日后轰动世界的"水俣病"。

"水俣病"的罪魁祸首是金属汞。1925年日本氮肥公司在水俣湾附近建厂，生产醋酸乙烯酯和氯乙烯，氯乙烯和醋酸乙烯酯在制造过程中要使用含汞（Hg）的催化剂，这使排放的污水含有大量的汞。汞在水中微生物的作用下，会转化成甲基汞（CH_3HgCl）。这种剧毒物质只要摄入1000mg就可置人于死命，摄入500mg就会出现中毒症状。而当时由于氮肥公司的持续生产已使水俣湾的甲基汞含量越来越高，水俣湾里的鱼虾也由此被污染了。这些被污染的鱼虾通过食物链又进入了动物和人类的体内。甲基汞入人体后，被肠胃吸收，侵害脑部和身体其他部分。进入脑部的甲基汞会使脑萎缩，侵害神经细胞，破坏掌握身体平衡的小脑和知觉系统。据1972年日本环境厅公布，日本先后三次发生水俣病，患者计900人，受威胁的人达2万以上。

1.6 水中有机化合物的测定

现代人的生活对有机化学品的依赖是显而易见的，医药、农药、洗涤剂、化妆品、高分子材料等都是有机化学工业的伟大杰作，不可能全盘否定化学工业给人类生活所带来的巨大好处。但不可回避的现实是，人类生产和生活所排放出的污水中，有机物的含量已远远超过了水体自净所能承受的最大限度，这样水体的有机物污染就不可避免了。

水体中有毒有机污染物主要来源于农药、医药、染料、化工等制造行业和使用部门，大规模地滥用这些产品，使水体中DDT、六六六、苯酚等有害物质大量增加，其结果是造成许多地区鱼虾死亡、鸟蛇绝迹，人群中癌症发病率和胎儿畸形现象增多。虽然不能绝对地说这些情况都是有机污染造成的，但许多科学证据表明，有机污染物的危害性是不容忽视的。

从环境治理的角度来说，这种污染并非无法消除，除了对现有生产工艺的改革以外，污水排放前的无害化处理是十分关键的。这其中就包含对水中有机物的测定。由于水中所含有机物种类繁多，难以对每一个组分都进行定量测定，因此目前多测定与水中有机物相当的需氧量来间接表征有机物的含量。

1.6.1 化学耗氧量（COD）的测定

化学耗氧量是指在一定条件下，氧化1L水样中还原性物质所消耗的氧化剂的量，以氧的量 mg/L 表示。水体中还原性物质包括有机物和亚硝酸盐、硫化物、亚铁盐等无机物。化学耗氧量反映了水体受还原性物质污染的程度。基于水体被有机物污染是很普遍的现象，该指标也作为有机物相对含量的综合指标之一。

COD测定采用重铬酸钾法（GB 11914—89）。

（1）测定原理　在强酸性溶液中，用重铬酸钾氧化水样中的还原性物质，过量的重铬酸钾以试铁灵作指示剂，用硫酸亚铁铵标准溶液回滴，根据其用量计算水样中还原性物质消耗氧的量。

（2）测定步骤　参见1.9.8 COD的测定。

1.6.2 高锰酸盐指数的测定

以高锰酸钾为氧化剂氧化水样中的还原性物质所消耗的氧化剂的量称为高锰酸盐指数，以氧的量 mg/L 来表示。它所测定的实际上也是化学耗氧量，只是我国标准中仅将酸性重铬酸钾法测得的值称为化学耗氧量（COD）。

高锰酸盐指数测定分为酸性和碱性两种条件，分别适用于不同的水样。对于清洁的地表水和被污染的水体中氯离子含量不超过300mg/L的水样，通常采用酸性高锰酸钾法；对于含氯量高于300mg/L的水样，应采用碱性高锰酸钾法。因为在碱性条件下高锰酸钾的氧化能力比较弱，此时不能氧化水中的氯离子，使测定结果能较为准确地反映水样中有机物的污染程度。

国际标准化组织（ISO）建议高锰酸盐指数仅限于测定地表水、饮用水和生活污水。

(1) 测定原理　在碱性或酸性溶液中，加一定量 $KMnO_4$ 溶液于水样中，加热一定时间以氧化水中的还原性无机物和部分有机物。加过量草酸钠溶液还原剩余的 $KMnO_4$，最后再以 $KMnO_4$ 溶液回滴过量的草酸钠。

(2) 测定步骤（酸性高锰酸钾法）：

① 取 100mL 水样（原样或经稀释）置于锥形瓶中，加入 5mL H_2SO_4 溶液 (1+1) 混合均匀；

② 加入 10.0mL 高锰酸钾标准溶液 $[c(1/5\ KMnO_4)=0.01mol/L]$，置于沸水浴中加热 30min，取出冷却至室温；

③ 加入 10mL 草酸钠标准溶液 $[c(1/2\ Na_2C_2O_4)=0.01mol/L]$，使溶液中的红色褪尽；

④ 用高锰酸钾标准溶液 $[c(1/5\ KMnO_4)=0.01mol/L]$ 滴定，直至出现微红色。

(3) 计算

① 不经稀释的水样

$$\text{高锰酸盐指数}(O_2, mg/L) = \frac{[(10+V_1)K-10]c \times 8 \times 1000}{100}$$

式中　V_1——滴定水样消耗 $KMnO_4$ 标准溶液体积，mL；

　　　K——校正系数（每毫升 $KMnO_4$ 标准溶液相当于 $Na_2C_2O_4$ 标准溶液的体积，mL）；

　　　c——$Na_2C_2O_4$ 标准溶液浓度 $(1/2\ Na_2C_2O_4)$，mol/L；

　　　8——氧 $(1/2O)$ 的摩尔质量，g/mol；

　　　100——水样体积，mL。

② 经过稀释的水样

$$\text{高锰酸盐指数}(O_2, mg/L) = \frac{\{[(10+V_1)K-10]-[(10+V_0)K-10]f\}c \times 8 \times 1000}{V_2}$$

式中　V_0——空白试验中消耗 $KMnO_4$ 标准溶液体积，mL；

　　　V_2——所取水样体积，mL；

　　　f——稀释后水样中含稀释水的比例（如 20mL 水样稀释至 100mL，$f=0.8$）。

1.6.3　五日生化需氧量（BOD_5）的测定

生物化学耗氧量（BOD）就是水中有机物和无机物在生物氧化作用下所消耗的溶解氧。由于生物氧化过程很漫长（几十天至几百天），目前世界上都广泛采用在 20℃ 5 天培养法，其测定的消耗氧量称为五日生化需氧量，即 BOD_5。

BOD 是反映水体被有机物污染程度的综合指标，也是研究污水的可生化降解性和生化处理效果的重要手段。它是生化处理污水工艺设计和动力学研究中的重要参数。

(1) 测定原理　与测定 DO 一样，使用碘量法。对于污染轻的水样，取其两份，一份测其当时的 DO；另一份在 (20±1)℃ 下培养 5 天再测 DO，两者之差即为 BOD_5。

对于大多数污水来说，为保证水体生物化学过程所必需的三个条件，测定时需按估计的污染程度适当地加特制的水稀释，然后取稀释后的水样两份，一份测其当时的DO，另一份在 (20 ± 1)℃下培养5天再测DO，同时测定稀释水在培养前后的DO，按公式计算 BOD_5 值。

(2) 稀释水　上述特制的、用于稀释水样的水，通称为稀释水。它是专门为满足水体生物化学过程的三个条件而配制的。配制时，取一定体积的蒸馏水，加 $CaCl_2$、$FeCl_3$、$MgSO_4$ 等用于微生物繁殖的营养物，用磷酸盐缓冲液调 pH 至 7.2，充分曝气，使溶解氧近饱和，达 8mg/L 以上。稀释水的 pH 值应为 7.2，BOD_5 必须小于 0.2mg/L，稀释水可在 20℃ 左右保存。

(3) 接种稀释水　水样中必须含有微生物，否则应在稀释水中接种微生物，即在每升稀释水中加入生活污水上层清液 1~10mL，或天然河水、湖水 10~100mL，以便为微生物接种。这种水就称作接种稀释水，其 BOD_5 应在 0.3~1.0mg/L 的范围内。

对于某些含有不易被一般微生物所分解的有机物的工业废水，需要进行微生物的驯化。这种驯化的微生物种群最好从接受该种废水的水体中取得。为此可以在排水口以下 3~8km 处取得水样，经培养接种到稀释水中；也可用人工方法驯化，采用一定量的生活污水，每天加入一定量的待测污水，连续曝气培养，直至培养成含有可分解污水中有机物的种群为止。

为检查稀释水和微生物是否适宜以及化验人员的操作水平，将每升含葡萄糖和谷氨酸各 150mg 的标准溶液以 1∶50 的比例稀释后，与水样同步测定 BOD_5，测得值应在 180~230mg/L 之间，否则，应检查原因，予以纠正。

(4) 水样的稀释　水样的稀释倍数主要是根据水样中有机物含量和分析人员的实践经验来进行估算的。通常有以下两种情况。

① 对于清洁天然水和地表水，其溶解氧接近饱和，无需稀释。

② 对于工业废水，有两种方法可以估算稀释倍数：a. 用 COD_{Cr} 值分别乘以系数 0.075、0.15、0.25 获得；b. 由高锰酸盐指数来确定稀释倍数，见表 1-10。

表 1-10　高锰酸盐指数对应的系数

高锰酸盐指数/(mg/L)	系　数	高锰酸盐指数/(mg/L)	系　数
<5	—	10~20	0.4、0.6
5~10	0.2、0.3	>20	0.5、0.7、1.0

为了得到正确的 BOD 值，一般以经过稀释后的混合液在 20℃ 培养 5 天后的溶解氧残留量在 1mg/L 以上，耗氧量在 2mg/L 以上，这样的稀释倍数最合适。如果各稀释倍数均能满足上述要求，则取其测定结果的平均值为 BOD 值，如果三个稀释倍数培养的水样测定结果均在上述范围以外，则应调整稀释倍数后重做。

(5) 计算　对不经稀释直接培养的水样

$$BOD_5(mg/L) = c_1 - c_2$$

式中　c_1——水样在培养前溶解氧的质量浓度，mg/L；

c_2——水样经5天培养后，剩余溶解氧的质量浓度，mg/L。

对稀释后培养的水样

$$BOD_5(mg/L) = \frac{(c_1-c_2)-(b_1-b_2)\times f_1}{f_2}$$

式中　b_1——稀释水（或接种稀释水）在培养前溶解氧的质量浓度，mg/L；

b_2——稀释水（或接种稀释水）在培养后溶解氧的质量浓度，mg/L；
f_1——稀释水（或接种稀释水）在培养液中所占比例；
f_2——水样在培养液中所占比例。

1.6.4 总有机碳（TOC）和总需氧量（TOD）的测定

1.6.4.1 总有机碳（TOC）的测定

总有机碳是以碳的含量表示水体中有机物质总量的综合指标。TOC 的测定都采用燃烧法，能将有机物全部氧化，因此它比 BOD_5 或 COD 更能反映水样中有机物的总量。

目前广泛应用的测定 TOC 的方法是燃烧氧化-非色散红外吸收法。其测定原理是：将一定量水样注入高温炉内的石英管，在 900～950℃ 高温下，以铂和三氧化钴或三氧化二铬为催化剂，使有机物燃烧裂解转化为二氧化碳，然后用红外线气体分析仪测定 CO_2 含量，从而确定水样中碳的含量。但是在高温条件下，水样中的碳酸盐也会分解产生二氧化碳，因而上法测得的为水样中的总碳（TC）而非有机碳。

为了获得有机碳含量，一般可采用两种方法。一是将水样预先酸化，通入氮气曝气，驱除各种碳酸盐分解生成的二氧化碳后再注入仪器测定。另一种方法是使用装配有高低温炉的 TOC 测定仪，测定时将同样的水样分别等量注入高温炉（900℃）和低温炉（150℃）。在高温炉中，水样中的有机碳和无机碳全部转化为 CO_2，而低温炉的石英管中装有磷酸浸渍的玻璃棉，能使无机碳酸盐在 150℃ 分解为 CO_2，有机物却不能被分解氧化。将高、低温炉中生成的 CO_2 依次导入非色散红外气体分析仪，分别测得总碳（TC）和无机碳（IC），二者之差即为总有机碳（TOC）。测定流程见图 1-25。该方法最低检出浓度为 0.5mg/L。

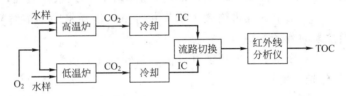

图 1-25 TOC 分析仪流程图

1.6.4.2 总需氧量（TOD）的测定

总需氧量是指水中能被氧化的物质（主要是有机物质）在燃烧中变成稳定的氧化物时所需要的氧量，结果以 O_2 的量 mg/L 表示。TOD 也是衡量水体中有机物污染程度的一项指标。

用 TOD 测定仪测定 TOD 的原理是：将一定量水样注入装有铂催化剂的石英燃烧管，通入含已知氧浓度的载气（氮气）作为原料气，则水样中的还原性物质在 900℃ 下被瞬间燃烧氧化，测定燃烧前后原料气中氧浓度的减少量，便可求得水样的总需氧量值。

TOD 值能反映几乎全部有机物质经燃烧后变成 CO_2、H_2O、NO、SO_2……所需要的氧量，它比 BOD、COD 和高锰酸盐指数更接近于理论需氧量值。它们之间没有固定的相关关系，从现有的研究资料来看，BOD_5：TOD 为 0.1～0.6，COD：TOD 为 0.5～0.9，具体比值取决于污水的性质。

根据 TOD 和 TOC 的比例关系可粗略判断有机物的种类。对于含碳化合物，因为一个碳原子需要消耗两个氧原子，即 O_2：C＝2.67，因此从理论上说，TOD＝2.67TOC。若某水样的 TOD：TOC＝2.67 左右，可认为主要是含碳有机物；若 TOD：TOC＞4.0，则应考虑水中有较大量含 S、P 的有机物存在；若 TOD：TOC＜2.6，就应考虑水样中硝酸盐和亚硝酸盐可能含量较大，它们在高温和催化条件下分解放出氧，使 TOD 测定呈现负误差。

1.6.5 挥发酚的测定

芳香环上连有羟基的化合物均属酚类，各种不同结构的酚具有不同的沸点和挥发性，根据酚类能否与水蒸气一起蒸出，可以将其分为挥发酚与不挥发酚。通常认为沸点在 230℃ 以下的为挥发酚（属一元酚），而沸点在 230℃ 以上的为不挥发酚。

在有机污染物中，酚属毒性较高的物质，人体摄入一定量会出现急性中毒症状；长期饮用被酚污染的水，可引起头昏、瘙痒、贫血及神经系统障碍。当水体中的酚含量大于 5mg/L 时，就可造成鱼类中毒死亡。酚的主要污染源是炼油、焦化、煤气发生站、木材防腐及化工等行业所排放的废水。

酚的主要分析方法有滴定分析法、分光光度法、色谱法等。目前各国普遍采用的是 4-氨基安替比林分光光度法，高浓度含酚废水可采用溴化滴定法。

现以分光光度法为例说明挥发酚的测定方法（HJ 503—2009）。

(1) 测定原理 酚类化合物在 pH=10 的条件和铁氰化钾的存在下，与 4-氨基安替比林反应，生成橙红色的吲哚安替比林，在 510nm 波长处有最大吸收。若用氯仿萃取此染料，则在 460nm 波长处有最大吸收，可用分光光度法进行定量测定。

(2) 测定步骤 参见 1.9.10 酚的测定。

*1.6.6 矿物油类测定

水中的矿物油来自工业废水和生活污水。工业废水中的石油类（各种烃类的混合物）污染物主要来自于原油开采、炼油企业及运输部门。矿物油漂浮在水体表面，影响空气与水体界面间的氧交换；分散于水中的油可被微生物氧化分解，消耗水中的溶解氧，使水质恶化。矿物油中还含有毒性大的芳烃类。

测定矿物油的方法有重量法、非色散红外法、紫外分光光度法、荧光法、比浊法等。

1.6.6.1 紫外分光光度法

石油及其产品在紫外光区有特征吸收。带有苯环的芳香族化合物的主要吸收波长为 250~260nm；带有共轭双键的化合物主要吸收波长为 215~230nm；一般原油的两个吸收峰波长为 225nm 和 254nm；轻质油及炼油厂的油品可选 225nm。

水样用硫酸酸化，加氯化钠破乳化，然后用石油醚萃取、脱水、定容后测定。标准油用受污染地点水样中石油醚萃取物。

不同油品特征吸收峰不同，如难以确定测定波长时，可用标准油样在波长 215~300nm 之间扫描，采用其最大吸收峰处的波长。一般在 220~225nm 之间。

1.6.6.2 非色散红外法

本法系利用石油类物质的甲基（—CH_3）、亚甲基（—CH_2—）在近红外区（3.4μm）有特征吸收，作为测定水样中油含量的基础。标准油可采用受污染地点水中石油醚萃取物。根据我国原油组分特点，也可采用混合石油烃作为标准油，其组成为：十六烷：异辛烷：苯=65：25：10（V/V）。

测定时，先用硫酸将水样酸化，加氯化钠破乳化，再用三氯三氟乙烷萃取，萃取液经无水硫酸钠过滤、定容，注入红外分析仪测其含量。

所有含甲基、亚甲基的有机物质都将产生干扰。如水样中有动、植物性油脂以及脂肪酸物质应预先将其分离。此外，石油中有些较重的组分不溶于三氯三氟乙烷，致使测定结果偏低。

思考与练习

1. 有机物含量较多的工业污水，BOD_5 需要稀释后再培养测定，稀释的程度应使培养液中所消耗的溶解氧大于_____g/L，而剩余溶解氧在_____mg/L 以上。
2. 稀释水的 BOD_5 不应超过_____mg/L，接种稀释水的 BOD_5 为_____mg/L。
3. 在对清洁的地表水和被污染的水体中氯离子含量不超过 300mg/L 的水样进行高锰酸盐指数测定时，应在_____条件下进行。
4. 试说明水质指标 COD、BOD、TOD、TOC 各自的含义。对同一种水体来说，它们之间是否存在一定的关系？

氢同位素指纹分析技术

有机污染事故一旦发生，环境保护部门必须尽快确定污染物的来源，以便查出事故的责任者。以石油污染为例，世界范围内石油泄漏事故发生频繁，年均数万起，且多数发生在动态运输过程中，因而很难及时定点追踪污染源，即使发现了可能的责任人，在对提取到的原油样与污染油样进行比较时，也常会因分析手段的局限，无法提出充足的证据。

曾在美国布朗大学地质科学系稳定同位素实验室从事博士后研究的王毅博士，掌握了最新的"氢稳定同位素质谱技术"，开发出对环境中有机污染物的"分子水平氢稳定同位素指纹分析法"，并以石油污染为重点，在污染源的追踪和污染后的环境修复方面取得了国际领先水平的成果。王毅博士的有关有机污染指纹分析的研究成果，已在国际知名的刊物，如《有机地质化学》、《环境科学与技术》上发表。在 2001 年度芝加哥美国化学会和 2001 年度波士顿美国地质学会上，该项研究也引起了与会专家的极大关注，认为这将对解决环境保护领域的一系列难点问题具有重要意义。

氢稳定同位素（^2H 和 ^1H）是自然界质量差异最大的元素，质量相差 100%，而位居其次的碳同位素（^{13}C 和 ^{12}C），质量相差仅 8%，很明显，在有机化合物中，氢稳定同位素的丰度比值差异也是最大的。以氢元素和碳元素为主构成了原油中的大量有机化合物，因此将主要化合物的氢同位素比值联系起来，作为整体的分子水平指纹信息，不同油样将有相当显著的差异，因为指纹信息代表了油样生成地的基本环境特征，也可以部分反映石油污染后的迁移、转化、环境修复等过程。

1.7 水质污染的生物监测

1.7.1 概述

水环境中存在着大量的水生生物，例如浮游植物（藻类等）、浮游动物（原生动物、轮虫等）、细菌、底栖动物、鱼类等，它们与水体共同组成了一个水生生物群落。各种水生生物之间以及水生生物与水环境之间存在着互相依存又互相制约的密切关系。当水体受到污染而使水环境条件改变时，由于各种不同的水生生物对环境的要求和适应能力不同，就会产生不同的反应，根据水体中水生生物的种群数量和个体数量的变化就能判断水体污染的类型和程度。这就是生物学水质监测方法的工作原理。

对某一特定环境条件特别敏感的水生生物，叫做指示生物，主要包括河流、海洋等水体中的细菌、原生动物、浮游生物、水生昆虫和鱼类等。当水体受到污染后，不能适应的生物或者死亡淘汰，或者逃离，能够适应的生物生存下来，而且由于竞争生物的减少，使生存下来的少数种类的个体数大大增加。因此，指示生物对生物监测具有重要意义。渤海湾中大规模赤潮的暴发和江河水发黑变臭等现象就是最典型的实例。

利用水生生物来监测研究水体污染状况的方法较多，如生物群落法、生产力测定法、残毒测定法、急性毒性试验、细菌学检验等。

总体来看，生物监测方法较简便，而且在反映水体污染状况和污染物毒性方面又具有其独到之处。若将物理化学指标、细菌学指标和生物指标三者结合起来，就会对给定水域做出综合性的较全面的科学评价。

1.7.2 生物群落法

水生生物监测断面和采样点的布设，也应在对监测区域的自然环境和社会环境进行调查研究的基础上，遵循断面要有代表性，尽可能与化学监测断面相一致，并考虑水环境的整体性、监测工作的连续性和经济性等原则。对于河流，应根据其流经区域的长度，至少设上（对照）、中（污染）、下（观察）三个断面，采样点数视水面宽、水深、生物分布特点等确定。对于湖泊和水库，通常应在湖（库）入口区、中心区、出口区、最深水区、清洁区等处设监测断面。

按照规定的采样、检验和计数方法获得各生物类群的种类和数量的数据后，通常采用以下两种方法评价水污染状况。

1.7.2.1 污水生物系统法

该方法将受有机物污染的河流按其污染程度和自净过程划分为几个互相连续的污染带，每一个污染带中会出现各自不同的生物学特征（指示生物）和化学特征，据此评价水质状况。根据河流的污染程度，通常将其划分为四个污染带，即多污带、α-中污带、β-中污带和寡污带。各污染带水体内存在特有的生物种群，其生物学、化学特征列于表 1-11。

表 1-11 污水系统生物学及化学特征

项 目	多 污 带	α-中污带	β-中污带	寡 污 带
化学过程	因还原和分解显著而产生腐败现象	水和底泥里出现氧化过程	氧化过程更强烈	因氧化使无机化达到矿化阶段
溶解氧	没有或极微量	少量	较多	很多
BOD	很高	高	较低	低
硫化氢的生成	具有强烈的硫化氢臭味	没有强烈硫化氢臭味	无	无
水中有机物	蛋白质、多肽等高分子物质大量存在	高分子化合物分解产生氨基酸、氨等	大部分有机物已完成无机化过程	有机物全分解
底泥	常有黑色硫化铁存在，呈黑色	硫化铁氧化成氢氧化铁，底泥不呈黑色	有 Fe_2O_3 存在	大部分氧化
水中细菌	大量存在，每毫升达 100 万个以上	细菌较多，每毫升在 10 万个以上	数量减少，每毫升在 10 万个以下	数量少，每毫升在 100 个以下
栖息生物的生态学特征	动物都是细菌摄食者且耐受 pH 强烈变化，有耐嫌气性生物，对硫化氢、氨等有强烈的抗性	摄食细菌动物占优势，肉食性动物增加，对溶氧和 pH 变化表现出高度适应性，对氨大体上有抗性，对硫化氢耐性较弱	对溶氧和 pH 变化耐性较差，并且不能长时间耐腐败性毒物	对 pH 和溶氧变化耐性很弱，特别是对腐败性毒物如硫化氢等耐性很差

续表

项目	多污带	α-中污带	β-中污带	寡污带
植物	硅藻、绿藻、接合藻及高等植物没有出现	出现蓝藻、绿藻、接合藻、硅藻等	出现多种类的硅藻、绿藻、接合藻,是鼓藻的主要分布区	水中藻类少,但着生藻类较多
动物	以微型动物为主,原生动物居优势	仍以微型动物占大多数	多种多样	多种多样
原生动物	有变形虫、纤毛虫,但无太阳虫、双鞭毛虫、吸管虫等出现	仍然没有双鞭毛虫,但逐渐出现太阳虫、吸管虫等	太阳虫、吸管虫中耐污性差的种类出现,双鞭毛虫也出现	鞭毛虫、纤毛虫中有少量出现
后生动物	有轮虫、蠕形动物、昆虫幼虫出现,水螅、淡水海绵、苔藓动物,小型甲壳、鱼类没有出现	没有淡水海绵、苔藓动物,有贝类、甲壳类、昆虫出现	淡水海绵、苔藓、水螅、贝类、小型甲壳类、两栖类、鱼类均有出现	昆虫幼虫很多,其他各种动物逐渐出现

污水生物系统法注重用某些生物种群评价水体污染状况,需要丰富的生物学分类知识,工作量大,耗时多,并且有指示生物出现异常情况的现象,故给准确判断带来一定困难。环境生物学者根据生物种群结构变化与水体污染关系的研究成果,提出了生物指数法。

1.7.2.2 生物指数法

污水生物系统法只是一种定性描述方法,为了能对水污染的状况做出定量评价,许多环境学者便运用数学公式来计算生物指数,从而产生了生物指数法。

(1) 贝克法 贝克(Beek)于 1955 年首先提出以生物指数来评价水体污染的程度。他按底栖大型无脊椎动物对有机物污染的敏感性和耐受性分成 A 和 B 两大类,并规定在环境条件相近似的河段,采集一定面积的底栖动物,进行种类鉴定。按下式计算生物指数:

$$生物指数（BI）= 2n_1 + n_2$$

式中 n_1——敏感种类,在污染状况下不出现;

n_2——耐污种类,在污染状况下才出现。

该生物指数数值越大,水体越清洁,水质越好;反之,生物指数值小,则水体污染越严重。当 BI 值为 0 时,属严重污染区域;BI 值为 1~6 时,为中等污染区域;BI 值>10 时,为清洁水区。

(2) 津田松苗法 津田松苗从 20 世纪 60 年代起多次对贝克生物指数作了修改,他提出不限定采集面积,由 4~5 人在一个点上采集 30min,尽量把河段各种大型底栖动物采集完全,然后对所得生物样进行鉴定、分类,然后再用贝克公式计算,此法在日本应用已达十几年。指数与水质关系为:$BI>30$ 时为清洁河段;BI 为 29~15 时为较清洁河段;BI 为 14~6 时为较不清洁河段;BI 为 5~0 时为极不清洁河段。

(3) 多样性指数 沙农-威尔姆(Shannon-Wilhm)根据对底栖大型无脊椎动物调查结果,提出用种类多样性指数评价水质。该指数的特点是能定量反映生物群落结构的种类、数量及群落中种类组成比例变化的信息。在清洁的环境中,通常生物种类极其多样,但由于竞争,各种生物又仅以有限的数量存在,且相互制约而维持着生态平衡。当水体受到污染后,不能适应的生物或者死亡淘汰,或者逃离,能够适应的生物生存下来。由于竞争生物的减少,使生存下来的少数生物种类的个体数大大增加。这种清洁水域中生物种类多,每一种的个体数少,而污染水域中生物种类少,每一种的个体数大大增加的规律是建立种类多样性指数式的基础。沙农提出的种类多样性指数式如下:

$$\bar{d} = -\sum_{i=1}^{S} \frac{n_i}{N} \log_2 \frac{n_i}{N}$$

式中 $\bar{d}$——种类多样性指数；

N——单位面积样品中收集到的各类动物的总个数；

n_i——单位面积样品中第 i 种动物的个数；

S——收集到的动物种类数。

上式表明，动物种类越多，$\bar{d}$ 值越大，水质越好；反之，种类越少，$\bar{d}$ 值越小，水体污染越严重。威尔姆对美国十几条河流进行了调查，总结出 $\bar{d}$ 值与水样污染程度的关系如下：$\bar{d} < 1.0$ 为严重污染；$\bar{d} = 1.0 \sim 3.0$ 为中等污染；$\bar{d} > 3.0$ 为清洁。我国曾经运用该方法对蓟运河中底栖大型无脊椎动物进行调查，结果表明基本上与沙农公式相符。

1.7.3 细菌学检验法

细菌能在各种不同的自然环境中生长。地表水、地下水，甚至雨水和雪水都含有多种细菌。当水体受到人畜粪便、生活污水或某些工业污水污染时，细菌大量增加，因此，水的细菌学检验，特别是肠道细菌的检验，在卫生学上具有重要的意义。但是，直接检验水中各种病原菌，方法较复杂，有的难度大，且结果也不能保证绝对安全。所以，在实际工作中，经常以检验细菌总数，特别是检验作为粪便污染的指示细菌，来间接判断水的卫生学质量。

(1) 水样的采集　采集细菌学检验用水样，必须严格按照无菌操作要求进行，以防在运输过程中被污染，并应迅速进行检验。一般从采样到检验不宜超过 2h，在 10℃ 以下冷藏保存不得超过 6h。采样方法如下：

① 采集自来水样，首先用酒精灯灼烧水龙头灭菌或用 70% 的酒精消毒，然后放水 3min，再采集约为采样瓶容积的 80% 左右的水量。

② 采集江河、湖泊、水库等水样，可将采样瓶沉入水面下 10~15cm 处，瓶口朝水流上游方向，使水样灌入瓶内。需要采集一定深度的水样时，用采水器采集。

(2) 细菌总数的测定　细菌总数是指 1mL 水样在营养琼脂培养基中，于 37℃ 经 24h 培养后，所生长的细菌菌落的总数。它是判断饮用水、水源水、地表水等污染程度的标志。其主要测定程序如下：

① 用作细菌检验的器皿、培养基等均需按规定要求进行灭菌，以保证所有检测出的细菌皆属被测水样所有。

② 营养琼脂培养基的制备：称取 10g 蛋白胨、3g 牛肉膏、5g 氯化钠及 10~20g 琼脂溶于 1000mL 蒸馏水中，加热至琼脂溶解，调节 pH 为 7.4~7.6，过滤，分装于玻璃容器中，经高压蒸汽灭菌 20min，贮于冷暗处备用。

③ 以无菌操作方法用 1mL 灭菌吸管吸取混合均匀的水样（或稀释水样）注入灭菌平皿中，加入约 15mL 已熔化并冷却到 45℃ 左右的营养琼脂培养基，摇动平皿使水样和培养基混合均匀。每个水样应做两份平行试验，同时再用一个平皿只倾注营养琼脂培养基作空白对照。待琼脂培养基冷却凝固后，翻转平皿，置于 37℃ 恒温箱内培养 24h。

④ 用眼睛或借助放大镜观察，对平皿中的菌落进行计数，求出 1mL 水样中的平均菌落数。报告菌落计数时，若在 100 以内，按实有数字报告；若大于 100 时，则采用科学计数法来表示。例如，菌落总数为 1580 个/mL，应记为 1.6×10^3 个/mL。

(3) 总大肠菌群的测定　粪便中存在大量的大肠菌群细菌，它们在水体中的存活时间和对氯的抵抗力等与肠道致病菌（如沙门菌、志贺菌等）相似，因此将总大肠菌群作为粪便污染的指示菌是合适的。但在某些水质条件下，大肠菌群细菌在水中能自行繁殖。

总大肠菌群是指那些能在35℃、48h之内使乳糖发酵产酸、产气，需氧及兼性厌氧的革兰阴性的无芽孢杆菌，以每升水样中所含有的大肠菌群的数目表示。

总大肠菌群的检验方法有发酵法和滤膜法。发酵法适用于各种水样（包括底质），但操作繁琐、费时间。滤膜法操作简便、快速，但不适用于浑浊水样。因为这种水样常会把滤膜堵塞，异物也可能干扰菌种生长。滤膜法操作程序如下：将水样注入已灭菌、放有微孔滤膜（孔径0.45μm）的滤器中，经抽滤，细菌被截留在膜上；将该滤膜贴于品红亚硫酸钠培养基上，37℃恒温培养24h，对符合特征的菌落进行涂片、革兰染色和镜检；凡属革兰阴性无芽孢杆菌者，再接种于乳糖蛋白胨培养液或乳糖蛋白胨半固体培养基中，在37℃恒温条件下，前者经24h培养产酸产气者，或后者经6～8h培养产气者，则判定为总大肠菌群阳性。

由滤膜上生长的大肠菌群菌落总数和所取过滤水样量，按下式计算1升水中总大肠菌群数：

$$总大肠菌群数(个/L) = \frac{所计数的大肠杆菌菌落数 \times 1000}{过滤水样量(mL)}$$

大肠菌群在品红亚硫酸钠培养基上的特征是：紫红色，具有金属光泽的菌落；深红色，不带或略带金属光泽的菌落；淡红色，中心色较深的菌落。

(4) 其他细菌的测定　在水体细菌污染监测中，为了判明污染源，有必要区别存在于自然环境中的大肠菌群细菌和存在于温血动物肠道内的大肠菌群细菌。为此可将培养温度提高到44.5℃，在此条件下仍能生长并发酵乳糖产酸产气者，称为粪大肠菌群。粪大肠菌群也用多管发酵法或滤膜法测定。

沙门菌是常常存在于污水中的病源微生物，也是引起水传播疾病的重要来源。由于其含量很低，测定时需先用滤膜法浓缩水样，然后进行培养和平板分离，最后，再进行生物化学和血清学鉴定，确定一定体积水样中是否存在沙门细菌。

链球菌（通称粪链球菌）也是粪便污染的指示菌。这种细菌进入水体后，在水中不再自行繁殖，这是它作为粪便污染指示菌的优点。此外，由于人粪便中大肠菌群数多于粪链球菌，而动物粪便中粪链球菌多于粪大肠菌群，因此，在水质检验时，根据这两种菌菌数的比值不同，可以推测粪便污染的来源。当该比值大于4时，则认为污染主要来自人粪；如比值小于或等于0.7，则认为污染主要来自温血动物；如比值小于4而大于2，则为混合污染，但以人粪为主；如比值小于或等于2，而大于或等于1，则难以判定污染来源。粪链球菌数的测定也采用多管发酵法或滤膜法。

1.8　水污染连续自动监测

水体中污染物的浓度和分布是随时间、空间、气象条件及污染源排放情况等多种因素的变化而不断改变的，采用定点、定时人工采样，实验室分析的监测方法虽然具有准确度高、成本较低的优点，但从总体效果来看，它所得到的数据往往只代表了某一地点水质的瞬间状态，无法确切地反映污染物质的动态变化及其发展趋势。如果希望对某个较大范围水域的水质作全面的了解或评价，或者对这个水域进行长期的监测，甚至建立污染事故预警系统，就必须开展连续自动监测。

水质污染的连续自动监测一般要比大气污染的连续自动监测困难。这是因为水环境中的污染物种类更多，成分更复杂，从而导致基体干扰严重，通常都要进行化学前处理，而且污染物的含量往往是痕量的，要求建立可行的提取、分离、富集和痕量分析方法，所有这些均为连续自动监测技术带来一系列困难。但尽管如此，目前国内外水质污染连续自动监测技术的发展却十分迅速，各种新型监测仪器不断投入使用，它以准确、灵敏、选择性好、分辨率高等优势而广受重视和欢迎。美国自20世纪70年代开始到现在，已建立1300多个水质自动监测站；日本、英国、德国、荷兰、瑞典等国也在同期开展了包括卫星、激光雷达在内的自动化监测工作。至2012年初，中国环境保护部已在松花江、辽河、海河、黄河、淮河、长江、珠江、太湖、巢湖、滇池等主要水系的115个重点断面建立了水质自动监测站，由此可见，环境污染的连续自动监测必将成为未来环境监测技术的主流。

1.8.1　水污染连续自动监测项目和方法

连续自动监测系统是在自动化检测仪器与电子计算机结合的基础上建立的。但在水污染物中，许多污染物的浓度目前还缺乏完全自动化的检测仪器，因此，在水污染连续自动监测系统中，尚不易分门别类地测定各种污染物（如铬、镉、酚和氰等）的浓度，而是测定一些综合性的污染指标，如pH、电导率、溶解氧、COD和氨氮等。因为这些项目不仅有自动化的检测仪器，而且能综合反映水体被污染的程度。除上述监测项目外，水污染连续监测系统还包括必要的水文、气象监测项目。表1-12列出了可连续自动监测的项目和方法。

表1-12　水污染可连续自动监测的项目及方法

项　　目		监　测　方　法	项　　目		监　测　方　法
一般指标	水温	铂电阻法或热敏电阻法	综合指标	总有机碳(TOC)	非色散红外吸收法或紫外吸收法
	pH值	电位法(pH玻璃电极法)		生化需氧量(BOD)	微生物膜电极法(用于污水)
	电导率	电导法	单项污染指标	氟离子	离子选择电极法
	浊度	光散射法		氯离子	离子选择电极法
	溶解氧	隔膜电极法(电位法或极谱法)		氰离子	离子选择电极法
综合指标	高锰酸盐指数	电位滴定法		氨氮	离子选择电极法
	总需氧量(TOD)	电位法		六价铬	比色法
				苯酚	比色法或紫外吸收法

1.8.2　水污染连续自动监测系统

水污染连续自动监测系统一般由一个监测中心（站）和若干个固定监测站（子站）和信息、数据传递系统组成。

监测中心是整个系统的指挥部和数据加工中心，设有功能齐全的计算机系统和通信设备，其主要任务不是监测水体和采集数据，而是向各监测站发送各种工作指令；管理监测站的工作，定时收集各监测站的监测数据并进行处理；打印各种报表，绘制各种图形。同时，为满足检索和调用数据的需要，还能将各种数据存储在磁盘上，建立数据库。当发现污染物浓度超标时，可以立即发出遥控指令，并采取必要的措施。

各监测站装备有采水设备、水质污染监测仪器及附属设备，水文、气象参数测量仪器，微型计算机及通信设备。其任务是对设定水质参数进行连续或间断自动监测，并将测得数据作必要处理后通过电脑网络系统传递给中心站。

水污染连续自动监测系统各监测站的布设，首先也要调查研究，收集水文、气象、地质和地貌、污染源分布及污染现状、水体功能、重点水源保护区等基础资料,然后经过综合分析,确定各监测站的位置,设置代表性的监测断面和监测点。

水污染连续自动监测系统不仅用于环境水域如河流、湖泊等,也用于大型企业的给排水水质监测。企业开展连续自动监测,在物质上是有保证的(指设备、电力、费用等),其监测结果不仅用于环保,也为领导决策提供信息。水污染连续自动监测目前存在的主要问题是监测仪器长期运转的可靠性尚差,经常发生传感器沾污,采水器、样品流路堵塞等故障。

1.8.3 水污染连续自动监测的仪器和装置

(1) 水质连续采样装置 由采样泵和60L的缓冲槽组成。采取不同浓度的水样常用潜水泵或可随水位涨落而保持深度不变的浮动泵,用管连接至缓冲槽,然后供自动监测装置进行监测。如图1-26所示。

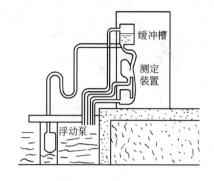

图1-26 水质连续采样装置

(2) 水质连续自动监测装置 水质连续自动监测装置的监测项目通常包括:水温测定、pH测定、电导率测定、溶解氧测定及浊度测定等,测定的结果可连续显示在各种类型的显示器上。除此之外,还可进行BOD、TOD、TOC等项目的监测。图1-27为水质连续自动监测装置结构示意图。

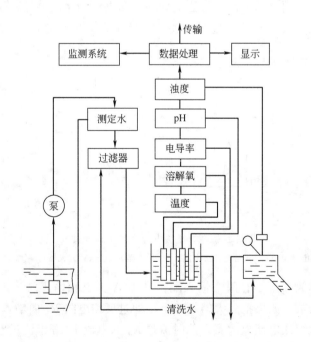

图1-27 水质连续自动监测装置

① 水温自动测量仪 测量水温一般用感温元件如铂电阻、热敏电阻做传感器。将感温元件浸入被测水中并接入平衡电桥的一个臂上,当水温变化时,感温元件的电阻随之变化,则电桥平衡状态被破坏,有电压信号输出,根据感温元件电阻变化值与电桥输出电压变化值的定量关系实现对水温的测量。图1-28为水温自动测量原理图。

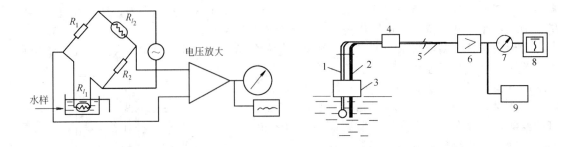

图 1-28 水温自动测量原理图

图 1-29 pH 连续自动测定原理图
1—复合式 pH 电极；2—温度自动补偿电极；
3—电极夹；4—电线连接箱；5—电缆；
6—阻抗转换及放大器；7—指示表；
8—记录仪；9—小型计算机

② pH 连续自动测定仪 图 1-29 为水体 pH 连续自动测定原理图。它由复合式 pH 玻璃电极、温度自动补偿电极、电极夹、电线连接箱、专用电缆、放大指示系统及小型计算机等组成。为防止电极长期浸泡于水中表面沾附污物，在电极夹上带有超声波清洗装置，定时自动清洗电极。

③ 电导率自动监测仪 溶液电导率的测量原理和测量方法在水质污染监测中已作介绍。在连续自动监测中，常用自动平衡电桥法电导率仪和电流测量法电导率仪测定。后者采用了运算放大电路，可使读数和电导率呈线性关系，近年来应用日趋广泛，其工作原理如图 1-30 所示。

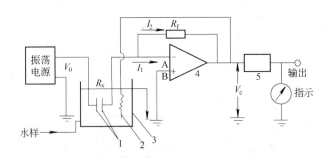

图 1-30 电流法电导率仪工作原理
1—电导电极；2—温度补偿电阻；3—发送池；4—运算放大器；5—整流器

由图可见，运算放大器 4 有两个输入端，其中 A 为反相输入端，B 为同相输入端，它有很高的开环放大倍数。如果把放大器输出电压通过反馈电阻 R_f 向输入端 A 引入深度负反馈，则运算放大器就变成电流放大器，此时流过 R_f 的电流 I_2 等于流过电导池（电阻为 R_x，电导为 L_x）的电流 I_1，即

$$\frac{V_0}{R_x} = \frac{V_c}{R_f}$$

$$L_x = \frac{1}{R_x} = \frac{V_c}{V_0} \cdot \frac{1}{R_f}$$

式中，V_0 和 V_c 分别为输入和输出电压。当 V_0 和 R_f 恒定时，则溶液的电导（L_x）正比于

输出电压（V_c）。反馈电阻 R_f 即为仪器的量程电阻，可根据被测溶液的电导来选择其值。另外，还可将振荡电源制成多挡可调电压供测定选择，以减小极化作用的影响。

④ 溶解氧自动监测仪　在水污染连续自动监测中，广泛采用隔膜电极法测定水中溶解氧。有两种隔膜电极，一种是原电池式隔膜电极，另一种是极谱式隔膜电极。由于后者使用中性内充溶液，维护较简便，适用于自动监测系统中，图 1-31 为其测定原理图。

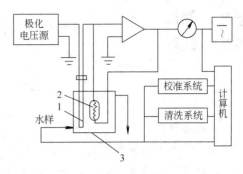

图 1-31　溶解氧连续自动测定原理图
1—隔膜式电极；2—热敏电阻；3—发送池

电极可安装在流通式发送池中，也可浸入搅动的水样中。该仪器设有清洗装置，定期自动清洗沾附在电极上的污物。

⑤ 浊度自动监测仪　图 1-32 为表面散射式浊度监测仪工作原理。

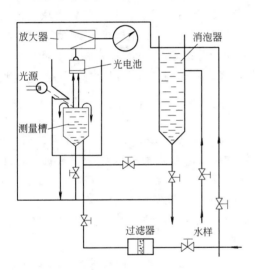

图 1-32　表面散射式浊度
自动监测仪工作原理

被测水进入消泡槽，去除水样中的气泡后，由槽底进入测量槽，再由槽顶溢流流出。测量槽顶经特别设计，使溢流水保持稳定，从而形成稳定的水面。从光源射入溢流水面的光束被水样中的颗粒物散射，其散射光被安装在测量槽上部的光电池接收，转化为光电流。同时，通过光导纤维装置导入一部分光源光作为参比光束输入到另一光电池，两光电池产生的光电流送入运算放大器运算，并转换成与水样浊度呈线性关系的电信号，用电表指示或记录仪记录。仪器零点可用通过过滤器的水样进行校正，量程可用标准溶液或标准散射板进行校正。光电元件、运算放大器应装于恒温器中，以避免温度变化带来的影响。测量槽内污物可采用超声波清洗装置定期自动清洗。

⑥ 其他仪器　以上介绍的都属于水质连续自动监测仪，除此之外，目前已投入实际使用的还有污染物连续监测仪，如 COD 监测仪和高锰酸盐指数监测仪、BOD 监测仪、TOC 监测仪、TOD 监测仪、镉离子自动监测仪、氰浓度自动监测仪、UV 吸收测定仪等，有关这些仪器的工作原理不再作文字和图片说明。有兴趣的读者可参考相关文献。

思考与练习

1. 何谓水质自动监测系统，它有什么优点及暂时的不足？
2. 水质自动监测最基本的项目是哪些？
3. 贝克指数法、津田松苗指数法、种类多样性指数法评价水质优劣的原理有何相同和不同之处？从这些方法中你可以获得哪些启发？

 阅读园地

中国环境监测现状与问题

一、发展现状

经过三十多年的发展,我国初步建立了适应我国国情的环境监测体系,确立了行政上分级设立、业务和技术上上级指导下级的环境监测管理体制和网络运行机制,国家环境监测体系初步建立。

1. 环境监测制度初步建立

在已颁布的《中华人民共和国环境保护法》、《中华人民共和国大气污染防治法》、《中华人民共和国环境噪声污染防治法》、《中华人民共和国水污染防治法》等法律法规中,对建立监测制度、组建监测网络、制定监测规范等均作出了规定和要求。我国还先后颁布了《全国环境监测管理条例》、《全国环境监测报告制度(暂行)》、《环境监测质量保证管理规定(暂行)》、《环境监测人员合格证制度(暂行)》、《环境监测优质实验室评比制度(暂行)》、《环境监测质量管理规定》、《环境监测人员持证上岗考核制度》、《主要污染物总量减排监测办法》、《环境监测管理办法》等环境监测的法规制度,对加强环境监测管理、规范环境监测行为起到了重要的作用。

2. 环境监测机构逐步完善

截至 2010 年,全国环保系统已建立 2587 个环境监测站,形成了由中国环境监测总站、省级环境监测站、地市级环境监测站及区县级环境监测站组成的四级环境监测机构,建成 31 个省级辐射环境监测站。2008 年,新组建的环境保护部设立了环境监测司,加强了环境监测管理。2009 年中国环境监测总站增加人员编制 90 名,提高了国家环境监测能力。2009 年 2 月成立了环境保护部卫星环境应用中心,为实现环境监测"天地一体化"奠定了基础。

3. 环境监测能力大幅度提高

"十一五"期间,全国环境监测能力建设投资超百亿,其中中央财政累计投入超过 54 亿元,重点支持了环境质量监测能力、环保重点城市应急监测能力、国控重点污染源监督监测运行等项目,2010 年国家首次对市县级监测站业务用房建设进行了补助。全国各级环境监测站基础设施条件逐步改善,环境监测仪器的配备大大加强,环境卫星遥感监测能力初步具备,环境监测经费逐步得到保障,环境监测站标准化建设达标比例较"十五"末期有了显著提高。环境监测实验室条件、分析测试能力、现场分析能力、污染源监测能力、突发环境事件应急监测能力、监测信息管理传输能力、环境监测科研能力和人员素质等均得到大幅提升。不少地方环境监测能力实现了跨越式发展,以前测不了的现在基本能测了,以前测不全的现在有的能测全了,以前说不清的现在能初步说清了,以前响应不及时的现在能及时响应了。

4. 环境监测网不断完善

以"六五"和"七五"期间国家投资建设的 64 个重点监测站为依托,历经"九五"、"十五"的快速发展,现已初步建立了覆盖全国的国家环境监测网,包括由覆盖全国主要水体的 759 个地表水监测断面(点位)、150 个水质自动监测站点组成的地表水环境质量监测网;由 113 个环保重点城市共 661 个空气自动监测站点、440 个酸雨监测点位和 82 个沙尘

暴监测站组成的环境空气质量监测网;由 301 个监测点位组成的近岸海域环境监测网;同时,已基本建成 14 个国家空气背景站、31 个农村区域站、31 个温室气体监测站和 3 个温室气体区域监测站等。目前,已基本形成了国控、省控、市控三级为主的环境质量监测网。

5. 环境监测技术体系日趋规范

已建立了环境空气、地表水、噪声、固定污染源、生态、固体废物、土壤、生物、核与辐射 9 个环境要素的监测技术路线,构建了环境遥感监测技术体系,颁布了水、空气、生物、噪声、放射性、污染源等方面的监测技术规范以及主要污染物排放总量监测技术规范,制定了地表水水质评价、湖泊富营养化评价、环境空气质量评价、酸雨污染状况评价、沙尘天气分级评价、声环境质量评价、生态环境质量评价等技术规定,颁布了近 400 项环境监测方法标准、227 项环境标准样品和 20 项环境监测仪器设备技术条件,颁布了 20 余项环境监测质量保证和质量控制方面的国家标准。

6. 环境监测信息发布体系初步建立

环境保护部和各省(区、市)及部分城市环境保护主管部门每年定期发布环境状况公报和环境质量报告,以满足社会公众对环境质量状况的知情权。原国家环境保护总局从 2002 年开始发布 113 个环保重点城市空气质量日报与预报。环境保护部自 2009 年 7 月份起对全国主要水系 100 个国控水质自动监测站的八项指标(水温、pH、浊度、溶解氧、电导率、高锰酸盐指数、氨氮和总有机碳)的监测结果进行网上实时发布。2010 年 11 月,113 个环保重点城市空气质量实时发布系统投入运行。环境保护部定期发布重点流域、重点城市环境质量状况报告,加大了环境监测信息公开的力度。

二、主要问题

在看到成绩的同时,也要清醒地认识到环境形势的严峻性与监测工作中存在的困难和问题。与环境保护任务需求相比,环境监测能力尚不能很好地满足环境管理需要,环境监测基本公共服务能力还不能满足公众需求。

1. 环境监测法规制度与技术体系尚需完善

迄今为止没有一部统一的、专门的环境监测法律法规,环境监测法律地位不明确,法律支撑体系不健全,监测管理依法行政的法律基础不牢。环境监测缺乏统一规划与合理布局,环境监测技术规范、评价方法不统一,监测信息发布不规范,环境监测市场缺乏有效监管和合理引导。环境监测的技术路线、技术规范、评价标准与分析方法等技术体系尚不健全,难以满足新时期环境保护工作的需要。

2. 环境监测整体能力还不适应新时期环境管理的需要

目前,我国在空气、地表水、声环境等常规环境监测领域已形成了比较成熟的监测体系,具有较强的监测能力。但在生态、生物、土壤、电磁波、放射性、核与辐射、环境振动、热污染、光污染等环境监测领域能力尚需进一步加强。同时,有的地方环境监测点位布局不合理,环境监测范围、内容尚不足以全面反映环境质量状况。有的领域环境监测指标不全面,空气监测基本不具备对细颗粒物、挥发性有机物的监测能力。大范围、宏观生态环境监测和区域生态环境综合分析能力不足。对新型环境问题的监测研究不够。基层监测用房严重不足,实验室条件差,监测仪器设备和监测车辆难以满足需要。监测人员数量不足,高素质人才匮乏,监测运行经费难以有效保障,环境监测的综合能力亟待提高,与全面实现"说得清环境质量现状及其变化趋势、说得清污染源状况、说得清潜在的环境风险"的要求尚存在一定差距。

3. 环境监测公共服务能力区域不均衡、供需不平衡城乡之间、东中西部地区之间环境监测能力差异大，尤其是中西部地区基层环境监测能力不强，农村环境监测体系尚未建立，环境监测公共服务能力参差不齐。污染纠纷和仲裁等监测和评估能力普遍不强。环境质量评价结果与公众主观感受存在一定差异，难以全面、客观、准确反映环境质量状况。环境监测的广度和深度与公众的环境需求之间存在较大差距，难以满足政府基本公共服务的需要。

资料来源：《国家环境监测"十二五"规划》

1.9 实验

1.9.1 水样的采集、色度的测定

天然和轻度污染水可用铂-钴比色法测定色度，对工业有色污水常用稀释倍数法辅以文字描述。

（1）铂-钴比色法

【实验目的】

① 初步学会水样的采集方法；

② 了解铂-钴比色法水样色度测定的基本原理；

③ 掌握水样色度测定仪器的使用及操作程序。

【实验原理】

水是无色透明的，当水中存在某些物质时，会表现出一定的颜色。溶解性的有机物、部分无机离子和有色悬浮微粒均可使水着色。pH 值对色度有较大的影响，在测定色度的同时，应测量溶液的 pH 值。

用氯铂酸钾与氯化钴配成标准色列，与水样进行目视比色。

【仪器和试剂】

① 仪器

a. 50mL 具塞比色管 7 支，刻线刻度应一致。

b. pH 计，精度±0.1pH 单位。

c. 250mL 量筒 1 只，移液管若干支。

② 试剂

a. 光学纯水　将 0.2μm 滤膜（细菌学研究中所采用的）在 100mL 蒸馏水或去离子水中浸泡 1h，用它过滤 250mL 蒸馏水或去离子水，弃去最初的 25mL，以后用这种水配制全部标准溶液并作为稀释水。除另有说明外，测定中仅使用光学纯水及分析纯试剂。

b. 500 度色度标准储备液　将（1.245±0.001）g 氯铂（Ⅳ）酸钾 K_2PtCl_6（相当于 500mg 铂）及（1.000±0.001）g 六水氯化钴（Ⅱ）$CoCl_2 \cdot 6H_2O$（相当于 250mg 钴）溶于约 500mL 水中，加（100±1）mL 盐酸（ρ＝1.18g/mL），用水定容至 1000mL。此溶液色度为 500 度，保存在密塞玻璃瓶中，存放暗处。

【操作步骤】

① 采样　将 1L 容积的单层采水瓶（或简易采水瓶，图 1-33）按要求清洗干净，找一处水深在 5～10m 的池塘或河流，采集水

图 1-33　简易采水瓶

1—绳子；2—线控橡胶塞；
3—采样瓶；4—铅锤

面下 0.3～0.5m 处的水样。

② 标准色列的配制　用移液管向 50mL 比色管中加入 0，0.50mL，1.00mL，1.50mL，2.00mL，2.50mL，3.00mL，3.50mL，4.00mL，4.50mL，5.00mL，6.00mL，7.00mL 铂钴标准储备液，用光学纯水稀释至标线，混匀。各管的色度依次为 0，5 度，10 度，15 度，20 度，25 度，30 度，35 度，40 度，45 度，50 度，60 度和 70 度。密塞保存。

③ 水样处理　将采样瓶中的水样倒一部分在 250mL 量筒（或更大）中，静置 15min。

④ 测定　将量筒中的上层清液加入 50mL 比色管中，直至标线高度。将水样与标准色列进行目视比较。观察时，可将比色管置于白瓷板或白纸上，使光线从管底部向上透过液柱，目光自管口垂直向下观察，记下与水样色度相同的铂钴标准色列的色度。若色度≥70 度，用光学纯水将水样适当稀释后，使色度落入标准溶液范围之中再行确定。

⑤ 另取水样用酸度计测定水样的 pH 值。

【注意事项】

采样后要尽快测定，如需储存，则将样品存于暗处。如水样浑浊，则放置澄清，亦可用离心法或用孔径为 0.45μm 滤膜过滤以去除悬浮物，但不能用滤纸过滤，因滤纸可吸附部分溶解于水的颜色。在实验要求不高的情况下，可以蒸馏水作为稀释水使用。

【数据处理】

以色度的标准单位（度）报告水样结果，在 0～40 度（不包括 40 度）的范围内准确到 5 度；40～70 度范围内，准确到 10 度。在报告样品色度的同时报告 pH 值。

稀释过的样品色度（A_0），按下式计算

$$A_0 = \frac{V_1}{V_0} A_1$$

式中　V_1——样品稀释后的体积，mL；

V_0——样品稀释前的体积，mL；

A_1——稀释样品色度的观察值，度。

（2）稀释倍数法

【实验目的】

① 了解稀释倍数法水样色度测定的基本原理；

② 初步学会水样的采集方法；

③ 掌握水样色度测定仪器的使用及操作程序。

【实验原理】

将有色工业废水用无色水稀释到接近无色时，记录稀释倍数，以此表示该水样的色度。并辅以用文字描述颜色性质，如深蓝色、棕黄色等。

【仪器和试剂】

① 仪器　50mL 具塞比色管、pH 计、250mL 量筒、移液管、250mL 容量瓶等。

② 试剂　光学纯水。

【操作步骤】

① 采样　选择一工业废水排放口附近的地点，用清洗干净的采样瓶或聚乙烯塑料长把勺采集水样 1000mL。

② 水样处理　将采样瓶中的水样倒一部分在 250mL 量筒（或更大）中，静置 15min，倾取上层清液作为水样进行测定。

③ 水样比色　分别取水样和光学纯水于具塞比色管中，充至标线，将具塞比色管放在

白色表面上，具塞比色管与该表面应呈合适的角度，使光线被反射自具塞比色管底部向上通过液柱。垂直向下观察液柱，比较样品和光学纯水，描述样品呈现的颜色，如果可能包括透明度。

④ 稀释水样比色　将水样用光学纯水逐级稀释成不同倍数，分别置于比色管并充至标线。将具塞比色管放在白色表面上，用上述相同的方法与光学纯水进行比较。将水样稀释至刚好与光学纯水无法区别为止，记下此时的稀释倍数值。

⑤ 另取水样测定 pH 值。

【注意事项】

水样稀释的方法如下：

① 水样的色度在 50 倍以上时，用移液管计量吸取水样于容量瓶中，用光学纯水稀释至标线，每次取大的稀释比，使稀释后色度在 50 倍之内；

② 水样的色度在 50 倍以下时，在具塞比色管中取水样 25mL，用光学纯水稀释至标线，每次稀释倍数为 2；

③ 水样或水样经稀释至色度很低时，可自具塞比色管倒适量水样至量筒并计量，然后用此计量过的水样在具塞比色管中用光学纯水稀释至标线，每次稀释倍数应小于 2。记下各次稀释倍数值。

【结果的表示】

将逐级稀释的各次倍数相乘，所得之积取整数值（如每次稀释倍数为 2，共稀释 n 次，则为 2^n），以此表达样品的色度。

同时用文字描述样品的颜色深浅、色调，如果可能，包括透明度。在报告样品色度的同时，报告 pH 值。

思　考　题

1. 在铂-钴比色法中，1 度的定义是什么？
2. 在测定色度的同时，为什么必须同时测定 pH 值？
3. 在测定色度时，从比色管的正面观察可以吗？为什么？

1.9.2　浊度的测定

浊度是表现水中悬浮物对光线透过时所发生的阻碍程度。水中含有泥土、粉砂、微细有机物、无机物、浮游动物和其他微生物等悬浮物和胶体物都可使水样呈现浊度。水的浊度大小不仅和水中存在颗粒物含量有关，而且和其粒径大小、形状、颗粒表面对光散射特性等有密切关系。

【实验目的】

① 学会浊度标准溶液的配制方法；

② 掌握目视比浊法测定水浊度的方法。

【实验原理】

将水样和硅藻土（或白陶土）配制的浊度标准液进行比较。相当于 1mg 一定黏度的硅藻土（白陶土）在 1000mL 水中所产生的浊度，称为 1 度。

【仪器和试剂】

① 仪器　100mL 具塞比色管、1L 容量瓶、250mL 具塞无色玻璃瓶、1L 量筒。

② 试剂

a. 浊度标准储备液　称 10g 硅藻土通过 0.1mm 筛孔于研钵中，加入少许水调成糊状并研细，移至1000mL量筒中，加水至标线。充分搅匀后，静置24h。用虹吸法仔细将上层800mL悬浮液移至第二个1000mL量筒中，向其中加水至1000mL，充分搅拌，静置24h。吸出上层含较细颗粒的800mL悬浮液弃去，下部溶液加水稀释至1000mL。充分搅拌后，储于具塞玻璃瓶中，其中含硅藻土颗粒直径大约为$400\mu m$。

取50.0mL上述悬浊液置于恒重的蒸发皿中，在水浴上蒸干，于105℃烘箱烘2h，置干燥器冷却30min后称量。重复以上操作，即烘1h冷却，称量，直至恒重。求出1mL悬浊液含硅藻土的质量（mg）。

b. 浊度250度的标准液　吸取上述含250mg硅藻土的悬浊液，置于1000mL容量瓶中加水至标线，摇匀。此溶液浊度为250度。

c. 浊度100度的标准液　吸取100mL浊度为250度的标准液于250mL容量瓶中，用水稀释至标线，摇匀。此溶液浊度为100度。

于各标准液中分别加入氯化汞以防菌类生长。

【操作步骤】

① 浊度低于10度的水样测定　吸取浊度为100度的标准液0，1.0mL，2.0mL，3.0mL，4.0mL，5.0mL，6.0mL，7.0mL，8.0mL，9.0mL及10.0mL于100mL的比色管中，加水稀释至标线，混匀，配制成浊度为0，1.0度，2.0度，3.0度，4.0度，5.0度，6.0度，7.0度，8.0度，9.0度和10.0度的标准液。

取100mL摇匀的水样于100mL比色管中，与上述标液进行比较。可在黑色底板上由上向下垂直观察，选出与水样产生相近视觉效果的标准液，记下其浊度值。

② 浊度为10度以上的水样测定　吸取浊度为250度的标准液0，10mL，20mL，30mL，40mL，50mL，60mL，70mL，80mL，90mL及100mL置于250mL容量瓶中，加水稀释至标线，混匀。即得浊度为0，10度，20度，30度，40度，50度，60度，70度，80度，90度和100度的标准液，将其移入成套的250mL具塞玻璃瓶中，每瓶加入1g氯化汞，以防菌类生长。

取250mL摇匀的水样置于成套的250mL具塞玻璃瓶中，瓶后放一有黑线的白纸板作为判别标志。从瓶前向后观察，根据目标的清晰程度选出与水样产生相近视觉效果的标准液，记下其浊度值。

水样浊度超过100度时，用无浊度水稀释后测定。

【注意事项】

① 样品应收集到具塞玻璃瓶中，取样后尽快测定。如需保存，可保存在冷（4℃）暗处，不超过24h。测试前需激烈振摇并恢复到室温。

② 所有与样品接触的玻璃器皿必须清洁，可用盐酸或表面活性剂清洗。

③ 水样不准有碎屑及易沉颗粒。

【结果的表述】

水样的浊度直接以目视确定的浊度报告。

思 考 题

除目视比浊法外，还有什么方法可以测定水样的浊度？

1.9.3　六价铬的测定

【实验目的】

① 学会六价铬的水样采集、保存、预处理及测定方法；

② 学会各种标准溶液的配制方法和标定方法；
③ 掌握分光光度计的使用。

【实验原理】

在酸性溶液中，六价铬离子与二苯碳酰二肼反应，生成紫红色化合物，其最大吸收波长为540nm，吸光度与浓度的关系符合比尔定律。反应式如下：

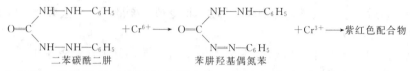

如果测定总铬，需先用高锰酸钾将水样中的三价铬氧化为六价，再用本法测定。

【仪器和试剂】

① 仪器　容量瓶、可见分光光度计、实验室常用仪器。

② 试剂

a. 丙酮。

b. （1+1）硫酸溶液。

c. （1+1）磷酸溶液　将磷酸（H_3PO_4，优级纯，$\rho=1.69g/mL$）与水等体积混合。

d. 4g/L 氢氧化钠溶液。

e. 氢氧化锌共沉淀剂　用时将100mL 80g/L 硫酸锌（$ZnSO_4 \cdot 7H_2O$）溶液和120mL 20g/L 氢氧化钠溶液混合。

f. 40g/L 高锰酸钾溶液　称取高锰酸钾（$KMnO_4$）4g，在加热和搅拌下溶于水，最后稀释至100mL。

g. 铬标准储备液　称取于110℃干燥2h的重铬酸钾（K_2CrO_7，优级纯）（0.2829±0.0001）g，用水溶解后，移入1000mL容量瓶中，用水稀释至标线，摇匀。此溶液1mL含0.10mg六价铬。

h. 铬标准溶液A　吸取5.00mL铬标准储备液置于500mL容量瓶中，用水稀释至标线，摇匀。此溶液1mL含$1.00\mu g$六价铬。使用时当天配制。

铬标准溶液B　吸取25.00mL铬标准储备液置于500mL容量瓶中，用水稀释至标线，摇匀。此溶液1mL含$5.00\mu g$六价铬。使用当天配制。

i. 200g/L 尿素溶液　将[$(NH_2)_2CO$]20g溶于水并稀释至100mL。

j. 20g/L 亚硝酸钠溶液　将亚硝酸钠（$NaNO_2$）2g溶于水并稀释至100mL。

k. 显色剂A　称取二苯碳酰二肼（$C_{13}N_{14}H_4O$）0.2g，溶于50mL丙酮中，加水稀释到100mL，摇匀，储于棕色瓶，置冰箱中（色变深后不能使用）。

显色剂B　称取二苯碳酰二肼2g，溶于50mL丙酮中，加水稀释到100mL，储于棕色瓶，置冰箱中（色变深后不能使用）。

【操作步骤】

① 采样　按采样方法采取具有代表性水样，实验室样品应该用玻璃瓶采集。采集时，加入氢氧化钠，调节pH值约为8。并在采集后尽快测定，如放置，不要超过24h。

② 样品的预处理

a. 样品中应不含悬浮物，低色度的清洁地表水可直接测定，不需预处理。

b. 色度校正　当样品有色但不太深时，另取一份水样，以2mL丙酮代替显色剂，其他步骤同步骤④。水样测得的吸光度扣除此色度校正吸光度后，再行计算。

c. 对浑浊、色度较深的样品可用锌盐沉淀分离法进行前处理。取适量水样（含六价铬少于100μg）于150mL烧杯中，加水至50mL。滴加氢氧化钠溶液，调节溶液pH值为7～8。在不断搅拌下，滴加氢氧化锌共沉淀剂至溶液pH值为8～9。将此溶液转移至100mL容量瓶中，用水稀释至标线。用慢速滤纸过滤，弃去10～20mL初滤液，取其中50.0mL滤液供测定。

d. 二价铁、亚硫酸盐、硫代硫酸盐等还原性物质的消除。取适量水样（含六价铬少于50μg）于50mL比色管中，用水稀释至标线，加入4mL显色剂B混匀，放置5min后，加入1mL硫酸溶液摇匀。5～10min后，在540nm波长处，用10mm或30mm光程的比色皿，以水做参比，测定吸光度。扣除空白试验测得的吸光度后，从校准曲线查得六价铬含量。用同法做校准曲线。

e. 次氯酸盐等氧化性物质的消除。取适量水样（含六价铬少于50μg）于50mL比色管中，用水稀释至标线，加入0.5mL硫酸溶液、0.5mL磷酸溶液、1.0mL尿素溶液，摇匀，逐滴加入1mL亚硝酸钠溶液，边加边摇，以除去由过量的亚硝酸钠与尿素反应生成的气泡，待气泡除尽后，按步骤④（免去加硫酸溶液和磷酸溶液）的方法进行操作。

③ 空白试验　按与水样完全相同的处理步骤进行空白试验，仅用50mL蒸馏水代替水样。

④ 水样测定　取适量（含六价铬少于50μg）无色透明水样，置于50mL比色管中，用水稀释至标线。加入0.5mL硫酸溶液和0.5mL磷酸溶液，摇匀。加入2mL显色剂A，摇匀放置5～10min后，在540nm波长处，用10mm或30mm的比色皿，以水做参比，测定吸光度，扣除空白试验测得的吸光度后，从校准曲线上查得六价铬含量（如经锌盐沉淀分离、高锰酸钾氧化法处理的样品，可直接加入显色剂测定）。

⑤ 校准曲线制作　向一系列50mL比色管中分别加入0，0.20mL，0.50mL，1.00mL，2.00mL，4.00mL，6.00mL，8.00mL和10.00mL铬标准溶液A或铬标准溶液B（如经锌盐沉淀分离法前处理，则应加倍吸取），用水稀释至标线。然后按照测定水样的步骤④进行处理。

以测得的吸光度减去空白试验的吸光度后所得的数据，绘制以六价铬的量对吸光度的校准曲线。

【注意事项】
① 氧化性、还原性物质均有干扰，水样浑浊时亦不便测定。
② 所有玻璃仪器容器不能用铬酸洗液洗涤。
③ 有机物有干扰，可加高锰酸钾氧化后再测定。

【数据处理】
按下式计算水样中六价铬含量 ρ（mg/L）

$$\rho = \frac{m}{V}$$

式中　m——由校准曲线查得的水样含六价铬质量，μg；
　　　V——水样的体积，mL。

六价铬含量以三位有效数字表示。

思　考　题

1. 在用分光光度法进行定量分析时，作校准曲线有什么作用？
2. 在对标准系列进行吸光度测定时，用10mm比色皿与用30mm比色皿测出的吸光度读数会一样吗？

它是否会影响测定结果？

3. 如果不知道六价铬在显色后的最大吸收波长，你将如何进行测定？

1.9.4 砷的测定

水质中总砷的测定可采用二乙氨基二硫代甲酸银分光光度法，水质中痕量砷的测定可采用硼氢化钾-硝酸银分光光度法。本实验介绍二乙氨基二硫代甲酸银分光光度法。

【实验目的】

① 了解分光光度法测定砷的实验原理；

② 学会水样的消解方法；

③ 学会利用二乙氨基二硫代甲酸银分光光度法测定污水中的砷。

【实验原理】

在碘化钾、酸性氯化亚锡作用下，五价砷被还原为三价砷，并与新生态氢反应，生成气态砷化氢（AsH_3），被吸收于二乙氨基二硫代甲酸银-三乙醇胺的三氯甲烷溶液中，生成红色的胶体银，在510nm波长处，以三氯甲烷为参比测其吸光度，用校准曲线法定量。

清洁水样可直接取样加硫酸后测定；含有机物的水样应用硝酸-硫酸消解。水样中共存锑、铋和硫化物时干扰测定。氯化亚锡和碘化钾的存在可抑制锑、铋干扰，硫化物可用乙酸铅棉吸收去除。

该方法最低检测浓度为0.007mg/L，测定上限为0.50mg/L。

【仪器和试剂】

① 仪器 分光光度计、砷化氢发生装置和吸收管（如图1-34）、实验室常用仪器设备。

② 试剂

a. 浓盐酸（HCl）。

b. 碘化钾溶液 将15g KI 溶解在100mL 蒸馏水中，在棕色瓶中储存。

c. 氯化亚锡试剂 将40g 无砷 $SnCl_2 \cdot 2H_2O$ 溶解在100mL 浓HCl 中。

d. 醋酸铅溶液 将$10gPb(CH_3COO)_2 \cdot 3H_2O$ 溶解在100mL 蒸馏水中。

e. 二乙氨基二硫代甲酸银试剂 将1g 二乙氨基二硫代甲酸银溶解在200mL 吡啶中，储存于棕色瓶中。[另一种配制方法是：将410mg 1-麻黄素溶解在200mL 三氯甲烷（$CHCl_3$）中，加入625mg 二乙氨基二硫代甲酸银，补加 $CHCl_3$ 调节体积到250mL，过滤后储存在棕色瓶中]

f. 锌 20～30 目，无砷。

g. 砷储备溶液 将1.320g 三氧化二砷（As_2O_3）溶解在10mL 溶有4g NaOH 的蒸馏水中，然后用蒸馏水稀释到1000mL。此溶液含As 量1mg/mL。（注意：此溶液有毒，操作要小心，避免吸入砷的溶液）

h. 砷中间溶液 取5.00mL 储备液，用蒸馏水稀释到500mL。此溶液含As 量10.0μg/mL。

i. 砷标准溶液 取10.00mL 中间溶液，用蒸馏水稀释到100mL。此溶液含As 量1.00μg/mL。

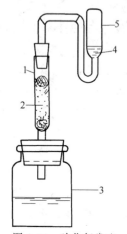

图1-34 砷化氢发生器和吸收管

1—10mL 吸收管；
2—含醋酸铅玻璃棉；
3—水样瓶；4—二乙氨基二硫代甲酸银试剂；
5—20mL 吸收管

1. 水体监测

【操作步骤】

① 采样和保存样品　按采样方法采取具有代表性的水样。采集后的样品，用浓硫酸调 pH<2，储于玻璃或聚乙烯瓶中，在低温下保存。

② 水样预处理　含大量有机物的被污染的水样，需用硝酸-硫酸消解预处理（方法可参见注意事项）；一般清洁水，可直接取已用硫酸酸化后的水样进行测定。若砷浓度超过 $12\mu g/L$ 时，取适量样品，用碱调至中性后，用水稀释到 250mL 然后进行测定。

③ 砷的还原　吸取 35.0mL 水样，放入一个干净的发生瓶中，依次加入 5mL 浓 HCl、2mL KI 溶液和 8 滴（0.40mL）$SnCl_2$ 试剂，每加入一种试剂后要彻底将溶液摇匀，放置 15min，使 As^{5+} 还原成 As^{3+}。

④ 仪器准备　用醋酸铅浸湿吸收管中的玻璃棉。不可太湿，否则会把水带到试剂溶液中。吸取 4.00mL 二乙氨基二硫代甲酸银试剂，放入吸收管中。

⑤ 砷化氢的发生和测定　将 3g Zn 投入发生器后，立即连接好发生器和吸收管装置，确保全部接口都严密不漏。反应 30min，让砷化氢完全释放出来。为了保证所有的砷化氢都释放出来，可将发生器微微加热。

将吸收管中的溶液直接倾入 10mm 比色皿中，以试剂空白为参比，在 510nm 波长处测量吸光度。

⑥ 校准曲线的绘制　在 6 个砷化氢发生器中分别加入 0.00mL，2.00mL，4.00mL，6.00mL，8.00mL，10.00mL 含 $1.00\mu g/mL$ 砷标准溶液，用水稀释到 35mL 左右（与水样体积相仿），混匀。

按上述③至⑤的步骤同样处理，并将吸收管中的溶液分别测定吸光度（以试剂空白为参比），然后画出吸光度对标准溶液中砷浓度的校准曲线。

【注意事项】

① 砷化氢和三氧化二砷均为极毒品，使用时要特别注意，必须保证砷化氢发生器严格密封，同时要求在通风柜内进行操作。

② 水样的消化方法　将含砷 2~30μg 的适量水样放入烧瓶或烧杯中，加入 7mL(1+1) H_2SO_4 和 5mL 浓 HNO_3，蒸发到冒 SO_3 烟。冷却后，加入约 25mL 蒸馏水，再次蒸发到冒 SO_3 烟，以驱除氮氧化物。保持硝酸过量直到有机物被破坏。在破坏有机物的过程中，不得让溶液变黑，否则砷可能被还原而造成损失。

【数据处理】

按下式计算水样中砷的浓度

$$\rho = \frac{m}{V}$$

式中　ρ——样品中砷的质量浓度，mg/L；

　　　m——由校准曲线上查得水样中砷的质量，μg；

　　　V——水样体积，mL。

思　考　题

1. 本实验中锌起什么作用，二乙氨基二硫代甲酸银起什么作用？
2. 本实验中分离砷的方法属于下列哪一种方法：
    A. 液-液萃取法　B. 汽化吸收法　C. 离子交换法　D. 吸附洗脱法
3. 水样中砷浓度超过什么数值时，需用水稀释后再进行测定？

*1.9.5 汞的测定

【实验目的】

① 学会测汞仪的使用方法；

② 学会水样的消解预处理方法；

③ 掌握冷原子吸收法测定水体中的汞。

【实验原理】

汞原子蒸气对波长为253.7nm的紫外光具有选择性吸收。在一定浓度范围内汞浓度与吸光度值成正比。

在硫酸-硝酸介质及加热条件下，用高锰酸钾和过硫酸钾将水样消解，使水样中所含汞全部转化为二价汞。用盐酸羟胺将过剩的氧化剂还原，再用氯化亚锡将二价汞还原成金属汞。

在室温通入空气或氮气流，将金属汞气化，载入冷原子吸收测汞仪，测量吸收值，可求得水样中汞的含量。

【仪器和试剂】

① 仪器

a. 测汞仪。

b. 台式自动平衡记录仪　量程与测汞仪匹配。

c. 汞还原器　总容积分别为50mL，75mL，100mL，250mL，500mL，具有磨口，带莲蓬形多孔吹气头的玻璃翻泡瓶。

d. U形管（ϕ5mm×110mm），内填变色硅胶60~80mm。

e. 三通阀。

f. 汞吸收塔　250mL玻璃干燥塔，内填经碘化处理的柱状活性炭。

g. 实验室常用仪器。

② 试剂

a. 优级纯试剂　浓硫酸（$\rho=1.84$）、浓盐酸（$\rho=1.19$）、浓硝酸（$\rho=1.42$）、重铬酸钾。

b. 无汞蒸馏水　二次重蒸馏水或电渗析去离子水通常可达到此纯度。也可将蒸馏水加盐酸酸化至pH=3，然后通过巯基棉纤维管除汞。

c. (1+1)硝酸溶液。

d. 50g/L高锰酸钾溶液　将50g高锰酸钾（优级纯，必要时重结晶精制）用水溶解，稀释至1000mL。

e. 50g/L过硫酸钾溶液　将50g过硫酸钾（$K_2S_2O_8$）用无汞蒸馏水溶解，稀释至1000mL。

f. 溴酸钾（0.1mol/L）-溴化钾（10g/L）溶液（简称溴化剂）　用水溶解2.7848（准确到0.001g）溴酸钾（优级纯），加入10g溴化钾，用无汞蒸馏水稀释至1000mL，置棕色瓶中保存。若见溴释出，则应重新配制。

g. 200g/L盐酸羟胺溶液　将200g盐酸羟胺（$NH_2OH \cdot HCl$）用无汞蒸馏水溶解，稀释至100mL。盐酸羟胺常含有汞，必须提纯。当汞含量较低时，采用巯基棉纤维管除汞法；汞含量高时，先按萃取法除掉大量汞，再按巯基法除尽汞。

h. 200g/L氯化亚锡溶液　将20g氯化亚锡（$SnCl_2 \cdot 2H_2O$）置于干烧杯中，加入20mL浓盐酸，微微加热。待完全溶解后，冷却，再用无汞蒸馏水稀释至100mL。若有汞，可通入氮气鼓泡除汞。

i. 汞标准固定液（简称固定液） 将 0.5g 重铬酸钾溶于 950mL 蒸馏水中，再加 50mL 硝酸。

j. 汞标准储备溶液 准确称取放置在硅胶干燥器中充分干燥过的氯化汞（$HgCl_2$）0.1354g，用固定液溶解后，转移到 1000mL 容量瓶（A 级）中，再用固定液稀释至标线，摇匀。此溶液每 1mL 含 100μg 汞。

k. 汞标准中间溶液 用吸管（A 级）吸取汞标准储备溶液 10.00mL，注入 100mL 容量瓶（A 级），加固定液稀释至标线，摇匀。此溶液 1mL 含 10.0μg 汞。

l. 汞标准使用溶液 用吸管（A 级）吸取汞标准中间溶液 10.00mL，注入 1000mL 容量瓶（A 级）。用固定液稀释至标线，摇匀（室温阴凉放置，可稳定 100 天左右）。此溶液 1mL 含 0.100μg 汞。

m. 稀释液 将 0.2g 重铬酸钾溶于 972.2mL 无汞蒸馏水中，再加入 27.8mL 硫酸。

n. 变色硅胶 $\phi 3 \sim 4mm$，干燥用。

o. 经碘化处理的活性炭 称取 1 份质量碘、2 份质量碘化钾和 20 份质量蒸馏水，在玻璃烧杯中配成溶液，然后向溶液中加入 10 份质量的柱状活性炭，用力搅拌至溶液脱色后，从烧杯中取出活性炭，用玻璃纤维把溶液滤出，然后在 100℃ 左右烘干 1~2h 即可。

【操作步骤】

① 采样及样品的保存

a. 采样 按采样方法采取具有代表性足够分析用量的水样（采取污水量不应少于 500mL，地表水不少于 1000mL）。水样采用硼硅玻璃瓶或高密度聚乙烯塑料壶盛装，样品尽量充满容器，以减少器壁吸附。

b. 保存方法 采样后应立即按每升水样中加 10mL 的比例加入浓硫酸（检查 pH 应小于 1，否则应适当增加硫酸），然后加入 0.5g 重铬酸钾（若橙色消失，应适当补加，使水样呈持久的淡橙色）。密塞，摇匀后，置室内阴凉处，可保存一个月。

② 水样制备

a. 高锰酸钾-过硫酸钾消解法 一般污水或地表水、地下水按以下方法（近沸保温法）处理。将实验室样品充分摇匀后，立即准确吸取 10~50mL 污水（或 100~200L 清洁地表水或地下水）注入 125mL（或 500mL）锥形瓶中，取样量少者，应补充适量无汞蒸馏水。

依次加 1.5mL 浓硫酸（对清洁地表水或地下水应加 2.5~5.0mL，使硫酸浓度约为 0.5mol/L）、1.5mL 硝酸溶液（对地表水或地下水应加 2.5~5.0mL）、4mL 高锰酸钾溶液（如果不能至少在 15min 维持紫色，则混合后再补加适量高锰酸钾溶液，以使颜色维持紫色，但总量不超过 30mL）。然后，再加 4mL 过硫酸钾溶液，插入小漏斗。置于沸水浴中使样液在近沸状态保温 1h，取下冷却。临近测定时，边摇边滴加盐酸羟胺溶液，直至刚好将过剩的高锰酸钾及器壁上二氧化锰全部褪色为止。

b. 煮沸法 含有机物、悬浮物较多，组成复杂的污水，按以下方法处理。将实验室样品充分摇匀后，立即根据样品中汞含量，准确吸取 5~50mL 污水，置于 125mL 锥形瓶中。取样量少者，应补加无汞蒸馏水，使总体积约 50mL。按近沸保温法步骤加入试剂。向样液中加数粒玻璃珠或沸石，插入小漏斗，擦干瓶底，然后置高温电炉或高温电热板上加热煮沸 10min，取下冷却。以下操作步骤同近沸保温法。

③ 制备空白水样 用无汞蒸馏水代替样品，按水样制备消解方法步骤相同操作制备两份空白水样，并把采样时加的试剂量考虑在内。

④ 安装仪器 按图1-35连接好仪器气路，更换U形管中硅胶，按说明书安装好测汞仪及记录仪，选择好灵敏度挡及载气流速。将三通阀旋至"校零"端。取出汞还原器吹气头，逐个吸取10.00mL经消解的水样或空白样注入汞还原器中，加入1mL氯化亚锡溶液，迅速插入吹气头，然后将三通阀旋至"进样"端，使载气通入汞还原器。此时水样中汞被还原气化成汞蒸气，随载气流载入测汞仪的吸收池，表头指针和记录笔迅速上升，记下最高读数或峰高。待指针和记录笔重新回零后，将三通阀旋回"校零"端，取出吹气头，弃去废液，用蒸馏水洗汞还原器二次，再用稀释液洗一次，以氧化可能残留的二价锡，然后进行另一水样的测定。

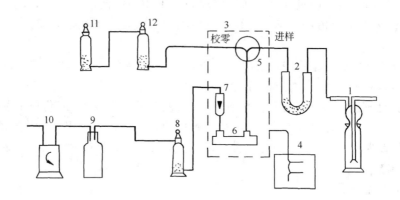

图1-35 测汞装置气路连接示意图
1—汞还原器；2—U形管；3—测汞仪；4—记录仪；5—三通阀；6—吸收池；
7—流量控制器；8，12—汞吸收塔；9—气体缓冲瓶；10—真空泵，
抽气速率0.5L/s；11—干燥塔（内装变色硅胶）

对汞含量低的样品，为提高精度，应适当增加水样体积（最大体积为220mL），并按每10mL水样中加1mL的比例加入氯化亚锡溶液，然后迅速插入吹气头，先在闭气条件下，用手将汞还原器沿前后或左右方向强烈振摇1min，然后才将三通阀旋至"进样"端，其余操作均相同。

⑤ 校准曲线的制作

a. 取100mL容量瓶（A级）八个，用5mL的刻度吸管（A级），准确吸取每毫升含汞$0.10\mu g$的汞标准使用溶液0，0.50mL，1.00mL，1.50mL，2.00mL，2.50mL，3.00mL，4.00mL注入容量瓶中，用稀释液稀释至标线，摇匀，然后完全按照测定水样步骤对每一个系列标准溶液进行测定（注：测定清洁地表水时，应当天吸取汞标准使用溶液，用汞标准固定液配制汞浓度为$10\mu g/mL$的汞标准使用液，用作制备浓度为0，$0.025\mu g/L$，$0.050\mu g/L$，$0.100\mu g/L$，$0.150\mu g/L$，$0.200\mu g/L$，$0.250\mu g/L$的标准系列）。

b. 以扣除空白后的标准系列溶液测定值为纵坐标，以相应的汞浓度（$\mu g/L$）为横坐标，绘制测定值-浓度校准曲线。

【注意事项】

消解是一个关键，有机物高时不利本法测定。使用盐酸羟胺时要特别注意过量的盐酸羟胺易使汞丢失。注意汞对实验室的污染。

【数据处理】

按下式计算水样中汞的质量浓度

$$\rho = c_1 \times \frac{V_0}{V} \times \frac{V_1 + V_2}{V_1}$$

式中 ρ——水样中汞的质量浓度，$\mu g/L$；
c_1——被测样品水样中汞的质量浓度（由校准曲线上查得），$\mu g/L$；
V——制备水样时分取样品体积，mL；
V_0——消解制备水样时定容体积，mL；
V_1——采取的水样体积，mL；
V_2——采样时向水中加入硫酸体积，mL。

如果对采样时加入的试剂体积忽略不计，则上列公式中，等号后第三项 $(V_1+V_2)/V_1$ 可以略去。结果应视含量高低，分别以三位或二位有效数字表示。

思 考 题

1. 冷原子吸收法和原子吸收分光光度法是同一种方法吗？有何区别？
2. 本实验中氯化亚锡起什么作用？
3. 本实验中，为什么先将汞氧化成二价汞，然后又要将其还原成原子汞？

1.9.6 亚硝酸盐氮的测定

亚硝酸盐氮是氮循环的中间产物，在氧和微生物的作用下，可被氧化成硝酸盐，在缺氧条件下也可被还原为氨。测定水体中的亚硝酸盐氮常用 N-(1-萘基)-乙二胺分光光度法和离子色谱法等。

【实验目的】
① 了解分光光度法测定亚硝酸盐氮的实验原理；
② 学会利用 N-(1-萘基)-乙二胺分光光度法测定污水中的亚硝酸盐氮。

【实验原理】
在 pH 值为 2.0~2.5 的酸性介质中，亚硝酸盐与对氨基苯磺酰胺反应，生成重氮盐，再与 N-(1-萘基)-乙二胺偶联生成红色染料，于 540nm 处进行比色测定。

氯胺、氯、硫代硫酸盐、聚磷酸钠和高铁离子有明显干扰；水样有色或浑浊，可加氢氧化铝悬浮液并过滤消除之。方法最低检出浓度为 0.003mg/L，测定上限为 0.20mg/L。

【仪器和试剂】
① 仪器 分光光度计、实验室常用玻璃仪器。
② 试剂

a. 无亚硝酸盐水 在 1L 蒸馏水中加入 $KMnO_4$、$Ba(OH)_2$ 或 $Ca(OH)_2$ 结晶各一小粒。使用全硼硅玻璃的器皿重蒸馏一次，弃去最初的 50mL 馏出液。收集不含高锰酸钾的那部分馏出液。

b. 对氨基苯磺酰胺试剂 溶解 5g 对氨基苯磺酰胺于 50mL 浓 HCl 和约 300mL 无亚硝酸盐水的混合液中，用无亚硝酸盐水稀释到 500mL。该溶液可稳定数月。

c. N-(1-萘基)-乙二胺二盐酸盐溶液 溶解 500mg N-(1-萘基)-乙二胺二盐酸盐于 500mL 无亚硝酸盐蒸馏水中，用深色瓶保存。每月更换一次或当其显示深棕色时立即更换。

d. (1+3) 盐酸溶液 稀释时用无亚硝酸盐水。

e. $c(1/2\ Na_2C_2O_4) = 0.05$mol/L 草酸钠标准溶液 溶解 3.350g $Na_2C_2O_4$（AR）于 1000mL 无亚硝酸盐水中。

f. $c[1/2Fe(NH_4)_2(SO_4)_2 \cdot 6H_2O] = 0.05$mol/L 硫酸亚铁铵标准溶液 溶解 19.607g $Fe(NH_4)_2(SO_4)_2 \cdot 6H_2O$ 于适量无亚硝酸盐水中，并加 20mL 浓 H_2SO_4，稀释至 1000mL。

标定方法参见 1.9.8。

g. 亚硝酸盐储备液　溶解 1.232g $NaNO_2$（AR）于无亚硝酸盐蒸馏水中，稀释至 1000mL，此溶液中含 N 量为 $250\mu g/mL$。保存时加入 1mL $CHCl_3$。

储备液的标定：按次序吸取 50.00mL 高锰酸钾 [c（$1/5\ KMnO_4$）$=0.05mol/L$] 标准液、5mL 浓 H_2SO_4 和 50.00mL 亚硝酸盐储备液，放入具有玻璃塞的烧瓶或瓶子内。加亚硝酸盐储备液时，要把吸量管下端浸没在高锰酸钾酸性溶液的液面之下。轻轻摇动，在加热板上加温到 70~80℃。按每次 10mL 的量加入足够的 $Na_2C_2O_4$ 标准液，使溶液褪色。再用 $KMnO_4$ 标准液滴定过量的 $Na_2C_2O_4$，直至呈淡粉红色终点。在整个操作过程中带一个无亚硝酸盐蒸馏水空白，并在最后计算中作必要的校正。

如用硫酸亚铁铵标准液代替 $Na_2C_2O_4$ 标准液来做此步操作，则不需加热到 70~80℃，而仅在进行最后的 $KMnO_4$ 滴定之前，把 $KMnO_4$ 和 Fe^{2+} 之间的反应时间延长到 5min。

用下式计算储备液中亚硝酸盐氮的含量

$$\rho(mg/mL) = \frac{(V_1 c_1 - V_2 c_2) \times 7}{V_0}$$

式中　V_1——所用 $KMnO_4$ 标准溶液的总体积，mL；
　　　c_1——$KMnO_4$ 标准溶液的浓度，mol/L；
　　　V_2——所加还原剂标准溶液的总体积，mL；
　　　c_2——还原剂标准溶液的浓度，mol/L；
　　　V_0——滴定时 $NaNO_2$ 储备液的用量，mL。

$NaNO_2$ 溶液消耗的每 1.00mL $KMnO_4$ 标准溶液相当于 $350\mu g$ 亚硝酸盐氮。

h. 亚硝酸盐中间溶液　用公式 $G=12.5/\rho$，计算配制 NO_2^- 中间溶液所需要的 NO_2^- 储备液的体积 G，并将其加入 250mL 容量瓶中，用无亚硝酸盐水稀释至标线，此溶液的含 N 量为 $50.0\mu g/mL$。当日配制。

i. 亚硝酸盐标准溶液　用无亚硝酸盐水稀释 10.00mL NO_2^- 中间溶液至 1000mL，此溶液的含 N 量为 $0.500\mu g/mL$。当日配制。

【操作步骤】

① 水样的采集和保存　按采样要求，采集具有代表性的水样。为防止细菌把 NO_2^- 转化为 NO_3^- 或 NH_3，对新采集的水样应迅速进行分析。用于分析 NO_2^- 的水样，绝对不能用酸来保存。若需短期保存 1~2 天，要冷冻在 -20℃ 或每升水样加入 40mg $HgCl_2$ 并在 4℃ 下保存。

② 消除浊度　如水样含有悬浮固体，用孔径 $0.45\mu m$ 的滤膜过滤。

③ 显色　量取 50.0mL 澄清水样（中和至 pH=7），或用少许水样稀释到 50.0mL，加入 1mL 对氨基苯磺酰胺溶液。待试剂反应 2~8min 后加 1.0mL N-(1-萘基)-乙二胺二盐酸盐溶液并立即混匀。至少放置 10min，但不要多于 2h。

④ 校准曲线的绘制　吸取 0，0.10mL，0.20mL，0.40mL，0.70mL，1.00mL，1.40mL，1.70mL，2.00mL 和 2.50mL 亚硝酸盐标准溶液于 50mL 比色管中，加水至标线，按上述同样方法进行显色。在波长 540nm 处，用 10mm 比色皿，以无亚硝酸盐水为参比，测定吸光度并绘制校准曲线。

⑤ 水样的测定　将上述已显色好的水样在同等条件下以无亚硝酸盐水为参比，测定吸光度，记录读数。

【注意事项】

① 在试验条件下，下列离子发生沉淀，产生干扰，水样中不应含有它们：Sb^{3+}，

Au^{3+}、Bi^{3+}、Fe^{3+}、Pb^{2+}、Hg^{2+}、Ag^+、氯铂酸盐（$PtCl_6^{2-}$）和偏钒酸盐（VO_3^{2-}）。Cu^{2+}对重氮盐的分解起催化作用，使结果偏低。能改变颜色系列的带色离子也不应存在。

② 测定亚硝酸盐氮含量低于 2μg/L 的水样时，可改用 30mm 或光程更长的比色皿，以提高测定灵敏度。

数据处理

按下式计算水样中亚硝酸盐氮的含量 ρ（mg/L）

$$\rho = \frac{m}{V}$$

式中　m——由校准曲线查得的水样中亚硝酸盐氮质量，μg；

　　　V——水样体积，mL。

思　考　题

1. 分光光度法测定水中亚硝酸盐氮是基于_____反应。
   A. 中和　B. 重氮-偶联　C. 偶联-重氮　D. 氧化还原
2. 测定亚硝酸盐氮的水样是否可以用酸来保存？
3. 水样含有悬浮固体是否会影响亚硝酸盐氮的测定？如何处理？

1.9.7　氨氮的测定

氨氮的测定方法，通常有纳氏比色法、苯酚-次氯酸盐（或水杨酸-次氯酸盐）比色法和电极法等。纳氏试剂比色法具有操作简便、灵敏等特点，但钙、镁、铁等金属离子，硫化物、醛、酮类，以及水中色度和浑浊等干扰测定，需要相应的预处理。苯酚-次氯酸盐比色法具有灵敏、稳定等优点，干扰情况和消除方法同纳氏试剂比色法。电极法通常不需要对水样进行预处理并具有测量范围宽等优点。氨氮含量较高时，可采用蒸馏-酸滴定法。本实验介绍纳氏比色法。

【实验目的】

① 学会氨氮水样的预处理方法及蒸馏装置的安装和使用方法；

② 学会纳氏比色法测定水样中氨氮的方法。

【实验原理】

碘化汞和碘化钾的碱性溶液与氨反应生成淡红棕色配合物，其色度与氨氮含量成正比，通常可在波长 410~425nm 范围内测其吸光度，计算其含量。

本法最低检出浓度为 0.025mg/L（光度法），测定上限为 2mg/L。

【仪器和试剂】

① 仪器

a. 带氮球的定氮蒸馏装置　500mL 凯氏烧瓶、氮球、直形冷凝管。参见图 1-20。

b. 分光光度计、pH 计、常用实验室仪器。

② 试剂

a. 无氨水。水样稀释及试剂配制均用无氨水。

b. 1mol/L 盐酸溶液。

c. 1mol/L 氢氧化钠溶液。

d. 轻质氧化镁(MgO)　将氧化镁在 500℃下加热，以除去碳酸盐。

e. 0.05% 溴百里酚蓝指示剂（pH 为 6.0~7.6）。

f. 防沫剂　如石蜡碎片。

g. 吸收液

(a) 硼酸溶液　称取 20g 硼酸溶于水,稀释至 1L。

(b) 0.01mol/L 硫酸溶液。

h. 纳氏试剂　称取 20g 碘化钾溶于约 25mL 水中,边搅拌边分次少量加入氯化汞($HgCl_2$)结晶粉末约 10g,至出现朱红色沉淀不易溶解时,改为滴加饱和氯化汞溶液,并充分搅拌,当出现微量朱红色沉淀不再溶解时,停止滴加氯化汞溶液。另称取 60g 氢氧化钾溶于水,并稀释至 250mL,冷却至室温后,将上述溶液徐徐注入氢氧化钾溶液中,用水稀释至 400mL,混匀。静置过夜,将上清液移入聚乙烯瓶中,密塞保存。

i. 酒石酸钾钠溶液　称取 50g 酒石酸钾钠($KNaC_4H_4O_6 \cdot 4H_2O$)溶于 100mL 水中,加热煮沸以除去氨,放冷,定容至 100mL。

j. 铵标准储备液　称取 3.819g 在 100℃ 干燥过的氯化铵(NH_4Cl)溶于水中,移入 1000mL 容量瓶中,稀释至标线。此溶液每毫升含 1.00mg 氨氮。

k. 铵标准使用溶液　移取 5.00mL 铵标准储备液于 500mL 容量瓶中,用水稀释至标线。此溶液每毫升含 0.010mg 氨氮。

【操作步骤】

① 采样和样品保存　按采样要求,采取具有代表性的水样。将水样收集在聚乙烯瓶或玻璃瓶内,要尽快分析,否则应在 2～5℃ 下存放,或用硫酸($\rho = 1.84g/mL$)将样品酸化,使其 pH<2(应注意防止酸化样品吸收空气中的氨而被污染)。

② 水样预处理　取 250mL 水样(如氨氮含量较高,可取适量水样并加水至 250mL,使氨氮含量不超过 2.5mg),移入凯氏烧瓶中,加数滴溴百里酚蓝指示液,用氢氧化钠溶液或盐酸溶液调节 pH 至 7 左右。加入 0.25g 轻质氧化镁和数粒玻璃珠,立即连接氮球和冷凝管,导管下端插入吸收液液面下。加热蒸馏,至馏出液达 200mL 时,停止蒸馏。定容至 250mL。

③ 校准曲线的绘制　吸取 0,0.5mL,1.00mL,3.00mL,5.00mL,7.00mL 和 10.00mL 铵标准使用液于 50mL 比色管中,加水至标线,加 1.0mL 酒石酸钾钠溶液,混匀。加 1.5mL 纳氏试剂,混匀。放置 10min 后,在波长 420nm 处,用 20mm 比色皿,以水为参比,测定吸光度。由测得的吸光度,减去零浓度空白管的吸光度后,得到校正吸光度,绘制以氨氮含量(mg)对校正吸光度的校准曲线。

④ 水样的测定

a. 分取适量经絮凝沉淀预处理后的水样(使氨氮含量不超过 0.1mg),加入 50mL 比色管中,稀释至标线,加 0.1mL 酒石酸钾钠溶液。

b. 分取适量经蒸馏预处理后的馏出液,加入 50mL 比色管中,加一定量 1mol/L 氢氧化钠溶液以中和硼酸,稀释至标线。加 1.5mL 纳氏试剂,混匀。放置 10min 后测量吸光度。

⑤ 空白试验　以无氨水代替水样,作全程序空白测定。

【注意事项】

① 纳氏试剂中碘化汞与碘化钾的比例对显色反应的灵敏度有较大影响。静置后生成的沉淀应除去。

② 滤纸中常含有痕量的铵盐,使用时注意用无氨水洗涤。所用玻璃器皿应避免实验室空气中氨的沾污。

【数据处理】

由水样测得的吸光度减去空白试验的吸光度后,从校准曲线上查氨氮含量(mg)。氨氮

质量浓度 ρ（mg/L）用下式计算

$$\rho = \frac{m}{V} \times 1000$$

式中　m——由校准曲线查得的氨氮量，mg；

　　　V——水样体积，mL。

<h2 style="text-align:center">思 考 题</h2>

1. 测定工业污水中氨氮含量时，常用蒸馏法消除干扰，在蒸馏时为什么要加入玻璃珠？加入石蜡碎片的目的是什么？
2. 如在水样中存在氯离子，将会对测定产生干扰，应如何消除？
3. 水中的氮可以哪些形式存在？它们是否都可称为氨氮？

1.9.8　COD 的测定

COD（Chemical Oxygen Demand）是指在一定条件下，用强氧化剂（$K_2Cr_2O_7$）处理水样时所消耗氧化剂的量。COD 反映了水中受还原性物质污染的程度，水中的还原性物质有有机物、亚硝酸盐、亚铁盐、硫化物等，COD 测定主要反映了水样中有机物质的含量。

【实验目的】

① 了解 COD 测定的基本原理；

② 学会回流装置的安装和使用方法；

③ 学会 COD 的测定方法。

【实验原理】

在强酸性溶液中，准确加入过量的重铬酸钾标准溶液，加热回流，将水样中还原性物质（主要是有机物）氧化，过量的重铬酸钾以试亚铁灵作指示剂，用硫酸亚铁铵标准溶液回滴，根据所消耗的重铬酸钾标准溶液量计算水样的化学耗氧量。

【仪器和试剂】

① 仪器

a. 回流装置　带有 24 号标准磨口的 250mL 锥形瓶的全玻璃回流装置。回流冷凝管长度为 300~500mm。若取样量在 30mL 以上时，可采用 500mL 锥形瓶的全玻璃回流装置。如图 1-36 所示。

b. 25mL 或 50mL 酸式滴定管、加热装置等常用实验室仪器。

② 试剂

a. 化学纯试剂　硫酸银、硫酸汞、硫酸（$\rho = 1.84$g/L）。

b. 硫酸银-硫酸溶液　向 1L 硫酸中加入 10g 硫酸银，放置 1~2 天使之溶解，并混匀，使用前小心摇动。

c. $c(1/6 K_2Cr_2O_7) = 0.250$mol/L 重铬酸钾标准溶液　将 12.258g 在 105℃干燥 2h 后的重铬酸钾溶于水中，稀释至 1000mL。

d. $c[(NH_4)_2Fe(SO_4)_2 \cdot 6H_2O] \approx 0.10$mol/L 硫酸亚铁铵标准滴定溶液　溶解 39g 硫酸亚铁铵于水中，加入 20mL 浓硫酸，待溶液冷却后稀释至 1000mL。

硫酸亚铁铵标准滴定溶液的标定：取 10.00mL 重铬酸钾标准溶液置于锥形瓶中，用水稀释至约 100mL，加入 30mL 硫酸混匀冷却后，加 3 滴（约 0.15mL）试亚铁灵指示剂，用硫酸亚铁铵滴定，溶液的颜

图 1-36　COD 测定回流装置

色由黄色经蓝绿色变为红褐色，即为终点。记录下硫酸亚铁铵的消耗量 V（mL），并按下式计算硫酸亚铁铵标准滴定溶液的浓度。

$$c[(NH_4)_2Fe(SO_4)_2 \cdot 6H_2O] = \frac{10.00 \times 0.250}{V}$$

e. $c(KC_8H_5O_4) = 2.0824 \text{mmol/L}$ 邻苯二甲酸氢钾标准溶液　称取105℃时干燥2h的邻苯二甲酸氢钾0.4251g溶于水，并稀释至1000mL，混匀。以重铬酸钾为氧化剂，将邻苯二甲酸氢钾完全氧化的COD值为1.176（指1g邻苯二甲酸氢钾耗氧1.176g），故该标准溶液的理论COD值为500mg/L。

f. 1,10-菲啰啉指示液　溶解0.7g 七水合硫酸亚铁（$FeSO_4 \cdot 7H_2O$）于50mL的水中，加入1.5g 1,10-菲啰啉，搅动至溶解，加水稀释至100mL。

g. 防爆沸玻璃珠。

【操作步骤】

① 采样和样品的保存　采取不少于100mL具有代表性的水样。水样要采集于玻璃瓶中，并尽快分析，如不能立即分析，则应加入硫酸至pH<2，置4℃下保存。但保存时间不得超过5天。

② 回流　清洗所要使用的仪器，并按图1-36安装好回流装置。

将水样充分摇匀，取出20.0mL作为水样（或取水样适量加水稀释至20.0mL），置于250mL锥形瓶内，准确加入10.0mL重铬酸钾标准溶液及数粒防爆沸玻璃珠。连接磨口回流冷凝管，从冷凝管上口慢慢加入30mL H_2SO_4-Ag_2SO_4 溶液，轻轻摇动锥形瓶使溶液混匀，回流2h。冷却后用20～30mL水自冷凝管上端冲洗冷凝管后取下锥形瓶，再用水稀释至140mL左右。

③ 水样测定　溶液冷却至室温后，加入3滴1,10-菲啰啉指示液，用硫酸亚铁铵标准滴定液滴至溶液由黄色经蓝绿色变为红褐色为终点。记下硫酸亚铁铵标准滴定溶液的消耗体积V_2。

④ 空白试验　按相同步骤以20.0mL水代替水样进行空白试验，记录下空白滴定时消耗硫酸亚铁铵标准滴定溶液的消耗体积V_1。

⑤ 进行校核试验　按测定水样同样的方法分析20.0mL邻苯二甲酸氢钾标准溶液的COD值，用以检验操作技术及试剂纯度。该溶液的理论COD值为500mg/L，如果校核试验的结果大于该值的96%，即可认为实验步骤基本上是适宜的，否则，必须寻找失败的原因，重复实验，使之达到要求。

【注意事项】

① 该方法对未经稀释的水样其COD测定上限为700mg/L，超过此限时必须经稀释后测定。

② 在特殊情况下，需要测定的水样在10.0～50.0mL之间，试剂的体积或质量可按下表作相应的调整。

水样体积/mL	0.250mol/L $K_2Cr_2O_7$ 溶液/mL	H_2SO_4-Ag_2SO_4 溶液/mL	$HgSO_4$/g	$[(NH_4)_2Fe(SO_4)_2]$/(mol/L)	滴定前体积/mL
10.0	5.0	15	0.2	0.050	70
20.0	10.0	30	0.4	0.100	140
30.0	15.0	45	0.6	0.150	210
40.0	20.0	60	0.8	0.200	280
50.0	25.0	75	1.0	0.250	350

③ 对于COD小于50mg/L的水样，应采用低浓度的重铬酸钾标准溶液（用本实验中所用的重铬酸钾标准溶液稀释10倍）氧化，加热回流以后，采用低浓度的硫酸亚铁铵溶液

（用本实验中所用的硫酸亚铁铵溶液稀释 10 倍）回滴。对于污染严重的水样，可选取所需体积 1/10 的水样和 1/10 的试剂，放入 10mm×150mm 硬质玻璃管中，摇匀后，用酒精灯加热至沸数分钟观察，溶液是否变成蓝绿色。如呈蓝绿色，应再适当少加试料。重复以上试验，直至溶液不变蓝绿色为止，从而确定待测水样适当的稀释倍数。

【数据处理】

以 mg/L 表示水样的化学耗氧量，计算公式如下

$$COD(mg/L) = \frac{c(V_1 - V_2) \times 8 \times 1000}{V_0}$$

式中 c——硫酸亚铁铵标准滴定溶液的浓度，mol/L；

V_1——空白试验所消耗的硫酸亚铁铵标准滴定溶液的体积，mL；

V_2——水样测定所消耗的硫酸亚铁铵标准滴定溶液的体积，mL；

V_0——水样的体积，mL；

8——1/4 O_2 的摩尔质量。

测定结果一般保留三位有效数字，对 COD 值小的水样，当计算出 COD 值小于 10mg/L 时，应表示为"COD<10mg/L"。

思 考 题

1. 用重铬酸钾法测定水样的 COD 值时，下列各论述中____是错误的。

   A. 回流过程中溶液颜色变绿，说明氧化剂量不足，应减小取样量重新测定；

   B. 氯离子能干扰测定，用硫酸汞消除之；

   C. 回流结束，冷却后加入试亚铁灵指示剂，以硫酸亚铁铵标准液滴定至溶液颜色由褐色经蓝绿恰转变为黄色即为终点；

   D. 用 0.025mol/L 的重铬酸钾溶液可测定＞50mg/L 的 COD 值。

2. 用重铬酸钾法测定污水中 COD 值时，对于化学耗氧量小于 50mg/L 的水样，应用____重铬酸钾标准溶液，回滴时用 0.01mol/L 硫酸亚铁铵标准溶液。

   A. 40mg；B. 80mg；C. 0.0250mol/L；D. 0.2500mol/L

*1.9.9 BOD 的测定

生化需氧量（BOD）是指在规定条件下，微生物分解存在于水中的某些可氧化物质（主要是有机物质）所进行的生物化学过程中消耗溶解氧（DO）的量。显然，微生物作用的持续时间不同，所测得的 BOD 数值也会不同。目前，国际上通行的测定方法是在 20℃ 的条件下测定五天生化需氧量，即 BOD_5。

【实验目的】

① 学会 BOD 水样的采集方法；

② 学会 BOD 的测定方法。

【实验原理】

分别测定水样培养前的溶解氧含量和在（20±1）℃培养五天后的溶解氧含量，二者之差即为五日生化过程所消耗的氧量（BOD_5）。

对于某些地表水及大多数工业废水、生活污水，因含较多的有机物，需要稀释后再培养测定，以降低其浓度，保证降解过程在有足够溶解氧的条件下进行。其具体水样稀释倍数可借助于高锰酸盐指数或化学耗氧量（COD）推算。

对于不含或少含微生物的工业废水，在测定 BOD_5 时应进行接种，以引入能分解污水中有机物的微生物。当污水中存在难于被一般生活污水中的微生物以正常速度降解的有机物或

含有剧毒物质时，应接种经过驯化的微生物。

【仪器和试剂】

① 仪器

 a. 恒温培养箱。

 b. 1000～2000mL 量筒。

 c. 玻璃搅棒　棒长应比所用量筒高度长 20cm，在棒的底端固定一个直径比量筒直径略小，并带有几个小孔的硬橡胶板。

 d. 溶解氧瓶　200～300mL，带有磨口玻塞，并具有供水封闭的钟形口。

 e. 5～20L 细口玻璃瓶。

 f. 虹吸管　供分取水样和稀释水用。

② 试剂

 a. 磷酸盐缓冲溶液　将 8.5g 磷酸二氢钾（KH_2PO_4）、21.75g 磷酸氢二钾（K_2HPO_4）、33.4g 磷酸氢二钠（$Na_2HPO_4 \cdot 7H_2O$）和 1.7g 氯化铵（NH_4Cl）溶于水中，稀释至 1000mL。此溶液的 pH 应为 7.2。

 b. 硫酸镁溶液　将 22.5g 硫酸镁（$MgSO_4 \cdot 7H_2O$）溶于水中，稀释至 1000mL。

 c. 氯化钙溶液　将 27.5g 无水氯化钙溶于水，稀释至 1000mL。

 d. 氯化铁溶液　将 0.25g 氯化铁（$FeCl_3 \cdot 6H_2O$）溶于水，稀释至 1000mL。

 e. 0.5mol/L 盐酸溶液　将 40mL 盐酸溶于水，稀释至 100mL。

 f. 0.5mol/L 氢氧化钠溶液　将 20g 氢氧化钠溶于水，稀释至 1000mL。

 g. $c(1/2\ Na_2SO_3)=0.025$mol/L 亚硫酸钠溶液　将 1.575g 亚硫酸钠溶于水，稀释至 1000mL。此溶液不稳定，需当天配制。

 h. 葡萄糖-谷氨酸标准溶液　将葡萄糖和谷氨酸在 103℃ 干燥 1h 后，各称取 150mg 溶于水中，移入 1000mL 容量瓶内，并稀释至标线，混合均匀。此标准溶液临用前配制。

 i. 稀释水　在 5～20L 玻璃瓶内装入一定量的水，控制水温在 20℃ 左右。然后用无油空气压缩机或薄膜泵，将此水曝气 2～8h，使水中的溶解氧接近于饱和，也可以鼓入适量纯氧。瓶口盖以两层经洗涤晾干的纱布，置于 20℃ 培养箱中放置数小时，使水中溶解氧含量达 8mg/L 左右。临用前于每升水中加入氯化钙溶液、氯化铁溶液、硫酸镁溶液、磷酸盐缓冲溶液各 1mL，并混合均匀。稀释水的 pH 值应为 7.2，其 BOD_5 应小于 0.2mg/L。

 j. 接种液　可选以下任一种，以获得适用的接种液。

城市污水：一般采用生活污水，在室温下放置一昼夜，取上层清液使用。

表层土壤浸出液：取 100g 花园土壤或植物生长土壤，加入 1L 水，混合并静置 10min，取上层清液使用。

其他：含城市污水的河水或湖水；污水处理厂的出水。

当分析含有难于降解物质的污水时，在排污口下游 3～8m 处取水样作为污水的驯化接种液。如无此种水源，可取中和或经适当稀释后的污水进行连续曝气，每天加入少量该种污水，同时加入适量表层土壤或生活污水，使能适应该种污水的微生物大量繁殖。当水中出现大量絮状物，或检查其化学耗氧量的降低值出现突变时，表明适用的微生物已进行繁殖，可用做接种液。一般驯化过程需要 3～8 天。

 k. 接种稀释水　取适量接种液，加于稀释水中，混匀。每升稀释水中接种液加入量生活污水为 1～10mL；表层土壤浸出液为 20～30mL；河水、湖水为 10～100mL。

接种稀释水的 pH 值应为 7.2，BOD_5 值在 0.3～1.0mg/L 范围内为宜。接种稀释水配制后应立即使用。

【操作步骤】

① 采样　采取具有代表性的水样。

② 水样的预处理

a. 水样的 pH 值若超出 6.5~7.5 范围时，可用盐酸或氢氧化钠稀溶液调节至 7，但用量不要超过水样体积的 0.5%。

b. 水样中含有铜、铅、锌、镉、铬、砷、氰等有毒物质时，可使用经驯化的微生物接种液的稀释水进行稀释，或增大稀释倍数，以减少有毒物的浓度。

c. 含有少量游离氯的水样，一般放置 1~2h 游离氯即可消失。对于游离氯在短时间不能消散的水样，可加入亚硫酸钠溶液，以除去之。

d. 从水温较低的水域中采集的水样，可遇到含有过饱和溶解氧，此时应将水迅速升温至 20℃ 左右，充分振摇，以赶出过饱和的溶解氧。

从水温较高的水域或污水排放口取得的水样，则应迅速使其冷却至 20℃ 左右，并充分振摇，使与空气中氧分压接近平衡。

③ 不经稀释的水样的测定　溶解氧含量较高、有机物含量较少的地表水，可不经稀释，而直接以虹吸法将约 20℃ 的混匀水样转移至两个溶解氧瓶内，转移过程中应注意不使其产生气泡。以同样的操作使两个溶解氧瓶充满水样，加塞水封。

立即测定其中一瓶溶解氧。将另一瓶放入培养箱中，在 (20±1)℃ 培养 5 天后，测其溶解氧。

④ 需稀释水样的测定　稀释倍数的确定：地表水可由测得的高锰酸盐指数乘以适当的系数求出稀释倍数（见下表）。

高锰酸盐指数/(mg/L)	系　　数	高锰酸盐指数/(mg/L)	系　　数
<5	—	10~20	0.4,0.6
5~10	0.2,0.3	>30	0.5,0.7,1.0

工业废水可由重铬酸钾法测得的 COD 值确定。通常需作三个稀释比，即使用稀释水时，由 COD 值分别乘以系数 0.075,0.15,0.225，即获得三个稀释倍数；使用接种稀释水时，则分别乘以 0.075,0.15 和 0.25，获得三个稀释倍数。

稀释倍数确定后按下法之一测定水样。

a.一般稀释法　按照选定的稀释比例，用虹吸法沿筒壁先引入部分稀释水（或接种稀释水）于 1000mL 量筒中，加入需要量的均匀水样，再引入稀释水（或接种稀释水）至 800mL，用带胶板的玻璃棒小心上下搅匀。搅拌时勿使搅棒的胶板露出水面，防止产生气泡。

按不经稀释水样的测定步骤，进行装瓶，测定当天溶解氧和培养 5 天后的溶解氧含量。

另取两个溶解氧瓶，用虹吸法装满稀释水（或接种稀释水）作为空白，分别测定 5 天前、后的溶解氧含量。

b.直接稀释法　直接稀释法是在溶解氧瓶内直接稀释。在已知两个容积相同（其差小于 1mL）的溶解氧瓶内，用虹吸法加入部分稀释水（或接种稀释水），再加入根据瓶容积和稀释比例计算出的水样量，然后引入稀释水（或接种稀释水）至刚好充满，加塞，勿留气泡于瓶内。其余操作与上述稀释法相同。

在 BOD_5 测定中，一般采用叠氮化钠改良法测定溶解氧。如遇干扰物质，应根据具体情况采用其他测定法。溶解氧的测定方法附后。

【注意事项】

① 测定一般水样的 BOD_5 时,硝化作用很不明显或根本不发生。但对于生物处理池出水,则含有大量硝化细菌。因此,在测定 BOD_5 时也包括了部分含氮化合物的需氧量。对于这种水样,如只需测定有机物的需氧量,应加入硝化抑制剂,如丙烯基硫脲(ATU,$C_4H_8N_2S$)等。

② 在两个或三个稀释比的样品中,凡消耗溶解氧大于 2mg/L 和剩余溶解氧大于 1mg/L 都有效,计算结果时,应取平均值。

③ 为检查稀释水和接种液的质量以及化验人员的操作技术,可将 20mL 葡萄糖-谷氨酸标准溶液用接种稀释水稀释至 1000mL,测其 BOD_5,其结果应在 180~230mg/L 之间。否则,应检查接种液、稀释水或操作技术是否存在问题。

【数据处理】

① 不经稀释直接培养的水样

$$BOD_5 (mg/L) = c_1 - c_2$$

式中　c_1——水样在培养前的溶解氧浓度,mg/L;

　　　c_2——水样经 5 天培养后剩余溶解氧浓度,mg/L。

② 经稀释后培养的水样

$$BOD_5 (mg/L) = \frac{(c_1 - c_2) - (b_1 - b_2)f_1}{f_2}$$

式中　b_1——稀释水(或接种稀释水)在培养前的溶解氧浓度,mg/L;

　　　b_2——稀释水(或接种稀释水)在培养后的溶解氧浓度,mg/L;

　　　f_1——稀释水(或接种稀释水)在培养液中所占比例;

　　　f_2——水样在培养液中所占比例。

附:碘量法测定水中溶解氧

【原理】

水样中加入硫酸锰和碱性碘化钾,水中溶解氧将低价锰氧化成高价锰,生成四价锰的氢氧化物棕色沉淀。加酸后,氢氧化物沉淀溶解,并与碘离子反应而释放出游离碘。以淀粉为指示剂,用硫代硫酸钠标准溶液滴定释放出的碘,根据滴定溶液消耗量计算溶解氧含量。

【试剂】

① 硫酸锰溶液　称取 480g 硫酸锰($MnSO_4 \cdot H_2O$)溶于水,用水稀释至 1000mL。此溶液加至酸化过的碘化钾溶液中,遇淀粉不得产生蓝色。

② 碱性碘化钾溶液　称取 500g 氢氧化钠溶解于 300~400mL 水中,另称取 150g 碘化钾溶于 200mL 水中,待氢氧化钠溶液冷却后,将两溶液合并,混匀,用水稀释至 1000mL。如有沉淀,则放置过夜后,倾出上层清液,储于棕色瓶中,用橡皮塞塞紧,避光保存。此溶液酸化后,遇淀粉应不呈蓝色。

③ (1+5)硫酸溶液。

④ 1%淀粉溶液　称取 1g 可溶性淀粉,用少量水调成糊状,再用刚煮沸的水稀释至 100mL。冷却后,加入 0.1g 水杨酸或 0.4g 氯化锌防腐。

⑤ $c(1/6K_2Cr_2O_7) = 0.0250$mol/L 重铬酸钾标准溶液　称取于 105~110℃烘干 2h,并冷却的 $K_2Cr_2O_7$ 1.2258g,溶于水,移入 1000mL 容量瓶中,用水稀释至标线,摇匀。

⑥ 硫代硫酸钠溶液　称取 6.2g 硫代硫酸钠($Na_2S_2O_3 \cdot 5H_2O$)溶于煮沸放冷的水中,加 0.2g 碳酸钠,用水稀释至 1000mL,储于棕色瓶中,使用前用 0.0250mol/L 重铬酸钾标准溶液标定。

⑦ 硫酸 $\rho=1.84$。

【测定步骤】

① 溶解氧的固定 用吸液管插入溶解氧瓶的液面下，加入1mL硫酸锰溶液、2mL碱性碘化钾溶液，盖好瓶塞，颠倒混合数次，静置。一般在取样现场固定。

② 打开瓶塞，立即用吸管插入液面下加入 2.0mL 硫酸。盖好瓶塞，颠倒混合摇匀，至沉淀物全部溶解，放于暗处静置5min。

③ 吸取 100.00mL 上述溶液于 250mL 锥形瓶中，用硫代硫酸钠标准溶液滴定至溶液呈淡黄色，加入 1mL 淀粉溶液，继续滴定至蓝色刚好褪去，记录硫代硫酸钠溶液用量。

计算

$$溶解氧(O_2,mg/L)=\frac{c\times V\times 8\times 1000}{100}$$

式中 c——硫代硫酸钠标准溶液的浓度，mol/L；

V——滴定消耗硫代硫酸钠标准溶液体积，mL。

【注意事项】

① 当水样中含有亚硝酸盐时会干扰测定，可加入叠氮化钠使水中的亚硝酸盐分解而消除干扰。其加入方法是预先将叠氮化钠加入碱性碘化钾溶液中。

② 如水样中含 Fe^{3+} 达 100～200mg/L 时，可加入 1mL 40% 氟化钾溶液消除干扰。

③ 如水样中含氧化性物质（如游离氯等），应预先加入相当量的硫代硫酸钠去除。

思 考 题

1. 估计工厂排放水的 BOD 值约为 100mg/L，测定这种水样的 BOD 时，为了使稀释水和水样的总量为 1L，应取水样_____毫升为最适宜。

  A. 10；B. 20；C. 50；D. 100

2. 测定某工厂排放水的 BOD 时，稀释 20 倍大约消耗掉 50% 的溶解氧。这个工厂排放水的 BOD（mg/L）大概是_____。

  A. 10；B. 20；C. 40；D. 80

3. 何为稀释水？何为接种稀释水？

1.9.10 酚的测定

酚类的分析方法很多，各国普遍采用的为 4-氨基安替比林分光光度法，高浓度含酚污水可采用溴化滴定法，此法尤适于车间排放口或未经处理的总排污口污水。气相色谱法则可以测定个别组分的酚。

【实验目的】

① 学会水样的蒸馏预处理方法；

② 学会 4-氨基安替比林分光光度法测定污水中酚的方法。

【实验原理】

酚类化合物在 pH=10 的介质中，在铁氰化钾存在下，与 4-氨基安替比林反应，生成橙红色的吲哚酚安替比林染料，其水溶液在 510nm 波长处有最大吸收。

用光程长为 20mm 比色皿测量时，酚的最低检出浓度为 0.1mg/L。

【仪器和试剂】

① 仪器 分光光度计、500mL 全玻璃蒸馏器、实验室常用玻璃仪器。

② 试剂

a. 无酚水 于 1L 水中加入 0.2g 经 200℃ 活化 0.5h 的活性炭粉末，充分振摇后，放置过夜。用双层中速滤纸过滤，或加氢氧化钠使水呈强碱性，并滴加高锰酸钾溶液至紫红色，移入蒸馏瓶中加热蒸馏，收集馏出液备用。

无酚水应储于玻璃瓶中，取用时应避免与橡胶制品（橡皮塞或乳胶管）接触。

b. 硫酸铜溶液　称取 50g 硫酸铜（$CuSO_4 \cdot 5H_2O$）溶于水，稀释至 500mL。

c. 磷酸溶液　量取 50mL 磷酸（$\rho_{20℃}=1.69g/mL$），用水稀释至 500mL。

d. 甲基橙指示液　称取 0.05g 甲基橙溶于 100mL 水中。

e. 苯酚标准储备液　称取 1.00g 无色苯酚（C_6H_5OH）溶于水，移入 1000mL 容量瓶中，稀释至标线。放入冰箱内保存，至少稳定一个月。

标定方法：吸取 10.00mL 酚储备液于 250mL 碘量瓶中，加水稀释至 100mL，加 10.0mL 0.1mol/L 溴酸钾-溴化钾溶液，立即加入 5mL 盐酸，盖好瓶塞，轻轻摇匀，于暗处放置 10min。加入 1g 碘化钾，密塞，再轻轻摇匀，放置暗处 5min。用 0.0125mol/L 硫代硫酸钠标准滴定溶液滴定至淡黄色，加入 1mL 淀粉溶液，继续滴定至蓝色刚好褪去，记录用量。同时以水代替苯酚储备液作空白试验，记录硫代硫酸钠标准滴定溶液用量。

苯酚储备液浓度由下式计算

$$苯酚(mg/mL)=\frac{(V_1-V_2)c\times15.68}{V}$$

式中　V_1——空白试验中硫代硫酸钠标准滴定溶液用量，mL；
　　　V_2——滴定苯酚储备液时，硫代硫酸钠标准滴定溶液用量，mL；
　　　V——取用苯酚储备液体积，mL；
　　　c——硫代硫酸钠标准滴定溶液浓度，mol/L；

15.68——$1/6C_6H_5OH$ 摩尔质量，g/mol。

f. 苯酚标准中间液　取适量苯酚储备液，用水稀释至每毫升含 0.010mg 苯酚。使用时当天配制。

g. $c(1/6KBrO_3)=0.1mol/L$ 溴酸钾-溴化钾标准参考溶液　称取 2.784g 溴酸钾（$KBrO_3$）溶于水，加入 10g 溴化钾（KBr），使其溶解，移入 1000mL 容量瓶中，稀释至标线。

h. $c(1/6KIO_3)=0.0125mol/L$ 碘酸钾标准参考溶液　称取预先经 180℃ 烘干的碘酸钾 0.4458g 溶于水，移入 1000mL 容量瓶中，稀释至标线。

i. $c(Na_2S_2O_3 \cdot 5H_2O)\approx0.0125mol/L$ 硫代硫酸钠标准溶液　称取 3.1g 硫代硫酸钠溶于煮沸放冷的水中，加入 0.2g 碳酸钠，稀释至 1000mL，临用前，用碘酸钾溶液标定。

标定方法　取 10.00mL 碘酸钾溶液置于 250mL 碘量瓶中，加水稀释至 100mL，加 1g 碘化钾，再加 5mL（1+5）硫酸，加塞，轻轻摇匀。于暗处放置 5min，用硫代硫酸钠溶液滴定至淡黄色，加 1mL 淀粉溶液，继续滴定至蓝色刚褪为止，记录硫代硫酸钠溶液用量。按下式计算硫代硫酸钠溶液浓度（mol/L）

$$c(Na_2S_2O_3 \cdot 5H_2O)=\frac{0.0125\times V_4}{V_3}$$

式中　V_3——硫代硫酸钠标准溶液消耗体积，mL；
　　　V_4——移取碘酸钾标准参考溶液体积，mL；

0.0125——碘酸钾标准参考溶液浓度，mol/L。

j. 淀粉溶液　称取 1g 可溶性淀粉，用少量水调成糊状，加沸水至 100mL，冷后，置冰箱内保存。

k. 缓冲溶液（pH 约为 10）　称取 20g 氯化铵（NH_4Cl）溶于 100mL 氨水中，加塞。置冰箱中保存。

l. 2% 4-氨基安替比林溶液 称取4-氨基安替比林2g溶于水,稀释至100mL,置于冰箱中保存。可使用一周。

m. 8%铁氰化钾溶液 称取8g铁氰化钾$K_3[Fe(CN)_6]$溶于水,稀释至100mL,置于冰箱中保存。可使用一周。

【操作步骤】

① 水样预处理 量取250mL水样置蒸馏瓶中,加数粒小玻璃珠以防暴沸,再加二滴甲基橙指示液,用磷酸溶液调节至pH=4(溶液呈橙红色),加5.0mL硫酸铜溶液(如采样时已加过硫酸铜,则补加适量)。

如加入硫酸铜溶液后产生较多的黑色硫化铜沉淀,则应摇匀后放置片刻,待沉淀后,再滴加硫酸铜溶液,至不再产生沉淀为止。

② 水样蒸馏 连接冷凝器,加热蒸馏,至蒸馏出约225mL时,停止加热,放冷。向蒸馏瓶中加入25mL水,继续蒸馏至馏出液为250mL为止。

蒸馏过程中,如发现甲基橙的红色褪去,应在蒸馏结束后,再加1滴甲基橙指示液。如发现蒸馏后残液不呈酸性,则应重新取样,增加磷酸加入量,进行蒸馏。

③ 校准曲线的绘制 在8支50mL比色管中,分别加入0,0.50mL,1.00mL,3.00mL,5.00mL,7.00mL,10.00mL,12.50mL酚标准中间液,加水至50mL标线。加0.5mL缓冲溶液,混匀,此时pH值为10.0±0.2,加4-氨基安替比林溶液1.0mL,混匀。再加1.0mL铁氰化钾溶液,充分混匀后,放置10min立即于510nm波长,用光程为20mm的比色皿,以水为参比,测量吸光度。经空白校正后,绘制吸光度对苯酚含量(mg)的校准曲线。

④ 水样的测定 取适量的馏出液放入50mL比色管中,稀释至标线。按第③步相同方法测定吸光度,最后减去空白试验所得吸光度。

⑤ 空白试验 以水代替水样,经蒸馏后,按水样测定相同步骤进行测定,其测定结果即为水样测定的空白校正值。

【注意事项】

如水样含挥发酚较高,则应移取适量水样并加至250mL进行蒸馏,在计算时应乘以稀释倍数。

【数据处理】

按下式计算挥发酚的质量浓度ρ(mg/L)

$$\rho = \frac{m}{V} \times 1000$$

式中 m——由水样的校正吸光度,从校准曲线上查得的苯酚含量,mg;

V——移取馏出液体积,mL。

思 考 题

1. 本实验中,对水样进行蒸馏的目的是什么?
2. 水样进行蒸馏时,应当保持溶液呈酸性而不是碱性,为什么?
3. 水样若不能及时测定,应如何保存?

1.9.11 阴离子洗涤剂的测定

【实验目的】

① 学会萃取法分离化合物的方法;

② 掌握亚甲蓝分光光度法测定阴离子表面活性剂的方法。

【实验原理】

水中阴离子洗涤剂（主要是烷基苯磺酸钠，还有烷基磺酸钠和脂肪醇硫酸钠）能与亚甲基蓝反应，生成蓝色的盐或离子对化合物，这类能与亚甲基蓝络合的物质称为亚甲基蓝活性物质（MBAS）。所生成的络合物易溶于氯仿，用氯仿萃取后其色度与浓度成正比，可用分光光度计在波长 652nm 处测定氯仿层的吸光度。

水中其他有机硫酸盐、有机磺酸盐、羧酸盐、有机磷酸盐、酚类以及一些无机离子如氰离子、硝酸根离子、硫氰酸根离子都对本法产生不同程度的正干扰，有机胺类则引起负干扰。

本法测得的亚甲基蓝活性物质以直链烷基苯磺酸钠（简称 LAS，烷基平均碳数为 12）的浓度值（mg/L）来表示。

本方法的最低检出浓度为 0.02mg/L LAS，测定上限为 0.60mg/L LAS。

【仪器和试剂】

① 仪器　分光光度计、20mm 比色皿、250mL 分液漏斗、10mL 微量滴定管。

② 试剂

a. 直链烷基苯磺酸钠的标准样品　将直链烷基苯磺酸钠单体（烷基平均碳数为 12）溶于 50％乙醇中，用石油醚（沸程 30～60℃）萃取 5 次，除去不皂化物后，乙醇溶液蒸发浓缩到干，再溶于无水乙醇中，过滤除去无机盐，滤液浓缩结晶，再用苯重结晶，得白色固体，80～85℃干燥产物，经红外光谱鉴定及碳、硫元素定量分析，纯度应不低于 98％。

b. 直链烷基苯磺酸钠储备溶液　精确称取 100.0mg 直链烷基苯磺酸钠标准样品，溶于 50mL 水中，转移到 100mL 容量瓶中，用水稀释到标线，摇匀，此溶液含 LAS 1.00 mg/mL。放入冰箱保存。

c. 直链烷基苯磺酸钠标准溶液　精确吸取 10.00mL 直链烷基苯磺酸钠储备溶液置于 1000mL 容量瓶中，用水稀释到标线，此溶液含 LAS $10.0\mu g/mL$。当天配制。

d. 亚甲基蓝溶液　先称取 50g 磷酸二氢钠（$NaH_2PO_4 \cdot H_2O$），溶于 300mL 水，转移到 1000mL 容量瓶中，再加入 6.8mL 浓硫酸，摇匀。另称取 30mg 亚甲基蓝（指示剂级），用 50mL 水溶解后也转移到容量瓶中，用水稀释到标线、摇匀。此溶液应储存在棕色试剂瓶中。

e. 洗涤液　称取 50g 磷酸二氢钠（$NaH_2PO_4 \cdot H_2O$）溶于 300mL 水，转移到 1000mL 容量瓶中，再加入 6.8mL 浓硫酸，用水稀释到标线。

f. 0.5％酚酞指示剂。

g. 氢氧化钠溶液　$c(NaOH)=1mol/L$。

h. 硫酸溶液　$c(1/2H_2SO_4)=1mol/L$。

i. 氯仿。

j. 玻璃棉或脱脂棉（用丙酮洗涤后干燥）。

【操作步骤】

① 校准曲线的绘制　取第一组分液漏斗，分别加入 100mL，99.5mL，99mL，98mL，97mL，96mL，94mL 水，然后用微量滴定管分别加入 0.00，0.50mL，1.00mL，2.00mL，3.00mL，4.00mL，6.00mL 直链烷基苯磺酸钠标准溶液，摇匀。分别加入 2 滴酚酞指示剂后，逐滴加入 NaOH 溶液直至水溶液呈桃红色为止，再滴加 H_2SO_4 溶液到桃红色刚好消失。加入 25mL 亚甲基蓝溶液，摇匀后加入 10mL 氯仿，振摇 30s，注意放气（不要过分剧烈，避免生成乳浊液）。再轻轻晃动使滞留在内壁上的氯仿液珠降落下来。静置分层，将氯仿层分别放入预先盛有 50mL 洗涤液的第二组分液漏斗中。再用数滴氯仿淋洗第一组分液漏

斗的颈管。重复以上萃取操作两次，每次氯仿用量为 5mL。

振摇第二组分液漏斗 30s，静置分层，把氯仿层经铺有玻璃棉或脱脂棉的漏斗过滤到 25mL 容量瓶中。再用 3～4mL 氯仿萃取洗涤液，此氯仿层也并入容量瓶中，加氯仿到标线。

用氯仿作参比，在 652nm 波长处测定其吸光度。以测得的吸光度扣除试剂空白值后与相应的浓度（mg/L）绘制校准曲线。

上述步骤应重复一次，以验证校准曲线的重现性。

② 水样测定　用吸管吸取一定体积（一般为 100mL）的水样放入分液漏斗中，按步骤 ①所述操作，测定其吸光度，由下式计算水样中阴离子洗涤剂的浓度。

如果水样浑浊，测定前应先用普通滤纸经漏斗过滤两次。

【注意事项】

① 所有容器不得用洗衣粉或肥皂水洗涤，可用自来水冲洗后再用乙醇反复清洗，最后用自来水、蒸馏水洗净。比色皿必须用乙醇浸泡，洗净。

② 分液漏斗的活塞不得用油脂润滑，可在使用前用氯仿润湿。

③ 校准曲线和水样测定应使用同一批的氯仿、亚甲基蓝溶液和洗涤液。

④ 在需要快速分析时，可采用一次萃取简化法。一次萃取简化法的萃取效率约为本法萃取效率的 90%。

数据处理

$$\text{MBAS(以总表观 LAS 计, mg/L)} = \frac{m}{V}$$

式中　m——从校准曲线查得的阴离子洗涤剂质量，μg；

　　　V——水样体积，mL。

以亚甲基蓝活性物质（MBAS）报告结果。

思　考　题

1. 本实验测定阴离子洗涤剂的基本原理是什么？
2. 本实验中氯仿的作用是什么？

*1.9.12　污水中油的测定

【实验目的】

① 了解紫外分光光度计的工作原理；

② 学会紫外分光光度法测定污水中油含量的基本方法。

【实验原理】

石油及其产品在紫外光区有特征吸收，带有苯环的芳香族化合物，主要吸收波长为 250～260nm；带有共轭双键的化合物主要吸收波长为 215～230nm。一般原油的两个主要吸收波长为 225nm 及 254nm。石油产品中，如燃料油、润滑油等的吸收峰与原油相近。因此，对油污染物的分析检测应根据油的种类来选择测定波长，原油和重质油可选 254nm，而轻质油及炼油厂的油品可选 225nm。

标准油采用受污染地点水样中的石油醚萃取物。如有困难可采用 15 号机油、20 号重柴油或环保部门批准的标准油。

实验发现，水样加入含油量 1～5 倍的苯酚，对测定结果无干扰；动、植物性油脂的干扰作用比红外光谱法小。特别需要注意的是，用塑料桶采集或保存水样，会引起测定结果偏低。

【仪器和试剂】

① 仪器

a. 分光光度计（具有 215～256nm 波长），10mm 石英比色皿。

b. 1000mL 分液漏斗。

c. 50mL 容量瓶。

d. G_3 型 25mL 玻璃砂芯漏斗。

② 试剂

a. 标准油　用经脱芳烃并重蒸馏过的 30～60℃ 石油醚，从待测水样中萃取油品，经无水硫酸钠脱水后过滤。将滤液置于 (65±5)℃ 水浴上蒸出石油醚，然后置于 (65±5)℃ 恒温箱内赶尽残留的石油醚，即得标准油品。

b. 标准油储备溶液　准确称取标准油品 0.100g 溶于石油醚中，移入 100mL 容量瓶内，稀释至标线，储于冰箱中。此溶液 1mL 含 1.00mg 油。

c. 标准油使用溶液　临用前把上述标准油储备液用石油醚稀释 10 倍，此溶液 1mL 含 0.10mg 油。

d. 无水硫酸钠　在 300℃ 下烘 1h，冷却后装瓶备用。

e. 石油醚（60～90℃ 馏分）。

脱芳烃石油醚　将 60～100 目粗孔微球硅胶和 70～120 目中性层析氧化铝（在 150～160℃ 活化 4h），在未完全冷却前装入内径 25mm（其他规格也可）、高 750mm 的玻璃柱中。下层硅胶高 600mm，上面覆盖 50mm 厚的氧化铝，将 60～90℃ 石油醚通过此柱以脱除芳烃。收集石油醚于细口瓶中，以水为参比，在 225nm 处测定处理过的石油醚，其透光率不应小于 80%。

f. (1+1) 硫酸。

g. 氯化钠。

【操作步骤】

① 向 7 个 50mL 容量瓶中，分别加入 0、2.00mL、4.00mL、8.00mL、12.00mL、20.00mL 和 25.00mL 标准油使用溶液，用石油醚稀释至标线。在选定波长处，用 10mm 石英比色皿，以石油醚为参比测定吸光度，经空白校正后，绘制校准曲线。

② 将已测量体积的水样，仔细移入 1000mL 分液漏斗中，加入 (1+1) 硫酸 5mL 酸化（若采样时已酸化，则不需加酸）。加入氯化钠，其量约为水量的 2%（m/V）。用 20mL 石油醚清洗采样瓶后，移入分液漏斗中。充分振摇 3min，静置使之分层，将水层移入采样瓶内。

③ 将石油醚萃取液通过内铺约 5mm 厚度无水硫酸钠层的砂芯漏斗，滤入 50mL 容量瓶内。

④ 将水层移回分液漏斗内，用 20mL 石油醚重复萃取一次，同上操作。然后用 10mL 石油醚洗涤漏斗，其洗涤液均收集于同一容量瓶内，并用石油醚稀释至标线。

⑤ 在选定的波长处，用 10mm 石英比色皿，以石油醚为参比，测量其吸光度。

⑥ 取水样相同体积的纯水，与水样同样操作，进行空白试验，测量吸光度。

⑦ 由水样测得的吸光度，减去空白试验的吸光度后，从校准曲线上查出相应的油含量。

【注意事项】

① 不同油品的特征吸收峰不同，如难以确定测定的波长时，可向 50mL 容量瓶中移入标准油使用溶液 20～25mL，用石油醚稀释至标线，在波长为 215～300nm 范围内，用 10mm 石英比色皿测定吸收光谱图（以吸光度为纵坐标，波长为横坐标的吸光度曲线），图

中最大吸收峰位置的波长即可作为测定波长。

② 水样及空白测定所使用的石油醚应为同一批号，否则会由于空白值不同而产生误差。使用的器皿应避免有机物污染。

③ 如石油醚纯度较低，或缺乏脱芳烃条件，亦可采用己烷作萃取剂。把己烷进行重蒸馏后使用，或用水洗涤3次，以除去水溶性杂质。以水作参比，于波长225nm处测定，其透光率应大于80%方可使用。

【数据处理】

按下式计算水样中油的质量浓度 ρ （mg/L）

$$\rho = \frac{m}{V} \times 1000$$

式中　m——从校准曲线中查出的油的质量，mg；
　　　V——水样体积，mL。

思 考 题

1. 本实验中为何要使用石英比色皿？
2. 现有50mL水样，若准备用60mL石油醚进行萃取，请问你将如何操作？

本 章 小 结

通过本章学习应该掌握以下要点。

1. 理解水体、水质和水体污染的概念。水体污染的主要原因是生活污水和工业污水的排放所造成的。

2. 了解水体污染的类型。水体污染主要分为化学污染、物理污染和生物污染三种类型，其中化学污染物种类较多，包括无机、有机和生物污染物。

3. 了解有关的水质标准和污水综合排放标准。了解地表水、生活污水和工业污水等污染源的主要监测项目。

4. 水体污染监测要根据国家有关标准进行。正确理解测定原理，掌握分析方法，熟练操作技能。

5. 了解水样的采集和保存方法，掌握常用采水器的使用和维护方法。水样采集是保证水质监测质量的重要环节，因此必须掌握地表水、地下水和水污染源等监测断面、采样点的设置、采样时间和采样频率确定等技术要素。

6. 了解水污染连续自动监测的现有技术和设备。

水体监测职业技能鉴定表

一、知识部分

知识要求	鉴定范围	鉴 定 内 容	鉴定分值（共100）
基础知识	水体监测基础知识	1. 水体监测的基本概念 2. 水体的分类、污染物的分类、污染源 3. 不同水体中的主要污染物及监测项目 4. 数据处理、表达 5. 国家有关的水质标准和污水排放标准	15

续表

知识要求	鉴定范围	鉴定内容	鉴定分值（共100）
专业知识	方法原理	1.水质监测方案的制定 2.水样的采集、保存和预处理方法 3.不同污染物测定方法的选择	20
专业知识	仪器与设备的使用维护知识	1.pH计的使用与维护 2.玻璃电极、离子选择电极的构造及工作原理 3.分光光度计的构造及工作原理 4.原子吸收分光光度计的工作原理	30
专业知识	仪器与设备的调试准备	1.滴定管的校准 2.容量瓶等标准计量器具的校准 3.分析仪器的调试与校准 4.天平的调试与校准	20
相关知识	相关专项专业知识	1.溶液浓度表示方法 2.溶液配制与标定方法 3.台秤和天平使用方法 4.量筒（杯）使用方法 5.温度计的选择使用方法 6.基础资料的调查和收集 7.水样容器的选择方法	15

二、操作部分

知识要求	鉴定范围	鉴定内容	鉴定分值（共100）
操作技能	基本操作技能	1.各类采水器的清洗与准备 2.水样容器的清洗与准备 3.正确使用滴定管 4.正确使用容量瓶 5.正确使用分光光度计 6.正确使用pH计 7.正确使用原子吸收分光光度计 8.标准溶液配制正确 9.水样测量前处理正确 10.熟练掌握水样的采集方法	65
仪器设备的使用与维护	设备的使用与维护	1.正确使用与维护台秤与天平 2.正确使用与维护各种采样仪器及设备 3.正确使用与维护各类分析仪器	15
仪器设备的使用与维护	玻璃仪器使用	1.滴定管的校准 2.容量瓶等标准计量器具的校准 3.正确使用烧杯、烧瓶等玻璃仪器	10
安全及其他		1.合理支配时间 2.保持整洁有序的工作环境 3.合理处理排放污水 4.安全用电	10

2. 大气和废气监测

👉 **学习指南**

大气和废气监测是环境监测的重要组成部分。本章介绍典型的项目和监测方法。本章需要掌握的重点内容是：了解大气和空气污染的基本概念；掌握空气采样点的布设方法及采样时间、频率的确定；掌握空气中污染物浓度的表示方法和气体体积换算；掌握烟气、自然降尘、可吸入颗粒物、总悬浮颗粒物的测定方法等。

2.1 大气和空气污染

2.1.1 大气、空气和大气污染

2.1.1.1 大气、空气

大气和空气在习惯用语上没有区别，而在环境科学中大气和空气略有不同。用于小范围的如居室、车间或厂区的称空气；用于大范围的如一个地区、一个城市的称大气。大气是人类赖以生存的重要环境要素之一，它为人们提供了生存、生活不可缺少的物质——空气。人类的生产、生活又和空气进行了物质和能量的交换，影响着大气。

自然地理学把受地心引力而随地球旋转的大气叫大气圈。大气圈层厚度大约有10000km。在大气圈中的空气分布是不均匀的。海平面的空气密度最大，近地层的空气密度随高度上升而减小。地球表面的大气温度不仅随纬度、季节变化，而且随高度变化。世界气象组织（WMO）根据大气温度垂直分布特点，并考虑大气垂直运动的特点，将大气分为对流层、平流层、中间层、暖层和散逸层。具体情况见图2-1。

(1) 对流层 大气层下面靠地球表面的部分。层厚10～18km，对流层温度随高度上升而下降，80%～90%的空气集中在此层。对流层和平流层之间的过渡层，称对流层顶。

(2) 平流层 从对流层顶向上55km左右是平流层。平流层集中了大气中大部分臭氧，并在20～25km高度上达到最大值，形成臭氧层。臭氧层吸收了大量的太阳紫外辐射，保护地球上的生命免受紫外线伤害。对流层顶到30km左右的大气层气温变化很小，为-55℃左右，故称同温层。同温层以上的平流层中气温随高度升高而升高，至平流层顶达-3℃左右。

(3) 中间层 平流层顶的上面是温度再度随高度上升而下降的中间层。其高度是从平流层顶以上35km左右。

(4) 暖层 中间层顶的上面温度随高度上升而迅速上升的暖层（也称为热成层），其顶部温度可达1700℃以上。暖层高度是从中间层顶至800km处。

(5) 散逸层 800km以上称散逸层。该层空气极其稀薄。

2.1.1.2 大气污染

随着工业的发展和人口的集中，环境空气，特别是城市空气已经受到了污染。所谓污染，从广义上讲，即空气中进入了异物，改变了其原来的组成比例或成分。通常讲的大气污

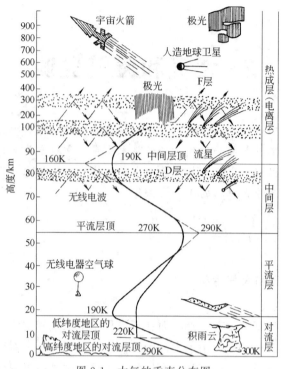

图 2-1 大气的垂直分布图

染是指空气中进入了某些物质,其数量、浓度和空气中的滞留时间足以危害人们的舒适、健康和福利,影响动植物生长,损害人们的财产和器物。

大气污染分为自然过程污染和人类活动污染。

2.1.2 大气污染物及其存在形式

大气中的污染物系指由于人类活动或自然过程排入大气,并对人或环境产生有害影响的那些物质。大气污染物种类很多,按其存在状态可概括为两大类,即分子状态污染物和粒子状态污染物。

2.1.2.1 分子状态污染物

分子状态的污染物是指污染物以分子状态分散在大气之中,通常称气态污染物。分子状态污染物种类很多,主要有五类:含硫化合物、含氮化合物、碳氧化合物、碳氢化合物、卤素化合物等,如表 2-1 所示。

表 2-1 分子状态污染物种类

污染物	一次污染物	二次污染物	污染物	一次污染物	二次污染物
含硫化合物	SO_2,H_2S	SO_3,H_2SO_4,MSO_4	碳氢化合物	CH	醛、酮、过氧乙酰硝酸酯、O_3
含氮化合物	NO,NH_3	NO_2,HNO_3,MNO_3	卤素化合物	HF,HCl	
碳氧化物	CO,CO_2				

气态污染物还可以分为一次污染物和二次污染物。一次污染物,也称原发性污染物,系指从污染源直接排入大气中的原始污染物;二次污染物,也称继发性污染物,系指一次污染物进入大气后经过一系列大气化学或光化学反应的与一次污染物性质不同的新污染物。在大气污染中受到普遍重视的一次污染物主要有硫氧化物、氮氧化物、碳氧化物和碳氢化合物

等；二次污染物主要有硫酸雾和光化学烟雾。

① 硫氧化物 SO_2 是主要的硫氧化物，它是大气污染中数量较大、影响范围广的一种气态污染物。大气中的 SO_2 来源很广，几乎所有的工业企业都可以产生，但主要来自石化燃料的燃烧过程，硫酸厂、炼油厂等化工企业生产过程。

② 氮氧化物 氮和氧的化合物形式很多，一般用氮氧化物（NO_x）表示。造成大气污染的主要是 NO 和 NO_2。NO 进入大气后可缓慢地氧化成 NO_2。NO_2 的毒性约为 NO 的 5 倍。NO_2 参与光化学反应形成光化学烟雾后，其毒性更大。人类生活产生的 NO_x 主要来自各种炉窑和机动车船排气，其次是硝酸生产、硝化过程、炸药生产及金属表面处理等过程。其中燃料燃烧产生的氮氧化物约占 83%。

③ 碳氧化物 CO 和 CO_2 是各种大气污染中发生量最大的一类衍生物，主要来自燃料燃烧和机动车船排气。CO 是一种窒息性气体，进入大气后，由于大气的扩散稀释和氧化作用，一般不会造成危害。但城市冬季采暖季节或交通繁忙的十字路口，在不利气象条件下，CO 浓度严重超标也是常有的。冬季居室内 CO 中毒事例屡见不鲜。

CO_2 属于无毒气体，但局部空气中浓度过高时，使氧气含量相对减少，也会使人体产生不适。由于 CO_2 浓度增加而产生的温室效应，已引起世界各国的密切关注。

④ 碳氢化合物 碳氢化合物主要来源于机动车船排气和燃料燃烧以及炼油和有机化工企业等。除甲烷等直链碳氢化合物外，还有芳烃等复杂的有机化合物，多数有毒有害，有的甚至致癌、致畸，导致遗传因子变异。

⑤ 硫酸烟雾 硫酸烟雾是大气中的 SO_2 等硫氧化物在有水雾、含重金属的飘尘或氮氧化物存在时，经一系列化学或光化学反应而生成的硫酸雾或硫酸盐气溶胶。它引起的刺激作用和生理反应等危害比 SO_2 大得多。

⑥ 光化学烟雾 光化学烟雾是在阳光作用下，大气中的氮氧化物、碳氢化合物和氧化剂之间发生一系列光化学反应生成的蓝色烟雾（或紫色或黄褐色）。其主要成分有臭氧、过氧乙酰硝酸酯、酮类和醛类等。光化学烟雾的刺激性和危害性比一次污染物强烈得多。

2.1.2.2 粒子状态污染物

细小固体粒子和液体微粒在气体介质中的稳定悬浮体系称为气溶胶。粒子状态污染物在气体介质中容易形成气溶胶。

按照粒子状态污染物形成气溶胶的过程和气溶胶的物理性质，可将其分为以下几种。

(1) 粉尘 粉尘指悬浮于气体介质中的小固体颗粒，受重力作用可发生沉降，但在一定的时间内能保持悬浮状态。粉尘通常是由固体物质的破碎、研磨、筛分、输送等机械过程，或土壤、岩石的风化等自然过程形成的，其形状往往是不规则的。粉尘粒子的粒径为 $1\sim100\mu m$。粉尘的种类很多，如黏土粉尘、石英粉尘、煤粉、水泥粉尘及各种金属粉尘等。

(2) 烟 烟一般指冶金过程形成的固体粒子的气溶胶。它是熔融物质挥发后生成的气态物质的冷凝物，生成过程中总是伴随着氧化之类的化学反应。烟粒子很小，一般在 $0.1\sim1\mu m$ 左右。有色冶炼过程中产生的氧化铅烟、氧化锌烟，核燃料后处理中的氧化钙烟等都属于这一类污染物。

(3) 飞灰 飞灰指随燃烧产生的烟气排出的分散得很细的无机灰分。

(4) 黑烟 黑烟通常指燃料燃烧产生的能见气溶胶，是燃料不完全燃烧的产物，除炭粒外，还有碳、氢、氧、硫等组成的化学物。

在某些情况下粉尘、烟、飞灰和黑烟等小固体粒子气溶胶很难明确分开，特别是在工程的运用中，也没有严格的规范。根据我国的习惯，一般将冶金过程或化学过程形成的固体粒子气溶胶称为烟尘，燃烧过程产生的飞灰和黑烟，在不必细分时也称为烟尘。在其他情况或泛指固体粒子气溶胶时，则称为粉尘。

（5）雾　雾是由悬浮在大气中的微小液滴构成的气溶胶。气象学中指造成能见度小于1km的小水滴悬浮体。

在大气污染控制中，根据大气中颗粒物的大小，还可以将其分为飘尘、降尘和总悬浮微粒。

飘尘：指大气中粒径小于10μm的固体颗粒物，它能长期飘浮在大气中，有时也称浮游粒子或可吸入颗粒物。

降尘：指大气中粒径大于10μm的固体颗粒物，由于重力作用，在较短时间内可沉降到地面。

总悬浮微粒（TSP）：即总悬浮颗粒物，系指悬浮于大气中粒径小于100μm的所有固体颗粒物，包括飘尘和部分降尘。

2.1.3　大气污染源

大气污染源通常是指向大气排放足以对大气环境产生有害影响的有毒或有害物质的生产过程。按污染物的来源可分为天然污染源和人为污染源。天然污染源是指自然原因向环境排放污染物的地点或地区，如排出火山灰、SO_2、H_2S等污染物的活火山，自然逸出瓦斯气和天然气的煤田和油气井，发生森林火灾、飓风和海啸等自然灾害地区等。人为污染源系指人类生活和生产活动形成的污染源。具体概括如下：

应该指出的是，人为污染源有多种分类方法，按污染源空间分布可分为：点污染源，即污染物集中于一点或相当于一点的小范围发生源，如工厂的烟囱等；面污染源，即在相当大的面积内有多个污染物发生源，如居民区的炉灶等；区域性污染源，即更大面积范围内，甚至超出行政区或国界的大气污染物发生源。

2.1.4　大气污染与大气扩散

大气污染发生在瞬息万变的大气中，大气物理性质的变化和运动必然对大气污染产生制约，也就是说大气的性状将影响污染物的时空分布。而描述大气状态的物理量（也称为气象要素）主要包括日照、气压、气温、湿度、降水、蒸发、风、能见度等天气现象。不同的气象要素的组合，构成不同的天气状况。气象要素的观测值对于研究近地层天气变化和大气环流运动而引起的污染物扩散、稀释、迁移、转化过程有重要意义。

（1）大气污染与气象的关系　研究表明，由于气象条件的变化，同一污染源造成的地面污染物浓度将完全不同。大气污染主要发生在大气边界层内，边界层的风、湍流、大气稳定性、大气温度层结、降水和雾天，是影响空气污染的重要气象因素。

① 边界层的风与湍流对大气污染的影响。污染物排到大气后，主要在风和湍流作用下进行输送与扩散。风速越大、湍流越强，污染物扩散就越快，浓度就越低。风和湍流是决定污染物在大气中扩散稀释最直接、最本质的因素，其他一切气象因素都是通过二者的作用来影响扩散稀释过程的。因此，风与湍流是研究大气污染物输送、扩散和浓度必须考虑的气象动力因子。

② 大气稳定度与大气污染。大气稳定度与空气污染物的扩散能力有密切关系，当大气处于不稳定状态时，对流与湍流容易发生、发展，污染物在增强的湍流作用下扩散迅速，当排放条件相同时，一般不会形成大气污染。反之当大气处于稳定状态时，对流与湍流受到抑制，污染物难于扩散稀释，容易形成大气污染。

③ 大气温度层结与大气污染。大气温度随离地面高度而发生变化称层结。大气温度层结决定大气稳定度，大气稳定度直接影响湍流强弱，而湍流强度对污染物在大气中的迁移扩散起着十分重要的作用。可见，大气的温度层结与大气污染关系密切。当气温随高度增加而下降，空气形成上下对流，湍流随之发展，对污染物扩散有利；当温度随高度不变，形成等温层时，大气较稳定，不利于污染物的扩散和稀释；当气温随高度增加而增加时，暖而轻的空气在上面，冷而重的空气在下面，气层很稳定，空气的对流和湍流运动受到抑制，污染物极难输送和扩散。

④ 降水与大气污染。降水（降雪）是清除大气污染的重要机制之一。降水净化大气的作用有两个方面：一是许多污染微粒物质充当了降水凝结核，然后随降水一起降落到地面；二是雨滴等在下降过程中，碰撞、捕获了一部分颗粒污染物。

降水对大气污染物的冲洗作用与降水强度和持续时间有关。降水越强，降水时间越长，降水后的大气污染物浓度越低，保持低浓度的时间越长。

虽然降水的冲洗作用净化了空气，但它把污染物带到了地面，使水体或土壤中污染物含量增加。

⑤ 辐射和云对大气污染的影响。辐射和云对大气稳定度可产生重要影响，从而影响到大气污染。

晴天白昼，太阳辐射越强，地面强烈增温，温度层结是递减的，大气极不稳定。晴夜，地面有效辐射大，地面降温快，因而形成逆温，大气极为稳定。

云对辐射起屏障作用，它既阻挡白天的太阳辐射，又阻挡夜间地面向上的辐射，从而使垂直温度梯度减小，使白天递减和夜间逆温受到削弱。减弱的程度决定于云量的多少。

⑥ 天气形势与大气污染。天气形势主要是指大范围的气压分布情况。低压控制区内，空气作上升运动，通常风速也很大，大气多为中性或不稳定状态，有利于稀释扩散。相反，在高压控制下，天空晴朗，风速较小，大范围内空气做下沉运动，阻挡着污染物向上作扩散。

(2) 大气扩散 大气扩散的基本问题是研究各种条件下污染物传输及时空分布规律，并将其过程模式化。大气扩散模式很多，常见的有点源扩散模式、非点源扩散模式、特殊气象条件下的扩散模式。具体概括如下：

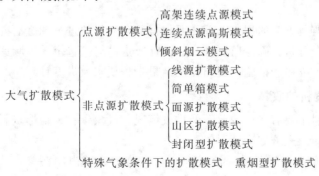

思考与练习

1. 空气污染物有哪些？以何方式存在？
2. 分别写出五种分子状态污染物、粒子状态污染物。
3. 大气污染源是如何分类的？

阅读
园地

68%的人体疾病与室内污染有关 冬天要注意室内通风

每天下班回家，刚踏入家门，你是否感受到除了股股暖流之外，空气中似乎还夹杂着些怪怪的气味？

你的感觉完全正确。据专家分析，天气变冷，伴随着寒流而来的是室内空气污染。与其他三个季节不同的是，由于天气寒冷，为了留住室内的暖气，人们很少开窗户。而室内温度高时，污染物质释放量明显加大，在室内暖空气环境中，积聚起来的CO、CO_2气体和可吸入颗粒物，会直接影响人们的身体健康。

住家空气比写字楼还糟。据报道，最近某写字楼一些员工上班时出现了头晕的症状，检测后得知，是CO_2气体含量过高导致供氧不足。由于写字楼没有按规定的时间抽取新鲜空气，再加上楼中的传真机、复印机等释放出的O_3、CO、CO_2、二氯代烷等污染物，使办公室环境空气不佳，导致所谓的"写字楼综合征"。然而，专家认为，与白天工作的写字楼相比，住家的空气污染程度更大。冬季，人们白天上班，家里窗户紧闭，晚上回到家，由于天气太冷，很少有人会长时间开窗户，尤其是在入睡以后，缺乏流通的室内空气对人体侵袭的机会大大增加。

装修越豪华污染越严重。装修不当也是造成室内空气污染的罪魁祸首之一。有媒体报道，医院在接诊白血病患儿时，对其家庭居住环境进行了调查，发现多数小患者家中近半年之内曾经进行过室内装修。装饰装修造成室内环境污染成为消费者投诉的五大问题之一。

加强通风可解除污染。专家认为，居室内空气污染是伴随着科技进步和生活水平的提高，人们追求更舒服的生活环境而出现的问题，目前的技术水平和工艺水平完全可以避免室内环境污染。在冬季，加强室内通风非常关键，几大污染物质通过加强通风都可以消除。另外，选用的确有效果的室内空气净化器和空气换气装置也可以达到这种效果。

2.2 空气污染监测方案的制定

制定大气污染监测方案的程序，首先要根据监测的目的进行调查研究，收集必要的基础材料，然后经过综合分析，确定监测项目，设计布点网络，选定采样频率、采样方法和监测技术，建立质量保证程序和措施，提出监测结果报告要求及进度计划。

2.2.1 基础资料的收集

收集的基础资料主要有污染源分布及排放情况、气象资料、地形资料、土地利用和功能分区情况、人口分布及人群健康情况等。

(1) 污染源分布及排放情况 通过调查，将监测区域内的污染源类型、数量、位置、排放的主要污染物及排放量弄清,同时还应了解所用原料、燃料及消耗量。特别注意排放高度低的小污染源,它对周围地区地面、大气中污染物浓度的影响要比大型工业污染源大。

(2) 气象资料 污染物在大气中的扩散、输送和一系列的物理、化学变化在很大程度上取决于当时当地的气候条件。因此,要收集监测区域的风向、风速、气温、气压、降水量、日照时间、相对湿度、温度的垂直梯度和逆温层底部高度等资料。

(3) 地形资料 地形对当地的风向、风速和大气稳定情况等有影响。因此,设置监测网点时应该考虑地形的因素。例如,一个工业区建在不同的地区,对环境的影响会有显著的差异,不同的地理环境会有不同。在河谷地区出现逆温层的可能性较大,在丘陵地区污染物浓度梯度会很大,在海边、山区影响也是不同的。所以,监测区域的地形越复杂,要求布设监测点越多。

(4) 土地利用和功能分区情况 监测地区内土地利用情况及功能区划分也是设置监测网点应考虑的重要因素之一,不同功能区的污染状况是不同的,如工业区、商业区、混合区、居民区等。

(5) 人口分布及人群健康情况 环境保护的目的是维护自然环境的生态平衡,保护人群的健康,因此,掌握监测区域的人口分布、居民和动植物受大气污染危害情况及流行性疾病等资料,对制定监测方案、分析判断监测结果是有益的。

对于相关地区以及周边地区的大气资料,如有条件也应收集、整理,供制定监测方案参考。

2.2.2 监测项目的确定

存在于大气中的污染物质多种多样,应根据优先监测的原则,选择那些危害大、涉及范围广,已建立成熟的测定方法并有标准可比的项目进行监测。美国提出空气中43种优先监测污染物;我国在《居民区大气中有害物质最高容许范围》中规定了34种有害物质的极限。对于大气环境污染例行监测项目,各国大同小异。为向国际先进标准靠拢,1996年中国修订公布了《环境空气质量标准》(GB 3095—1996),2012年再次修订公布了《环境空气质量标准》(GB 3095—2012)进一步明确了对环境空气质量的要求。见表2-2。

表2-2 各种污染物的浓度限值

序号	污染物项目	平均时间	浓度限值	
			一级	二级
1	二氧化硫(SO_2)	年平均	20	60
		24h平均	50	150
		1h平均	150	500
2	二氧化氮(NO_2)	年平均	40	40
		24h平均	80	80
		1h平均	200	200
3	一氧化碳(CO)	24h平均	4	4
		1h平均	10	10
4	臭氧(O_3)	日最大8h平均	100	160
		1h平均	160	200

续表

序号	污染物项目	平均时间	浓度限值 一级	浓度限值 二级
5	颗粒物（≤10μm）	年平均	40	70
		24h平均	50	150
6	颗粒物（≤2.5μm）	年平均	15	35
		24h平均	35	75
7	总悬浮颗粒物（TSP）	年平均	80	200
		24h平均	120	300
8	氮氧化物（NO_x）	年平均	50	50
		24h平均	100	100
		1h平均	250	250
9	铅（Pb）	年平均	0.5	0.5
		季平均	1	1
10	苯并[a]芘（BaP）	年平均	0.001	0.001
		24h平均	0.0025	0.0025

我国《环境监测技术规范》中规定的例行监测项目见表 2-3。

表 2-3 例行监测项目表

类 型	必 测 项 目	选 测 项 目
连续采样实验室分析项目	二氧化硫、氮氧化物、总悬浮物、硫酸盐化速度、灰尘自然降尘量	一氧化碳、降尘、光化学氧化剂、氟化物、铅、汞、苯并[a]芘、总烃及非甲烷烃
大气环境自动监测系统监测项目	二氧化硫、氮氧化物、总悬浮物、一氧化碳	臭氧、总碳氢化合物

2.2.3 采样点的布设

环境空气中污染物的监测是大气污染物监测的常规监测。为了获得高质量的大气污染物数据，必须考虑多种因素采集有代表性的试样，然后进行分析测试。主要因素有：采样点的选择、采样物理参数的控制、数据处理报告等。

2.2.3.1 采样点布设原则

环境空气采样点（监测点）的位置主要依据《环境空气质量监测规范（试行）》中的要求布设。常规监测的目的，一是判断环境大气是否符合大气质量标准，或改善环境大气质量的程度；二是观察整个区域的污染趋势；三是开展环境质量识别，为环境科学提供基础资料和依据。监测（网）点的布设方法有经验法、统计法、模式法等。监测点的布设，要使监测大气污染物所代表的空间范围与监测站的监测任务相适应。

经验法布点采样的原则和要求是：采样点应选择整个监测区域内不同污染物的地方；采样点应选择在有代表性区域内，按工业密集的程度、人口密集程度、城市和郊区，增设采样点或减少采样点；采样点要选择开阔地带，要选择风向的上风口；采样点的高度由监测目的而定，一般为离地面 1.5～2m 处，连续采样例行监测采样口高度应距地面 3～15m，或设置于屋顶采样；各采样点的设置条件要尽可能一致，或按标准化规定实施，使获得的数据具有可比性；采样点应满足网络要求，便于自动监测。

2.2.3.2 采样布点方法

采样点的设置数目要与经济投资和精度要求相应的一个效益函数适应，应根据监测范围大小、污染物的空间分布特征、人口分布及密度、气象、地形，及经济条件等因素综合考虑确定。世界卫生组织（WHO）和世界气象组织（WMO）提出按城市人口多少设置城市大气地面自动监测站（点）的数目，见表2-4。我国对大气环境污染例行监测采样点规定的设置，列于表2-5。

表 2-4 WHO 和 WMO 推荐的城市大气自动监测站（点）数目

市区人口（万人）	飘尘	SO_2	NO_x	氧化剂	CO	风向、风速
≤100	2	2	1	1	1	1
100～400	5	5	2	2	2	2
400～800	8	8	4	3	4	2
>800	10	10	5	4	5	3

表 2-5 我国大气环境污染例行监测采样点设置数目

市区人口（万人）	SO_2、NO_x、TSP	灰尘自然降尘量	硫酸盐化速度
<50	3	≥3	≥6
50～100	4	4～8	6～12
100～200	5	8～11	12～18
200～400	6	12～20	18～30
>400	7	20～30	30～40

（1）功能区布点法 这种方法多用于区域性常规监测。布点时先将监测地区按环境空气质量标准划分成若干"功能区"，再按具体污染情况和人力、物力条件，在各功能区设置一定数量的采样点。各功能区的采样点不要求平均，一般在污染较集中的工业区多设点，人口较密集的区域多设点。

（2）网格布点法 这种方法是将监测区域地面划分成均匀网状方格，采样点设在两条线的交叉处或方格中心（见图2-2）。网格大小视污染源强度、人口分布及人力、物力条件等确定，如主导风向明显，下风向设点应多一些，一般约占采样总数60%。网格划分越小检测结果越接近真值，监测效果越好。网格布点法适用于有多个污染源，且污染分布比较均匀的地区。

（3）同心圆布点法 这种方法主要用于多个污染源构成污染群，且大污染源较集中的地区。先找出污染群的中心，以此为圆心在地面上画若干个同心圆，再从圆心作若干条放射线，将放射线与圆周的交点作为采样点（见图2-3）。不同圆周上的采样数目不一定相等或均匀分布，常年主导风向的下风向比上风向多设一些点。例如同心圆半径分别取 4km，10km，20km，40km，由里向外各圆周上分别设 4、8、8、4 个采样点。

（4）扇形布点法 适用于主导风向明显的地区，或孤立的高架点源，以点源为顶点，呈45°扇形展开，采样点在距点源不同距离的若干弧线上。扇形布点主要用于大型烟囱排放污染物的取样，烟囱高度越高，污染面越大，采样点就要增多，见图2-4。

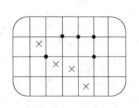 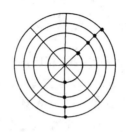 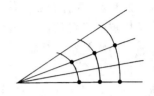

图 2-2　网格布点法　　　图 2-3　同心圆布点法　　　图 2-4　扇形布点法

2.2.4　采样时间和频率

采样时间系指每次采样从开始到结束所经历的时间，也称采样时段。采样频率系指在一定时间范围内的采样次数。这两个参数要根据监测目的、污染物分布特征及人力物力等因素决定。

2.2.4.1　采样时间

采样时间短，试样缺乏代表性，监测结果不能反映污染物浓度随时间的变化，仅适用于事故性污染、初步调查等情况的应急监测。为增加采样时间，目前采用的方法是使用自动采样仪器进行连续自动采样，若再配上污染组分连续或间歇自动监测仪器，其监测结果能更好地反映污染物浓度的变化，得到任何一段时间（如 1h、1d、1 个月、1 个季度、1 年）的代表值（平均值）。这是最佳采样和测定方式。

2.2.4.2　采样频率

采样频率安排合理、适当，积累足够多的数据，则具有较好的代表性。增加采样频率，即每隔一定时间采样测定一次，取多个试样测定结果的平均值为代表值。例如：每个月采样一天，而一天内由间隔等时间采样测定一次，求出日平均、月平均监测结果。这种方法适用于受人力、物力限制而进行人工采样测定的情况，是目前进行大气污染常规监测、环境质量评价现状监测等广泛采用的方法。

显然，连续自动采样监测频率可以选得很高，采样时间很长，如一些发达国家为监测空气质量的长期变化趋势，要求计算年平均值的累积采样时间在 6000h。我国监测技术规范对大气污染例行监测规定的采样时间和采样频率列于表 2-6。

在《环境空气质量标准》（GB 3095—2012）中，要求测定日平均浓度和最大一次浓度。若采用人工采样测定，应满足：应在采样点受污染最严重的时期采样测定；最高日平均浓度全年至少监测 20 天；最大一次浓度不得少于 25 个；每日监测次数不少于 3 次。

表 2-6　采样时间和频率

监测项目	采样时间和频率
二氧化硫	隔日采样，每日连续采（24±0.5）h，每月 14～16d，每年 12 个月
氮氧化物	隔日采样，每日连续采（24±0.5）h，每月 14～16d，每年 12 个月
总悬浮颗粒物	隔双日采样，每天连续采（24±0.5）h，每月 5～6d，每年 12 个月
灰尘自然降尘量	每月（30±2）d，每年 12 个月
硫酸盐化速度	每月（30±2）d，每年 12 个月

思考与练习

1. 简述采样点布设的原则。

2. 画出同心圆布点法示意图。
3. 填写表格括号中内容。

采样时间和频率

监测项目	采 样 时 间 和 频 率
二氧化硫	隔日采样，每日连续采（　　）h，每月（　　）d，每年 12 个月
氮氧化物	隔日采样，每日连续采（24±0.5）h，每月（　　）d，每年 12 个月
总悬浮颗粒物	隔双日采样，每天连续采（　　）h，每月 5～6d，每年 12 个月
灰尘自然降尘量	每月（30±2）d，每年（　　）个月
硫酸盐化速度	每月（　　）d，每年 12 个月

阅读园地

雾 和 霾

从 2013 年 1 月 10 日起，雾霾席卷了大半个中国，东北三省，新疆，华北平原，山东、江苏、浙江、福建等沿海省份，以及河南、安徽、湖北、湖南、陕西等中部省份，均未逃脱雾霾的侵袭。

在连续发布了多个大雾黄色预警之后，北京市发布了气象史上首个雾霾橙色预警。2013 年 1 月 13 日上午 9 时的空气质量监测数据显示，北京大多数地区的空气质量指数（AQI）全部达到极值 500，属于六级严重污染中的"最高级"。而古都河南省开封市甚至发布了雾霾红色预警。2013 年 1 月 23 日，雾霾再次袭击华北平原和长江中下游平原等地。当日，北京气象台发布了大雾及雾霾黄色预警，京城空气质量再次达到了最严重的六级严重污染，局地能见度不足 200m。

雾霾，是雾和霾的组合词。中国科学院大气物理研究所研究员王跃思解释，雾是一种自然天气现象，对人并无危害，但一旦雾气中加入了污染物，就演变成了霾，对人体健康构成危害。如此频繁且严重的污染天气，不禁令人担忧：雾霾，会不会成为今后的常客？

雾　雾是由大量悬浮在近地面空气中的微小水滴或冰晶组成的气溶胶系统，是近地面层空气中水汽凝结（或凝华）的产物。就其物理本质而言，雾与云都是空气中水汽凝结（或凝华）的产物，所以雾升高离开地面就成为云，而云降低到地面或云移动到高山时就称其为雾。

霾　也称灰霾（烟霞）。空气中的灰尘、硫酸、硝酸、有机碳氢化合物等粒子也能使大气混浊，视野模糊并导致能见度恶化，如果水平能见度小于 10000m 时，将这种非水成物组成的气溶胶系统造成的视程障碍称为霾（haze）或灰霾（dust-haze），中国香港天文台称烟霞（haze）。

其实雾与霾从某种角度来说是有很大差别的。譬如：出现雾时空气潮湿；出现霾时空气则相对干燥，空气相对湿度通常在 60% 以下。其形成原因是由于大量极细微的尘粒、烟粒、盐粒等均匀地浮游在空中，使有效水平能见度小于 10km 的空气混浊的现象，符号为"∞"。霾的日变化一般不明显。当气团没有大的变化，空气团较稳定时，持续出现时间较长，有时可持续10天以上。由于阴霾、轻雾、沙尘暴、扬沙、浮尘、烟雾等天气现象，都是因浮游在空中大量极微细的尘粒或烟粒等影响致使有效水平能见度小于10km。有时使气象专业人员都难于区分。必须结合天气背景、天空状况、空气湿度、颜色气味及卫星监测等因素来综合分析判断，才能得出正确结论，而且雾和霾的天气现象有时可以相互转换。

资料来源：http://news.xinhuanet.com/energy/2013-03-29/c_124518694.htm.

2.3 采样方法和采样仪器

根据大气污染物的存在状态、浓度、物理化学性质及监测方法不同，要求选用不同的采样方法和仪器。

2.3.1 采样方法

采集大气（空气）样品的方法可归纳为直接采样法和富集（浓缩）采样两类。

2.3.1.1 直接采样法及其采样器

当大气中的被测组分浓度较高，或者监测方法灵敏度高时，直接采集少量样品就能满足分析需要。如用氢火焰离子化检测器分析大气中的苯，直接注入1～2mL空气样，就可测到空气中苯的浓度。一些简便快速测定方法和自动分析仪器，也是直接取样进行分析的。如库仑法二氧化硫分析器是以250mL/min的流量连续抽取空气样品，能直接测定0.025mg/m³的二氧化硫浓度的变化。这种方法测得的结果是瞬时浓度或短时间内的平均浓度，能较快地得到结果。直接取样法常用的取样容器有注射器、塑料袋和一些固定容器。

（1）注射器采样　常用100mL注射器连接一个三通活塞，用来采集有机蒸气样品。采样时先用现场空气抽洗3～5次，然后抽样，密封进气口，将注射器进气口朝下，垂直放置，使注射器内压力略大于大气压。此外，要注意样品存放时间不宜太长，一般要当天分析完毕。

（2）塑料袋采样　应选择与样气中污染组分既不发生化学反应，也不吸附、不渗漏的塑料袋。常用的有聚四氟乙烯袋、聚乙烯塑料袋及聚酯袋等。为了减少对组分的吸附，可在袋的内壁衬银、铝等金属膜。采样时，先用二连球打进现场气体冲洗2～3次，再充样气，夹封进气口，带回实验室分析。

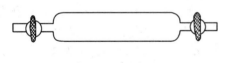

图 2-5　采气管

（3）采气管采样　采气管是两端具有旋塞的管式玻璃容器，其容积为100～500mL（见图2-5）。采样时，打开两端旋塞，将二连球或抽气泵接在管的一段，迅速抽进比容积大6～10倍的欲采气体，使采气管中原有气体被完全置换出，关上两端旋塞，采气体积即为采气管的容积。

（4）真空瓶采样　真空瓶是一种用耐压玻璃制成的固定容器，容积为500～1000mL（见图2-6）。采样前，先用抽真空装置（见图2-7）将采气瓶内抽至剩余压力达1.33kPa左右即可，如瓶中预先装有吸收液，可抽至液泡出现为止，关闭活塞。采样时，在现场打开瓶塞，被采气体充入瓶内，关闭旋塞，送实验室分析。若真空瓶内真空度达不到1.33kPa，采样体积应根据剩余压力进行换算。

$$V = V_0 \times \frac{p - p_0}{p}$$

式中　V——采样体积，L；
　　　V_0——真空采样瓶体积，L；

p——大气压力，kPa；
p_0——瓶中剩余压力，kPa。

 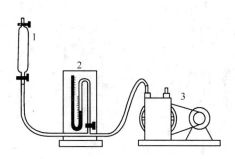

图 2-6 真空采气瓶　　　　图 2-7 真空采气管的抽真空装置
1—真空采气瓶；2—闭管压力计；3—真空泵

2.3.1.2　富集采样法及其采样器

当空气中被测物浓度很低（$10^{-6} \sim 10^{-9}$ 数量级），而所用分析方法的灵敏度又不够高时，就需要用富集采样法进行空气样品的富集。富集采样的时间都比较长，所得的分析结果是在富集采样时间内的平均浓度。这个平均浓度，从统计的角度上看，它更接近真值，而从环保角度上看，更能反映环境污染的真实情况。富集采样方法可分为溶液吸收法、固体阻留法、低温冷凝浓缩法及自然沉降法等。

（1）溶液吸收法　该方法是用吸收液采集大气中气态、蒸气态以及某些气溶胶污染物的常用的方法。采样时，当一定流量的空气样品以气泡形式通过吸收液时，气泡与吸收液界面上的物质或发生溶解作用或发生化学反应，很快地被吸收液吸收。采样后，倒出吸收液进行测定，根据测定的结果及采样体积即可计算出大气中污染物的浓度。溶液吸收法的吸收效率主要决定于吸收速度和样气与吸收液的接触面积。

欲提高吸收速度，必须根据被吸收污染物的性质选择较好的吸收液。选择吸收液的原则是：① 与被测物质发生化学反应快而且彻底，或者溶解度大；② 污染物被吸收后，要有足够的稳定时间，能满足测定的时间需要；③ 污染物被吸收后最好能直接进行滴定；④ 吸收液毒性小，价格低，易得且易回收。如水吸收氯化氢，5%甲醇吸收有机农药，10%乙醇吸收硝基苯，氢氧化钠吸收硫化氢等。

增大被采集气体与吸收液接触面积的有效措施是选用结构适宜的吸收管（瓶）。下面介绍几种常用吸收管，见图 2-8。

① 气泡式吸收管　适用于采集气态和蒸气态物质。吸收瓶内可装 5~10mL 吸收液，采样流量为 0.5~2.0L/min。

② 冲击式吸收管　适宜采集气溶胶。由于进气管喷嘴小且距瓶底部近，采样时，试样迅速从喷嘴喷出又很快冲击底部，气溶胶粒很容易被打碎，从而特别易被吸收液吸收。冲击式吸收管不适用于采集气态和蒸气态物质。冲击式吸收管有小型（装 5~10mL 吸收液，采样流量为 3.0L/min）和大型（装 50~100mL 吸收液，采样流量为 30L/min）两种规格。

③ 多孔筛板吸收管（瓶）　可适合采集气态和蒸气态及雾态气溶胶物质。试样通过吸收管的筛板后，被分散成很小的气泡，且阻留时间长，大大增加了气液接触面积，从而提高了吸收效率。吸收瓶内可装 5~10mL 吸收液，采样流量为 0.1~1.0L/min。吸收管有小型

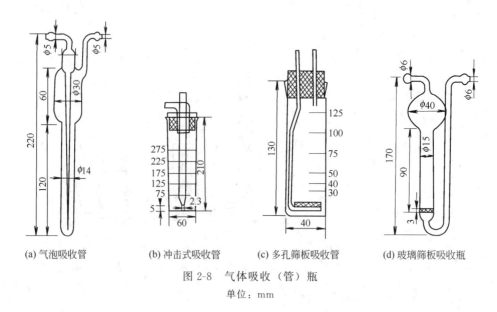

图 2-8 气体吸收（管）瓶
单位：mm

（装 10~30mL 吸收液，采样流量为 0.5~2.0L/min）和大型（装 50~100mL 吸收液，采样流量为 30L/min）两种。

(2) 固体阻留法　固体阻留法包括填充柱阻留法和滤料阻留法。

① 填充柱阻留法　用一根长 6~10cm，内径为 3~5mm 的玻璃管或聚丙烯塑料管填装各种固体填充剂。采样时，气体样品以一定的流速通过填充柱，被测物质因被吸附、溶解、或发生化学反应等作用被阻留在填充剂上，达到浓缩气样的目的。采样后送实验室，经解析或洗脱使被测物从填充柱上分离释放出来，然后进行分析测试。根据填充剂阻留作用原理，填充剂可分为吸附型、分配型和反应型三大类。

a. 吸附型填充柱　颗粒状吸附剂如活性炭、硅胶、分子筛等多孔物质，具有较大比表面积，吸附性很强，对气体、蒸气分子有很强的吸附性。表面吸附作用有两种，一种是由于分子间引力引起的物理吸附，吸附力较弱；另一种是由于剩余价键力引起的化学吸附，吸附力较强。应指出的是，吸附能力强，采样效率高，但这给解析带来困难。因此，选择吸附剂时，既要考虑吸附效率，又要考虑易于解析。

b. 分配型填充柱　这种填充柱的填充剂是表面涂有高沸点的有机溶剂（如异十三烷）的惰性多孔颗粒物（如硅藻土），类似于气相色谱柱中的固定相，只是有机溶剂用量比色谱固定相大。采样时，气样通过填充柱，在有机溶剂（固定相）中分配系数大的组分保留在填充剂上而被富集。如用涂有 5% 的甘油的硅酸铝载体做固体吸附剂，可以把空气中的狄氏剂 (diedrm)、DDT、多氯联苯（PCB）等污染物全部阻留，采样效率高达 90%~100%。富集后，用甲醇溶出吸附物，用正己烷提纯浓缩样品，再用电子捕获鉴定器测定，检出限量 PCB 为 $0.002mg/m^3$。

c. 反应型填充柱　这种柱的填充剂是由惰性多孔颗粒物（如石英砂、玻璃微球等）或纤维状物（如滤纸、玻璃棉等）表面涂渍能与被测组分发生化学反应的试剂制成。也可以用能和被测组分发生化学反应的纯金属（如 Al、Au、Ag、Cu、Zn）、丝毛或细粒作填充剂。气样通过填充柱时，被测组分在填充剂表面因发生化学反应而被阻留。采样后，将反应产物用适当的溶剂洗脱或加热吹气解析下来进行分析测试。反应型填充剂采样量大、采样速度快、富集物稳定，对气态、蒸气态和气溶胶态物质都有较高的富集效率。

② 滤料阻留法 把过滤材料（滤纸、滤膜）夹在采样夹上，用空气装置抽气，则空气中的颗粒物被阻留在过滤材料上，称量过滤材料上富集的颗粒物质量，根据采样体积，即可计算出空气中颗粒物的浓度。见图 2-9 所示。

运用滤料直接阻载、惯性碰撞、扩散沉降、静电引力和重力沉降等作用原理，可以采集空气中的气溶胶颗粒物。滤料有单一作用滤料，也有综合滤料。

(3) 低温冷凝浓缩法 大气中某些沸点比较低的气态污染物质，如烯烃类、醛类等，在常温下用固体填充剂等方法富集效果不好，而低温冷凝浓缩法可以提高采集效率。

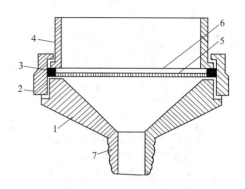

图 2-9 颗粒物采样夹
1—底座；2—紧固圈；3—密封圈；4—接座圈；
5—支撑网；6—滤网；7—抽气接口

低温冷凝浓缩采样法是将 U 形或蛇形采样管放入冷阱，分别连接采样入口和泵即可采样，浓缩收集后，可送实验室移去冷阱即可分析测试。

常用的制冷方法有两种，即半导体制冷器法和化学制冷剂法。常用的制冷剂列于表 2-7 中。

表 2-7 常用的制冷剂

制冷剂名称	温度/℃	制冷剂名称	温度/℃	制冷剂名称	温度/℃
冰	0	干冰-乙醚	-77	液氨-乙醇	-117
冰-食盐	-4	干冰-丙酮	-78.5	液氧	-183
干冰-二氯乙烯	-60	干冰	-78.5	液氮	-196
干冰-乙醇	-72	液氨-甲醇	-94		

低温冷凝浓缩采样法具有效果好、采样量大、利于组分稳定等特点，但为了防止气样中的微量水分和 CO_2 在冷凝时同时被冷凝下来，造成分析误差，可在进样口装过滤器（选择不同的干燥剂如过氯酸镁、碱石棉、氯化钙填充在内）除去水分和 CO_2。

(4) 自然沉降法 利用物质的自然重力、空气动力和浓差扩散作用采集大气中的被测物质，如自然降尘量、硫酸盐化速率、氟化物等大气样品的采集。这种采样方法不需要动力设备，简单易行，且采样时间长，测定结果能较真实地反映大气污染情况。

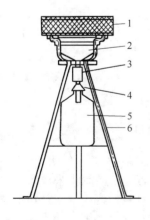

图 2-10 标准集尘器
1—网；2—收集漏斗；
3—橡胶管；4—倒置漏斗；
5—收集瓶；6—支架

① 降尘试样的采集 采集降尘的方法分干法、湿法两种，湿法应用更为广泛。湿法采样是在一定大小的圆筒形集尘缸（材质有玻璃、塑料、不锈钢等）中进行的，缸中加一定量的水集尘，夏天加少量硫酸铜可抑制微生物的生长，冬季加入乙二醇防止冻结。采样缸放置在距地面 5～15m，附近无高大的建筑物或局部污染源处，采样口距基础面 1.5m 以上，集尘缸大小为内径 15cm，高 30cm。采样时间为 (30±2) 天。干法采样一般使用标准集尘器（见图 2-10），夏季加除藻剂。

② 硫酸盐化速率试样的采集 排放到空气中的硫化物、二氧化硫、硫化氢、硫酸蒸气，经一系列的演化和氧化反应，最终形成危害很大的硫酸雾的过程称为硫酸盐化速率。

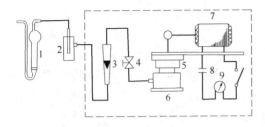

图 2-11 携带式采样器工作原理
1—吸收管；2—滤水阱；3—流量计；
4—流量调节阀；5—抽气泵；6—稳流计；
7—电动机；8—电源；9—定时器

常用采样法是二氧化铅法和碱片法。

二氧化铅法是把涂有二氧化铅粒状物的纱布绕贴在青瓷上，制成二氧化铅集尘管，将其装在采样器上放在采样点处采样，被测物与二氧化铅反应生成硫酸铅被采集。

碱片法是把用碳酸钾溶液浸泡的玻璃纤维滤膜置于采样点上，被测物二氧化硫、硫酸酸雾与碳酸钾反应生成硫酸盐被采集。

2.3.2 采样仪器

将收集器、流量计、抽气泵及气样预处理、流量调节、自动定时控制以不同的形式组合在一起，就构成不同型号、规格的采样仪器。

2.3.2.1 气态污染物采样器

用于采集大气中气态和蒸气态物质，采样流量为 0.5～2.0L/min 的气态污染物采样器，其工作原理如图 2-11 和图 2-12 所示。

如图 2-11 工作原理的携带式大气采样器，有单机、双线路、单泵、定时系统、交直流电源形式组合的 KB-6A、KB-6B、KB-6C 型；还有双机、双泵、双气路、定时系统、交直流电源形式组合的 PG-4、TH-110、KB-6C 型。

图 2-12 中的恒温恒流空气采样器，流量控制采用不锈钢注射针头作临界限流孔，两端压力差保持在 50kPa 以上，临界孔前装有微孔滤膜和干燥剂，抽气动力用薄膜泵双气路平行采样。如其工作原理的恒温恒流空气采样器有 HZL 型、HZ-2 型、TH-3000 型。

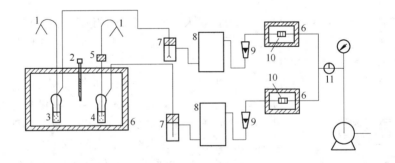

图 2-12 恒温恒流采样器工作原理图
1—进气口；2—温度计；3—二氧化硫吸收瓶；4—氮氧化物吸收瓶；
5—三氧化铬-沙子氧化管；6—恒温装置；7—滤水阱；8—干燥器；
9—转子流量计；10—尘过滤膜及限流孔；11—三通阀

2.3.2.2 颗粒物采样器

颗粒物采样器目前有两类，一是总悬浮颗粒物（TSP）采样器，二是飘尘采样器。

（1）总悬浮颗粒物（TSP）采样器 采样器分为大流量（1.1～1.7m^3/min）和中流量（50～150L/min）两种类型。

大流量采样器的结构如图 2-13 所示。由滤料采样夹、抽气风机、流量记录仪、计时器及控制系统、壳体等组成。滤料采样夹可安装（20×25）cm^2 的玻璃纤维滤膜，以 1.1～1.7m^3/min 流量采样 8～24h。当采气量达 1500～2000m^3 时，样品滤膜可用于测定颗粒物

2. 大气和废气监测

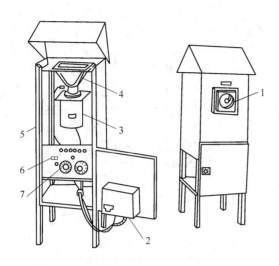

图 2-13 大流量采样器结构示意图
1—流量记录器；2—流量控制器；3—抽气风机；4—滤膜夹；
5—铝壳；6—工作计时器；7—计时器的程序控制

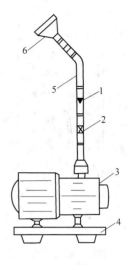

图 2-14 中流量 TSP 采样器
1—流量计；2—调节阀；3—采样泵；
4—消声器；5—采样管；6—采样头

中的金属、无机盐和有机污染物。商品仪器有 DCQ-1、HVC1000N 等。

中流量采样器由采样夹、流量计、采样管及采样泵组成（见图 2-14）。采样原理与大流量采样器相似，只是采样夹面积和采样流量比大流量采样器小。中流量采样夹有效直径为 80mm 或 100mm。用 80mm 滤膜采样时，采气流量控制在 $7.2 \sim 9.6 m^3/h$；用 100mm 滤膜采样时，采气流量控制在 $11.3 \sim 15 m^3/h$。商品仪器有 TH-15B 型、ZC-100 型、ZC-120 型等。

(2) 飘尘采样器 由分样器、大流量采样器、检测器三部分组成。

分样器又称分尘器、切割器。主要作用是把 $10\mu m$ 以下颗粒分离开来。分尘器按作用原理可分为旋风式、向心式、多层薄板式、撞击式多种。它们又分为二级式、多级式，二级式是采集 $10\mu m$ 以下颗粒，多级式可分级采取不同颗粒的颗粒物。

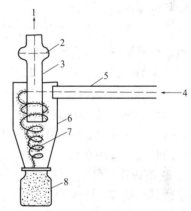

图 2-15 旋风分尘器原理示意图
1—空气出口；2—滤膜；3—气体排出管；
4—空气入口；5—气体导管；6—圆筒体；
7—旋转气流轨线；8—大粒子收集器

二级旋风分尘器的工作原理如图 2-15 所示。样气以高速度沿 180°渐开线进入分尘器的圆筒内，形成旋风气流，在离心力的作用下，颗粒物由于质量不同，不断与筒碰撞的是较大颗粒，后进入大颗粒收集器，细颗粒随气流沿排气管上升，被过滤器的滤膜捕捉，从而将粗细颗粒分开。分尘器必须用标准粒子进行校准后方可使用。

向心式分尘器原理如图 2-16 所示。当气流由小孔高速喷出时，样气所携带的颗粒由于大小不同，惯性也不同，颗粒的质量越大，惯性越大。各种粒子都有自己的运动轨迹，大颗粒接近中心轴线，最先进入锥形收集器。小颗粒离中心轴较远，随气流进入下一级。第二级的喷嘴口径和收集器入口也小，且距离变短，使小一点的颗粒被收集。第三级的喷嘴直径和收集器入口孔径比第二级还小，间距更短，收集的颗粒更细。经多级分离，最细的颗粒达到

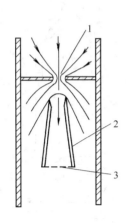 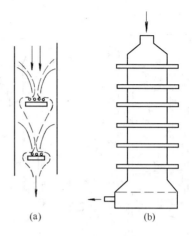

图 2-16　向心式分尘器原理　　　　　图 2-17　撞击式采样器示意图
1—空气喷嘴；2—收集器；3—滤膜　　　(a) 撞击捕集原理；(b) 六级撞击式采样器

采样器的最底部，被滤膜收集。

撞击式采样器工作原理如图 2-17 所示。含尘气体以一定速度由喷嘴喷出后，气流中的大颗粒由于惯性大，撞击在捕集板上被收集，细小颗粒惯性小，随气流向下进入第二级、第三级等等。这种采样器设计为 3~8 级。采样器必须经过标准粒子发生器制备标准粒子进行比较，方能使用。

(3) 个体剂量器　个体剂量器是一种无动力、体积小、携带方便的采样器，可以随人的活动连续地采样，经分析测出污染物的时间加权平均浓度，以反映出人体实际吸入的污染物量。个体剂量器有扩散式、渗透式两种。但都只能采集挥发较大的气态和蒸气态物质。

① 扩散式剂量器　它由外壳、扩散层、收集剂三部分组成。其采样原理是：被收集气体通过剂量器外壳上的小孔，进入扩散层，被收集分子经扩散到收集剂表面而被吸附或吸收。收集剂的种类较多，不同的收集剂采集不同的污染物，如活性炭吸附苯。用化学试剂浸泡过的收集剂常用来收集无机物，如用三乙醇胺浸泡过的收集剂采集二氧化氮。

② 渗透式剂量器　它由外壳、渗透蜡和收集剂三部分组成。渗透膜一般为有机合成膜，如聚硅氧烷膜等。收集剂一般用吸收液或固体吸附剂，气体分子通过渗透膜到达收集器被收集。如大气中的 H_2S 通过二甲基硅藻膜渗透到含有乙二胺四乙酸钠（EDTA-2Na）的 0.2mol/L 氢氧化钠溶液而被吸收。

2.3.3　采样效率及评价

一个采样方法的采样效率是指在规定的采样条件下（如采样流量、气体浓度、采样时间等）所采集到的量占总量的百分数。采样效率评价方法一般与污染物在大气中存在状态有很大关系，不同的存在状态有不同的评价方法。

(1) 采集气态和蒸气态的污染物效率的评价方法　采集气态和蒸气态的污染物常用溶液吸收法和填充柱采样法，评价这些采样方法的效率有绝对比较法和相对比较法两种。

① 绝对比较法　精确配制一个已知浓度 c_S 的标准气体，然后用所选用的采样方法采集标准气体，测定其浓度 c_1，比较实测浓度和配气浓度 c_S，采样效率 K 为：

$$K = \frac{c_S}{c_1} \times 100\%$$

用这种方法评价采样效率比较理想，但必须配制标准气体，实际应用时受到限制。

② 相对比较法　配制一个恒定浓度的气体，而其浓度不一定要求已知，然后用 2~3 个采样管串联起来采集，分别分析各管的含量，计算第一管含量占各管总量的百分数，采样效率 K 为：

$$K = \frac{c_1}{c_1+c_2+c_3} \times 100\%$$

式中，c_1、c_2、c_3 分别为第 1 管、第 2 管、第 3 管中分析测得浓度。并且要求第 2 管和第 3 管的含量与第一管比较是极小的，这样三个管含量相加之和就近似配制的气体浓度。采样效率过低时，可以用更换采样管或串联更多的吸收管，以期达到要求。应该说明的是，此方法灵敏度所限，测定结果误差较大，采样效率只是一个估计值。

(2) 采集气溶胶效率的评价方法　采集气溶胶常用滤料采样法。采集气溶胶的效率有两种表示方法。一种是颗粒采样效率，就是所采集到的气溶胶颗粒数目占总的颗粒数目百分数。另一种是质量采样效率，就是所采集到的气溶胶质量数占总的质量的百分数。只有当气溶胶全部颗粒大小完全相同时，这两种表示方法才能一致起来。但是，实际上这种情况是不存在的。微米以下的极小颗粒在颗粒数上总是占绝大部分，而按质量计算却只占很小部分，即一个大的颗粒的质量可以相当成千上万小的颗粒。所以质量采样效率总是大于颗粒采样效率。由于 $10\mu m$ 以下的颗粒对人体健康影响较大，所以颗粒采样效率有着卫生学上的意义。当要了解大气中气溶胶质量浓度或气溶胶中某成分的质量浓度时，质量采集效率是有用处的。目前，在大气监测中，评价采集气溶胶的方法的采样效率，一般是以质量采样效率表示，只是在特殊目的时，才用颗粒采样效率表示。

评价采集气溶胶的方法的效率与评价气体和蒸气态的采样方法有很大的不同。一方面是由于配制已知浓度标准气溶胶在技术上比配制标准气体要复杂得多，而且气溶胶粒度范围也很大，所以很难在实验室模拟现场存在的气溶胶各种状态。另一方面用滤料采样像一个滤筛一样，能透过第一张滤纸或滤膜的更小的颗粒物质，也有可能会漏过第二张或第三张滤纸或滤膜，所以用相对比较法评价气溶胶的采样效率就有困难了。评价滤纸和滤膜的采样效率要用另外一个已知采样效率高的方法同时采样，或串联在其后面进行比较得出。颗粒采样效率常用一个灵敏度很高的颗粒计数器测量进入滤料前和通过滤料后的空气中的颗粒数来计算。

2.3.4　污染物浓度的表示方法和气体体积计算

(1) 污染物浓度的表示方法　大气中污染物浓度有两种表示方法，一种是单位体积内所含污染物的质量，另一种是污染物体积与气样总体积的比值，根据污染物的存在状态选择使用。

① 单位体积内所含污染物的质量　单位体积内所含污染物的质量的单位用 mg/m^3 或 $\mu g/m^3$。我国大气质量标准所用浓度单位指标准状态下的单位空气体积中污染物的质量。

② 污染物体积与气样总体积的比值　污染物体积与气样总体积比值的单位为 100 万体积空气中含有害气体或蒸气的体积。换算公式如下：

$$c_p = \frac{22.4}{M} \times c$$

式中　c_p——100 万体积中所含污染物体积，10^{-6}；

　　　M——污染物质的摩尔质量，g/mol；

　　　c——气体体积浓度，mg/m^3；

　　　22.4——标准状态下（0℃，101.325kPa）气体的摩尔体积，L/mol。

(2) 气体体积换算　气体的体积受温度和大气压力的影响，为使计算出的浓度具有可比性，需要将采样得到的体积数据换算成标准状态下的体积。根据气体状态方程，换算如下：

$$V_0 = V_t \times \frac{273}{273+t} \times \frac{p}{101.325}$$

式中　V_0——标准状态下的采样体积，L 或 m³；
　　　V_t——现场状态下的采样体积，L 或 m³；
　　　t——采样时的温度，℃；
　　　p——采样时的大气压力，kPa。

【例 2-1】　测定某化工厂大气中 NO_x 时，用装有 5mL 吸收液的筛式吸收管采样，采样流量为 0.25L/min，采样时间为 60min，采样后用分光光度法测定并计算得知全部吸收液中含 2.25μg NO_x。已知采样点的温度为 5℃，大气的压力为 110kPa，求样气中的 NO_x 含量。

解：（1）求采样体积 V_t、V_0

$$V_t = 0.25 \times 60 = 15 \text{ (L)}$$

$$V_0 = 15 \times \frac{273}{273+5} \times \frac{110}{101.325} = 15.991 \text{ (L)}$$

（2）求 NO_x 的含量（以 NO_2 计）

$$NO_2(\text{mg/m}^3) = \frac{2.25 \times 10^{-3}}{15.991 \times 10^{-3}} = 0.1407$$

2.3.5　采样记录

采样记录与实验室分析测定记录同等重要。在实际工作中，不重视采样记录，往往会导致由于采样记录不完整造成一大批监测数据无法统计而报废，因此，必须给予高度重视。采样记录的内容有：所采集样品被测污染物的名称及编号；采样地点；采样时间；采样流量、采样体积；采样时温度和大气压力；采集仪器、吸收液；采样时天气状况及周围情况；采样者、审核者姓名，见表 2-8。

表 2-8　　　　采样记录表

采样日期：　年　月　日　时　　天气情况：____（晴、阴、小雨、大雨）　　风力____级

编号	采样点名称	采样时间/min	流量/(L/min)	采样体积/L	温度/℃	大气压力/kPa	标准状况下体积/mL	情况记录

采样者_____　　审核者_____

思考与练习

1. 溶液吸收法中常用吸收管有哪几种？填写下列表格。

种　类	吸收液体积/mL	采样流量/(L/min)	适　用　范　围

2. 叙述携带式采样器的工作原理。

3. 测定某地大气中 NO_x 时，用装有 5mL 吸收液的筛式吸收管采样，采样流量为 0.30L/min，采样时间为 1h，采样后用分光光度法测定并计算得知全部吸收液中含 $2.0\mu g$ NO_x。已知采样点的温度为 5℃，大气的压力为 100kPa，求样气中的 NO_x 含量。（答案：0.11）

PM2.5 及其危害

PM2.5 是指大气中直径小于或等于 $2.5\mu m$ 的颗粒物，也称为可吸入颗粒物。它的直径大约相当于人的头发丝粗细的 1/10。与较粗的大气颗粒物相比，PM2.5 粒径小，富含大量的有毒、有害物质且在大气中的停留时间长、输送距离远，因而对人体健康和大气环境质量的影响更大。

1. 引发呼吸道阻塞或炎症

气象专家和医学专家认为，由细小颗粒物造成的灰霾天气对人体健康的危害甚至要比沙尘暴更大。粒径 $10\mu m$ 以上的颗粒物，会被挡在人的鼻子外面；粒径在 $2.5\sim10\mu m$ 之间的颗粒物，能够进入上呼吸道，但部分可通过痰液等排出体外，另外也会被鼻腔内部的绒毛阻挡，对人体健康危害相对较小；而粒径在 $2.5\mu m$ 以下的细颗粒物则不易被阻挡，研究显示，$2.5\mu m$ 以下的颗粒物，75%会在肺泡内沉积。可以想象，眼睛里进了沙子，眼睛会发炎，同样，呼吸系统的深处，也是一个敏感的环境，细颗粒物作为异物长期停留在呼吸系统内，同样会让呼吸系统发炎。被吸入人体后会直接进入支气管，干扰肺部的气体交换，引发包括哮喘、支气管炎和心血管病等方面的疾病。

每个人每天平均要吸入约 $1\times10^4 L$ 的空气，进入肺泡的微尘可迅速被吸收、不经过肝脏解毒直接进入血液循环分布到全身；这样会损害血红蛋白输送氧的能力，这对贫血和血液循环障碍的病人来说，可能产生严重后果。例如可以加重呼吸系统疾病，甚至引起充血性心力衰竭和冠状动脉等心脏疾病。这些颗粒还可以通过支气管和肺泡进入血液，其中的有害气体、重金属等溶解在血液中，对人体健康的伤害更大。人体的生理结构决定了对 PM2.5 没有任何过滤、阻拦能力，而 PM2.5 对人类健康的危害却随着医学技术的进步，逐步暴露出其恐怖的一面。

2. 致病病毒搭"顺风车"进入人体内致癌

除了自己"干坏事"，细颗粒物还像一辆辆可以自由进入呼吸系统的小车，其他致病的物质如细菌、病毒，搭着"顺风车"，来到呼吸系统的深处，造成感染。

不要以为只要远离大鱼大肉的不良饮食习惯，就能躲开心血管疾病，细颗粒物也有很多"办法"诱发心血管疾病。比如，细颗粒物可以直接进入血液，诱发血栓的形成。另一个间接的方式是，细颗粒物刺激呼吸道产生炎症后，呼吸道释放细胞因子引起血管损伤，最终导致血栓的形成。流行病学的调查发现，城市大气颗粒物中的多环芳烃与居民肺癌的发病率和死亡率相关。多环芳烃进入人体的过程中，细颗粒物扮演了"顺风车"的角色，大气中的大多数多环芳烃吸附在颗粒物的表面，尤其是粒径在 5mm 以下的颗粒物上，相反大颗粒物上的多环芳烃相对很少。也就是说，空气中细颗粒物越多，我们接触致癌物——多环芳烃的机会就越多。

3. 影响胎儿发育造成缺陷

还有一些发现，让人更加担忧。近年的一些报告显示，人类的生殖能力正在明显下降，环境污染被认为是罪魁祸首。来自波希米亚北部的一项调查，对接触高浓度 PM2.5 的孕妇进行了研究，发现高浓度的细颗粒物污染可能会影响胚胎的发育。更多的研究发现，大气颗粒物质的浓度与围产儿、新生儿死亡率的上升，低出生体重、宫内发育迟缓（IURG），以及先天功能缺陷具有相关性。

4. PM2.5 颗粒物可通过气血交换进入血管

从公开的科研资料看，对 PM2.5 的研究很多聚焦于肺脏。研究者们从肺脏的毒理学研究入手：以 PM2.5 对 4 组大鼠每天进行 1 次染毒，连续进行 3 天。对这些大鼠的肺灌洗液并对肺组织病理切片分析后发现，PM2.5 能够引起肺部血管通透性的改变、肺细胞损伤和加重氧化应激损伤，在高剂量染毒组，大鼠肺部炎性细胞渗出，肺间隔水肿。2009 年的一项实验采集了北京城区大气中的 PM2.5，以人肺泡上皮细胞株（A549）为模型进行毒理作用研究。在这个实验中，以 $25\mu g/mL$、$50\mu g/mL$、$100\mu g/mL$、$200\mu g/mL$ 等不同的染毒状况进行对比发现，随着染毒浓度的增加，PM2.5 可引起这些细胞的炎性损伤。

"种种证据表明，目前这些小颗粒物对细胞损伤已是公论。"中国工程院院士魏复盛介绍说，当这些小东西进入人体后，一般直接到达支气管和肺泡，甚至可以进入血液，其吸附的重金属氧化物或多环芳烃等致癌物质危害很大。今年公开发表的一项研究以甘肃某镍开采冶炼区为 PM2.5 采集区。研究者发现，在镍污染区大气中，PM2.5 含镍剂量是实验对照区的 65 倍，长期暴露于 PM2.5 中，高浓度的镍会增加对细胞的损害。该实验用来测试的细胞叫做"血管内皮细胞"，是一种连续被覆在全身血管内膜的一层细胞群。在研究者看来，内皮层不仅仅是血液和组织的屏障，其损伤及功能紊乱还与多种疾病的发生密切相关，包括高血压、冠心病、糖尿病、慢性肾功能衰竭等。北京大学医学部公共卫生学院教授潘小川发表论文称，2004～2006 年间，当北京大学校园观测点的 PM2.5 日均浓度增加时，在约 4km 以外的北京大学第三医院，心血管病急诊患者数量也有所增加。

世界卫生组织在 2005 年版《空气质量准则》中也指出：当 PM2.5 年均浓度达到 $35\mu g/m^3$ 时，人的死亡风险比 $10\mu g/m^3$ 的情形约增加 15%。一份来自联合国环境规划署的报告称，PM2.5 上升 $20\mu g/m^3$，中国和印度每年会有约 34 万人死亡。

2.4 污染源监测

污染源可分自然污染源和人为污染源两大类。在人为污染源中，可分为固定污染源和流动污染源。固定污染源的地点是不变的。

2.4.1 固定污染源监测

在固定污染源中，燃煤烟囱排出的污染物数量非常可观。粗略的估计说明，每燃烧 1t 煤（设灰分占 10%，硫分占 3%），在无任何除尘净化设备情况下，向大气排放的烟尘和二氧化硫量可达几十千克。一个较大型的发电厂，每小时的燃煤量常以百吨计，一天内有成百吨的烟尘向大气排放，由此可见它对环境污染影响之大。同时，对小型工业及采暖锅炉也不能忽视，虽然单个锅炉的排烟量与电厂锅炉相比很小，但是在一个大城市内（特别是我国北方），这类锅炉的总数往往达几千台之多，且因锅炉结构不良，燃烧不完全，缺少除尘设备，烟囱不高，因此对大气污染也是很大的。

2.4.1.1 监测内容和要求

对污染源进行监测的目的是检查排放废气中的有害物质是否符合排放的要求；评价净化

装置性能和运行情况、污染防治措施的效果；为大气质量管理与评价提供依据。

对污染源监测的内容包括：排放废气中有害物质的浓度（mg/m³）；有害物质的排放量（kg/h）；废气排放量（m³/h）。

2.4.1.2 采样位置

《固定污染源排气中颗粒物测定与气态污染物采样方法》（GB/T 16157—1996）中规定了大气污染源中气态污染物的采样方法，但只是一般要求。在采样时，还应遵守有关排放标准和气态污染物分析方法标准的有关规定。正确地选择采样位置，是决定能否获得代表性的废气样品，得出正确结论的重要工作。

采样位置应选在气流分布均匀的稳定的平直管段上，避开弯头、变径管、三通管及阀门等易产生涡流的阻力构件。一般原则是按照废气流向，将采样断面设在阻力构件下游方向大于6倍管道直径处。即使客观条件难于满足要求，采样端面与阻力构件的距离也不应小于管道直径的1.5倍。采样断面气流流速最好在5m/s以下。此外，由于水平管道中的气流流速与污染物的浓度分布不如垂直管道中均匀，所以应该优先考虑垂直管道。除此之外，还要考虑方便、安全等因素。

2.4.1.3 采样点位置和数目

正确地选择采样点位置和数目，适当地调整测定数目，是测试工作尽可能地节省人力、物力的一项重要工作。

采样位置上的某一断面上的各点气流速度和污染物浓度分布通常是不均匀的（如烟道），必须按照一定的原则进行多点采样，采样点的位置和数目主要根据断面的形状、尺寸大小和流速分布情况决定。

对于圆形烟道，把烟道断面分成一定数目的等面积同心圆环，见图2-18。各测点选择在各环等面积中心线与呈垂直相交的两条直径线的交点处，其中一条直径线应在预期浓度变化最大的平面内。不同直径圆

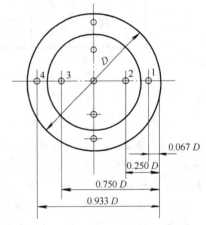

图2-18 圆形烟道采样点布置示意图

形烟道的等面积环数、采样点数及采样点距烟道内壁的距离，见表2-9、表2-10。

表2-9 圆形烟道环数及测点数

烟道直径/m	等面积环数/个	测量直径数/个	测点数/个	烟道直径/m	等面积环数/个	测量直径数/个	测点数/个
<0.3			1	1.0~2.0	3~4	1~2	6~16
0.3~0.6	1~2	1~2	2~8	2.0~4.0	4~5	1~2	8~20
0.6~1.0	2~3	1~2	4~12	>4.0	5	1~2	10~20

表2-10 测点距烟道内壁的距离

烟道直径/m	分环数/个	各测点距烟道内壁的距离(以烟道直径为单位)									
		1	2	3	4	5	6	7	8	9	10
<0.5	1	0.146	0.853								
0.5~1	2	0.067	0.250	0.750	0.933						
1~2	3	0.044	0.146	0.294	0.706	0.853	0.956				
2~3	4	0.033	0.105	0.195	0.321	0.679	0.805	0.895	0.967		
3~5	5	0.022	0.082	0.145	0.227	0.344	0.656	0.773	0.855	0.918	0.978

对于矩形烟道，将烟道分成适当的等面积矩形小块，各小块中心即为采样点位置，见图 2-19。

2.4.1.4 基础参数的测定

(1) 状态参数的测定　状态参数一般是指体积、温度、压力和流速等。

① 温度的测量　直径小、温度不高的烟道，可用长杆玻璃温度计；直径大、温度高的烟道，要用热电偶测温计（见图 2-20）。测量温度时，将温度计元件插入烟道中测量点处，待温度计稳定后读数。玻璃温度计不能将温度计抽出烟道外读数。

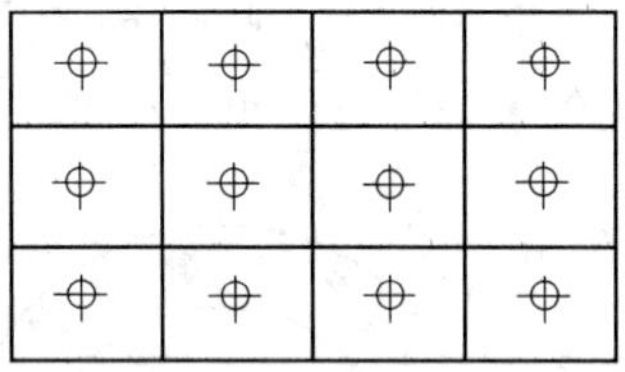

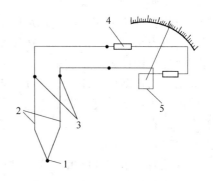

图 2-19　矩形烟道采样
点布置示意图

图 2-20　热电偶测温计
1—工作端；2—热电偶；3—自由端；
4—调整电阻；5—高温毫伏计

② 压力的测量　烟气的压力分为全压 p、静压 p_s、动压 p_v。静压是单位体积气体所具有的势能，表现为气体在各个方向上作用于器壁的压力；动压是单位体积气体具有的动能，是使气体流动的压力；全压是指气体在管道中流动具有的能量。三者之间的关系为 $p = p_s + p_v$，可见只要测定其中任意两项即可。测量烟气压力常用测压管和测压计。

常用的测压管有两种，即标准皮托管（见图 2-21）和 S 形皮托管（见图 2-22）。标准型管测压孔小，用于测定排气静压，而且必须是含尘量少的较清洁的烟气。S 形皮托管测压孔口大，不易被颗粒堵塞，所以可以测一般的烟气，面对气流的开口测得的是全压，背向气流的开口接受气流的静压。由于气体绕流的影响，测得的静压比实际值小，所以使用前需用标准皮托管校正。

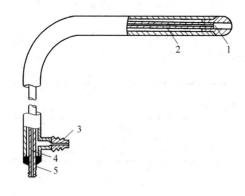

图 2-21　标准皮托管
1—全压测孔；2—静压测孔；3—静压管接口；
4—全压管；5—全压管接口

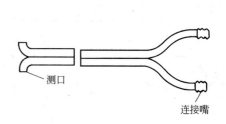

图 2-22　S 形皮托管

常用的测压计有 U 形压力计、斜管式压力计。U 形压力计用于测定全压和静压，根据被测压力范围，管内可装水、酒精、汞。测得压力用下式计算：

$$p = \rho g h$$

式中　ρ——工作液体压力，kg/m^3；
　　　g——重力加速度，m/s^2；
　　　h——两液面高度差，m。

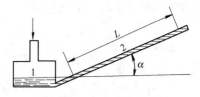

图 2-23　倾斜式微压计
1—容器；2—玻璃管

倾斜式微压计（见图 2-23）用于测定排气的动压，精度不低于 2%，最小分度不得大于 10 Pa。管内常装酒精或汞。测得压力按下式计算：

$$p = L\left(\sin\alpha + \frac{f}{F}\right)\rho g$$

其中 $K = \left(\sin\alpha + \frac{f}{F}\right)\rho g$

则表达为：　　　　　　　　$p = LK$

式中　L——斜管内液柱长度，m；
　　　α——斜管与水平面夹角，(°)；
　　　f——斜管截面积，mm^2；
　　　F——容器截面积，mm^2；
　　　ρ——工作液密度，kg/m^3，常用乙醇（$\rho = 0.84\ kg/m^3$）；
　　　K——修正系数，以水银柱表示压力的压力计的修正系数，一般为 0.1、0.2、0.3、0.6 等，用于测量 150mm 水柱以下的压力。

测定方法：先把仪器调节至水平，无气泡，调节液面为零点，连接皮托管与压力计（如图 2-24 所示），把测压管的测压口伸进烟道内测样点位置，对准气流方向，从 U 形压力计读出液面差值或从斜面微压计上读出斜管液柱长度（见图 2-25），按相应公式计算测得压力。

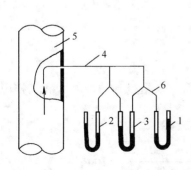

图 2-24　标准皮托管与 U 形压力计连接方法
1—测全压；2—测静压；3—测动压；
4—皮托管；5—烟道；6—橡皮管

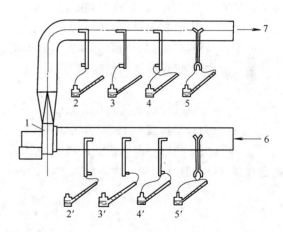

图 2-25　测压连接方法
1—风机；2,2′—全压；3,3′—静压；4,4′—动压；
5,5′—动压；6—进口（负压）；7—出口（正压）

③ 体积的计算　体积（V）的计算可表示为流速（v_s）与测定时间（t）的乘积，即 $V = v_s t$。可将体积的计算转化为流速的计算。

湿排气的流速的计算公式如下:

$$v_s = v_a \sqrt{\frac{2p_d}{p_s}} = 128.9 K_p \sqrt{\frac{(273+T_s)p_d}{M_s(B_a+p_s)}}$$

式中　v_s——湿排气的流速,m/s;
　　　v_a——常温常压下通气管道的空气流速,m/s;
　　　B_a——大气压力,Pa;
　　　K_p——皮托管校正系数;
　　　p_d——排气动压,Pa;
　　　p_s——排气静压,Pa;
　　　M_s——湿排气的摩尔质量,kg/kmol;
　　　T_s——排气温度。

若排气成分与空气相近,排气露点温度在 35~55℃ 间,排气的绝对压力在 97~103kPa 之间时,湿排气流速计算式可简化为:

$$v_s = 0.076 K_p \sqrt{273+T} \sqrt{p_d}$$

当接近常温条件时,计算式可继续简化为:

$$v_s = 1.29 K_p \sqrt{p_d}$$

(2) 含湿量的测定　样气中的水蒸气一般比较高,需要测定含湿量。含湿量的测定有重量法、冷凝法、干湿球法。

① 重量法　抽取一定体积的样气,使样气通过装有吸收剂的吸收管,样气被吸收剂吸收,吸收管增加的质量即为样气中的水蒸气质量。

气样中的含湿量计算公式如下:

$$X_w = \frac{1.24 G_w}{V_d \times \frac{273}{273+t_r} \times \frac{p_A+p_r}{101.3} + 1.24 G_w} \times 100\%$$

式中　X_w——样气中水蒸气的体积分数,%;
　　　G_w——吸湿管采样后增加的质量,g;
　　　V_d——测量状态下抽取干样气气体体积,L;
　　　t_r——流量计前样气温度,℃;
　　　p_A——大气压力,kPa;
　　　p_r——流量计前样气表压,kPa;
　　　1.24——标准状态下 1g 水蒸气的体积,L。

② 冷凝法　抽取一定体积的样气,使其通过冷凝器,根据得到的冷凝水和气样中的水的饱和蒸气压计算含湿量。含湿公式如下:

$$X_w = \frac{1.24 G_w + V_s \times \frac{p_z}{p_A+p_r} \times \frac{273}{273+t_r} \times \frac{p_A+p_r}{101.3}}{1.24 G_w + V_s \times \frac{273}{273+t_r} \times \frac{p_A+p_r}{101.3}} \times 100\%$$

式中　G_w——冷凝器中冷凝水量,g;
　　　V_s——测量状态下抽取样气的体积,L;
　　　p_z——冷凝器出口样气中水的饱和蒸气压,kPa(可查表);
　　　t_r——冷凝器出口气体温度,℃;

其他项含义同上式。

③ 干湿球温度计法　样气以一定的流速通过干湿球温度计，根据干湿球温度计读数及有关压力计算样气的含湿量。

(3) 烟气含尘浓度的测定　抽取一定体积烟气通过已知重量的捕尘装置，根据捕尘装置采样前后的重量差和采样体积计算烟尘的浓度。

① 等速采样法　等速采样法又分为预测流速法、平行采样法、等速管法三种方法。无论哪一种方法，烟气进入采样嘴的速度必须与烟气流速相等，否则会引起误差。

a. 预测流速法　在采样前首先测出采样点的烟气温度、压力、含湿量，计算烟气流速。采样时，通过调节流量调节阀按计算求出的流量采样。流量计前要装有冷凝器和干燥器。采样流量按下式计算：

$$Q'_r = 0.043 d^2 \times v_s \times \left(\frac{p_A + p_s}{T_s}\right) \times \left[\frac{T_r}{R_{sd}(p_A + p_r)}\right]^{\frac{1}{2}} \times (1 - X_w)$$

式中　Q'_r——转子流量计指示流量，L/min；
　　　d——采样嘴内径，mm；
　　　v_s——采样点烟气流速，m/s；
　　　p_A——大气压力，Pa；
　　　p_r——转子流量计前烟气的表压，Pa；
　　　T_s——采样点烟气温度，K；
　　　T_r——流量计前烟气温度，K；
　　　R_{sd}——干烟气的气体常数，J/(kg·K)；
　　　X_w——烟气含湿量，%（体积分数）。

b. 平行采样法　将S形皮托管和采样管固定在一起插入采样点处，当皮托管相连的微压计指示出动压后，利用预先绘制的皮托管动压和等速采样流量关系计算图立即算出等速采样流量。流量的计算方法与预测流速法相同。

c. 等速管法　用特制的压力平衡型等速采样管采样。

② 移动采样和定点采样　为测定烟道断面上烟气中烟尘的平均浓度，用同一个尘粒捕集器在已经确定的各采样点上移动采样，称为移动采样。

为了解烟道分布情况，分别在断面上每个采样点采样，称为定点采样。

③ 采样装置　采样装置由采样管、捕集器、流量计、抽气泵等组成。采样管见图2-26、图2-27。

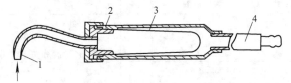

图 2-26　玻璃纤维滤筒采样管
1—采样嘴；2—滤筒夹；3—玻璃纤维滤筒；4—连接管

④ 含尘量计算　首先计算滤筒采样前后质量之差G（烟尘质量）；然后计算出标准状态下采样体积；再根据采样方式不同选择计算公式计算。计算公式如下：

$$V_{nd} = 0.003 Q' \times \sqrt{\frac{R_{sd}(p_A + p_r)}{T_r}} \times \tau$$

式中 V_{nd}——标准状态下干烟气的采样体积，L；
Q'——等速采样流量应达到的读数，L/min；
τ——采样时间，min。

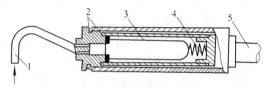

图 2-27　刚玉滤筒采样管
1—采样嘴；2—密封垫；3—刚玉滤筒；4—耐温弹簧；5—连接管

当移动采样时
$$c = \frac{G}{V_{nd}} \times 10^6$$

式中 c——烟气中烟尘浓度，mg/m³；
G——测得烟尘质量，g。

当定点采样时
$$\bar{c} = \frac{c_1 v_1 S_1 + c_2 v_2 S_2 + \cdots + c_n v_n S_n}{v_1 S_1 + v_2 S_2 + \cdots + v_n S_n}$$

式中 $\bar{c}$——烟气中烟尘平均浓度，mg/m³；
$v_1, v_2, \cdots, v_n$——各采样点烟气流速，m/s；
$c_1, c_2, \cdots, c_n$——各采样点烟气中烟尘浓度，mg/m³；
$S_1, S_2, \cdots, S_n$——各采样点所代表的截面积，m²。

（4）烟气组分的测定　烟气组分包括主要气体组分和微量有害气体。主要组分包括 N_2、O_2、CO_2、H_2O 等；有害组分包括 CO、NO_x、SO_2、H_2S 等。

① 烟气样品采集　烟气在烟道中的分布是均匀的，用吸收法采样气或注射器采样气。见 2.8 中实验装置。

② 烟气主要成分的测定　可采用奥氏气体分析器吸收法或仪器分析方法测定。奥氏气体分析器吸收法的原理是通过吸收前后气样的体积变化计算预测组分的含量。用仪器分析法测定的准确度比奥氏气体分析器吸收法高，可根据实际需要选用。

③ 烟气中有害组分的测定　测定方法随含量而定。含量较低时，用仪器分析法测定；含量较高时，多用化学分析法。常见的测定方法如表 2-11。

表 2-11　烟气中有害组分测定方法

组分	测定方法	测定范围	组分	测定方法	测定范围
CO	奥氏气体分析器吸收法 红外线气体分析法 检气管法	>0.5% $(0 \sim 1000) \times 10^{-6}$ >20mg/m³	NO_x	中和滴定法 二磺酸酚分光光度法 盐酸萘乙二胺分光光度法	>2000mg/m³ 20~2000mg/m³ 2~500mg/m³
SO_2	碘量法 甲醛缓冲溶液吸收-盐酸副玫瑰苯胺分光光度法 定电位电解法	140~5700mg/m³ 2.5~500mg/m³ $(5 \sim 2000) \times 10^{-6}$	H_2S	碘量法 亚甲基蓝	>3mg/m³ 0.01~10mg/m³
			CS_2	碘量法 乙二胺分光光度法	>30mg/m³ 3~60mg/m³

2.4.2　流动污染源监测

流动污染源主要是交通车辆、飞机、轮船所排放出来的废气。这种污染多发生在繁华的市区、交通枢纽、车站码头、机场等地区。由于这些地方人流较多，所产生的危害较大。

汽车排气是石油体系燃料在内燃机内燃烧后的产物，含有 NO_x、碳氢化合物、CO 等有害成分，是污染大气环境的主要流动污染源。

汽车排气中污染物的含量与其行驶状态有关，空转、加速、匀速、减速等行驶状态下排气中污染物含量均应测定。

2.4.2.1 汽车尾气中 NO_x 测定

根据《汽车排放污染物限值及测试方法》（GB 14761—1999）中的有关汽车排放污染物标准及常规测定项目，简要介绍如下：在汽车排气管处用取样管将废气引出（用采样泵），经冰浴（冷凝、除水）、玻璃棉过滤器（除油尘），抽取到 100mL 注射器中，然后将抽取的气样经氧化管注入冰乙酸-对氨基苯磺酸-盐酸萘乙二胺吸收显色液，显色后用分光光度法测定。

分光光度法测定 NO_x，首先用亚硝酸钠溶液绘制标准曲线，然后进行样品测定，计算求出空气中 NO_x 含量。

(1) 测定原理　空气中的氧化氮（NO_x）经氧化管后，在采样吸收过程中生成亚硝酸，再与对氨基苯磺酰胺进行重氮化反应，然后与盐酸萘乙二胺偶合成玫瑰红氮化合物，比色定量。

(2) 测定步骤

① 标准曲线的绘制

表 2-12　标准溶液系列

瓶号	0	1	2	3	4	5	6
标准溶液 V/mL	0	0.30	0.7	1.00	3.00	5.00	7.00
NO_2^-/mL	0	0.03	0.07	0.1	0.3	0.5	0.7

a. 用亚硝酸钠标准溶液绘制标准曲线　取 7 个 25mL 容量瓶，按表 2-12 制备标准色列瓶。

b. 向各色列瓶中分别加入 12.5mL 显色液，加水至刻度，混匀，放置 15min，用 10mm 的比色皿，以水为参比溶液，在波长 540nm 处测定各管的吸光度，以 NO_2^- 含量（μg/mL）为横坐标，吸光度为纵坐标，绘制标准曲线并计算回归线的斜率。以斜率的倒数作为样品测定的计算因子 B_s（μg/mL）。

用最小二乘法计算标准曲线的回归方程：

$$Y = a + bx$$

式中　Y——$A - A_0$，标准曲线吸光度 A 与试剂溶液吸光度 A_0 之差；

　　　x——NO_2^- 含量，μg/mL；

　　　b——回归方程的斜率（$b = 1/B_s$）；

　　　a——回归方程截距。

② 样品测定　采样后，用水补充到采样前的吸收液的体积，放置 15min，用 10mm 比色皿，以水作参比，按用标准溶液绘制标准曲线的操作步骤测定样品吸光度。

在每批样品测定的同时，用未采样的吸收液做试剂空白的测定。

(3) 计算

$$c = \frac{(A - A_0) B_s V_1}{V_0 K} D$$

式中　c——空气中氧化氮的浓度，mg/m³；

　　　A——样品溶液的吸光度；

　　　A_0——试剂空白溶液的吸光度；

B_s——用标准溶液制备标准曲线得到的计算因子，$\mu g/mL$；

V_1——采样用的吸收液的体积，mL；

（短时间采样为10mL，24h采样为50mL）

K——$NO_2 \rightarrow NO_2^-$ 的经验转换系数，0.89；

D——分析时样品溶液的稀释倍数；

V_0——换算成标准状况下的采样体积，L。

第二种测试方法，由本章2.8.4实验给出。

2.4.2.2 汽车怠速时CO、碳氢化合物的测定

（1）排放标准（GB 18285—2005）（表2-13）

表2-13 汽车怠速污染物排放标准

项 目	类 别	限值	项 目	类 别	限值
CO	新生产车	≤5%	HC[①]	新生产车	≤2500
	在用车	≤6%		在用车	≤3000
	进口车	≤4.5%		进口车	≤1000

① HC（碳氢化合物）浓度以正己烷计。

（2）怠速工况的条件　发动机旋转，离合器处于结合位置，油门踏板与手油门位于松开位置，变速器位于空挡位置，阻风门全开。

（3）测定方法　测量仪器的技术要求：各排气组分均应采用不分光红外线吸收型（NDIR）监测仪；测量仪器的使用环境、量程范围、响应时间及精度应符合HJ/T 3—93的规定；取样软管长度等于5.0m，取样探头长度不小于600mm，并有插深定位装置。HC允许误差100×10^{-6}。

根据CO和碳氢化合物对红外光有特征吸收的原理，一般采用非色散红外气体分析仪对其进行测定。已有专用分析仪器，如国产MEXA-324F型汽车排气分析仪，可以直接显示测定结果，其中，CO以体积分数表示，碳氢化合物以10^{-6}表示。

测定时，发动机由怠速工况加速至0.7额定转速，维持60s后降至怠速状态，插入取样管（深度不少于300mm）测定，读取最大指示值。若为多个排气管，应取各排气管的平均值。

思考与练习

1. 写出用冷凝法测定含湿量的公式并说明各符号所表达的意义。

2. 写出含尘浓度计算的两个公式 $V_{nd} = 0.003Q' \times \sqrt{\dfrac{R_{sd}(p_A + p_r)}{T_r}} \times \tau$，$c = \dfrac{G}{V_{nd}} \times 10^6$ 中各符号所表达的含义。

阅读园地

住宅安康的十大危害源（一）

1. 二氧化硫

主要由燃煤排放引起。它会严重危害人的健康，导致咳嗽、喉痛、胸闷、头痛、眼睛刺激、呼吸困难，甚至呼吸功能衰竭。

2. 氮氧化物

主要是由机动车尾气造成。它对人的呼吸器官有较强的刺激作用，可引起气管炎、肺炎、肺气肿等。

3. 总悬浮颗粒

工业废气、建筑扬尘、汽车排气、物质燃烧造成。粒径小于 $10\mu m$，不能被人的上呼吸道阻挡的可吸入性颗粒（即 PM10），尤其是粒径小于 $2.5\mu m$ 的可吸入性气溶胶（即 PM2.5），当这种气溶胶微粒被吸入人体后，约有 50% 吸附在肺壁上，会渗透到肺部组织的深处，可引起支气管炎、肺炎、咽炎、支气管哮喘、肺气肿和肺癌，并破坏肺组织引起呼吸困难，进而导致心肺功能减退甚至衰竭。

4. 甲醛

是由住宅的各种家具、装饰材料中挥发至空气中的。最主要的来源是"木屑板"的粘接剂——脲醛树脂。甲醛气体对人体的黏膜有刺激性。在超过 $(0.15\sim1.00)\times10^{-6}$ 范围的情况下，对某些人群会引起眼、鼻、喉的炎症。

5. 挥发性有机化合物（VOCs）

VOCs 是指沸点在 $50\sim250℃$ 的一系列化合物，它们在室温下能产生蒸气。VOCs 在室内有多种来源，包括装饰材料、家具、地毯黏结剂、建筑涂料、化妆品、清洁剂和日用品。

2.5 空气污染物的测定

空气污染物有气态、蒸气、气溶胶。常见的气态污染物有一氧化碳、二氧化硫、氮氧化物、硫化物、氯气、氯化氢、氟化氢、臭氧。常见气溶胶中固体颗粒有粉尘、烟、尘粒、烟气等。

2.5.1 粒子状污染物的测定

大气中悬浮颗粒污染物，特别是小颗粒的污染物对人的健康损害最大，各种呼吸道疾病的产生，无不与它们有关。如 1952 年，伦敦一次烟雾事件持续多天，造成已患病人约 4000 人的死亡。悬浮颗粒污染物对环境也有严重的影响，大雾弥漫可使局部地区气候恶化。因此，监测大气中的悬浮颗粒污染物浓度，治理悬浮颗粒污染物，对人类与自然的保护显得十分重要。

2.5.1.1 自然降尘的测定

降尘是大气污染监测的参考性质指标之一，大气降尘定义是指在空气环境下，靠重力自然沉降在集尘缸中的颗粒物。降尘颗粒多在 $10\mu m$ 以上。

自然降尘的测定是按照第四节中有关原则和采样方法进行布点采样。

(1) 测定原理　空气中可沉降的颗粒，沉降在装有乙二醇水溶液的集尘缸里，样品经蒸发、干燥、称量后，计算降尘量。

(2) 采样

① 设点要求　采样地点附近不应有高大的建筑物及局部污染源的影响；集尘缸应距离地面 $5\sim15m$。

② 样品收集　放置集尘缸前，加入乙二醇 $60\sim80mL$，以占满缸底为准，加入的水量适宜（$50\sim200mL$）；将采样缸放在固定架上并记录放缸地点、缸号、时间；定期取采样缸 $[(30\pm2)h]$。

(3) 测定步骤

① 瓷坩埚的准备　将洁净的瓷坩埚置于电热干燥箱内在（105±5）℃烘 3h，取出放入干燥器内冷却 50min，在分析天平上称量；在同样的温度下再烘 50min，冷却 50min，再称量，直至恒重（两次误差小于 0.4mg）。此值为 W_0。然后，将瓷坩埚置于高温熔炉内在 600℃灼烧 2h，待炉内温度降至 300℃以下时取出，放入干燥器中，冷却 50min，称量，再在 600℃下灼烧 1h，冷却 50min，再称量，直至质量恒定。此值为 W_b。

② 降尘总量的测定　剔除采样缸中的树叶、小虫后其余部分转移至 500mL 烧杯中，在电热板上蒸发至 10~20mL，冷却后全部转移至恒重的坩埚内蒸干，放入干燥箱经（105±5）℃烘干至恒重 W_1。

③ 试剂空白测定　取与采样操作等量的乙二醇水溶液，放入 500mL 烧杯中，重复前面实验内容，得到的恒定质量减去 W_0 即为空白 W_e。

(4) 计算

$$M = \frac{W_1 - W_0 - W_e}{Sn} \times 30 \times 10^4$$

式中　M——除尘总量，t/(km²·30d)；

　　　W_1——降尘、瓷坩埚、乙二醇水溶液蒸发至干恒重质量，g；

　　　W_0——瓷坩埚恒重质量，g；

　　　W_e——空白质量，g；

　　　S——集尘缸缸口面积，cm²；

　　　n——采样天数，准确至 0.1d。

2.5.1.2　PM10 和 PM2.5 的测定

PM10：悬浮在空气中，空气动力学直径≤10μm 的颗粒物。

PM2.5：悬浮在空气中，空气动力学直径≤2.5μm 的颗粒物。

目前，各国环保部门广泛采用的测定方法有三种：重量法、β 射线衰减法和微量振荡天平法。重量法是最直接、最可靠的方法，是验证其他方法是否准确的标杆。但重量法需人工称重，程序繁琐费时。如果要实现自动监测，就需要用其他两种方法。

(1) 重量法　测定方法依据是 HJ 618—2011，该标准是《大气飘尘浓度测定方法》(GB 6921—86) 的修订版。适用于环境空气中 PM10 和 PM2.5 浓度的手工测定。

① 方法原理　分别通过具有一定切割特性的采样器，以恒速抽取定体积空气，使环境空气中 PM2.5 和 PM10 被截留在已知质量的滤膜上，根据采样前后滤膜的重量差和采样体积，计算出 PM2.5 和 PM10 浓度。

② 主要仪器　PM10（或 PM2.5）切割器及采样系统、采样器孔口流量计、滤膜、分析天平、恒温恒湿箱（室）、干燥器。

③ 分析步骤　将滤膜放在恒温恒湿箱（室）中平衡 24h，平衡条件为：温度取 15~30℃中任何一点，相对湿度控制在 45%~55%范围内，记录平衡温度与湿度。在上述平衡条件下，用感量为 0.1mg 或 0.01mg 的分析天平称量滤膜，记录滤膜重量。同一滤膜在恒温恒湿箱（室）中相同条件下再平衡 1h 后称重。对于 PM10 和 PM2.5 颗粒物样品滤膜，两次重量之差分别小于 0.4mg 或 0.04mg 为满足恒重要求。

(2) 微量振荡天平法　微量振荡天平法是在质量传感器内使用一个振荡空心锥形管，在其振荡端安装可更换的滤膜，振荡频率取决于锥形管特征和其质量。当采样气流通过滤膜，其中的颗粒物沉积在滤膜上，滤膜的质量变化导致振荡频率的变化，通过振荡频率变化计算出沉积在滤膜上颗粒物的质量,再根据流量、现场环境温度和气压计算出该时段颗粒物标志的质量浓度。

2.5.1.3 总悬浮颗粒物的测定

测定方法是根据 GB/T 15432—1995,适合于大流量或中流量总悬浮颗粒物采样进行空气中总悬浮颗粒物的测定。

(1) 测定原理 空气中总悬浮颗粒物(简称 TSP)抽进大流量采样器时,被收集在已称重的滤料上,采样后,根据采样前后滤膜质量之差及采样体积,计算总悬浮颗粒物的浓度。滤膜处理后,可进行组分测定。

(2) 主要仪器

① 大流量或中流量采样器(带切割器)。

② 大流量孔口流量计(量程 $0.7\sim1.4\text{m}^3/\text{min}$,恒流控制误差 $0.01\text{m}^3/\text{min}$)、中流量孔口流量计(量程 70~160L/min,恒流控制误差 1L/min)。

③ 滤膜 气流速度为 0.45m/s 时,单张滤膜阻力不大于 3.5kPa,抽取经过高效过滤其精华的气体 5h,1cm^2 滤膜失重不大于 0.012mg。

④ 恒温恒湿箱。

⑤ 天平(大托盘分析天平)。

(3) 测定步骤

① 滤膜准备 每张滤膜都要经过 X 光机的检查,不得有缺陷。用前要编号,并打在滤膜的角上。把滤膜放入恒温恒湿箱内平衡 2h,平衡温度取 15~30℃中任何一点,并记录温度和湿度。平衡后称量滤膜,称准为 0.1mg。

② 安放滤膜 将滤膜放入滤膜夹,使之不漏气。

③ 采样后,取出滤膜检查是否受损。若无破损,在平衡条件下,称量测定。

(4) 计算

$$\rho = \frac{K(W_1 - W_0)}{Q_N t}$$

式中 ρ——总悬浮颗粒物含量,$\mu\text{g}/\text{m}^3$;

W_1——采样后滤膜质量,g;

W_0——采样前滤膜质量,g;

t——累计采样时间,min;

Q_N——采样器平均抽气量,m^3/min;

K——常数(大流量 1×10^6,中流量 1×10^9)。

2.5.2 分子状污染物的测定

分子状污染物较多,本节只介绍最基本和最重要的物质的测定。

2.5.2.1 SO_2 的测定

二氧化硫是主要大气污染物之一,来源于煤和石油产品的燃烧、含硫矿石的冶炼、硫酸等化工产品生产所排放的废气。

(1) 测定方法 测定 SO_2 方法很多,常见的有分光光度法、紫外荧光法、电导法、库仑滴定法、火焰光度法。国家制定了两个标准方法,即《环境空气 二氧化硫的测定 四氯汞盐-副玫瑰苯胺分光光度法》(HJ 483—2009)和《环境空气 二氧化硫的测定 甲醛吸收-副玫瑰苯胺分光光度法》(HJ 482—2009)。

四氯汞盐-副玫瑰苯胺分光光度法适用于大气中二氧化硫的测定,方法检出限为 $0.015\mu\text{g}/\text{m}^3$,

以 50mL 吸收液采样 24h，采样 288L 时，可测浓度范围为 0.017～0.35mg/m³；甲醛吸收-副玫瑰苯胺分光光度法方法检出限 0.007mg/m³，以 50mL 吸收液采样 24h，采样 288L 时，最低检出限量 0.003 mg/m³。

（2）测定原理　两种测定方法原理基本上相同，差别在于 SO_2 吸收剂不同，一种方法是用四氯汞钾吸收液，另一种方法用甲醛缓冲液。

① 四氯汞钾（TCM）做吸收液　气样中的 SO_2 被吸收液吸收生成稳定的二氯亚硫酸盐配合物，此配合物与甲醛和盐酸副玫瑰苯胺（PRA）反应生成红色配合物，用分光光度法测定生成配合物的吸光度，进行定量分析。

② 甲醛缓冲溶液为吸收液　气样中 SO_2 与甲醛生成羟醛甲基磺酸加成产物，加入 NaOH 溶液使加成物分解释放出 SO_2 再与盐酸副玫瑰苯胺反应生成紫红色配合物，比色定量分析。

（3）测定步骤

以 HJ 482—2009 甲醛吸收-副玫瑰苯胺分光光度法为例，介绍比色定量分析的测定步骤。（本书 2.8.8 实验中有详细介绍）

① 标准曲线的绘制　取 7 支 10mL 具塞比色管，按表 2-14 配制校准标准色阶管。

表 2-14　标准溶液系列

管　号	0	1	2	3	4	5	6
二氧化硫标准溶液/mL	0	0.5	1.0	2.00	5.00	8.00	10.00
甲醛/mL	10.00	9.50	9.00	8.00	5.00	2.00	0
二氧化硫/μg	0	0.50	1.00	2.00	5.00	8.00	10.00

向各色阶管中分别加入 1.0mL 3g/L 氨基磺酸钠溶液、0.5mL 2.0mol/L 氢氧化钠溶液、1mL 水，充分混匀后再用可调定量加液器将 2.5mL 0.25g/L PRA 溶液快速射入混合液中，立即盖塞颠倒混匀，放入恒温水浴中显色。根据不同的季节选择最接近室温的显色温度与时间，见表 2-15。

表 2-15　显色温度与时间的选择

显色温度/℃	10	15	20	25	30	稳定时间/min	35	25	20	15	10
显色时间/min	40	25	20	15	5	试剂空白吸光度 A_0	0.03	0.035	0.04	0.05	0.06

用 10mm 的比色皿，以水为参比溶液，在波长 570nm 处测定各管的吸光度，以二氧化硫含量（μg）为横坐标，吸光度为纵坐标，绘制标准曲线并计算回归线的斜率。以斜率的倒数作为样品测定的计算因子 B_s（μg/mL）。

② 样品测定

a. 30～60min 样品测定　将吸收液全部移入比色管中，用少量吸收液洗吸收管，合并至样品溶液中，并使体积为 10mL，然后按用标准溶液绘制标准曲线的操作步骤测定吸光度。

b. 24h 样品测定　用水补充到采样前的吸收液的体积，准确量取 10.0mL 样品溶液，然后按用标准溶液绘制标准曲线的操作步骤测定吸光度。

在每批样品测定的同时，用未采样的吸收液做试剂空白的测定。

（4）计算

$$c = \frac{(A - A_0) B_s}{V_0} D$$

式中　c——空气中二氧化硫的浓度，mg/m^3；
　　　A——样品溶液的吸光度；
　　　A_0——试剂空白溶液的吸光度；
　　　B_s——用标准溶液制备标准曲线得到的计算因子，μg；
　　　D——分析时样品溶液的稀释倍数（30～60min样品为1，24h 50mL样品为5）；
　　　V_0——换算成标准状况下的采样体积，L。

2.5.2.2　氮氧化物的测定

氮的氧化物有NO、NO_2、N_2O_3、N_3O_4、N_2O_5等多种形式。大气中的氮氧化物主要是以一氧化氮（NO）和二氧化氮（NO_2）的形式存在，主要来源于石化燃料、化肥等生产排放的废气，以及汽车排气。

大气中的NO、NO_2可分别测定，也可测定它们的总量。常见的测定方法有盐酸萘乙二胺分光光度法、化学发光法。

(1) 盐酸萘乙二胺分光光度法

① 测定原理　空气中的氧化氮（NO_x）经氧化管后，在采样吸收过程中生成亚硝酸，再与对氨基苯磺酰胺进行重氮化反应，然后与盐酸萘乙二胺偶合生成玫瑰红氮化合物，比色定量分析。

② 采样

a. 1h采样　用一个内装10mL吸收液的普通型多孔玻璃吸收管，进口接上一个氧化管，并使管略微向下倾斜，以免潮湿空气将氧化管弄脏，污染后面的吸收管；以0.4L/min流量避光采气5～24L，使吸收液呈现玫瑰红色。

b. 24h采样　用一个内装50mL吸收液的大型多孔玻璃板吸收管，进口接上一个氧化管，并使管略微向下倾斜，以免潮湿空气将氧化管弄脏，污染后面的吸收管；以0.2L/min流量避光采气288L，或采至吸收液呈现玫瑰红色为止。

记录采样时的温度和大气压。

③ 测定步骤

a. 标准曲线的绘制　用亚硝酸钠标准溶液绘制标准曲线：取7个25mL容量瓶，按表2-16制备标准色列瓶管。

表2-16　标准溶液系列

瓶　号	0	1	2	3	4	5	6
标准溶液 V/mL	0	0.30	0.7	1.00	3.00	5.00	7.00
NO_2^-/mL	0	0.03	0.07	0.1	0.3	0.5	0.7

向各色列瓶中分别加入12.5mL显色液，加水至刻度，混匀，放置15min，用10mm的比色皿，以水为参比溶液，在波长540nm处测定各管的吸光度，以NO_2^-含量（$\mu g/mL$）为横坐标，吸光度为纵坐标，绘制标准曲线并计算回归线的斜率。以斜率的倒数作为样品测定的计算因子B_s（$\mu g/mL$）。

b. 样品测定　采样后，用水补充到采样前的吸收液的体积，放置15min，用10mm比色皿，以水作参比，按用标准溶液绘制标准曲线的操作步骤测定样品吸光度。

在每批样品测定的同时，用未采样的吸收液做试剂空白的测定。

④ 计算

$$c=\frac{(A-A_0)B_s V_1}{V_0 K}\times D$$

式中　c——空气中氧化氮的浓度，mg/m^3；
　　　A——样品溶液的吸光度；
　　　A_0——试剂空白溶液的吸光度；
　　　B_s——用标准溶液制备标准曲线得到的计算因子，$\mu g/mL$；
　　　V_1——采样用的吸收液的体积，mL；
　　　（短时间采样为10mL，24h采样为50mL）
　　　K——$NO_2 \to NO_2^-$ 的经验转换系数，0.89；
　　　D——分析时样品溶液的稀释倍数；
　　　V_0——换算成标准状况下的采样体积，L。

(2) 化学发光法

① 测定原理　某些化合物分子吸收化学能后，被激发到激发态，再由激发态返回到基态时，以光量子的形式释放出能量，这种化学反应称为化学发光法。利用测量化学发光强度对物质进行分析测定的方法称为化学发光分析法。

化学发光 NO_x 监测仪（又称氧化氮分析器）可用于氧化氮的分析，它是根据一氧化氮和臭氧气相发光反应的原理制成的。被测样气连续被抽入仪器，氧化氮经过 NO_2-NO 转化器后，以一氧化氮的形式进入反应室，再与臭氧反应产生激发态二氧化氮（NO_2^*），当 NO_2^* 回到基态时放出光子（$h\nu$）。反应式如下：

$$2NO_2 \xrightarrow[M]{\triangle} 2NO + MO_2$$

$$NO + O_3 \longrightarrow NO_2^* + O_2$$

$$NO_2^* \longrightarrow NO_2 + h\nu$$

式中　M——NO_2-NO 转化器中转化剂；
　　　h——普朗克常数；
　　　ν——光子振动频率。

光子通过滤光片，被光电倍增管接收，并转变为电流，经放大后而被测量。电流大小与一氧化氮浓度成正比。用二氧化氮标准气体标定仪器的刻度，即得知相当于二氧化氮量的氧化氮（NO_x）的浓度。仪器接记录器。

仪器中与 NO_2-NO 转化器相对应的阻力管是为测定一氧化氮用的，这时气样不经转化器而经此旁路，直接进入反应室，测得一氧化氮量。则二氧化氮量等于氧化氮减一氧化氮量。

② 采样　按 HJ/T 26.1—1999 中采用定容取样系统（必须测定排气与稀释空气的总容积；必须按容积比例连续收集样气），空气样品通过聚四氟乙烯管以 1L/min 的流量被抽入仪器，取样管长度等于 5.0m，取样探头长度不小于 600mm。

③ 测量　将进样三通阀置于"测量"位置，样气通过聚四氟乙烯管被抽进仪器，即可读数。

④ 计算　在记录器上读取任一时间的氧化氮（换算成 NO_2）浓度，mg/m^3。将记录纸上的浓度和时间曲线进行积分计算，可得到氧化氮（换算成 NO_2）小时和日平均浓度，mg/m^3。

2.5.2.3　CO 的测定

一氧化碳是大气中主要污染物之一，它主要来源于石油、煤炭燃烧不完全的产物，以及汽车的排气。一氧化碳是有毒气体，它容易与人体血液中的血红蛋白结合，形成碳氧血红蛋白，使血液输送氧的能力降低，造成缺血症，重者可致人死亡。

测定 CO 的方法很多，有非分散红外吸收法、气相色谱法、定电位电解法、间接冷原子吸收法等。这里介绍《空气质量 一氧化碳的测定——非分散红外法》(GB 9801—88)。

(1) 基本原理 当 CO 气态分子受到红外辐射（$1\sim25\mu m$）照射时，将吸收各自特征波长的红外光，引起分子振动能级和转动能级的跃迁，产生振动－转动吸收光谱，即红外吸收光谱。在一定气态物质浓度范围内，吸收光谱的峰值（吸光度）与气态物质浓度之间的关系符合朗伯-比尔定律，因此，测定其吸光度即可确定气态物质浓度。

CO 特征吸收峰为 $4.65\mu m$，CO_2 特征吸收峰为 $4.3\mu m$，水蒸气为 $3\mu m$ 和 $6\mu m$ 附近。因为空气中 CO_2 和水蒸气的浓度远大于 CO 的浓度，它们的存在干扰 CO 的测定。在测定前可用制冷或通过干燥剂的方法除去水蒸气，用窄带光除去 CO_2 的干扰。

(2) 仪器和试剂

① 非分散红外 CO 分析仪，其结构原理如图 2-28。

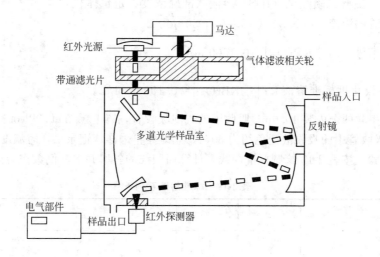

图 2-28 非分散红外 CO 分析仪

② 记录仪 $0\sim10mV$。

③ 流量计 $0\sim1L/min$。

④ 采样袋 铝箔复合薄膜采气袋或聚乙烯薄膜采气袋。

⑤ 双连橡皮球。

⑥ 高纯氮气 不含 CO 或已知 CO 的浓度。

⑦ CO 标准气 浓度选在测量范围 60%～80% 之内。

(3) 采样

用双连橡皮球将现场空气打入铝箔复合薄膜采气袋中，使之胀满后挤压放掉，如此反复5～6次，最后一次打满后密封进样口，带回实验室分析。

(4) 分析测定

① 仪器启动和调零 开启仪器预热 30min，通入高纯氮气校准气调仪器零点。

② 校准量程 将 CO 标准器连接在仪器进口上，校准量程的上限值标度。

③ 测定样气 将采样袋通过干燥管连接在进气口，则气体被抽入仪器中，由仪器表头直接指示 CO 的浓度。

(5) 计算 仪器的标度指示是经过标准气体校准的，样气中的 CO 浓度由表头直接读出。

2.5.2.4 臭氧的测定

臭氧是较强的氧化剂之一,它是大气中的氧在太阳紫外线的照射下或受雷击形成的。臭氧在高空大气中可以吸收紫外光,保护人和生物免受太阳紫外光的辐射。

臭氧的测定方法有吸光光度法、化学发光法、紫外线吸收法等。国家标准中测定臭氧含量有两个标准,即《环境空气 臭氧的测定 靛蓝二磺酸钠分光光度法》(HJ 504—2009)和《环境空气 臭氧的测定 紫外分光光度法》(HJ 590—2010)。

(1) 靛蓝二磺酸钠分光光度法

① 原理 空气中臭氧使吸收液中蓝色的靛蓝二磺酸钠褪色,生成靛红二磺酸钠,根据蓝色减弱的程度比色定量。

② 仪器和试剂

a. 气泡吸收管、空气采样器、具塞比色管、分光光度计。

b. 吸收液 靛蓝二磺酸钠(IDS)溶液(准确浓度、定量体积)。

c. 硫代硫酸钠溶液 $c(Na_2S_2O_3)=0.0050mol/L$。

d. 溴酸钾溶液 $c\left(\frac{1}{6}KBrO_3\right)=0.1000mol/L$。

e. 溴酸钾-溴化钾标准溶液 $c\left(\frac{1}{6}KBrO_3\right)=0.1000mol/L$。

③ 采样 串联两个内装 10.0mL 吸收液的气泡吸收管,罩上黑布罩,以 0.5L/min 流量采样,当第一支吸收管中的吸收液褪色约为 60% ,立即停止采样,记录采样时温度和大气压。

④ 测定步骤 按表 2-17 绘制标准曲线,计算回归线的斜率并求其倒数作为计算因子 B_s。

表 2-17 标准溶液系列

试剂\序号	1	2	3	4	5	6
IDS 标准溶液 V/mL	10.00	8.00	6.00	4.00	2.00	0
磷酸盐缓冲溶液 V/mL	0	2.00	4.00	6.00	8.00	10.00
臭氧含量/($\mu g/m^3$)	0	0.2	0.4	0.6	0.8	1.0

测定样品时,将采样后的两支吸收管中的样品全部移入 25mL 比色管中,多次洗涤吸收管,洗涤液并入比色管中,使总体积为 25.0mL。按绘制标准曲线的操作步骤测定吸光度。用未采样的吸收管做空白测定。

⑤ 计算

$$c=\frac{2.5(A_0-A)B_s}{V_0}$$

式中 c——空气中臭氧的浓度,mg/m^3;

A_0——试剂空白溶液吸光度;

A——样品溶液吸光度;

B_s——用标准溶液绘制曲线得到的计算因子,μg;

2.5——样品的稀释倍数;

V_0——换算成标准状态下的采样体积,L;

(2) 紫外分光光度法 空气样品以恒定流速进入紫外臭氧分析仪的气路系统,交替地或直接进入吸收池,或经过臭氧涤去器再进入吸收池。臭氧对 254nm 波长的紫外光有特征吸收,不含有臭氧的零空气样品通过吸收池时被检测器检测的光强度为 I_0,臭氧样品通过吸收池时检测器光强度为 I,可通过透光率 I/I_0,根据朗伯-比尔定律求出臭氧的浓度。

2.5.2.5 硫酸盐化速度的测定

硫酸盐化速率是指大气中含硫污染物演变为硫酸雾和硫酸盐雾的速度。其测定方法有二氧化铅-重量法、碱片-铬酸钡分光光度法、碱片-离子色谱法。这里只介绍二氧化铅-重量法。

(1) 测定原理　空气中二氧化硫、硫酸酸雾、硫化氢等与二氧化铅反应生成硫酸铅，再与氯化钡作用形成硫酸钡沉淀，用重量法测定。其结果是以每日在 $100cm^2$ 面积的二氧化铅涂层上所含三氧化硫质量 (mg) 表示。

(2) 采样　在现场从密闭的容器中取出制备好的二氧化铅瓷管，安放在百叶箱中心，暴露采样一个月。设点要求和取样时间与灰尘自然沉降量采样相同。收样时，应将样品瓷管放在密闭容器中，带回实验室。在运送过程中还应注意将样品瓷管悬空固定放置，以免二氧化铅涂层面被摩擦脱落。

(3) 测定步骤

① 样品处理　采样后，准确测量瓷管上二氧化铅的涂布面积。然后将二氧化铅瓷管放入 500mL 烧杯中，用少量碳酸钠溶液淋湿涂层，用镊子取下纱布，再用装在洗瓶中的碳酸钠溶液冲净瓷管，并使总体积为 100mL，搅拌，盖上表面皿放置过夜，或在经常搅拌下放置 4h。将烧杯放在沸水浴或电热板上加热 1h，不时搅拌并补充水，使体积保持 60～80mL。趁热用中速滤纸过滤，以倾注法用热水洗涤沉淀 5～6 次，滤液及洗液总体积150～280mL，即为样品溶液。

② 样品测定　在样品溶液中加 2～3 滴甲基橙指示剂，滴加 (1+1) 盐酸溶液中和，为防止溶液溅出，应盖上表面皿，从烧杯嘴处滴加盐酸至溶液呈红色，再多加 0.5mL (1+1) 盐酸溶液。放在沸水浴中加热，驱除二氧化碳，至不再产生气泡为止。取下表面皿，用少量水冲洗表面皿，加热浓缩至溶液体积约为 100mL，取下，趁热在不断搅拌下，逐滴加入约 5mL 氯化钡溶液，至硫酸钡沉淀完全，再置于水浴上搅拌加热 10min。待溶液澄清后，沿杯壁滴加数滴氯化钡溶液，以检查沉淀是否完全。静置数小时后，将硫酸钡沉淀移入已恒重的玻璃砂芯坩埚中，用温水洗涤沉淀数次，仔细地用淀帚将附着在烧杯内壁的沉淀擦下，洗入玻璃过滤坩埚中，一直洗到滤液中不含氯离子为止 (用 10g/L 硝酸银溶液检查)。将沉淀于 105℃ 下干燥，称量至质量恒定。坩埚的两次质量之差为样品管上硫酸钡的质量。

在每批样品测定的同时，取同一批制备和保存的未采样的二氧化铅瓷管，按上述相同操作步骤作试剂空白测定。

(4) 计算

$$c=(W_2-W_1)\times \frac{M_{SO_3}}{M_{BaSO_4}}\times \frac{100}{S}\times \frac{1}{n}=\frac{34.3(W_2-W_1)}{S\times n}$$

式中　c——空气中硫酸盐化速率，$mg(SO_3)/[100cm^2(PbO_2)\cdot d]$；

W_2——采样管上硫酸钡的质量，mg；

W_1——空白管上硫酸钡的质量，mg；

S——二氧化铅的实际涂布面积，cm^2；

n——二氧化铅瓷管暴露采样的日数，d。

2.5.2.6 氟化物的测定

大气中的气态氟化物主要是氟化氢，还有少量的氟化硅 (SiF_4)、氟化碳 (CF_4)。含氟粉尘主要是冰晶石 (Na_3AlF_6)、萤石 (CaF_2)、氟化铝 (AlF_3)、氟化钠 (NaF) 及磷灰石 $[3Ca_3(PO_4)_2\cdot CaF_2]$。氟化物的来源主要是铝厂、磷肥厂。氟化物的气体或粉尘属高毒素。由呼吸道进入人体，会引起黏膜刺激、中毒等症状。氟化物对植物生长也有明显损害。

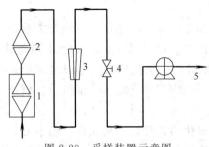

图 2-29 采样装置示意图
1—采颗粒态的滤膜夹及加热炉；2—采气态氟的滤膜夹；3—转子流量计；4—流量调节阀；5—采样泵

测定大气中氟化物的方法有吸光光度法、滤膜采样-氟离子选择电极法（HJ 480—2009）、石灰采样-氟离子选择电极法（HJ 481—2009）。本书介绍滤膜采样-氟离子选择电极法。

(1) 原理　空气中气态及颗粒态氟化物通过两层串联的滤膜，第一层为加热干燥滤膜，阻留颗粒物质，第二层浸渍氢氧化钠溶液的滤膜，用以采集气态氟。收集在滤膜上的氟化物，溶解在缓冲液中制成样品溶液，以氟离子选择电极测量电位值，其电位与氟离子活度的对数成线性关系。通过一次标准加入法计算样液中的氟离子含量。

(2) 仪器

① 滤料采集夹及采样装置　结构见图 2-29。

② 滤料夹加热炉　加热炉置于固定滤膜夹的周围，此炉内腔恒温温度为 (48 ± 3)℃。

③ 空气采样器　流量范围为 5～30L/min，流量稳定。使用时用皂膜流量计校准采样系列，在采样前和采样后的流量误差小于 5%。

④ 离子活度计或精密酸度计（精度±1mV）。

⑤ 饱和甘汞电极。

⑥ 氟离子选择电极　氟离子浓度在 10^{-6}～10^{-2}mol/L 范围，其斜率(57 ± 3)mV，响应时间小于 5min。

⑦ 磁力搅拌器（附塑料套铁芯棒）。

(3) 试剂（所用水均为无氟水）

① 无氟水　于每升蒸馏水中加 1g 氢氧化钠及 0.1g 氯化铝进行重蒸馏，取其中间蒸馏部分的水。

② 浸渍液　称量 8g 氢氧化钠（优级纯）溶于水中，加 20mL 丙三醇，再用水稀释至 1L，用以浸制滤纸。

③ 滤料

a. 滤膜直径约为 40mm，醋酸纤维和硝酸纤维的混合滤料，孔径为 2～3μm，作为前张滤料采集颗粒态氟。

b. 滤膜直径约为 40mm，孔径为 5μm，浸有氢氧化钠的醋酸纤维和硝酸纤维的混合滤料，作为后张滤料采集气态氟。

也可用性能相同的其他滤料代替。

④ 浸渍滤膜　要求每张滤膜的空白值平均含氟量低于 0.2μg。处理方法，将孔径为 5μm 的醋酸纤维和硝酸纤维的混合滤膜剪成直径为 40mm 的圆片，用镊子夹住，按顺序在三杯浸渍液中浸渍，每次浸洗 3～4s，取出后均须稍稍沥干（烧杯中浸渍液每杯浸渍 40～50 张后，将第二、第三杯顺序更换为第一、第二杯，并量取新的浸渍液作为第三杯），然后堆放在大滤纸上晾干或置 60℃烘干备用。

⑤ 溴甲酚绿指示剂　将 0.1g 溴甲酚绿与 3mL 0.05mol/L 氢氧化钠溶液一起混匀，用水稀释至 250mL。

⑥ 0.1mol/L 盐酸溶液。

⑦ 缓冲溶液 A　称取 59g 柠檬酸钠（$Na_3C_6H_5O_7 \cdot 2H_2O$）及 20g 硝酸钾于 1L 容量瓶

中，加800mL水溶解，加入3mL溴甲酚绿指示剂，用0.1mol/L盐酸溶液中和至指示剂刚变为蓝绿色（此时pH值为5.5左右），用水稀释至刻度。

⑧ 缓冲溶液B 取500mL缓冲液A于1L容量瓶中，加入5.0mL氟化钠标准溶液C（1mL含10μg/F⁻），用水稀释至刻度。

⑨ 标准溶液

a.标准溶液A 准确称取1.1050g 110℃干燥2h的氟化钠（优级纯），溶解于少量水中，移入1L容量瓶，加水稀释至刻度。此溶液为1.00mL含500μg氟的标准溶液。

b.标准溶液B 精确量取10.00mL标准溶液A，于100mL容量瓶中用水稀释至刻度。此溶液为1.00mL含50μg氟的标准溶液。

c.标准溶液C 准确量取20.00mL标准溶液B，于100mL容量瓶中用水稀释至刻度。此溶液为1.00mL含10μg氟的标准溶液。

(4) 采样 将一张孔径为5μm的浸渍滤膜装在不加热的采样夹上，另一张孔径为2～3μm的滤膜装在滤膜加热炉内的采样夹上，并按图2-29串联两个滤膜夹。以15L/min流量，采气1m³。为了保护滤膜不受沉积物的影响，进气口应向下，并安装在距所有障碍物至少1m远、垂直地面至少1.5m的地方。采样后小心取下滤膜，尘面向内对折，放在洁净纸袋中，再放入样品盒内保存待用。记录采样点采样时的温度和大气压力。采样后滤膜保存在塑料盒内能稳定7天。

(5) 分析步骤

① 标准曲线的绘制 取7个50mL容量的烧杯，按表2-18制备标准溶液系列。

表 2-18 标准溶液系列

试剂 \ 序号	0	1	2	3	4	5
标准溶液氟（10μg/mL）V/mL	0	0.10	0.50	1.00	5.00	10.00
去离子水 V/mL	10.00	9.9	9.5	9.0	5.0	0
氟含量 m/μg	0	1	5	10	50	100

各烧杯中分别加入10mL缓冲液A。放入一根塑料套铁芯棒，分别置于磁力搅拌器上用氟电极测定溶液的mV值，当变化小于1mV/2min时读取mV值。在半对数坐标纸上作图，以等距离坐标轴为电位值（mV），对数坐标轴为氟离子含量（μm），绘制标准曲线。

② 样品测定 将采样后的前后两张滤膜剪成条状，分别置于两个50mL烧杯中，加入20mL缓冲液B，放入塑料套铁芯棒，于磁力搅拌器上提取20min，按绘制标准曲线中所述的操作步骤测定样品溶液的电位值（E_1）。然后在标准曲线上查出样品中氟含量估计值，根据这个估计值，按表2-19加入所对应的标准溶液的浓度和体积于原样品溶液中，搅拌均匀后，测得第二次电位值（E_2）。

表 2-19 以样品中氟离子近似浓度来确定加入标准溶液的浓度和体积

样品溶液中含氟量的估计值/μg	添加标准溶液的浓度/(μg/mL)	加入标准溶液体积/mL
1	标准溶液C	0.2
5	标准溶液B	0.2
10	标准溶液B	0.2
50	标准溶液A	0.2
100	标准溶液A	0.2

（6）计算

① 样品滤纸溶液中氟含量

$$W_{p/g}=\frac{c_s V_s}{B-1}$$

式中　$W_{p/g}$——样品滤纸溶液中氟含量，μg；

　　　p——前张（未浸渍）滤纸；

　　　g——后张（浸渍）滤纸；

　　　c_s——按表 2-19 加入标准溶液的浓度，$\mu g/mL$；

　　　V_s——按表 2-19 加入标准溶液的体积，mL；

　　　B——是指 $10^{\frac{|E2-E1|}{S}}$；

　　　E_1——加标准溶液前样品滤纸溶液的电位值，mV；

　　　E_2——加标准溶液后样品滤纸溶液的电位值，mV；

　　　S——标准曲线的斜率，mV。

② 滤纸空白溶液中氟含量

$$W_{0p/g}=\frac{c_s V_s}{B_0-1}$$

式中　$W_{0p/g}$——每张滤纸空白溶液中氟含量的平均值，μg；

　　　p——未浸渍滤纸；

　　　g——浸渍滤纸；

　　　B_0——是指 $10^{\frac{|E02-E01|}{S}}$；

　　　E_{01}——按表 2-18 加入标准溶液的浓度，$\mu g/mL$；

　　　E_{02}——按表 2-18 加入标准溶液的体积，mL；

　　　其他符号同上式。

③ 空气中气态氟化物（如 HF）的浓度

$$c_g=\frac{W_g-W_{0g}}{V_0}$$

式中　c_g——空气中气态氟化物浓度，mg/m^3；

　　　W_g——后张（浸渍）滤纸样品溶液中氟含量，μg；

　　　W_{0g}——后张（浸渍）滤纸空白溶液中氟含量，μg；

　　　V_0——换算成标准状况下采样体积，L。

④ 空气中颗粒状氟化物浓度

$$c_p=\frac{W_p-W_{0p}}{V_0}$$

式中　c_p——空气中颗粒状氟化物浓度，mg/m^3；

　　　W_p——前张（未浸渍）滤纸样品溶液中含氯量，μg；

　　　W_{0p}——前张（未浸渍）滤纸空白溶液中含氯量，μg；

　　　其他符号同上式。

思考与练习

1. 什么是标准曲线？总结本节所讲述的几个标准曲线。
2. SO_2 测定的方法中，四氯汞盐-副玫瑰苯胺分光光度法测定的原理是什么？

3. 盐酸萘乙二胺分光光度法是测定什么污染物的，请列出有关的仪器和试剂。
4. 试通过网络检索 PM10 和 PM2.5 是否已经有相应的测定方法标准或规范。目前存在什么问题？

住宅安康的十大危害源（二）

6. 石棉及人造矿物纤维

石棉在工业上的应用开始于 100 年前，在 19 世纪 60 年代其应用趋于高峰阶段。在近 10 年的"建筑节能"浪潮冲击下，这一类材料广泛应用于坡顶楼和空穴墙体的保温。石棉水泥是一种价廉，绝热性、防水性好的纤维增强材料，曾一度被广泛应用。但由此产生的对健康危害的风险也引起了各国的高度重视。对吸烟者，若接触石棉的环境，则可诱发肺癌。

7. 重金属铅等

铅在自然界中分布甚广，土壤中含铅 $(0.07 \sim 108) \times 10^{-6}$，工业污染区附近煤燃烧地可达 $(534 \sim 1240) \times 10^{-6}$，在房屋拆修或油漆烤铲过程中，有大量含铅粉尘逸散。铅的毒性对神经系统、造血系统、心血管系统、生殖系统等均有明显影响。

8. 氡气

氡气属放射性气体，是一种无色、无味，看不到、摸不着的气体，它会不知不觉地从房屋的地基、土壤、墙壁和天花板中溢出，并在室内积累。长期在氡浓度高的环境中生活，会导致肺癌发病率增加，以及其他病症的产生。

9. 噪光

所谓噪光是指对人体心理和生理健康产生一定影响及危害的光线，噪光污染主要指白光污染和人工白昼。在我国深圳、广东、上海、北京等大中城市，大面积采用玻璃幕装饰建筑外墙面随处可见，然而，由此造成的白光污染却是人们始料不及的。镜面建筑物玻璃的反射光比阳光照射更强烈，据光学专家测定，镜面玻璃的反射系数达 82%～90%，比毛面砖石类外装饰建筑墙面的反射系数大 10 倍左右，大大超过人体所能承受的范围。研究发现，长时间在白色光亮污染环境下工作和生活的人，易导致视力下降，同时还会使人产生头昏目眩、食欲下降等类似神经衰弱的病症。

10. 电磁波辐射

电子电器产品所产生的电磁波辐射对人体的健康也产生很大的损害。电磁波是电场的磁场周期变化产生波动而传递的能量，因此，凡有电流的地方必然会产生电磁波。人体在受到外界电磁波射入时，体内稳定的能量被干扰，从而使人的免疫力出现波动，久而久之，超过一定限度就会影响健康。

2.6 空气污染生物监测法

2.6.1 概述

空气污染生物监测法是通过生物（动物、植物及微生物）在环境中的分布、生长、发育状况及生理生化指标和生态系统的变化来研究环境污染情况，测定污染物毒性的一类方法。

对比理化监测方法,这种方法具有特定的优点。例如,可以确切反映污染因子对人和生物的危害及环境污染的综合影响;有些生物对特定污染物很敏感,在危害人体之前可起到"早期诊断"作用,对污染物具有富集作用等。当然这种方法也有其局限性。如生物对污染因子的敏感性随生活在污染环境中时间的增长而降低,专一性差,用来进行定量测定困难、费时等。监测大气污染的生物可以用动物,也可以用植物,但由于动物的管理比较困难,目前尚未形成比较完整的监测方法,而植物分布范围广、容易管理,当遭受污染物袭击时,有不少植物显示明显受害特征,因此广泛用于大气污染监测。

2.6.2 植物受害过程监测依据

大气污染能使植物赖以生存的生态环境发生复杂的变化,不同种类的植物对同一污染物可以做出不同的反应,同一种植物对于不同污染物也可以作出不同的反应。植物对污染物的反应,根据其是否出现可见的症状,可以分为可见症状和不可见症状两类;根据大气污染物浓度的不同,可见症状又可以分为急性中毒和慢性中毒两种。当污染物浓度较大时,植物可以在几十分钟至几小时内出现中毒症状,成为急性中毒。如叶片出现"水浸"状斑点、叶缘卷曲、叶尖干枯、叶片或植物的局部组织坏死。急性中毒的受害状况常和污染气体的流向有关,并随毒物和植物的种类以及毒物浓度的不同而有差异。慢性中毒是指植物长时间暴露在低浓度污染环境中,使局部组织坏死,或出现严重缺绿、变色等症状。一般来说,慢性中毒的症状,比急性中毒更具有典型性,植物对某一污染物能产生典型的症状。

2.6.3 空气污染的指示植物及受害症状

(1) 空气污染指示植物的选择 指示植物在受到污染物的侵袭后,应有明显的表示,包括明显的生化症状、生长和形态的变化、果实或种子的变化及生产力或产量的变化等。

指示植物可选择一年生草本植物、多年生木本植物及地衣、苔藓等。下面介绍一些常见污染物的指示植物,在这些植物中,有的能同时显示几种污染物的危害,这正是"专一性"差的表现。

有些植物对有害气体十分敏感,例如大气中的 SO_2 在 $(0.3\sim0.5)10^{-6}$ 时,HF 在 0.1×10^{-6} 时,敏感的植物能产生明显的症状。因此选用敏感植物作为报警器来监测、预报大气污染的程度,是很有效的。对主要污染物敏感的指示植物及其反应的浓度范围见表 2-20。

表 2-20 主要污染物的指示植物及其反应的浓度范围

污染物	反应浓度	敏感植物
SO_2	$<(0.25\sim0.3)\times10^{-6}$ 不引起急性中毒,$(0.1\sim0.3)\times10^{-6}$ 长期暴露可慢性中毒	紫花苜蓿、大麦、棉花、小麦、三叶草、甜菜、莴苣、大豆、芝麻、胡萝卜、向日葵、苹果树等
HF	最敏感的植物在 0.1×10^{-6} 即可反应,叶中浓度达到 $(50\sim200)\times10^{-6}$ 时,敏感植物出现坏死斑	萱草、唐菖蒲、葡萄、郁金香、玉米、雪松、山桃树等
NO_2	最敏感的植物在 3×10^{-6} 即可显示受害症状	烟草、番茄、秋海棠、向日葵、菠菜等
O_3	在 $(0.02\sim0.05)\times10^{-6}$ 时最敏感,可产生急性或慢性中毒	烟草、矮牵牛花、花生、马铃薯、洋葱、萝卜、丁香、牡丹等
PAN	在 $(0.01\sim0.05)\times10^{-6}$ 时最敏感的植物产生危害,也可引起早衰	矮牵牛花、早熟禾、长叶莴苣、番茄、芥菜等

(2) 空气污染物通过植物叶面上进行气体交换的气孔进入植物体内,侵袭细胞组织,并发生一系列生化反应,从而使植物组织遭受破坏,呈现受害症状。这些症状虽然随污染物的种类、浓度以及受害植物的品种、暴露时间不同而有差异,但具有某些共同特点,如叶绿素

被破坏，叶细胞组织脱水，进而发生叶面失去光泽，出现不同颜色（灰白色、黄色或褐色）的斑点，叶片脱落，甚至全株枯死等异常现象。

a. SO_2 污染的危害症状 当空气中的 SO_2 浓度较高时，就会使一些植物的叶脉间产生不整齐的变色斑块（俗称烟斑），如图 2-30 所示。当植物受到 SO_2 污染时，一般其叶脉间叶肉最先出现淡棕色斑点，经过一系列的颜色变化，最后出现漂白斑点。危害严重时叶片边缘及叶肉全部枯黄，仅留叶脉仍为绿色。

硫酸雾危害症状则为叶片边缘光滑，受害较轻时，叶片上呈现分散的浅黄色透光斑点；受害严重时则成孔洞。这是由于硫酸雾以细雾状水滴附着于叶片上所致。圆点或孔洞大小不一，直径多在 1mm 左右，见图 2-31。

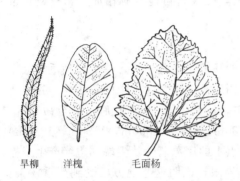

图 2-30 SO_2 对树叶的危害症状

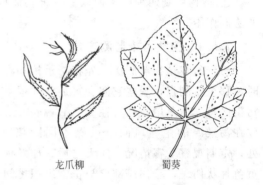

图 2-31 硫酸雾对树叶的危害症状

b. NO_x 污染的危害症状 NO_x 对植物构成危害的浓度要大于 SO_2 等污染物。一般很少出现 NO_x 浓度达到能直接伤害植物的程度，但它往往与 O_3 或 SO_2 混合在一起显示危害症状，首先在叶片上出现密集的深绿色水侵蚀斑痕，随后斑痕逐渐变成淡黄色或青铜色。损伤部位主要出现在较大的叶脉之间，但也会沿叶缘发展。

c. 氟化物污染的危害症状 一般植物对氟化物气体很敏感，其危害特点是先在植物的特定部位呈现伤斑。例如，单子叶植物和针叶树的叶尖，双子叶植物和阔叶植物的叶缘等。开始这些部位发生萎黄，然后颜色转变成棕色斑块，在发生萎黄组织与正常组织之间有一条明显分界线；随着受害程度的加重，黄斑向叶片中部及靠近叶柄部分发展；最后，使叶片大部分枯黄，仅叶主脉下部及叶柄附近仍保持绿色，如图 2-32 所示。可见，龙

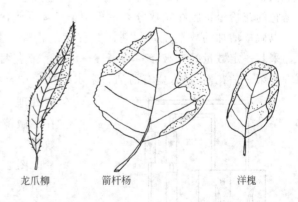

图 2-32 氟化物对树叶的危害症状

爪柳的叶片尖端及前半部的两侧边缘产生黄斑；箭杆杨的叶片边缘部位产生破损，并沿边缘出现大片黄白斑块，仅叶片中央仍为绿色；洋槐受害时，叶片的上半部边缘黄萎卷曲。

d. 其他污染物的危害症状 植物的成熟叶片对 O_3 的危害最敏感，故通常总是在老龄叶片上发现危害症状。植物长时间暴露于低浓度 O_3 中，许多叶片上会出现大片浅褐色或古铜色斑，常导致叶片退绿或脱落。

过氧乙酰硝酸酯是大气中的二次污染物,对植物的伤害经常发生在幼龄叶片的尖部及敏感老龄叶片的基部,并随所处环境温度的增高而加重伤害程度。

在以植物作为探测器监视污染物时,应注意以下影响其受害程度的因素。

① 污染源下风向的植物受害程度比上风向的植物重,并且受害植株往往呈带状或扇状分布。

② 植物受害程度随离污染源距离增大而减轻,即使在同一植株上,面向污染源一侧的枝叶比背向污染源一侧受害明显。无建筑物等屏障阻挡处的植物比有屏障阻挡处的植物受害程度严重。

③ 对大部分植物来说,成熟叶片及老龄叶片较新长出的嫩叶容易受害。

④ 植物受到两种或两种以上有害物质同时作用时,受危害可能具有相加、相减或相乘的协同作用。

2.6.4 空气污染监测方法

(1) 盆栽植物监测法　先将指示植物在没有污染的环境中盆栽培植,待生长到适宜大小时,移至监测点,观察它们受害症状和程度。例如,用唐菖蒲监测大气中的氟化物,先在非污染区将其球茎培栽在直径20cm、高10cm的花盆中,待长出3~4片叶后,移至污染区,放在污染源的主导风向下风侧不同距离(如 5m、50m、300m、500m、1150m、1350m)处,定期观察受害情况。几天之后,如发现部分监测点上的唐菖蒲叶片尖端和边缘产生淡棕黄色片状伤斑,且伤斑部位与正常组织之间有一明显界限,说明这些地方已受到严重污染。根据预先试验获得的氟化物浓度与伤害程度的关系,即可估计出大气中氟化物的浓度。如果一周后,除最远的监测点外,都发现了唐菖蒲不同程度的受害症状,说明该地区的污染范围至少达1150m。

利用紫露草微核监测技术可以测定大气、水体等中的三致(致癌、致畸、致突变)物质,目前在国外已被广泛应用,我国也已推荐作为生物监测方法之一。紫露草是一种多年生草本植物,单子叶、鸭趾草科、紫露草属,可以盆栽,也可以地栽。用于监测三致物质的原理是它的花粉母细胞在减数分裂过程中染色体受到污染物攻击和破坏后,在四分体中形成微核,以微核增加的数量作为判断污染程度的指标。测定时,选择紫露草开花盛期的幼期花序,采栽一定数量的花枝条(枝长 6~8cm,带有两片叶子,每个花枝上有十个以上花蕾,顶端开第一朵花),插入盛有清洁自来水的杯子中,移到观测点上,经一定时间后,进行固定处理,切下适龄花蕾,剥出花粉并轻压成片,在显微镜下观察形成的微核(呈圆形或椭圆形)数量。

图 2-33 为植物监测器。该监测器由 A、B 两室组成,A 室为测量室,B 室为对照室。将同样大小的指示植物分别放入两室,用气泵将污染空气以相同流量分别打入 A、B 室的导管,并在通往 B 室的管路中串联一活性炭净化器,以获得净化空气。待通入足够量的污染空气后,即可根据 A 室内指示植物出现的症状和预先确定的与污染物浓度的相关关系或变色色阶估算空气中污染物浓度。

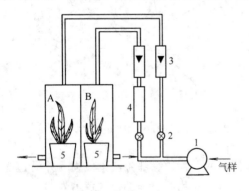

图 2-33　植物监测器
1—气泵;2—针形泵;3—流量计;
4—活性炭净化器;5—盆栽指示植物

(2) 现场调查法　现场调查法是选择监测区域现有植物作为大气污染的指示植物。该方法需先通过调查和试验，确定现场生长的植物对有害气体的抗性等级，将其分为敏感植物、抗性中等植物和抗性较强植物三类。如果敏感植物叶部出现受害症状，表明大气已受到中度污染；当抗性中等植物出现明显受害症状，有些抗性较强的植物也出现部分受害症状时，则表明已造成严重污染。同时，根据植物叶片呈现的受害症状和受害面积百分数，可以判断主要污染和污染程度。

① 植物群落调查法　调查现场植物群落中各种植物受害症状和程度，可以估测大气污染状况。其方法是对排放 SO_2 的化工厂附近的植物群落进行调查。如对 SO_2 抗性强的一些植物如枸树、马齿苋等也受到危害，表明该厂附近的大气已受到严重污染。

② 调查地衣和苔藓　地衣和苔藓是低等植物，分布广泛，但对某些污染物反应敏感。例如，SO_2 的年平均浓度在 $(0.015～0.105)×10^{-6}$ 范围内就可以使地衣绝迹；浓度达 $0.017×10^{-6}$ 时，大多数苔藓植物便不能生存。

调查树干上的地衣和苔藓适于大气污染监测。当知道树干上的地衣和苔藓的种类和数量后，就可以估计大气污染程度。在工业城市中，通常距市中心越近，地衣的种类越少，重污染区内仅有少数壳状地衣分布，随着污染程度的减轻，便出现了枝状地衣；在轻污染区，叶状地衣数量最多。日本学者调查了东京周围苔藓的分布，根据发现的 21 种苔藓分布状况，将该地区分为五个带，各带的大气污染程度不同，如将这些结果绘制在地图上，便得到大气污染分布图。

对于没有适当的树木或石壁可供观察地衣和苔藓的地方，可以进行人工栽培并放在苔藓监测器中进行监测。苔藓监测器的组成和测定原理与前面介绍的指示植物监测器相同，只是可以更小型化。

③ 调查树木的年轮　剖析树木的年轮，可以了解所在地区大气污染的历史。在气候正常、未曾遭受污染的年份树木的年轮宽，而大气污染严重或气候恶劣的年份树木的年轮窄。还可以用 X 射线对年轮材质进行测定，判断其污染情况，污染严重的年份木质密度小，正常年份的年轮木质密度大，它们对 X 射线的吸收程度不同。

(3) 其他监测法　还可以用生产力测定法、指示植物中污染物质含量测定法来监测大气污染。生产力测定法是利用测定指示植物在污染的大气环境中进行光合作用等生理指标的变化来反映污染状况，如植物进行光合作用产生氧能力的测定、叶绿素a的测定等。植物中污染物含量的测定是利用理化方法测定植物吸收积累的污染物量来判断污染情况。

思考与练习

1. 填表，并说明这张表格的题目是什么。

题目_____

污染物	反 应 浓 度	敏 感 植 物
SO_2	<（　　）$×10^{-6}$ 不引起急性中毒，（　　）$×10^{-6}$ 长期暴露可慢性中毒	紫花苜蓿、大麦、棉花、小麦、三叶草、甜菜、莴苣、大豆、芝麻、胡萝卜、向日葵、苹果树等
HF	最敏感的植物在（　　）$×10^{-6}$ 即可反应，叶中浓度达到 $(50～200)×10^{-6}$ 时，敏感植物出现坏死斑	萱草、唐菖蒲、葡萄、郁金香、玉米、雪松、山桃树等
NO_2	最敏感的植物在 $3×10^{-6}$ 即可显示受害症状	烟草、番茄、秋海棠、向日葵、菠菜等

续表

污染物	反应浓度	敏感植物
O_3	在（　　）$\times 10^{-6}$时最敏感，可产生急性或慢性中毒	烟草、矮牵牛花、花生、马铃薯、洋葱、萝卜、丁香、牡丹等
PAN	在（　　）$\times 10^{-6}$时最敏感的植物产生危害，也可引起早衰	矮牵牛花、早熟禾、长叶莴苣、番茄、芥菜等

2. 请举出 SO_2 污染时植物受害的例子。

3. 请举出一种对你周围污染情况进行监测的方法。

阅读园地

公害事件透视（一）

名称	马斯河谷事件	多诺拉事件	洛杉矶烟雾事件	伦敦烟雾事件
时间	1930年12月1～5日	1948年10月26～31日	1943年5～10月	1952年12月5～8日
地点	比利时马斯河谷工业区	美国宾夕法尼亚州多诺拉镇	美国洛杉矶市	英国伦敦市
发生原因	工业区地处谷地，工厂排放的SO_2及含氟气体在逆温气象条件下，在近地面严重积累，无法扩散	工厂排放的SO_2及粉尘等有害气体在逆温、雾日等气象条件下，在近地面层积聚。SO_2及其氧化作用的产物与尘粒结合物是事故因素	全市近250万辆汽车排放的大量废气，包括CO_2、氮氧化物和碳氢化合物，在气温和强烈日光作用下，形成了以臭氧和过氧化乙酰硝酸酯为主的光化学烟雾	燃煤产生的大量烟雾和SO_2等气体在逆温气象条件下，在40～150m低空下凝聚和积累，经久不散
主要后果	有几千人致病，主要症状：咳嗽、胸闷及呼吸困难。60人死亡	有6000人致病，占全镇43%。主要症状：咳嗽、胸闷喉痛、眼痛。17人死亡	大多数市民致病，主要是眼疾和喉疾炎。大约有400名65岁以上老人死亡。75%的市民患了红眼病	4天中死亡人数比平时多4千人，致病者伴有胸闷、咳嗽喉痛和呕吐等症状。此后2月内又有8千人死亡

2.7 空气污染连续自动监测

空气污染是由固定污染源（如工厂烟囱）和流动污染源（如汽车）排放的污染物经扩散形成的，而污染物的扩散又是排放量、时间和空间的函数，因此空气污染的特点是范围大，随时间变化，受气象、季节、地形、地物等影响强烈。这样，对于空气污染的监测就必须在一个地区内同时进行多点连续监测，通过对自动记录的大量科学数据的分析研究，才能较准确地掌握这一地区空气污染的情况，为进一步研究污染物分布、变迁的规律，对人体、植物等的影响，以及为污染的预测预报和治理提供科学依据。

目前监测空气污染最有效的方法是建立大气污染自动监测系统，即在一个城市、一个区域或一个国家组成一个监测网，它由一系列的监测站和一个中心站组成。各监测站与中心站之间保持自动的信息联系，并接受中心站的控制和指挥。

2.7.1 监测项目

我国大气污染自动连续监测的主要项目是二氧化硫、氮氧化物、总悬浮颗粒物、一氧化碳，选择监测项目为臭氧、总碳氢化合物等。部分国家、地区自动连续监测的主要项目与方法见表 2-21。

表 2-21 部分国家、地区自动连续监测的主要项目与方法

国别	项目	测定方法	检测仪器及性能
美国	SO_2	脉冲紫外光荧光法	脉冲紫外光荧光 SO_2 分析仪，$(0\sim5, 0\sim10)\times10^{-6}$
	CO	相关红外吸收法	相关红外 CO 分析仪，$(0\sim50, 0\sim100)\times10^{-6}$
	NO_x	化学发光法	化学发光 NO_x 分析仪，$(0\sim10)\times10^{-6}$
	O_3	紫外光度法	紫外光度 O_3 分析仪，$(0\sim10)\times10^{-6}$
	总烃	气相色谱法	气相色谱仪
	飘尘	β射线吸收法	β射线飘尘监测仪
	TSP	大容量滤尘称量法	大容量采样 TSP 测定仪（非自动）
日本	SO_2	紫外光度法	紫外光荧光 SO_2 分析仪，$(0\sim5, 0\sim1000)\times10^{-6}$
	CO	非色散红外吸收法	非色散红外 CO 分析仪，$(0\sim100, 0\sim200)\times10^{-6}$
	NO_x	化学发光法	化学发光 NO_x 分析仪，$(0\sim2)\times10^{-6}$
	O_3	紫外光度法	紫外光度 O_3 分析仪，$(0\sim2)\times10^{-6}$
	总烃	气相色谱法	气相色谱仪
	飘尘	β射线吸收法	β射线飘尘监测仪，$0\sim1000\mu g/m^3$
	TSP	大容量滤尘称量法	大容量采样 TSP 测定仪（非自动）
中国	SO_2	紫外光度法	紫外光荧光 SO_2 分析仪，$(0\sim10)\times10^{-6}$
	CO	非色散红外吸收法	非色散红外 CO 分析仪，$(0\sim30)\times10^{-6}$
	NO_x	化学发光法	化学发光 NO_x 分析仪，$(0\sim10)\times10^{-6}$
	O_3	紫外光度法	紫外光度 O_3 分析仪，$(0\sim1)\times10^{-6}$
	总烃	气相色谱法	气相色谱仪
	飘尘	β射线吸收法	β射线飘尘监测仪，$5\sim1000\mu g/m^3$
	TSP	大容量滤尘称量法	大容量采样 TSP 测定仪（非自动）

2.7.2 空气污染连续自动监测系统的组成

（1）监测站地点的选择

① 选站点的一般原则 随着污染地区的面积、发生源的种类及规模、地势、地形及气象等条件的不同，大气污染的情况也不同。自动监测系统在各监测站布点时需要考虑上述条件及人口分布情况。监测站地点的选择，同测定仪器的使用及污染物分析具有同等重要的地位，如果地点选择得不好，会使所得出的数据价值不大，并会对以后多年的工作都有影响。

根据污染防治方案和污染物的排出条件，监测站的地点可分为三类。第一类是为评价地区整体的大气污染而设置的监测站；第二类是以汽车排气和固定污染源为对象，为掌握污染源的污染情况而设置的监测站；第三类是为某一特定目的而设置的监测站。不管哪一种情况，其位置应在根据总计划所选择的地区范围内具有代表性，即它应能反映一定地区范围内（特殊的局部污染源的影响除外）空气污染物的浓度及其波动范围。从与人体的健康关系而言，采样点所在地的空气应能代表居民所呼吸的空气，否则测定数据将无意义。此外，还应考虑以下情况。

a. 避免靠近污染源，其适合的距离取决于污染源的高度和排放强度。监测站离家庭烟囱应不小于 25m，特别是当烟囱低于采样点时，对较大的污染源其距离应加大。

b. 避免靠近高层建筑物，以免受高层建筑物下旋流空气的影响。一般规定测定点应设到周围最高建筑物的最高端与水平线的夹角需在 30°以下的连线端，即测定点与建筑物的距离应大于建筑物高度的两倍。

c. 远离表面有吸附能力的物体（如具有吸附能力的建筑材料和树林），所允许的间隔取

决于物体对有关污染物的吸附程度,通常至少 1m。

d. 避开在不远的将来将重建的建筑物或改变土地使用情况的地方,特别是在要做污染趋势长期观测时更应如此。此外应考虑当地某些物质条件是否能够满足,如电力供应和交通是否方便等。

每一位置的最后确定是在预先进行大量调查测定之后,权衡不同的要求,使之能得到最大限度满足的方案。

② 监测点的布点

a. 几何图形布点法 在污染源较为分散的情况下,采用方格坐标平均布点法,各点间的距离为 25～28km(或更小)。在污染源比较集中的情况下,可采用同心圆布点法,以污染源群为中心,同心圆半径分别为 4km、10km、20km、40km,对应地在各圆环上设置 6、6、8、4 个点;亦可结合地方常年的主导风向,以污染源群为中心,按阿基米德螺线布点。这几种几何图形布点法所获得的数据便于绘制污染图和研究污染数学模式。

b. 按功能分区布点法 按工业区、居民稠密区、商业繁华区、交通频繁区、公园游览区等分别设置若干点。这种布点法便于了解污染源对不同功能区的影响。

具体设置监测站时,主要根据当地的实际状况与监测目的,以及对污染情况先进行预备调查,而后确定。

(2) 自动进样系统 为了便于对各个站位上获得的大气污染数据进行对比,各监测站的工作条件,尤其是采样条件应尽可能标准化。

如果测定固定污染源的污染物,采样口最好位于离地面 3～4m 处,离最近的垂直表面或水平表面 1～1.5m,其余三面均应敞开,即采样口不应设在有限制的空间(四面有房子的院子或天井)里。

考察大气污染对人体健康的影响时,采样高度应位于离地面 1.5～2m 左右。但是,应当注意到在城市由于建筑物密集,在地面上 1.5～2m 高度处的空气有局部性,有可能不能代表其周围的平均污染程度。

对于交通污染的测定,采样口应设在街道平面上空 3m 处,离人行道边 1m。对上述要求要严格把握,一旦确定下来以后,要求监测网内所有的监测站都这样做。建议采用离地面 3m 是为了避免街道上的尘粒重新被卷入,并不影响行人通行和保护采样口,及避免采样仪器被一些意外事故所损坏。

某些监测仪器(例如大流量采样器)必须安装在室外,为方便常设置于低矮建筑物的屋顶上或适当的车顶上等。

监测气体污染物的仪器通常设于室内或特殊的围护的壳内,用一个大流量泵通过主采样管从室外选定的位置吸气至室内,再由各仪器分别从主采样管采样。室外主采样管的末端装一倒置的漏斗型罩子,防止雨水或粗大尘粒随同空气样品一起被吸入。采集悬浮颗粒物时,采样的气流参数(流速和漏斗的半径)必须标准化。采样管不得有急转弯或呈直角或锐角的弯曲,并应尽可能短(最好不超过 3m)。采样管用惰性材料,如玻璃或聚四氟乙烯等制成。所用材料与采集的污染物之间应不发生反应,也不释放有干扰的蒸气。采样管直径取决于流速,在整个监测网内应当一致。

(3) 自动监测仪器的特点和类型

① 自动分析仪器的特点

a. 自动分析仪器可靠性的一个最重要的标志是它们在长时间内对环境中污染物浓度变化的响应精度。由于分析仪器的取样流速的漂移、零点的漂移及灵敏度的降低会引起仪器的响应发生变化,因此各台仪器都必须经常地进行检查和校正,至少每周1~2次,以保证数据准确、可靠。

  b. 能长期连续自动地进行测定。
  c. 能根据遥控指令或在预先设定的时间内,自动地进行零点和标度校正。
  d. 能在本监测站进行数据处理,或向中心站自动地输出信息。
  e. 测量范围、测定下限浓度及各项技术指标须符合国家规定的大气质量标准的要求。
  f. 仪器最好能系列化、标准化,易于统一比较、维修。

  ② 自动监测仪器的类型 监测站中安装的仪器类型由监测目的,即计划测定的污染物种类而决定。目前各国监测网中的监测站所配备的分析仪能够测定的项目大同小异,其中最重要的有 SO_2、NO、NO_2、O_3、H_2S、CO、CO_2、CH_4、碳氢化物、TSP、PM10 和降尘浓度及其酸碱性等。一般监测站的监测项目,都是以测定最常见的污染物二氧化硫和 PM10 或 TSP 为基础,再根据实际情况配备测定其他项目的仪器。

  除污染物分析仪器外,监测站中还应配备的仪器有气象参数测定仪器,如温度和湿度、气压、风向和风速、太阳辐射热等的测定装置,以及作计算和控制用的电子计算机及其外用设备,数据输入系统。此外,还有各种附属装置,例如氢气发生器、标准气钢瓶、空气压缩机,以及上述设备的环境条件保证设施,如站体的空调设备等。

  (4) 仪器的校正 大气污染监测仪器一般不能直接测定绝对浓度,而是采用相对法,因此仪器的准确度决定于校正的标准。另外仪器的某些缺陷在日常运行时并不明显,只有通过校正时才能发现,因此仪器进行定期校正也是重要的。校正方法一种是用标准气进行动态校正,另一种是用标准溶液进行静态校正。显然动态校正准确度要高些。静态校正与动态校正相比较可能差 10% 左右。但是作为动态校正,标准气的制备及标定技术水平要求较高。目前有些仪器可以做到随时自动校正,有些仪器只能做到定期(一天一次、一周一次等)人工校正。各监测站为保证数据的可比性应规定统一的校正方法。

  (5) 数据的处理和传送 由于测定点和测定项目增加,测定的数据量日益增加,数据处理变得很复杂,用人工处理难以做到及时和准确。因此,必须实现数据处理自动化。自动化系统要求操作简单,性能可靠,维修容易。

  ① 数据的获得和处理程序 对于一些手工操作仪器所得出的数据,将结果填入标准表格进行比较即可。对于连续自动监测仪器,一般情况下可采用笔式记录仪记录数据,然后分步处理。数据获得和处理程序应包括下面几个步骤。

  a. 收集数据 收集污染物浓度原始数据(记录纸片、数字打印结果、手写的观测数据)和辅助数据(如流速、流量记录,气象观测值,校正的数据,对仪器操作细节的记录,试剂的变动,仪器调节前后的检测结果或仪器部件的更换情况等)。

  b. 存储数据 填写标准化表格、卡片穿孔以及得出的计算机打印数据和磁带。

  c. 分析数据 应用常见的统计方法得出一些能反映污染特征的量,如频数分布、季节性变化、算术的或几何的均值及标准差等。

  ② 数据传送 在自动监测系统中各监测站的连续监测仪器测出的污染浓度数据,通过有线电或无线电遥传至检测中心站的联机电子计算机进行处理,并显示实时污染数据。

  对此,有人提出联机的实时的污染数据是否有必要,即对大气污染状况要不要立即获得每一瞬间的污染数据。他们主张用脱机数据处理,即将监测数据用穿孔卡片或其他方式记录下来,定期送到监测中心,再由电子计算机处理。

  在国外的大气污染监测系统中,上述两种类型均有采用。对于大气污染严重的国家和地区，要求进行污染预报愈快愈好，联机处理是必要的。另外研究性的监测，如进行污染扩散规律及污染数学模式的研究，也总是希望得到足够的实时数据。

由各监测站连续监测仪器输出的污染物浓度信号一般为电流或电压的模拟量，数据传送方式可采用模拟方式及数字方式两种。模拟方式装备简单，适于小规模、精度要求不高的场合。数字方式是将模拟量经模拟与数字转换器变成脉冲信号（如二十进制，8-4-2-1 编码），在传送过程中受噪声影响小，适于较高精度的遥传。

传送电路可采用有线电或无线电，一般近距离用有线电（如电话），远距离用无线电（流动监测车也用无线电）。有线电传送时，为了便于与通话结合，可选用适当的声频带或传送速率。

遥传方式可采用频率分割型和时间分割型。所谓时间分割型即监测中心的遥传装置每隔一定时间（如 5min、10min……）自动发出指令，顺此传呼各个监测站，各监测站的遥传装置接到指令，将各台仪器的数据顺次传送到监测中心。一个站传送完，另一个站立即重复同一动作，直至全部站传送完毕。经一定时间重新开始下一个周期。除此种定时传呼外，还设有对某一个站的随意传呼及延误传呼的再传呼，这两种传呼只能在定时传呼的间隙内进行。

传送路程一般采用由各监测站直接传送到监测中心。这种方法较经济，但也有缺点，即数据传送要连续占线，遇到故障时全部数据消失。最近随着微信息处理机的出现，趋向于在监测中心与监测站之间设一级区域站。区域站装有微信息处理机，可控制一定数量的监测站，进行数据收集和化简，仅在短时间内或紧急情况下，将简化的数据传送到监测中心。区域站的微信息处理机可用自动方式也可用自主方式工作，当用自动方式时完全由监测中心控制，区域站只能用此系统进行对话及打印、存储各监测站的数据。当监测中心控制系统出现故障时，区域站转为自主方式工作，各监测站完全由区域站控制，由区域站收集、计算、存储各监测站的数据，并向各监测站发出遥控指令，这样，微信息处理机可以减少向监测中心的数据传递，又可以临时代替监测中心工作，使整个系统更加灵活。

③ 数据处理系统软件的功能

a. 集合　在设定的时间间隔内，集合各监测站测定的污染数据。

b. 校正　定向向各监测站发出仪器零点、标度等校正指令，检验传送数据的可靠性。

c. 运算　对集合的数据进行运算，求出各种平均值和最大值。

d. 存储　将集合、运算的数据永久性地存储起来，并能以多种方式显示。

e. 报警　当污染物浓度数据超过设定的标准时，能发出警报。

f. 检误　当系统的关键部件出现故障时能给出指示，以便维修。

g. 预报　将集合的数据经计算、逻辑是非判断后，发出污染报告。

④ 数据的表达　数据表达方式应符合自动监测系统设立的主要目的，通常以均值（算术均数或几何均数）、一定时期内的最大值、频率分布、浓度-风玫瑰图、污染浓度分布图等表示。

a. 平均值曲线　常以年平均值显示污染变化的长期趋势，月平均值揭示季节性的波动。日平均值的分辨能力较强，能显示出一周内每天的变化和气象变化模式的影响。每小时的平均值显示当时的污染状况。

b. 频数分布　频数分布所表示的是某一定方向污染超过一定数值的次数（百分数），用此法处理大量数据是简便的，结合风向分布及其他气象资料，可与环境标准相比较。

c. 浓度-风玫瑰图法对解释污染数据极为有效，与地形资料相结合，能提供污染源所在位置的资料。

d. 污染浓度分布图　图解表示法在表现大量数据时很有帮助。如果有足够的数据，可利用它们给出等浓度曲线图，最直观地表示污染现状。

2.7.3　空气污染自动监测仪器

(1) 电导法二氧化硫测定仪

① 仪器原理　电导法测定大气中二氧化硫的基本原理，是用稀释的过氧化氢水溶液作吸收液，当被测定气体通过溶液时被过氧化氢氧化，生成的硫酸根阴离子和氢离子引起溶液的电导变化。

$$SO_2 + H_2O \longrightarrow 2H^+ + SO_3^{2-}$$
$$SO_3^{2-} + H_2O_2 \longrightarrow SO_4^{2-} + H_2O$$

每1mol的二氧化硫产生2mol的氢离子和1mol的硫酸根离子。当电解液中的两个电极之间加有电压时，正负离子将各自向符号相异的电极移动，即正离子移向负极，负离子移向正极，溶液中离子的移动便形成电流。离子数量增加，电流也增加。电流的强度与离子的价数和移动的速度有关。例如，在离子数量相同的条件下，二价的硫酸根离子较一价的硫酸氢根离子能运载更多的电荷。由于氢离子在溶液中移动的速度比其他任何离子都快，因此，在阴极容易产生氢气，使电极产生极化现象。为防止电极极化应使用交流电，交流电的频率用50Hz或60Hz均可。频率越高（400~600Hz），极化作用越小。

② 仪器的构造　SO_2电导仪的测定方式有两类，一类是连续记录方式，另一类是分批记录方式，即锯齿波形状的记录。连续记录方式的电导仪如图2-34所示。用定量泵连续供给吸收液，在吸收器中与大气混合。为连续地测定电导，设有时间延迟控制，以得到连续瞬间值。

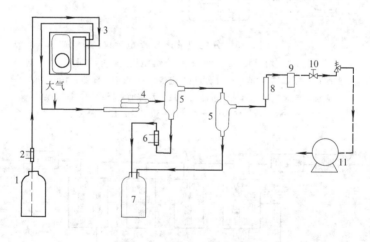

图2-34　连续式SO_2电导仪
1—吸收液瓶；2—参考电极；3—定量泵；4—吸收器；5—分离器；
6—测定电极；7—废液瓶；8—流量计；9—滤膜；10—针阀；11—真空泵

分批记录式SO_2电导仪如图2-35所示。以1h为一周期，得到锯齿波形状的记录。这种测定方式应当设置一个可容纳10~20mL吸收液的定量吸收器，由液面检测器严格控制吸收器内液面的位置。吸气1h，得到的是1h SO_2平均浓度。

(2) 氮氧化物自动比色测定仪

① 仪器结构　仪器是根据萘乙二胺比色法设计的。机器结构通常由采样、吸收显色、吸光度测定及记录等部分组成（图2-36）。

a. 采样部分　包括灰尘过滤器、流量计和抽气泵等。采样流量为100~500mL/min。

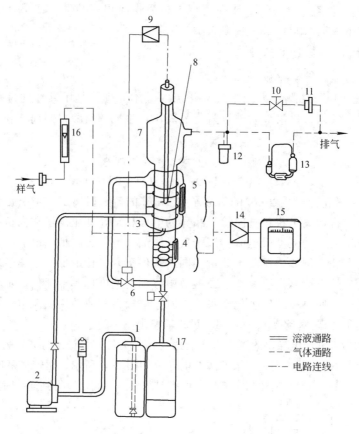

图 2-35　分批记录式 SO_2 电导仪

1—吸收瓶；2—溶液泵；3—喷嘴；4—测定电极；5—参考电极；6—电磁阀；7—定量吸收器；8—液面检测电极；9—液面检测器；10—气体流量调节阀；11—活性炭过滤器；12—水雾捕集器；13—抽气泵；14—放大器；15—记录器；16—流量计；17—废液瓶

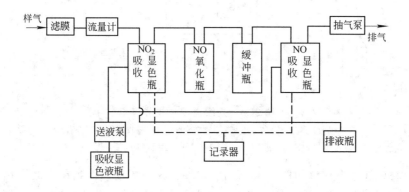

图 2-36　氮氧化物自动比色测定仪示意图

b. 吸收显色部分　包括吸收显色液瓶、送液泵、NO_2 和 NO 吸收显色瓶、NO 氧化瓶、缓冲瓶等，各吸收显色瓶与氧化瓶互相串联，这部分温度保持在 20～30℃。

吸收显色瓶构造如图 2-37 所示，瓶内装有最大孔径为 60μm 的玻璃滤板，这种显色瓶吸收 NO_2 的效率在 95% 以上。吸收显色液与二氧化氮萘乙二胺比色法的吸收液相同，用量为 10～50mL。

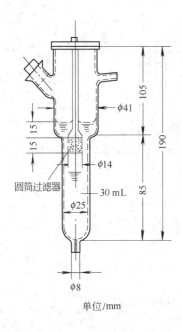

图 2-37 NO$_2$ 吸收显色瓶

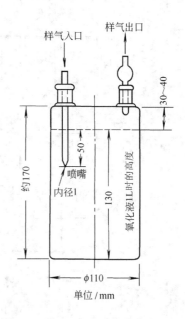

图 2-38 NO 氧化瓶

NO 氧化瓶构造如图 2-38 所示。用含 0.025g/L KMnO$_4$ 和 2.5% H$_2$SO$_4$ 的混合液做氧化剂。从喷嘴（内径 1mm）的尖端到液面的高度为 1～5cm，氧化效率为 70%～80%。

c. 吸光度测定部分 由光源灯、比色池、滤光片、光电管及测定线路等组成。比色池与吸收显色瓶可成为一体或独立分置。使用 545nm 的滤光片。

d. 记录部分 接受吸光度测定部分的输出信号，并指示记录 NO$_2$ 和 NO 的浓度。记录仪的浓度刻度是线性化的。

② 仪器测定流程 仪器流程如图 2-39 所示。接通电源，若仪器工作正常，指示稳定，将吸收显色液通入比色池进行零点校正。然后对比色池分别通过测定范围内（0～2mg/m^3）的几种二氧化氮校正用标准溶液（校正用的标准溶液是亚硝酸钠标准溶液），进行刻度校正。校正完毕后，启动程序控制，开始测定。样品气通过灰尘过滤器和流量计后进入二氧化氮吸收显色瓶，样品气中的 NO$_2$ 与试剂反应显色。然后样品气再进入盛有硫酸-高锰酸钾溶液的 NO 氧化瓶，将样品气中的 NO 氧化成 NO$_2$，经缓冲瓶进入 NO 吸收显色瓶，氧化生成的 NO$_2$ 再与试剂反应显色。显色吸收液量由液面检测器控制在 30mL。NO 和 NO$_2$ 吸收显色瓶分别与测定池相连，用独立的两个光电比色计连续测定和记录吸光度。一个测定周期结束时的测定值表示平均浓度。仪器也可用渗透管进行动态校正。

为保证仪器正常工作，需要进行定期维护与检查，如调整样气流量、检查各部分工作状态、校正零点、更换灰尘过滤器、清洗或更换某些部件等。刻度校正需两个月进行一次，氧化液 10～30 天更换一次。氧化液更换后 1h 内，NO 测定时不能采用。

仪器测定范围对于 NO 和 NO$_2$ 均为 0～1mg/m^3 和 0～2mg/m^3 两挡。在 0～1mg/m^3 时采样流速为 300mL/min，0～2mg/m^3 时为 150mL/min。另外，作为遥测输出信号，NO 和 NO$_2$ 均为直流 0～1V。

(3) 大气中总碳氢化合物测定仪 大气中总碳氢化合物测定仪的流程如图 2-40 所示，

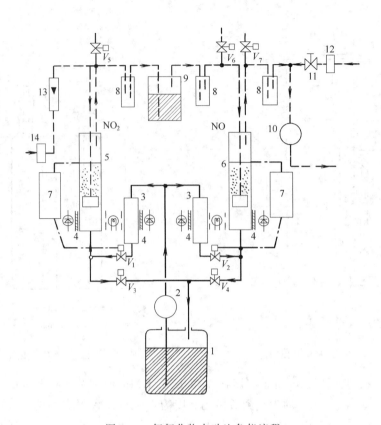

图 2-39　氮氧化物自动比色仪流程
1—吸收液；2—溶液泵；3—比色池；4—滤光片；5—NO_2吸收显色瓶；
6—NO吸收显色瓶；7—液面检测器；8—缓冲瓶；9—NO氧化瓶；10—抽
气瓶；11—流量调节阀；12—过滤器；13—流量计；14—灰尘过滤器

主要部分有灰尘过滤器、泵、流量控制器、氢火焰离子化检测器等。为了保持样品气体流量长期稳定，采用鼓泡法（利用水头压差）进行精密地流量控制。灭火报警器是可自动切断氢气的保险装置，以实现无人操作。有的仪器附加有积分器，将氢火焰离子化检测器得到的瞬时值换算成每小时平均值，并有定期进行刻度标定的自动校正装置。

（4）大气中CO分析仪　居住区大气中CO的浓度通常在$1.5mg/m^3$以下，而在大城市内，特别是交通量大的交叉路口处，浓度可高达$15\sim 30mg/m^3$。因此大气中CO分析仪的测定范围要求在$0\sim 75mg/m^3$或$0\sim 150mg/m^3$。

红外线CO分析仪，只要选择检测池的长度，便可选择合适的浓度测定范围。目前的技术水平要求检测池的长度至少为23cm，而灵敏度可达$0.7mg/m^3$。由于CO_2和H_2O的红外吸收光谱有一部分与CO一致（红外吸收光谱如图2-41），而且大气中CO_2和H_2O的存在与CO浓度相比是大量的，因此，必须消除这部分干扰。为此，可设置一个过滤池，里面封入CO_2和H_2O，使受到CO_2和H_2O影响的那部分红外线预先被吸收掉，而不干扰CO的测定。但是，当过滤池内封入的气体发生变化或有泄漏时，会使池内浓度发生变化，使性能降低。因此使用金属薄膜固体光学滤光片，利用其窄的波长特性，将光源的红外线限制在CO的吸收范围内，消除CO_2和H_2O等成分的干扰。消除H_2O的干扰还可用从样品中除湿的方法（如冷却除湿法和干燥剂等），尽可能降低H_2O的浓度。

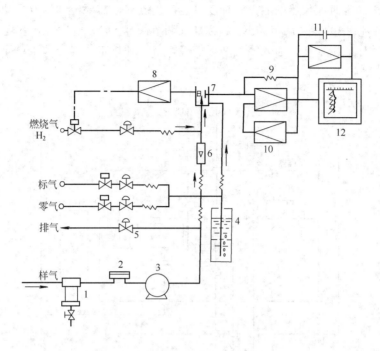

图 2-40 总碳氢化合物测定仪流程
1—水滴捕集器；2—灰尘过滤器；3—泵；4—鼓泡器；5—流量控制器；
6—流量计；7—FID检测计；8—灭火警报器；9—电流放大器；
10—自动校正装置；11—积分器；12—记录器

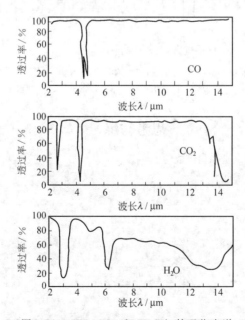

图 2-41 CO、CO_2 和 H_2O 红外吸收光谱

图 2-42 是大气中 CO 测定的采样装置。用泵抽气采样，先经过一级过滤器除去样品气中的较大尘粒，然后通过调湿器稍加润湿后，由保持在 2℃ 的电子制冷器除湿。电子制冷器有精密的温度控制，使样品气中 H_2O 的浓度保持一定，从而使 H_2O 对于 CO 测定的干扰很

小。长时间连续测定时，仪器的零点和标度可能产生漂移，需要经常进行手动或自动调零和标度校正。图 2-42 中的零气调节阀 K_1 和标准气调节阀 K_2 均为电磁阀，在规定的时间间隔内由程序控制动作顺次，交替通入零气和标准气，由自动校正装置的伺服单元控制，校正各自的刻度。

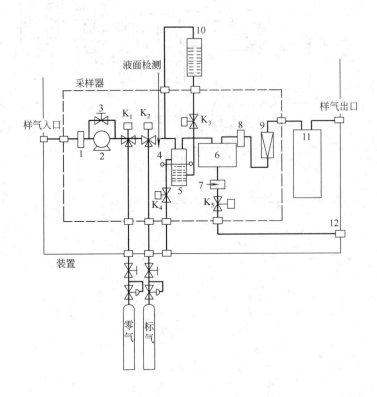

图 2-42　大气中 CO 采样装置

1——级过滤器；2—泵；3—流量调节器；4—电极；5—调湿器；6—电子制冷器；7—排水池；8—二级过滤器；9—流量计；10—水箱；11—分拆部分；12—排水

思考与练习

1. 空气污染物自动监测系统是如何组成的？
2. 我国自动监测的项目有哪些？

 阅读
园地

公害事件透视（二）

名称	富山痛痛病事件	四日市哮喘病事件	切尔诺贝利核电站事故	博帕尔惨案
时间	1930～1979 年	1961 年	1986 年 4 月 26 日	1984 年 12 月 3 日
地点	日本富山县神通川流域	日本四日市	乌克兰基辅市北部	印度博帕尔市美国联合碳化物公司农药厂

续表

名称	富山痛痛病事件	四日市哮喘病事件	切尔诺贝利核电站事故	博帕尔惨案
发生原因	含镉的工业废水污染神通川水体，两岸居民长期饮用被污染的河水，食用该河水灌溉的稻米	石油工业和矿物燃料燃烧排放的粉尘和 SO_2 废气严重污染大气，大气中还漂浮有大量的铅锰钛等合金粉尘	核电站 4 号反应堆因误操作发生爆炸，造成严重火灾和严重核泄漏	由于设备年久失修，装有 30t 剧毒的异氰酸甲酯储罐因气体压力过大冲开阀门，在 2 个多小时内毒气笼罩了 $40km^2$ 的地区
主要后果	仅 1963～1979 年致病人数超过 280 人，其中有 207 人死亡。患者伴有关节痛、神经痛和全身骨痛等症状	受害致病者多数呈现呼吸系统疾病，如气管炎和哮喘。1972 年确认哮喘病人 817 人，死亡 10 多人	核泄漏达 10^{18} Bq。当场死亡 2 人，后因严重核辐射死亡 7000 余人。受轻微辐射损伤者不计其数。先后撤出 13.5 万人，损失约 120 亿美元	受害者 20 万人，共有 2800 人死亡，2 万多人住院治疗，5 万多人终身失明

2.8 实验

2.8.1 TSP 的测定（小流量采样）

【实验目的】

① 学会空气采样器的使用方法；

② 学会滤膜的恒重方法和重量法测定 TSP。

【实验原理】

用直径 35mm 的圆形滤料，以 10～15L/min 流量阻留空气中的总悬浮颗粒物（TSP）。根据滤料上 TSP 的量与采样体积，计算出空气中 TSP 的平均浓度。

【仪器和试剂】

① 滤料采样夹　滤料有效直径为 35mm，进口为敞开式，进口直径为 30mm，用 O 形橡胶圈密封，检查密封性。

② 空气采样器　采样流量范围 5～20L/min。使用时，用皂膜流量计校准采样系列在采样前后的流量，流量误差小于 5%。

③ 滤料　超细玻璃纤维滤纸。采样前，将滤料放于干燥器中平衡 24h，取出准确称量至质量恒定（W_1）。然后，在实验室将滤料安装夹在滤料夹之间。

【操作步骤】

(1) 采样　现场采样时，把装好滤料的滤料夹与尾座旋紧，以 10～15L/min 流量，采气 8～24h。记录采样时温度和大气压力。采样后把滤料夹取下放入清洁盒内带回实验室分析。

(2) 测定　将采过样的滤布，置于干燥器中平衡 24h。称量至恒重（W_2）。采样前、后滤料称量结果之差，即为 TSP 质量。

计算

$$c=\frac{(W_2-W_1)1000}{V^{\ominus}}$$

式中　c——空气中 TSP 质量浓度，mg/m³；

W_2——采样后滤料质量，g；
W_1——采样前滤料质量，g；
$V^\ominus$——换算成标准状态下的采样体积，m^3。

2.8.2 烟道尘的测定

【实验目的】
① 学会烟尘的采样方法；
② 学会烟尘采样器的使用。

【实验原理】
烟气含尘浓度的测定是抽取一定体积烟气通过已知重量的捕尘装置，根据捕尘装置采样前后的重量差和采样体积计算烟尘的浓度。《锅炉烟尘测定方法》(GB 5468—1991)规定烟尘的测定采用等速采样过滤计重法。

【采样装置】
① 烟尘采样管　见图 2-26、图 2-27。
② 冷凝器　总体积不小于 5L，冷凝管（$\phi 10mm \times 1mm$）有效长度不小于 1500mm，储存冷凝水不小于 100mL。
③ 温度计　精确度应不低于 2.5%，最小分度值应不大于 2℃。
④ 干燥器　容积不小于 0.8L。
⑤ 真空压力表　精确度不低于 4%。
⑥ 转子流量计　精确度不低于 2.5%。
⑦ 抽气泵　当流量为 40L/min 时，其抽气能力应能克服烟道及系统阻力。
采样装置连接方式见图 2-43。

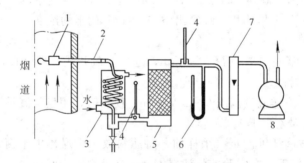

图 2-43　预测流速法烟尘采样装置
1，2—滤筒采样管；3—冷凝器；4—温度计；5—干燥器；6—压力计；7—转子流量计；8—抽气泵

【操作步骤】
(1) 采样　在采样前首先测出采样点的烟气温度、压力、含湿量，计算烟气流速。采样时，通过调节流量调节阀按计算求出的流量采样。流量计前要装有冷凝器和干燥器。采样流量按下式计算：

$$Q'_r = 0.043 d^2 v_s \left(\frac{p_A + p_s}{T_s}\right) \left[\frac{T_r}{R_{sd}(p_A + p_r)}\right]^{\frac{1}{2}} (1 - X_w)$$

式中　Q'_r——转子流量计指示流量，L/min；

d——采样嘴内径，mm；
v_s——采样点烟气流速，m/s；
p_A——大气压力，Pa；
p_r——转子流量计前烟气的表压，Pa；
T_s——采样点烟气温度，K；
T_r——流量计前烟气温度，K；
R_{sd}——干烟气的气体常数，J/(kg·K)；
X_w——烟气含湿量（体积分数）。

(2) 测定　每个测定断面采样次数不得少于 3 次，每个测定点连续采样时间不得少于 3min，采集样品累计的总采气量不得少于 $1m^3$。

(3) 计算　含尘量的计算，首先计算滤筒采样前后质量之差 G（烟尘质量）；然后计算出标准状态下采样体积；再根据采样方式不同选择计算公式计算。计算公式如下：

$$V_{nd} = 0.003 Q' \times \sqrt{\frac{R_{sd}(p_A + p_r)}{T_r}} \times \tau$$

式中　V_{nd}——标准状态下干烟气的采样体积，L；
　　　Q'——等速采样流量应达到的读数，L/min；
　　　τ——采样时间，min。
　　　其余符号见上式。

*2.8.3　降尘的测定

【实验目的】
学会降尘的布点采样和测定方法。

【实验原理】
空气中可沉降的颗粒，沉降在装有乙二醇水溶液的集尘缸里，样品经蒸发、干燥、称量后，计算降尘量。

【仪器和试剂】
(1) 仪器
① 集尘缸　内径 (15±0.5) cm，高 30cm 的圆筒形玻璃缸。
② 瓷坩埚　100mL。
③ 搪瓷盘
④ 电热板　2000W。
⑤ 分析天平　感量 0.1mg。
(2) 试剂　乙二醇（$C_2H_6O_2$）　分析纯。

【操作步骤】
(1) 采样
① 设点要求　采样地点附近不应有高大的建筑物及局部污染源的影响；集尘缸应距离地面 5~15m。
② 样品收集　放置集尘缸前，加入乙二醇 60~80mL，以占满缸底为准，加入的水量适宜（50~200mL）；将采样缸放在固定架上并记录放缸地点、缸号、时间；定期取采样缸[(30±2)h]。
(2) 测定
① 瓷坩埚的准备　将洁净的瓷坩埚置于电热干燥箱内在 (105±5)℃烘 3h，取出放入

干燥器内冷却 50min，在分析天平上称量；在同样的温度下再烘 50min，冷却 50min，再称量，直至恒重（两次误差小于 0.4mg）。此值为 W_0。然后，将瓷坩埚置于高温熔炉内在 600℃ 灼烧 2h，待炉内温度降至 300℃ 以下时取出，放入干燥器中，冷却 50min，称量，再在 600℃ 下灼烧 1h，冷却 50min，再称量，直至质量恒定。此值为 W_b。

② 降尘总量的测定　剔除采样缸中的树叶、小虫后其余部分转移至 500mL 烧杯中，在电热板上蒸发至 10～20mL，冷却后全部转移至恒重的坩埚内蒸干，放入干燥箱经（105±5）℃ 烘干至恒重 W_1。

③ 试剂空白测定　取与采样操作等量的乙二醇水溶液，放入 500mL 烧杯中，重复前面实验内容，得到的恒定质量减去 W_0 即为空白 W_e。

【计算】

$$M = \frac{W_1 - W_0 - W_e}{Sn} \times 30 \times 10^4$$

式中　M——除尘总量，$t/(km^2 \cdot 30d)$；

　　　W_1——降尘、瓷坩埚、乙二醇水溶液蒸发至干恒重质量，g；

　　　W_0——瓷坩埚恒重质量，g；

　　　W_e——空白质量，g；

　　　S——集尘缸缸口面积，cm^2；

　　　n——采样天数，准确至 0.1d。

*2.8.4　汽车尾气中 NO_x 的测定

【实验目的】

① 学会汽车尾气的采样方法；

② 学会分光光度法测定汽车尾气中 NO_x。

【实验原理】

氧化氮分析器是根据一氧化氮和臭氧气相发光反应的原理制成的。被测的汽车尾气连续被抽入仪器，氧化氮经过 NO_2-NO 转化器后，以一氧化氮的形式进入反应室，再与臭氧反应产生激发态二氧化氮（NO_2^*），当 NO_2^* 回到基态时放出光子（$h\nu$）。反应式如下：

$$2NO_2 \xrightarrow[M]{\triangle} 2NO + MO_2$$

$$NO + O_3 \longrightarrow NO_2^* + O_2$$

$$NO_2^* \longrightarrow NO_2 + h\nu$$

式中　M——NO_2-NO 转化器中转化剂；

　　　h——普朗克常数；

　　　ν——光子振动频率。

光子通过滤光片，被光电倍增管接受，并转变为电流，经放大后而被测量。电流大小与一氧化氮浓度成正比。用二氧化氮标准气体标定仪器的刻度，即得知相当于二氧化氮量的氧化氮（NO_x）的浓度。仪器接记录器。

仪器中与 NO_2-NO 转化器相对应的阻力管是为测定一氧化氮用的，这时气样不经转化器而经此旁路，直接进入反应室，测得一氧化氮量。二氧化氮量等于氧化氮减一氧化氮量。

【仪器和试剂】

（1）仪器

① 氧化氮分析器　仪器的气路流程见图 2-44。一路空气经过滤器干燥纯化后，在臭氧

发生器中产生一定浓度的臭氧化的空气，进入反应室作为反应气体；另一路与一个三通进样阀相连。调零时，空气经净化后作为零气进入反应室，调仪器零点。校准时，将标准气（NO 或 NO_2 经转化器）送入反应室，标定仪器的刻度。测量时，样气经过灰尘过滤器，进入反应室。另外，旋转转化器前的测量选择三通阀，可以分别测定 NO_x、NO 和 NO_2（NO_2 等于 NO_x-NO）。

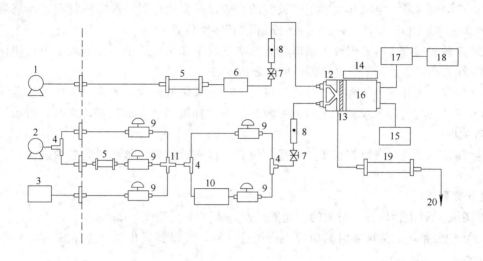

图 2-44　氧化氮分析器工作流程

1—零空气薄膜泵；2—样气薄膜泵；3—氮氧化物标准源；4—三通；5—硅胶、活性炭过滤器；6—臭氧发生器；7—针阀；8—流量计；9—关闭阀；10—NO_2-NO 转换器；11—四通；12—反应室；13—滤光片；14—半导体制冷剂；15—高压电源；16—光电倍增管；17—放大器；18—显示；19—活性炭过滤器；20—排气

仪器主要技术指标如下。

测量范围（分四个量程挡）：$0\sim 1mg/m^3$，$0\sim 2mg/m^3$，$0\sim 4mg/m^3$，$0\sim 8mg/m^3$。

响应时间（达到最大值 90%）：<30s。

线性误差：<±2%满刻度。

重现性偏差：<±2%满刻度。

零点漂移：24h 漂移值<±2%满刻度。

标度漂移：24h 漂移值<±2%满刻度。

噪声：<1%满刻度。

抗干扰能力：总干扰相当量<$0.02mg/m^3 NO_2$ 的信号。

反应室工作压力：大气压。

工作环境：温度 0～35℃，相对湿度<85%。

信号输出：接记录器（各挡）0～10mV，接电子计算机（不分挡）0～2V。

② 用渗透管配制二氧化氮标准气体装置（教师指导完成）。

（2）试剂

① 活性炭　100～120 目，装在过滤器中。

② 干燥剂　分子筛和硅胶，装在过滤器中。

③ 标准气源　NO 标准气体装在铝合金钢瓶中，浓度为 $6.7\sim 13.4mg/m^3$，用重量法标定，不确定度 2%。或用二氧化氮渗透管，渗透率为 $0.1\sim 2.0\mu g/min$，不确定度 2%。

【操作步骤】

(1) 采样 按《轻型汽车排放污染物测试方法》(HJ/T26.1—1999) 采用定容取样系统（必须测定排气与稀释空气的总容积；必须按容积比例连续收集样气），空气样品通过聚四氟乙烯管以 1L/min 的流量被抽入仪器，取样管长度等于 5.0m，取样探头长度不小于 600mm。

(2) 测定 按仪器说明书要求操作。

① 启动前准备 电源开关置于"关"的位置，量程选择置于所需的量程挡，测量选择置于"NO_x 或 NO"位置，采样三通阀置于"调零"位置。

② 启动和调零 接通电源，调节臭氧化空气流量和采样流量至仪器规定值；使仪器稳定运转 2h，调"零点调节"电位器，使电表指零。

③ 校准 进样三通阀旋至"校正"位置，将一氧化氮标准气体或二氧化氮标准气体通过 NO_2-NO 转化器通入仪器，进行刻度校准。调"标度调节"电位器，使电表指示二氧化氮标准浓度值。

④ 测量 将进样三通阀置于"测量"位置，样气通过聚四氟乙烯管被抽进仪器，即可读数。

【计算】

① 在记录器上读取任一时间的氧化氮（换算成 NO_2）浓度，mg/m^3。

② 将记录纸上的浓度和时间曲线进行积分计算，可得到氧化氮（换算成 NO_2）小时和日平均浓度，mg/m^3。

2.8.5 SO_2 的测定

【实验目的】

学会盐酸副玫瑰苯胺分光光度法测定空气中 SO_2 的方法。

【实验原理】

空气中二氧化硫被甲醛缓冲溶液吸收后，生成稳定的羟基甲基磺酸，加碱后，与盐酸副玫瑰苯胺作用，生成紫红色化合物，比色定量。

【仪器和试剂】

(1) 仪器

① 分光光度计 可见光波长范围 380~780nm。

② 多孔玻璃板吸收管 10mL、50mL。

③ 具塞比色管 10mL。

④ 恒温水浴器 0~40℃。

⑤ 空气采样器 流量范围 0.2~1L/min，使用前检查达到要求时使用。

⑥ 二氧化硫渗透管 渗透率范围为 0.1~2.0μg/min，不确定度 2%。

(2) 试剂

① 氢氧化钠溶液 $c(NaOH)=2mol/L$。

② 甲醛缓冲吸收储备液 称取 2.04g 邻苯二甲酸氢钾和 0.364g 乙二胺四乙酸二钠 (EDTA-2Na) 溶于水中，移入 1000mL 容量瓶中，再加入 36%~38% 甲醛溶液 5.5mL，用水稀释至刻度。

③ 3g/L 氨基磺酸钠溶液 称取 0.3g 氨基磺酸钠 (H_2NSO_3Na)，加入 3.0mL 2mol/L NaOH 溶液，用水稀释至 100mL。

④ 4.5mol/L 磷酸 量取 307mL 磷酸，用水稀释至 100mL。

⑤ 0.25g/L 盐酸副玫瑰苯胺（PRA）溶液　称取 0.25g PRA 溶于 100mL 4.5mol/L 磷酸溶液中。

⑥ 二氧化硫标准溶液　称取 0.20g 亚硫酸钠及 0.01g 乙二胺四乙酸二钠溶于 200mL 新煮沸并冷却的水中。此溶液每毫升含 320~400μg 二氧化硫，溶液放置 2~3h 后用碘量法标定其准确浓度。

⑦ 碘储备液　称取 12.79g 碘于烧杯中，加入 40g 碘化钾和 25mL 水，搅拌至完全溶解，转入至 1000mL 容量瓶中稀释至刻线，搅匀，储存在棕色细口瓶中。

⑧ 碘溶液　取碘储备液 250mL 用水稀释至 500mL，储存在棕色细口瓶中。

【操作步骤】

(1) 采样

① 30~60min 采样　用一个内装 10mL 吸收液的普通型多孔玻璃吸收管，以 0.5L/min 流量进行采样，采气 15~30L。吸收温度范围控制在 23~29℃。

② 24h 采样　用一个内装 50mL 吸收液的直筒型气泡吸收管，以 0.2L/min 流量进行采样，采气 288L。吸收温度范围控制在 23~29℃。

(2) 测定

① 标准曲线的绘制　用标准溶液绘制标准曲线。取 7 支 10mL 具塞比色管，按表 2-22 配制校准标准色阶管。

表 2-22　标准溶液系列

管　号	0	1	2	3	4	5	6
二氧化硫标准溶液/mL	0	0.5	1.0	2.00	5.00	8.00	10.00
甲醛/mL	10.00	9.50	9.00	8.00	5.00	2.00	0
二氧化硫/μg	0	0.50	1.00	2.00	5.00	8.00	10.00

向各色阶管中分别加入 1.0mL 3g/L 氨基磺酸钠溶液、0.5mL 2.0mol/L 氢氧化钠溶液、1mL 水，充分混匀后再用可调定量加液器将 2.5mL 0.25g/L PRA 溶液快速射入混合液中，立即盖塞颠倒混匀，放入恒温水浴中显色。根据不同的季节选择最接近室温的显色温度与时间，见表 2-23。

表 2-23　显色温度与时间的选择

显色温度/℃	10	15	20	25	30	稳定时间/min	35	25	20	15	10
显色时间/min	40	25	20	15	5	试剂空白吸光度 A_0	0.03	0.035	0.04	0.05	0.06

用 10mm 的比色皿，以水为参比溶液，在波长 570nm 处测定各管的吸光度，以二氧化硫含量（μg）为横坐标，吸光度为纵坐标，绘制标准曲线并计算回归线的斜率。以斜率的倒数作为样品测定的计算因子 B_s(μg)。

② 样品测定

a. 30~60min 样品测定　将吸收液全部移入比色管中，用少量吸收液洗吸收管，合并样品溶液使体积为 10mL，然后按用标准溶液绘制标准曲线的操作步骤测定吸光度。

b. 24h 样品测定　用水补充到采样前的吸收液的体积，准确量取 10.0mL 样品溶液，然后按用标准溶液绘制标准曲线的操作步骤测定吸光度。

在每批样品测定的同时，用未采样的吸收液做试剂空白的测定。

【计算】

$$c = \frac{(A - A_0)B_s}{V_0}D$$

式中　c——空气中二氧化硫的浓度，mg/m³；
　　　A——样品溶液的吸光度；
　　　A_0——试剂空白溶液的吸光度；
　　　B_s——用标准溶液制备标准曲线得到的计算因子，μg；
　　　D——分析时样品溶液的稀释倍数（30～60min 样品为 1，24h 50mL 样品为 5）；
　　　V_0——换算成标准状况下的采样体积，L。

2.8.6　氮氧化物的测定

【实验目的】
① 学会盐酸萘乙二胺分光光度法测定空气中氮氧化物；
② 学会评价氮氧化物污染空气的程度。

【实验原理】
空气中的氧化氮（NO_x）经氧化管后，在采样吸收过程中生成的亚硝酸，再与对氨基苯磺酰胺进行重氮化反应，然后与盐酸萘乙二胺偶合成玫瑰红氮化合物，比色定量。

【仪器和试剂】
（1）仪器　多孔玻璃板吸收管（普通型，10mL，用于 1h 采样）；多孔玻璃板吸收管（大型，50mL，用于 24h 采样）；空气采样器（流量范围 0.2～0.51L/min，使用前检查达到要求时使用，误差小于 5%）；氧化管；具塞比色管（10mL）；分光光度计（可见光波长范围380～780nm）。

（2）试剂

① 吸收液　称取 4.0g 对氨基苯磺酰胺、10g 酒石酸和 100mg 乙二胺四乙酸二钠盐溶于 400mL 的热水中，冷却后，移入 1000mL 容量瓶中，加入 90mg 盐酸萘乙二胺溶解后，用水稀释到刻度。

② 氧化剂　称取 5g 三氧化铬，用少量水调成糊状，和 95g 石英砂（三级）相混，然后在 105℃下烘干，装瓶备用。

③ 亚硝酸钠标准溶液　准确称取 0.3750g 干燥的亚硝酸钠和 0.2g 氢氧化钠，溶于水中，移入 1000mL 容量瓶中，并用水稀释到刻度。此溶液 NO_2^- 浓度为 250μg/mL，使用时用水稀释成 2.5μg/mL。

④ 显色液　称取 4.0g 对氨基苯磺酰胺、10g 酒石酸和 100mg 乙二胺四乙酸二钠盐溶于 400mL 的热水中，冷却后，移入 500mL 容量瓶中，加入 90mg 盐酸萘乙二胺溶解后，用水稀释到刻度。

【操作步骤】
（1）采样

① 1h 采样　用一个内装 10mL 吸收液的普通型多孔玻璃吸收管，进口接上一个氧化管，并使管略微向下倾斜，以免潮湿空气将氧化管弄脏，污染后面的吸收管；以 0.4L/min 流量避光采气 5～24L，使吸收液呈现玫瑰红色。

② 24h 采样　用一个内装 50mL 吸收液的大型多孔玻璃板吸收管，进口接上一个氧化管，并使管略微向下倾斜，以免潮湿空气将氧化管弄脏，污染后面的吸收管；以 0.2L/min 流量避光采气 288L，或采至吸收液呈现玫瑰红色为止。

记录采样时的温度和大气压。

(2) 标准曲线的绘制　用亚硝酸钠标准溶液绘制标准曲线。取 7 个 25mL 容量瓶，按表 2-24 制备标准色列管。

表 2-24　标准溶液系列

瓶　号	0	1	2	3	4	5	6
标准溶液 V/mL	0	0.30	0.7	1.00	3.00	5.00	7.00
NO_2^-/(μg/mL)	0	0.03	0.07	0.1	0.3	0.5	0.7

向各色列管中分别加入 12.5mL 显色液，加水至刻度，混匀，放置 15min，用 10mm 的比色皿，以水为参比溶液，在波长 540nm 处测定各管的吸光度，以 NO_2^- 含量（μg/mL）为横坐标，吸光度为纵坐标，绘制标准曲线并计算回归线的斜率。以斜率的倒数作为样品测定的计算因子 B_s（μg/mL）。

(3) 样品测定　采样后，用水补充到采样前的吸收液的体积，放置 15min，用 10mm 比色皿，以水作参比，按用标准溶液绘制标准曲线的操作步骤测定样品吸光度。

在每批样品测定的同时，用未采样的吸收液做试剂空白的测定。

计算

$$c = \frac{(A - A_0) B_s V_1}{V^{\ominus} K} D$$

式中　c——空气中氧化氮的浓度，mg/m^3；

A——样品溶液的吸光度；

A_0——试剂空白溶液的吸光度；

B_s——用标准溶液制备标准曲线得到的计算因子，μg/mL；

V_1——采样用的吸收液的体积，mL；

（短时间采样为 10mL，24h 采样为 50mL）

K——$NO_2 \rightarrow NO_2^-$ 的经验转换系数，0.89；

D——分析时样品溶液的稀释倍数；

$V^{\ominus}$——换算成标准状况下的采样体积，L。

2.8.7　硫酸盐化速率的测定

【实验目的】

① 了解无动力采样方法；

② 学会碱片的制作及碱片重量法测定硫酸盐化速率。

【测定原理】

空气中二氧化硫、硫酸酸雾、硫化氢等与二氧化铅反应生成硫酸铅，再与氯化钡作用形成硫酸钡沉淀，用重量法测定。其结果是以每日在 100cm^2 面积的二氧化铅涂层上所含三氧化硫质量（mg）表示。

【仪器和试剂】

(1) 仪器

① 素烧陶瓷层　外径 31mm，长 150mm，外壁上二氧化铅涂层长 100mm。见图 2-45。

② 玻璃砂芯坩埚　G4 型，测定用过的玻璃过滤坩埚，先倒出硫酸钡沉淀，用温热的乙二胺四乙酸二钠盐（EDTA）-氨溶液浸泡、洗净、烘干备用。

③ 百叶窗　规格 (20×20×20)cm^3。

④ 分析天平　感量 0.1mg。
(2) 试剂
① 二氧化铅（PbO_2）用时要仔细研磨，平时应密封保存。
② 黄蓍胶乙醇溶液　称量 2g 黄蓍胶（选用优级纯粉末）溶于 10mL 95％乙醇，搅拌成均匀浆状后，在不断搅拌下加入 150mL 水（配制中在加乙醇溶解时，一定要充分搅拌，

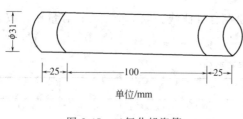

图 2-45　二氧化铅瓷管

使成均匀浆状后再加水混匀）。
③ 碳酸钠溶液　称量 50g 无水碳酸钠溶于水中，加水至 1L。
④ (1+1) 盐酸溶液。
⑤ 氯化钡溶液　称量 100g 氯化钡（$BaCl_2 \cdot 2H_2O$）溶于水中，加水至 1L。
⑥ 甲基橙指示剂　称量 0.1g 甲基橙，加水溶解并稀释至 100mL。
⑦ 10g/L 硝酸银溶液　储于棕色滴瓶中。
⑧ 湿球纱布。
⑨ 二氧化铅瓷管　应在采样前两天制备好（用过的瓷管要放入 2mol/L 盐酸溶液中浸泡、洗净，烘干后再用）。

将 100mm×100mm 湿球纱布整齐地缠在素烧陶瓷管上，用毛笔均匀地刷上一层黄蓍胶乙醇溶液（约 4mL），自然晾干。

称量 4g 二氧化铅置于小研钵中，加入 4mL 黄蓍胶乙醇溶液，研细并调成均匀糊状物。然后用毛笔将糊状物涂到瓷管的纱布上，涂布面积约为 $100cm^2$（见图 2-45）。注意涂层的厚薄均匀及边沿的整齐。

于室温下晾干，再移入干燥器中（避免日光直射），放置至少 36h 后才能使用，二氧化铅涂层外观不应有龟裂或剥落现象。

【操作步骤】
(1) 采样　在现场从密闭的容器中取出制备好的二氧化铅瓷管，安放在百叶箱中心，暴露采样一个月。设点要求和取样时间与灰尘自然沉降量采样相同。收样时，应将样品瓷管放在密闭容器中，带回实验室。在运送过程中还应注意将样品瓷管悬空固定放置，以免二氧化铅涂层面被摩擦脱落。

(2) 样品处理　采样后，准确测量瓷管上二氧化铅的涂布面积。然后将二氧化铅瓷管放入 500mL 烧杯中，用少量碳酸钠溶液淋湿涂层，用镊子取下纱布，再用装在洗瓶中的碳酸钠溶液冲净瓷管，并使总体积为 100mL，搅拌，盖上表面皿放置过夜，或在经常搅拌下放至 4h。将烧杯放在沸水浴或电热板上加热 1h，不时搅拌并补充水，使体积保持 60～80mL。趁热用中速滤纸过滤，以倾注法用热水洗涤沉淀 5～6 次，滤液及洗液总体积 150～280mL，即为样品溶液。

(3) 样品测定　在样品溶液中加 2～3 滴甲基橙指示剂，滴加 (1+1) 盐酸溶液中和，为防止溶液溅出，应盖上表面皿，从烧杯嘴处滴加盐酸至溶液呈红色，再多加 0.5mL (1+1) 盐酸溶液。放在沸水浴中加热，驱除二氧化碳，至不再产生气泡为止。取下表面皿，用少量水冲洗表面皿，加热浓缩至溶液体积约为 100mL，取下，趁热在不断搅拌下，逐滴加入约 5mL 氯化钡溶液，至硫酸钡沉淀完全，再置于水浴上搅拌加热 10min。待溶液澄清后，沿杯壁滴加数滴氯化钡溶液，以检查沉淀是否完全。静置数小时后，将硫酸钡沉淀移入已恒

重的玻璃砂芯坩埚中，用温水洗涤沉淀数次，仔细地用淀帚将附着在烧杯内壁的沉淀擦下，洗入玻璃过滤坩埚中，一直洗到滤液中不含氯离子为止（用10g/L硝酸银溶液检查）。将沉淀于105℃下干燥，称量至质量恒定。坩埚的两次质量之差为样品管上硫酸钡的质量。

在每批样品测定的同时，取同一批制备和保存的未采样的二氧化铅瓷管，按上述相同操作步骤作试剂空白测定。

【计算】

$$C = (W_2 - W_1) \times \frac{M_{SO_3}}{M_{BaSO_4}} \times \frac{100}{S} \times \frac{1}{n} = \frac{34.3(W_2 - W_1)}{Sn}$$

式中 C——空气中硫酸盐化速率，$mg(SO_3)/[100cm^2(PbO_2) \cdot d]$；

W_2——采样管上硫酸钡的质量，mg；

W_1——空白管上硫酸钡的质量，mg；

S——二氧化铅的实际涂布面积，cm^2；

n——二氧化铅瓷管暴露采样的日数，d。

本 章 小 结

通过本章学习应该掌握以下要点。

1. 大气的污染源分为自然污染源和人为污染源两大类。大气污染物很多，主要有二氧化硫、氮氧化物、一氧化碳、臭氧、氟化物等。

2. 大气污染的测定要根据国家有关标准进行。正确理解测定原理，掌握分析方法，熟练操作技能。

3. 大气污染物的采样十分重要，是保证检测大气质量关键的一步，必须按照采样点选择原则和要求去做。布局合理，工具适合，方法得当，样品具有代表性。

4. 了解连续自动化监测技术的基本常识。

大气监测职业技能鉴定表

一、知识部分

知识要求	鉴定范围	鉴定内容	鉴定分值（共100）
基础模块	大气监测基础知识	1. 环境监测的基本概念、污染物的分类 2. 理解环境监测优化布点原则 3. 掌握常规监测项目的采样仪器、采样方法 4. 数据的处理、表述 5. 国家有关大气标准	15
专业知识	方法原理	1. 空气监测方案的制定 2. 分析仪器原理 3. 不同污染物测定方法的选择	20
专业知识	仪器与设备的使用维护知识	1. 采样仪器的一般使用要求 2. 分析仪器使用和维护 3. 自动分析设备的一般维护	30
专业知识	仪器与设备的调试准备	1. 采样仪器的准备 2. 测定仪的调试 3. 分光光度计的调试	20

续表

知识要求	鉴定范围	鉴定内容	鉴定分值（共100）
相关知识	相关专项专业知识	1. 气体温度、压力、体积的计算 2. 溶液配制方法 3. 天平的使用方法 4. 容量瓶的使用方法 5. 温度计的选择使用方法 6. 其他定容仪器的使用	15

二、操作部分

操作要求	鉴定范围	鉴定内容	鉴定分值（共100）
操作技能	基本操作技能	1. 真空采气管的抽真空装置的安装 2. 颗粒物采样夹的准备与使用 3. 大流量采样器、中流量TSP采样器的使用 4. 旋风分尘器、向心式分尘器、撞击式采样器的使用 5. 标准皮托管、S型皮托管、倾斜式微压计的使用 6. 标准溶液配制正确 7. 玻璃纤维滤筒采样管、刚玉滤筒采样管的使用 8. 试样测量前处理正确	65
仪器设备的使用与维护	设备的使用	1. 正确使用分光光度计 2. 正确使用采样仪器和设备 3. 正确使用自动检测设备	15
	设备的维护	1. 正确维护自动检测设备 2. 正确维护采样仪器 3. 正确维护分光光度计等检测设备	10
安全及其他		1. 合理支配时间 2. 保持整洁有序的工作环境 3. 合理处理排放废水 4. 安全用电	10

3. 噪声监测

☞ **学习指南**

本章介绍噪声的来源、危害以及噪声的物理量度和噪声的测量，并对噪声的叠加、评价和现场测量内容进行较为详细的说明。学习本章内容时要明确噪声常用物理量度的意义，掌握噪声叠加公式、图表的应用，了解噪声评价类型及结果表示方法，学会声级计正确的使用方法，认真做好监测实验，加强理论与实际的结合，培养分析问题和解决问题的能力。

3.1 噪声及声学基础

人们在生活中离不开声音，声音作为信息，传递着人们的思维和感情，并借此进行工作和社会活动，所以，声音在人们的日常生活和工作中起着非常重要的作用。但有些声音却干扰人们的工作、学习、休息，影响人们的身心健康。如各种车辆的嘈杂声音，压缩机的进、排气声音等。这些声音人们是不需要的，甚至是厌恶的。因此，掌握什么是噪声，噪声是怎样产生的，它有哪些特征，人们如何确定噪声的强弱等，是学习噪声监测的基础知识。

3.1.1 噪声的定义

从生理学上讲，凡是使人烦恼、讨厌、刺激的声音，即人们不需要的声音就称其为噪声。从物理学上看，无规律、不协调的声音，即频率和声强都不相同的声波无规律的杂乱组合就称其为噪声。按照这一定义，噪声的范围更为广泛，除机器和街道上的吵闹声属于当然的噪声外，凡是我们所不想听的声音或对我们的生活和工作有干扰的声音，不论是语言声，还是音乐声都称为噪声。噪声不单纯根据声音的客观物理性质来定义，还应根据人们的主观感觉、当时的心理状态和生活环境等因素来决定。例如音乐之声对正在欣赏音乐的人来说，是一种美的享受，是需要的声音，而对正在思考或睡眠的人来说，则是不需要的声音，即噪声。

3.1.2 噪声的分类和来源

噪声的种类很多，因其产生的条件不同而异。地球上的噪声主要是自然界的噪声和人为活动产生的噪声。自然界的噪声是由于火山爆发、地震、潮汐、下雨和刮风等自然现象所产生的空气声、雷声、地声、水声和风声等，自然界形成的这些噪声是不以人们的意志为转移的，因此，人们是无法克服的。这里所研究的噪声主要是指人为活动所产生的噪声。

从噪声发生的机理上，人为活动产生的噪声可分为三大类。

① 空气动力性噪声 是由气体振动产生的，当空气中存在涡流或发生压力突变时引起气体的扰动，就会产生噪声。如通风机、鼓风机、空气压缩机、喷气式飞机、汽笛、发电厂或化工厂高压锅炉排气放空时所产生的噪声，均属此类。

② 机械性噪声 是固体振动产生的，在撞击、摩擦、交变应力作用下，机械金属板、轴承、齿轮等发生振动，就会产生噪声。如织布机、球磨机、剪板机、火车车轮滚动等产生的噪声，均属此类。

③ 电磁性噪声　是由于磁场脉动、磁致伸缩、电源频率脉动等引起电器部件的振动而产生的。如电机、变压器等产生的噪声均属此类。

在噪声的来源上，环境噪声通常有四种。

① 交通噪声　包括汽车、火车、飞机和轮船等产生的噪声。其中道路交通噪声的影响范围最大，在我国，道路交通噪声在城市中占的比例通常在 40% 以上，有的甚至在 75% 以上。随着城市车辆的拥有量不断增加，道路交通噪声的危害也将不断加剧。

② 工业噪声　工业噪声也叫厂矿噪声，包括鼓风机、汽轮机、织布机、冲床和锻锤等机器设备产生的噪声。厂矿噪声在我国城市环境噪声中所占的比重约为 20% 左右，影响范围远不如交通噪声，但在我国的城市中，居民与厂矿的混杂情况甚多，厂矿噪声的强度大，作用时间长（许多是 24h 连续作用），使得居民对厂矿噪声的反应特别强烈。我国城市居民关于噪声的投诉中，大部分是针对厂矿噪声的。

③ 建筑施工噪声　如打桩机、混凝土搅拌机、电锯和挖土机等建筑机械运转时产生的噪声。这种噪声虽然具有暂时性，但许多施工是昼夜不停地进行，噪声强度也比较大，有监测结果表明，建筑工地打桩声能传到数公里以外，且工期大都在一年以上，因而对周围居民的干扰是很大的。

④ 社会生活噪声　如高音喇叭、电视机和收录机等发出的声音，小贩的叫卖声及小孩的玩耍声等。随着人们生活水平提高，家用电器拥有量的增加，以及人们社会活动的增加，生活噪声将逐渐成为环境中不容忽视的主要噪声之一。在我国的一些城市，生活噪声已上升为城市环境噪声中占主导地位的噪声。

3.1.3　噪声的特征

噪声污染和空气污染、水污染、固体废物污染一样是当代主要的环境污染之一。但噪声污染与其他污染不同，它是物理污染（或称能量污染），具有以下几个特征。

(1) 可感受性　就公害的性质而言，噪声是一种感觉公害，许多公害是无感觉公害，如放射污染和某些有毒化学品的污染，人们在不知不觉中受污染及危害，而噪声则是通过感觉对人产生危害的。一般的公害可以根据污染物排放量来评价，而噪声公害则取决于受污染者心理和生理因素。一般来说，不同的人对相同的噪声可能有不同的反应，老人与青年人、脑力劳动者与体力劳动者、健康人与病人对噪声的反应是不一致的。因而在评价噪声时，应考虑不同的人群对象。

(2) 即时性　与大气、水质和固体废物等其他物质污染不一样，噪声污染是一种能量污染，仅仅是由于空气中的物理变化而产生的。许多公害是以物质的形式对环境造成污染，这些污染即使在污染源停止排放后，由于过去长期排放在环境中的残存物质还将继续对环境污染，有些有毒污染物能够在污染排放停止后数十年内仍起作用。噪声作为能量污染，其能量是由声源提供的，一旦声源停止辐射能量，噪声污染将立即消失，不存在任何残存物质，无论多么强的噪声或持续了多么久的噪声，只要噪声源停止辐射，污染现象将立即消失，这就是噪声污染的即时性。

(3) 局部性　与其他公害相比，噪声污染是局部和多发性的。除飞机噪声这样的特殊情况外，一般情况下噪声源离受害者的距离很近，噪声源辐射出来的噪声随着传播距离的增加，或受到障碍物的吸收，噪声能量会很快地减弱，因而噪声污染主要局限在声源附近不大的区域内。例如工厂的噪声主要危害了厂界周围的邻居，交通噪声的受害者也一般限于临街而住的居民，不像大气污染会涉及一个地区或一个城市，也不像水质污染那样会涉及一段河道或整个水系。此外,噪声污染又是多发的,城市中噪声源分布既多又散,使得噪声的测量和治理工作很困难。

3.1.4 噪声的频率、波长和声速

3.1.4.1 噪声的产生

噪声也是一种声音,因此,它具有声音的一切声学特性和规律。声音的产生来源于物体的振动。例如,敲锣时,会听到锣声,此时如果用手去摸锣面,就会感到锣面在振动;如果用手按住锣面不让它振动,锣声就会消失。在许多情况下,噪声也是由机械振动产生的。如锻锤打击工件的噪声,机床运转发出的噪声,洗衣机工作时产生的噪声,它们都是由振动的物体发出的。能够发声的物体称为声源。当然,声源不一定都是固体振动,液体、气体振动都同样能发出声音。如内燃机的排气声,锅炉的排气声,风机的进、排气声,高压容器排气放空声,都是高速气流与周围静止空气相互作用引起空气振动的结果。

3.1.4.2 噪声的传播

物体振动发出的声音要通过中间介质才能传播出去,送到人耳,使人感到有声的存在。那么噪声是怎样通过介质把振动的能量传播出去的呢?现以敲锣为例,当人们用锣锤敲击锣面时,使靠近锣面附近的空气时疏时密,带动邻近空气的质点由近及远地依次推动起来,这一密一疏的空气层就形成了传播的声波,故声波亦称疏密波。当声波作用于人耳鼓膜使之振动,刺激内耳的听觉神经,就产生了噪声的感觉。噪声在空气中的产生和传播如图 3-1 所示。

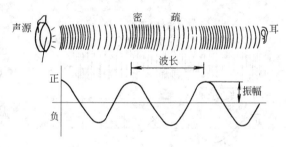

图 3-1 噪声的产生和传播

噪声在介质中传播只是运动的形式,介质本身并不被传播,而是在它的平衡位置来回振动。噪声传播就是振动形式的传播,故噪声也是声波的一种形式,通常把噪声叫做噪声波。产生噪声的振动源为噪声源,介质中有噪声存在的区域称为噪声场,噪声传播的方向称为声线。

3.1.4.3 噪声的频率、波长和声速

声源在每秒内振动次数称为频率,用 f 表示,单位是 Hz,1Hz=1 次/s。由于人的听觉一般只能感觉 20~20000Hz 之间的声频,故噪声监测的是这个频率范围内的声波。

声源振动一次所经历的时间叫周期,用 T 表示,单位是 s,$T=1/f$。

沿声波传播方向振动一个周期所传播的距离或在波形上相位相同的相邻两点间的距离称为波长,波长用 λ 表示,单位是 m。

声源每秒在介质中传播的距离称为声速,用 c 表示,单位是 m/s。

频率 f、波长 λ 和声速 c 是噪声的三个重要的物理量,它们之间的关系为:

$$\lambda = c/f$$

声速同传播噪声的介质及温度有关。在 20℃时,空气中声速约为 344m/s,一般常温时声速都取这个值;当温度升高时,由于介质密度减小,声速增高。对于空气而言,温度每增高 1℃,其声速增加 0.607m/s,因此,在空气中有如下关系式:

$$c = 331.4 + 0.607t$$

式中 t——摄氏温度,℃。

噪声不但可在空气中传播,亦可在固体和液体中传播。在常温(20℃)下,噪声在纯水

中的速度为 1450m/s，在钢铁中的速度为 5000m/s。

【例 3-1】 当空气温度为 40℃时，试计算空气中的声速，并求在该温度下频率为 500Hz 噪声的波长。

解：该温度下声速　　$c=331.4+0.607\times40=355.68$（m/s）
在 $f=500$Hz 时　　　$\lambda=c/f=355.68\div500=0.71$（m）

答：声速为 355.68m/s，波长为 0.71m。

3.1.5 噪声的物理量度

自然界中的声音纷繁复杂，多种多样，有的尖厉刺耳，有的沉闷低回，有的高亢激昂，有的弱如游丝，需要给它们一个客观的物理度量。

3.1.5.1 声压、声强和声功率

既然噪声是一种声波，那么用声波的物理特性就可以描述它。但是，为便于评价和控制噪声，人们还特地引入一些专用量来表示它。

（1）声压　由于噪声引起空气质点的振动，使周围空气质点发生疏密交替变化而产生的压强变化称为声压，亦即噪声场中单位面积上由声波引起的压力增量为声压，用 p 表示，单位为 Pa。我们通常生活的环境压强是一个大气压 p_0，当噪声这个疏密波传来时，环境压强就会发生改变，疏部的压强稍稍低于 p_0，密部的压强稍稍高于 p_0，这种在大气压上起伏的部分就是声压。如图 3-2 所示压强的波动情况，亦即声压的变化。

以敲锣为例，锣面敲得越重，锣面上下振动越剧烈，声压就越大，听起来噪声就越响；反之振动小，声压小，听起来噪声就越弱。这就是说，声压的大小反映了噪声的强弱，所以通常都用声压来衡量噪声的强弱。声压分为瞬时声压和有效声压。

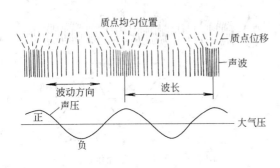

图 3-2　声压波动情况

声波在空气中传播时，压力的增减值是正负交替的。噪声场中某一瞬时的声压值称为瞬时声压。瞬时声压在随时间变化，而人耳感觉到的是瞬时声压在某一时间的平均结果，叫有效声压。有效声压是瞬时声压对时间取的均方根值，故实际上总是正值。声压是常用噪声测量仪器测量的一个基础物理量度，一般仪器测得的往往就是有效声压量，在没有特别注明的情况下，声压都是指有效声压。

正常人耳刚能听到的最微弱的声音的声压是 2×10^{-5}Pa，称为人耳听阈声压，如人耳刚刚听到的蚊子飞过的声音的声压；使人耳产生疼痛感觉的声压是 20Pa，称为人耳痛阈声压，如飞机发动机噪声的声压。通常噪声测量仪器所指示的数值就是声压值。

（2）声强　声波作为一种波动形式，将噪声源的能量向空间辐射，人们可用能量来表示它的强弱。在单位时间内（每秒），通过垂直声波传播方向的单位面积上的声能，叫做声强。用 I 表示，单位为 W/m²。

声强的大小与离噪声源的距离远近有关。这是因为单位时间内噪声源发出的噪声能量是一定的，离噪声源的距离越远，噪声能量分布的面积就越宽，通过单位面积的噪声能量就越小，声强就越小。

在自由声场中（离声源很远且没有任何反射的声场），声压与声强有密切的关系：

$$I=\frac{p^2}{\rho c}$$

式中　p——声压，Pa；
　　　ρ——空气的密度，kg/m³；
　　　c——声速，m/s。

(3) 声功率　噪声源在单位时间内向外辐射的总声能叫声功率，通常用 W 表示，单位是 W，1W＝1N·m/s。

在自由声场中，若有一个向四周均匀辐射噪声的点噪声源，则在 r 处的声功率与声强有如下关系：

$$I=\frac{W}{4\pi r^2}$$

式中　I——离噪声源 r 处的声强，W/m²；
　　　W——声源辐射的声功率，W；
　　　r——离声源的距离，m。

声压、声强和声功率三个物理量中，声强和声功率是不容易直接测定的，所以在噪声监测中一般都是测定声压，只要测出声压，就可算出声强，并进而算得声功率。

3.1.5.2　声压级、声强级、声功率级及其分贝

(1) 声压级　能够引起人们听觉的噪声不仅要有一定的频率范围（20～20000Hz），而且还要有一定的声压范围（2×10^{-5}～20Pa）。声压太小，不能引起听觉；声压太大，只能引起痛觉，而不能引起听觉。从听阈声压 2×10^{-5}Pa 到痛阈声压 20Pa，声压的绝对值数量级相差 100 万倍，声强之比则达 1 万亿倍，因此，在实践中使用声压的绝对值描述噪声的强弱是很不方便的。另外，人的听觉对噪声信号强弱的刺激反应不是线性的，而是与噪声的强度成对数比例关系的。为了准确而又方便地反映人对噪声听觉的感受，人们引用了声压比或声能量比的对数成倍关系——"级"来表示噪声强度的大小。当用"级"来衡量声压大小时，就称为声压级。这与人们常用级来表示风力大小、地震强度的意义是一样的。

声压级的单位是分贝（记为 dB），分贝是一个相对单位。声压与基准声压之比，取以 10 为底的对数，再乘以 20 就是声压级的分贝数。声压级实际上是声压分贝标度的一种形式，其数学表示式为：

$$L_p=20\lg\frac{p}{p_0}$$

式中　L_p——声压级，dB；
　　　p——声压，Pa；
　　　p_0——基准声压，$p_0=2\times10^{-5}$Pa。

为了使初学者对声压和声压级的概念有一个直观的了解，表 3-1 给出几种常见噪声源的声压和声压级。

分贝标度法不仅用于声压，同样也能用于声强和声功率的标度，当用分贝标度声强或声功率的大小时，就是声强级或声功率级。

(2) 声强级

$$L_I=10\lg\frac{I}{I_0}$$

式中　L_I——声强级，dB；
　　　I——声强，W/m²；
　　　I_0——基准声强，$I_0=10^{-12}$W/m²。

表 3-1 几种常见噪声源的声压和声压级

声压/Pa	声压级/dB	噪声源及环境	声压/Pa	声压级/dB	噪声源及环境
2×10^{-5}	0	刚刚能听到的声音	2×10^{-1}	80	公共汽车内
6.3×10^{-5}	10	寂静的夜晚	6.3×10^{-1}	90	水泵房
2×10^{-4}	20	微风轻轻吹动树叶	2	100	轧钢机附近
6.3×10^{-4}	30	轻声耳语	6.3	110	织布机旁
2×10^{-3}	40	疗养院房间	2×10	120	大型球磨机附近
6.3×10^{-3}	50	机关办公室	6.3×10	130	锻锤工人操作岗位
2×10^{-2}	60	普通讲话	2×10^{2}	140	飞机强力发动机旁
6.3×10^{-2}	70	繁华街道			

(3) 声功率级

$$L_W = 10\lg\frac{W}{W_0}$$

式中　L_W——声功率级，dB；

　　　W——声功率，W；

　　　W_0——基准声功率，$W_0 = 10^{-12}$ W。

利用以上公式，我们就可以把人耳能听到的各种噪声的声压、声强和声功率转化为声压级、声强级和声功率级，从而很方便地判断其危害程度。

【例 3-2】 已知震耳欲聋噪声的声压为 2×10 Pa，求其声压级 L_p。

解：　　　　　$L_p = 20\lg(p/p_0) = 20\lg[20/(2\times10^{-5})] = 120\text{(dB)}$

答：该噪声的声压级是 120dB。

显然，采用分贝标度的声压级后，将动态范围 $2\times10^{-5}\sim2\times10$ Pa 的声压转变为动态范围为 0～120dB 的声压级，因而使用方便，也符合人的听觉的实际情况。

为了直观，将声压、声强和声功率与它对应的级的换算列出，如图 3-3 所示。

3.1.5.3 噪声的叠加

前述的声压级、声强级、声功率级都是单一噪声源的表示式。在实际工作中，常遇到某些场所有几个噪声源同时存在，人们可以单独测量每一个噪声源的声压级，那么，当多个噪声源同时向外辐射噪声时，则区域内总噪声对应的物理量度又是多少呢？在说明总噪声物理量度前，我们必须明确这样两点：一是声能量是可以进行代数相加的物理量度，设两个声源的声功率分别是 W_1 和 W_2，那么总声功率 $W_总 = W_1 + W_2$，同样两个声源在同一点的声强为 I_1 和 I_2，因此它的总声强 $I_总 = I_1 + I_2$；二是声压是不能直接进行代数相加的物理量度，根据前面公式可以推导总声压与各声压的关系式如下：

$$I_1 = \frac{p_1^2}{\rho c} \qquad I_2 = \frac{p_2^2}{\rho c}$$

由 $I_总 = p_总^2/(\rho c)$，得总声压 $p_总^2 = p_1^2 + p_2^2$。

下面分几种情况说明噪声的叠加。

(1) 相同噪声级的叠加　噪声级是噪声物理量度的统称，它代表的可以是噪声的声压级、声强级或声功率级。

如果某场所有 N 个噪声级相同的噪声源叠加到一起，那么它们所产生的总的噪声级可用下式表示：

$$L_c = L + 10\lg N$$

式中　L_c——总噪声级，dB；

L——一个噪声源的噪声级，dB；

N——噪声源的数目。

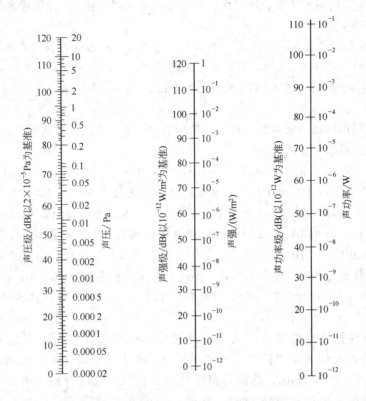

图 3-3　声压、声强和声功率与对应的级的换算列线图

有时人们把 $10\lg N$ 叫噪声级增值，若 L 分别用 L_p、L_I、L_W 表示时，则 L_c 分别代表的是总声压级、总声功率级、总声强级。由于每个噪声源的噪声级多数以该噪声源的声压级来表示，因此，在噪声合成中总噪声级多以总声压级来表示。

【例 3-3】　如有 10 个相同的噪声源，每个噪声源的声压级均为 100dB，那么它们的总声压级为多少？

解： 　　　　　　　　　　$L_c = 100 + 10\lg 10 = 110$（dB）

在求算总噪声级时，计算过程中一般不带单位，但计算完后单位要用括号注明。

(2) 不同噪声级的叠加　如果有两个噪声级不同的噪声源（如 L_1 和 L_2，且 $L_1 > L_2$）叠加在一起，这时它们产生的总噪声级可按下式计算：

$$L_c = L_1 + \Delta L$$

式中　L_c——总噪声级，dB；

L_1——两个相叠加的噪声级中数值较大的一个，dB；

ΔL——增加值，dB。其数值可由表 3-2 查出。

表 3-2　分贝和的增加值表　　　　　　　　　　　　　　　　单位：dB

声压级差	0	1	2	3	4	5	6	7	8	9	10	11	12	13	14	15
增值	3	2.5	2.1	1.8	1.5	1.2	1	0.8	0.6	0.5	0.4	0.3	0.3	0.2	0.1	0.1

由表 3-2 看出，当噪声级相同时，叠加后总噪声级增加 3dB，当噪声级相差 15dB 时，

叠加后的总噪声级增加 0.1dB。因此，两个噪声级叠加，若两者相差 15dB 以上，其中较小的噪声级对总声级的影响可以忽略。

同样，当 L_1 分别用声压级、声强级、声功率级表示时，则 L_c 分别代表的是总声压级、总声强级、总声功率级。

【例 3-4】 某车间两台车床，在同一个测点，当开其中一台时测得的声压级为 90dB，当开另一台时测得的声压级为 85dB，求总声压级是多少。

解：$L_1-L_2=90-85=5$（dB），由表 3-2 查出 $\Delta L=1.2$dB，则 L_c（总声压级）$=90+1.2=91.2$（dB）。

对于多个不同声压级的噪声源，则依然仿照 L_1-L_2 的方法，依次计算出差值，再两个两个地相叠加，最后求出总的噪声级。

【例 3-5】 如某车间有五台机器，在某位置测得这五台机器的声压级分别为 95dB，90dB，92dB，86dB，80dB，试求这五台机器在这一位置的总声压级是多少？

解：先按声压级的大小依次排列，每两个一组，由差值查得增加值求其和，然后逐个相加，求得总声压级。如 95dB 和 92dB 相加，两声压级相差 3dB，由表 3-2 查得增加值 $\Delta L=1.8$dB，所以，95dB 和 92dB 的总声压级为 $95+1.8=96.8$（dB），然后将 96.8dB 与 90dB 相加，它们的差值为 6.8dB，四舍五入为 7dB，由表 3-2 查得 $\Delta L=0.8$dB，因此，它们相加的总声压级为 $96.8+0.8=97.6$（dB），其他依次相加，最后得到五台机器噪声的总声压级为 97.9dB。

多个噪声源的叠加与叠加次序无关，叠加时，一般选择两个噪声级相近的依次进行，因为两个噪声级数值相差较大，则增加值 ΔL 很小，影响准确性；当两个噪声级相差很大时，即 $L_1-L_2>15$dB，总的噪声级的增加值 ΔL 可以忽略。因此，在噪声控制中，抓住噪声源中主要的、有影响的，将这些主要噪声源降下来，才能取得良好的降噪效果。

(3) 噪声的相减　在某些实际工作中，常需从总的被测噪声级中减去背景或环境噪声级，来确定由单独噪声源产生的噪声级。如某加工车间内的一台机床，在它开动时，辐射的噪声级是不能单独测量的，但是，机床未开动前的背景或环境噪声是可以测量的，机床开动后，机床噪声与背景或环境噪声的总噪声级也是可以测量的，那么，计算机床本身的噪声级就必须采用噪声级的减法。其推导与上面叠加计算一样，可用下式表示：

$$L_1=L_c-\Delta L$$

式中　L_1——机器本身的噪声级，dB；

L_c——总噪声级，dB；

ΔL——增加值，dB，其值可由图 3-4 查得。

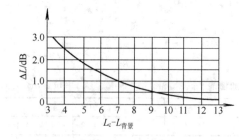

图 3-4　声音压级分贝差值图

【例 3-6】 某车间有一台空压机，当空压机开动时，测得噪声源声压级为 90dB，当空压机停止转动时，测得噪声源声压级为 83dB，求该空压机的声压级为多少？

解：空压机开动与不开动时的噪声声压级差值是 $L_c-L_{背景}=90-83=7$（dB），由图 3-4 查得 $\Delta L=1.0$dB，空压机的声压级为 $L_1=L_c-\Delta L=90-1.0=89$（dB）。

3.1.5.4 倍频程

因声音有不同的频率，所以有低沉的声音和高亢的声音，频率低的声音音调低，频率高的声音音调高。研究噪声时，必须研究它的频率。人耳可以听到的声音频率为 20～20000Hz，对如此大的变化范围一一进行分析是不现实的，也是不需要的。为方便起见，将这么大的频率范围划分为若干个小段，每一小段就叫频程或频带。频程上限频率用 $f_上$ 表示，下限频率用 $f_下$ 表示，当频程上限频率与下限频率之比为 2 时的频程就叫倍频程；上限频率与下限频率之比为 $2^{1/3}$ 的频程叫 1/3 倍频程。在实际应用时每个频程都是用它的中心频率（$f_中$）来表示的，中心频率与上下限频率的关系是：

$$f_中 = \sqrt{f_上 f_下}$$

在测量和研究噪声时，常常采用的是倍频程，其频率范围如表 3-3 所示。

表 3-3 倍频程中心及频率范围

下限频率/Hz	22	44	88	177	355	710	1240	2840	5680	11360
中心频率/Hz	31.5	63	125	250	500	1000	2000	4000	8000	16000
上限频率/Hz	44	88	177	355	710	1240	2840	5680	11360	22720

思考与练习

1. 什么叫噪声？环境噪声主要有哪些？
2. 试比较噪声污染与水污染、空气污染、土壤污染的异同。
3. 在你生活、学习周围环境中举一个产生噪声的实例，并说明它的来源和可能造成的危害有哪些。
4. 试分析随着铁路运输向高速、重载方向发展，铁路噪声污染可能会出现的新特点。
5. 在声压测量中，为什么不采用平均声压，而是采用有效声压？
6. 四个噪声源作用于某一点的声压级分别为 78dB（A），82dB（A），83dB（A），85dB（A），试求这四个噪声源同时作用于这一点的总声压级为多少？
7. 根据总声压 $p_总^2 = \sum p_i^2$ 的关系推导总声压级 L_c 与每个声压级 L_{pi} 的关系式，并按推导的关系式重新计算上述结果。p_i 代表的是多个噪声源中每个噪声源的声压值。
8. 车间有多台机器时，是否会导致噪声级大大增加？举例说明。

阅读园地

噪声的危害

1981 年，在美国举行的一次现代派露天音乐会上，当震耳欲聋的音乐声响起后，有 300 多名听众突然失去知觉，昏迷不醒，100 辆救护车到达现场抢救。这就是骇人听闻的噪声污染事件。

1962 年美国三架军用飞机以超音速低空掠过日本藤泽市，结果使许多民房玻璃破碎，烟囱倒塌，日光灯掉落，商店货架上的物品震落地上，造成很大损失。

中国也是噪声污染比较严重的国家，全国有近三分之二的城市居民在噪声超标的环境中生活和工作，对噪声污染的投诉占环境污染投诉的近 40%。

噪声被称为"无形的暴力"，是大城市的一大隐患。有人曾做过实验，把一只豚鼠放在

173dB 的强声环境中，几分钟后就死了。解剖后的豚鼠肺和内脏都有出血现象。1959 年，美国有 10 个人"自愿"做噪声实验。当实验用飞机从 10 名实验者头上 10～12m 的高度飞过后，有 6 人当场死亡，4 人数小时后死亡。验尸证明 10 人都死于噪声引起的脑出血。可见这个"声学武器"的威力之大。

噪声可损害听觉，引起慢性疾病、气质性病变。除此之外，还会影响人体其他系统，如神经系统、心血管系统、肠胃系统，以及视力和免疫系统。

噪声是一种物理性污染，它与化学性、生物性污染不同的地方在于，环境噪声的污染的特点是局部性、区域性的和无后效性。即当污染源停止运转后，污染也就立即消失。所以噪声虽是"隐形杀手"，只要人们在噪声源、噪声传播过程以及个人防护技术上加以恰当的控制，就能够使噪声远离人们的生活。

3.2 噪声的主观评价及评价参数

噪声危害的大小不仅与声音的强度、频率、成分及作用时间有关，而且与人的听觉特性及接受噪声者的情绪有关，因此在一定程度上，对噪声的主观评价比客观评价更重要。

3.2.1 主观评价

主观评价是指从人接受噪声后的主观感觉出发，一方面对噪声状况进行计量与分析；另一方面研究和判断噪声对人和环境在哪些方面造成危害，危害程度如何。

3.2.1.1 响度和响度级

(1) 响度　在噪声的物理量度中，声压和声压级是评价噪声强弱的常用物理量度。人耳对噪声强弱的主观感觉，不仅与声压级的大小有关，而且还与噪声频率的高低、持续时间的长短等因素有关。人耳对高频率噪声较敏感，对低频率噪声较迟钝。对两个具有同样声压级但频率不同的噪声源，高频声音给人的感觉就比低频的声音更响。比如毛纺厂的纺纱车间的噪声和小汽车内的噪声，声压级均为 90dB，可前者是高频，后者是低频，听起来会感觉前者比后者响得多。为了用一个量来反映人耳对噪声的反应这一特点，人们引出了响度概念。响度是人耳判别噪声由轻到响的强度概念，它不仅取决于噪声的强度（如声压级），还与它的频率和波形有关。响度用 N 表示，单位是"宋"，定义声压级为 40dB、频率为 1000Hz 的纯音为 1 宋。如果另一个噪声听起来比 1 宋的声音大 n 倍，即该噪声的响度为 n 宋。

(2) 响度级　响度级是建立在两个声音主观比较的基础上，选择 1000Hz 的纯音作基准声音，若某一噪声听起来与该纯音一样响，则该噪声的响度级在数值上就等于这个纯音的声压级(dB)。响度级用 L_N 表示，单位是"方"。如某噪声听起来与声压级为 80dB、频率为 1000Hz 的纯音一样响，则该噪声的响度级就是 80 方。响度级是一个表示声音响度的主观量，它把声压级和频率用一个概念统一起来，既考虑声音的物理效应，又考虑声音对人耳的生理效应。

(3) 等响曲线　利用与基准声音相比较的方法，通过大量的试验，得到一般人对不同频率的纯音感觉为同样响的响度级与频率的关系曲线，即等响曲线，如图 3-5 所示。

图 3-5 中最下面的是听阈曲线，上面 120 方的曲线是痛阈曲线，听阈和痛阈之间是正常人耳可以听到的全部声音。从图上可以看出，不同声压级，不同频率的声音可产生相同响度的噪声。比如 1000Hz 60dB、4000Hz 52dB、100Hz 67dB、30Hz 88dB 的声音听起来一样响，同为 60 方的响度级。

响度和响度级都是对噪声的主观评价，两者之间的关系为：

3. 噪声监测

$$L_N = 40 + 33.3 \lg N$$

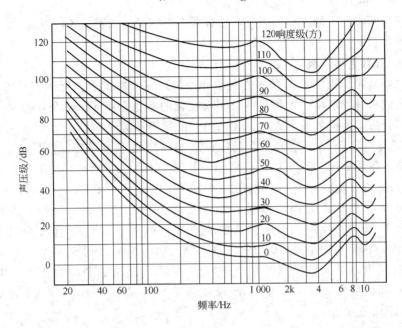

图 3-5　等响曲线图

3.2.1.2　计权声级

由于用响度级来反映人耳的主观感觉太复杂，而且人耳对低频声不敏感，对高频声较敏感，为了模拟人耳的听觉特征，人们在等响曲线中选出三条曲线，即 40 方、70 方、100 方的曲线，分别代表低声级、中强声级和高强声级时的响度，并按这三条曲线的形状，设计出 A、B、C 三挡计权网络，在噪声测量仪器上安装相应的滤波器，对不同频率的声音进行一定的衰减和放大，这样便可从噪声测量仪器上直接读出 A 声级、B 声级、C 声级，这些声级统称计权声级，分别记为 dB（A）、dB（B）、dB（C）。近年来研究表明，不论噪声强度是多少，利用 A 声级都能较好地反映噪声对人吵闹的主观感觉和人耳听力损伤程度。因此，现在常用 A 声级作为噪声测量和评价的基本量。今后如果不作说明均指的是 A 声级。A 声级通常用符号 L_A 表示，单位是 dB（A）。常见声源的 A 声级见表 3-4。

表 3-4　常见声源的 A 声级

声　　源	主观感受	A 声级/dB
轻声耳语	安静	20～30
静夜，图书馆	安静	30～40
普通房间，吹风机	较静	40～60
普通谈话声，小空调机	较静	60～70
大声说话，较吵街道，缝纫机	较吵	70～80
吵闹的街道，公共汽车，空压机站	较吵	80～90
很吵的马路，载重汽车，推土机，压路机	很吵	90～100
织布机，大型鼓风机，电锯	很吵	100～110
柴油发动机，球磨机，凿岩机	痛阈	110～120
风铆，螺旋桨飞机，高射机枪	痛阈	120～130
风洞，喷气式飞机，大炮	无法忍受	130～140
火箭，导弹	无法忍受	150～160

3.2.2 噪声的评价参数

为了能评价噪声在不同方面的影响，结合考虑影响噪声危害的各种因素，需要对噪声提出相应的评价参数。

3.2.2.1 等效连续声级

A 声级主要适用于连续稳态噪声的测量和评价，它的数值可由噪声测量仪器的表头直接读出。但人们所处的环境中大都是随时间而变化的非稳态噪声，如果用 A 声级来测量和评价就显得不合适了。比如一个人在 90dB（A）的噪声环境中工作 8h，而另一个人在 90dB（A）的噪声环境下工作 2h，他们所受的噪声影响显然是不一样的。但是，如果一个人在 90dB（A）噪声环境下连续工作 8h，而另一个人在 85dB（A）噪声环境下工作 2h，在 90dB（A）下工作 3h，在 95dB（A）下工作 2h，在 100dB（A）下工作 1h，这就不易比较两者中谁受噪声影响大。于是人们提出用噪声能量平均值的方法来评价噪声对人的影响，这就是等效连续声级，它反映人实际接受的噪声能量的大小，对应于 A 声级来说就是等效连续 A 声级。国际标准化组织（ISO）对等效连续 A 声级的定义是：在声场中某个位置、某一时间内，对间歇暴露的几个不同 A 声级，以能量平均的方法，用一个 A 声级来表示该时间内噪声的大小，这个声级就为等效连续 A 声级，用 L_{eq} 表示，单位是 dB（A）。其计算公式为：

$$L_{eq} = 10 \lg \frac{\sum 10^{0.1L_i}}{n}$$

式中　L_{eq}——等效连续 A 声级，dB（A）；
　　　L_i——等间隔时间 t 秒内读出的声级 dB（A），一般每 5 秒读一个；
　　　n——读得的声级总个数，一般为 100 个或 200 个。

3.2.2.2 累计百分声级

累计百分声级是指某点噪声级有较大波动时，用于描述该点噪声随时间变化状况的统计物理量，一般用 L_{10}、L_{50}、L_{90} 表示。

L_{10} 表示在测量时间内 10% 的时间超过的噪声级，相当于噪声平均峰值。

L_{50} 表示在测量时间内 50% 的时间超过的噪声级，相当于噪声平均中值。

L_{90} 表示在测量时间内 90% 的时间超过的噪声级，相当于噪声平均底值。

其计算方法是：将测得的 100 个或 200 个数据按由大到小顺序排列，第 10 个数据或总数为 200 个的第 20 个数据即为 L_{10}，第 50 个数据或总数为 200 个的第 100 个数据即为 L_{50}，第 90 个数据或总数为 200 个的第 180 个数据即为 L_{90}。

如果测量的数据符合正态分布，则等效连续 A 声级和统计声级有如下关系：

$$L_{eq} \approx L_{50} + d^2/60, \quad d = L_{10} - L_{90}$$

3.2.2.3 昼夜等效声级

昼夜等效声级是考虑到噪声在夜间对人影响更为严重，将夜间噪声另增加 10dB（A）加权处理后，用能量平均的方法得出 24h 声级的平均值，用 L_{dn} 表示，单位是 dB（A）。计算公式为：

$$L_{dn} = 10 \lg \frac{t_d 10^{0.1L_d} + t_n 10^{0.1(L_n+10)}}{24}$$

式中　L_d——昼间 t_d 个小时的等效声级 dB（A），t_d 一般取 16h，时间从 6：00～22：00；
　　　L_n——夜间 t_n 个小时的等效声级 dB（A），t_n 一般取 8h，时间从 22：00～6：00。

3.2.2.4 噪声污染级

实践证明，涨落的噪声所引起人的烦恼程度比等能量稳态噪声更大，且与噪声暴露的变化率和平均强度有关。在等效连续声级的基础上加上一项表示噪声变化幅度的量，更能反映实际污染程度，一般可用来评价不稳定噪声。用符号 L_{NP} 表示，单位是 dB（A）。它与等效连续 A 声级的关系是：

$$L_{NP} = L_{eq} + 2.56s$$

式中　　s——噪声分布的标准偏差，$s = \sqrt{\dfrac{1}{n-1}\sum_{i=1}^{n}(L_i - \overline{L})^2}$；

L_i——测得的第 i 个声级，dB（A）；

$\overline{L}$——所测声级的算术平均值，dB（A），即 $\overline{L} = \left(\sum_{i=1}^{n} L_i\right)/n$；

n——测得声级的总个数。

如果测量数据符合正态分布，$s \approx (L_{16} - L_{84})/2$，其中 L_{16} 和 L_{84} 分别表示测得的 100 数据按由大到小排列后，第 16 个数据和第 84 个数据。

思考与练习

1. 什么叫计权声级？它在噪声监测有何种意义？
2. 等响曲线是如何绘制的？响度级、频率和声压级三者之间有何关系？
3. 什么叫等效连续声级和噪声污染级？

阅读园地

噪声的标准

噪声对人的影响与声源的物理特性、暴露时间和个体差异等因素有关。所以噪声标准的制定是在大量实验的基础上进行统计分析的，主要考虑因素是保护听力、噪声对人体健康的影响、人们对噪声的主观烦恼度和目前的经济、技术条件等方面。对不同的场所和时间分别加以限制，即同时考虑标准的科学性、先进性和现实性。目前，我国已颁布的噪声标准有：声环境质量标准（GB 3096—2008）；工业企业厂界噪声排放标准（GB 12348—2008）；建筑施工场界环境噪声排放标准（GB 12523—2011）；摩托车和轻便摩托车加速行驶噪声限值及测量方法（GB 16169—2005）；地下铁路车站站台噪声（GB 14227—93）。具体见附录。

近年来，我国的噪声污染日益严重。据统计，1998 年我国大多数城市处于中等污染水平。在影响城市环境的各种噪声源中，工业噪声占 8%～10%，建筑施工噪声约占 5%，交通噪声约占 30%，生活噪声约占 47%。

全国 209 个省控以上城市区域环境噪声的平均等效声级在 43.6～66.6dB 之间，其中 16 个城市污染严重，占 7.7%；119 个城市处于中等污染水平，占 56.9%；68 个城市受到轻度污染，占 32.5%。城市及交通噪声污染的面积和危害的人口数量较大，有 2/3 的城市人口暴露在较高的噪声（超过 55dB）的环境下，有将近 30% 的城市居民生活在难以忍受的噪声（超过 65dB）环境里。图 3-6 是 1997 年城市各类功能区的噪声超标率，可见大部分居民仍生活在噪声超标的环境中。

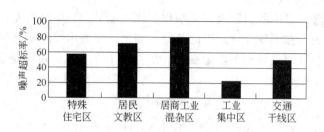

图 3-6　1997 年我国城市各类功能区噪声超标率

3.3　噪声测量仪器与噪声监测

为了测量噪声的强度、大小是否超过标准，了解噪声对人体健康的危害，研究或降低噪声等，都需要噪声测量仪器。噪声测量技术的一个重要组成部分就是对测量仪器的操作使用。了解噪声测量仪器的基本结构和工作原理，掌握仪器的功能和适用场合，学会仪器的正确使用方法，并能判别和排除仪器的常见故障，应是监测人员所具备的最基本技能。随着现代电子技术的飞速发展，噪声测量仪器发展也很快。在噪声测量中，人们可根据不同的测量与分析目的，选用不同的仪器，采用相应的测量方法。常用的测量仪器有声级计、声级频谱仪、噪声级分析仪。

3.3.1　声级计

声级计也称噪声计，它是用来测量噪声的声压级和计权声级的最基本的测量仪器，它适用于环境噪声和各种机器（如风机、空压机、内燃机、电动机）噪声的测量，也可用于建筑声学、电声学的测量。

3.3.1.1　声级计的种类

声级计按其用途可分为：普通声级计、精密声级计、脉冲声级计、积分声级计和噪声剂量计等。按其精度可分为四种类型：0型声级计、Ⅰ型声级计、Ⅱ型声级计和Ⅲ型声级计，它们的精度分别为±0.4dB、±0.7dB、±1.0dB、±1.5dB。按其体积大小可分为便携式声级计和袖珍式声级计。国产声级计有 ND-2 型精密声级计和 PSJ-2 普通声级计。国际标准化组织（ISO）及国际电工委员会（IEC）规定普通声级计的频率范围是 20～8000Hz，精密声级计的频率范围为 20～12500Hz。

3.3.1.2　声级计的基本构造

声级计主要由传声器、放大器、衰减器、计权网络、电表电路及电源等部分组成（见图 3-7）。

声级计的工作原理是：声压经传声器后转换成电压信号，此信号经前置放大器放大后，最后从显示仪表上指示出声压级的分贝数值。

（1）传声器　也称话筒或麦克风，它是将声能转换成电能的元件。声压由传声器膜片接受后，将声压信号转换成电信号。传声器的质量是影响声级计性能和测量准确度的关键。优质的传声器应满足以下要求：灵敏度高、工作稳定；频率范围宽、频率响应特性平直、失真小；受外界环境（如温度、湿度、振动、电磁波等）影响小；动态范围大。

在噪声测量中，根据换能原理和结构的不同，常用的传声器分为晶体传声器、电动式传声器、电容传声器和驻极体传声器。晶体和电动式传声器一般是用于普通声级计；电容和驻

3. 噪声监测

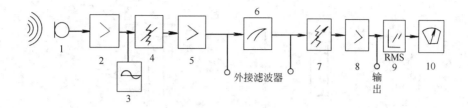

图 3-7　声级计工作原理示意图

1—传声器；2—前置放大器；3—校准器；4—输入衰减器；5—输入放大器；
6—计权网络；7—输出衰减器；8—输出放大器；9—检波器；10—电表

极体传声器多用于精密声级计。

电容传声器灵敏度高，一般为 10~50mV/Pa；在很宽的频率范围内（10~20000Hz）频率响应平直；稳定性良好，可在 50~150℃、相对湿度为 0~100% 的范围内使用。所以电容传声器是目前较理想的传声器。

传声器对整个声级计的稳定性和灵敏度影响很大，因此，使用声级计要合理选择传声器。

(2) 放大器和衰减器　放大器和衰减器是声级计和频谱分析仪内部放大和衰减电信号的电子线路。传声器把声音信号变成电信号，此电信号一般很微弱，既达不到计权网络分离信号所需的能量，也不能在电表上直接显示，所以需要将信号加以放大，这个工作由前置放大器来完成；当输入信号较强时，为避免表头过载，需对信号加以衰减，这就需要用输入衰减器进行衰减。经过前边处理后的信号必须再由输入放大器进行定量的放大才能进入计权网络。用于声级测量的放大器和衰减器应满足下面几个条件：要有足够大的增益而且稳定；频率响应特性要平直；在声频范围（20~20000Hz）内要有足够的动态范围；放大器和衰减器的固有噪声要低；耗电量小。

(3) 计权网络　它是由电阻和电容组成的、具有特定频率响应的滤波器，能使欲测定的频带顺利地通过，而把其他频率的波尽可能地除去。为了使声级计测出的声压级的大小接近人耳对声音的响应，用于声级计的计权网络是根据等响曲线设计的，即 A、B、C 三种计权网络。

(4) 电表、电路和电源　经过计权网络后的信号由输出衰减器衰减到额定值，随即送到输出放大器放大，使信号达到响应的功率输出，输出的信号被送到电表电路进行有效值检波（RMS检波），送出有效电压，推动电表，显示所测得声压级分贝值。声级计上有阻尼开关能反映人耳听觉动态特性，"F"表示表头为"快"的阻尼状态，它表示信号输入 0.2s 后，表头上就迅速达到其最大读数，一般用于测量起伏不大的稳定噪声。如果噪声起伏变化超过 4dB，应使用慢挡"S"，它表示信号输入 0.5s 后，表头指针就达到它的最大读数。

为了适用于野外测量，声级计电源一般要求电池供电。为了保证测量精度，仪器应进行校准。图 3-8 是一种普通声级计的外形。声级计类型不同其性能也不一样，普通声级计的测量误差约为±3dB，精密声级计的误差约为±1dB。

3.3.1.3　PSJ-2 型声级计使用方法

① 按下电源按键（ON），接通电源，预热 0.5min，使整机进入稳定的工作状态。

② 电池校准　分贝拨盘可在任意位置，按下电池（BAT）按键，当表针指示超过表面所标的"BAT"刻度时，表示机内电池电能充足，整机可正常工作，否则需要更换电池。

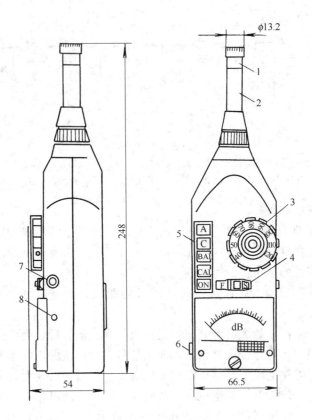

图 3-8 PSJ-2 型声级计
1—测试传声器；2—前置级；3—分贝拨盘；4—快慢开关；
5—按键；6—输出插孔；7—+10dB 按钮；8—灵敏度调节孔

③ 整机灵敏度校准　先将分贝拨盘置于 90dB 位置，然后按下校准"CAL"和"A"（或"C"）按键，这时指针应有指示，用螺丝刀放入灵敏度校准孔进行调节，使表针指在"CAL"刻度上，此时整机灵敏度正常，可进行测量使用。

④ 分贝拨盘的使用与读数法　转动分贝拨盘选择测量量程，读数时应将量程数加上表针指示数。如：当分贝拨盘选择在 90 挡，而表针指示为 4dB 时，则实际读数为 $90+4=94(dB)$；若指针指示为 $-5dB$ 时，则读数应为 $90-5=85(dB)$。

⑤ +10dB 按钮的使用　在测试中当有瞬时大信号出现时，为了能快速正确地进行读数，可按下 +10dB 按钮，此时应按分贝拨盘和表针指示的读数再加上 10dB 作读数。如在按下 +10dB 按钮后，表针指示仍超过满刻度，则应将分贝拨盘转动至更高一挡再进行读数。

⑥ 表面刻度　有 0.5dB 与 1dB 两种分度刻度。0 刻度以上指示值为正值，长刻度为 1dB 的分度，短刻度为 0.5dB 的分度；0 刻度以下为负值，长刻度为 5dB 的分度，短刻度为 1dB 的分度。

⑦ 计权网络　本机的计权网络有 A 和 C 两挡，当按下 A 或 C 时，则表示测量的计权网络为 A 或 C，当不按键时，整机不反应测试结果。

⑧ 表头阻尼开关　当开关处于"F"位置时，表示表头为"快"的阻尼状态；当开关在"S"位置时，表示表头为"慢"的阻尼状态。

⑨ 输出插口　可将测出的电信号送至示波器、记录仪等仪器。

3.3.2 其他噪声测量仪器

由于测量对象和测量目的的不同，需要了解声源和声场的声学特性和声源的性能参数、环境状况等，光用声级计是不行的，还需要其他的测量仪器。本节再介绍声级频谱仪和噪声级分析仪。

3.3.2.1 声级频谱仪

频谱仪是测量噪声频谱的仪器，它的基本组成大致与声级计相似。但是频谱分析仪中，设置了完整的计权网络（滤波器），借助于滤波器的作用，可以将声频范围内的频率分成不同的频带进行测量。例如作倍频程划分时，若将滤波器置于中心频率 500Hz，通过频谱分析仪的则是 335~710Hz 的噪声，其他频率就不能通过，因此在频谱分析仪上所显示的就是频率为 355~710Hz 噪声的声压级，其他类推。由于频谱分析仪能分别测量噪声中所包含的各种频带的声压级，所以它是进行噪声频谱分析不可缺少的仪器。一般情况下，进行频谱分析时，都采用倍频程划分频带。如果对噪声要进行更详细的频谱分析，就要用窄频带分析仪，例如用 1/3 频程划分频带。在没有专用的频谱分析仪时，也可以把适当的滤波器接在声级计上进行频谱测定。

3.3.2.2 噪声级分析仪

在声级计的基础上配以自动信号存储、处理系统和打印系统，便成为噪声级分析仪。

噪声级分析仪的工作原理是噪声信号经传声器转换为交变的电压信号，经放大、计权、检波后，利用微机和单板机存储并处理，处理后的结果由数字显示，测量结束后，由打印机打出计算结果，微机和单板机还将控制仪器的取样间隔、取样时间和量程进行切换。一般噪声级分析仪均可测量声压级、A 计权声级、累计百分声级、等效声级、标准偏差、概率分布和累积分布。更进一步可测量 L_d、声暴露级 L_{AET}、车流量、脉冲噪声等，外接滤波器可作频谱分析。噪声分析仪与声级计相比，显著优点一是完成取样和数据处理的自动化；二是高密度取样，提高了测量精度。

3.3.3 噪声的监测

环境噪声监测是整个环境监测体系中的一个分支。通过对环境中各类噪声源的调查、声级水平的测定、频谱特性的分析、传播规律的研究，得出噪声环境质量的结论。环境噪声监测的目的和意义是及时、准确地掌握城市噪声现状，分析其变化趋势和规律；了解各类噪声源的污染程度和范围，为城市噪声管理、治理和科学研究提供系统的监测资料。

3.3.3.1 城市区域环境噪声的监测

(1) 布点　将要监测的城市划分为 $(500×500)$ m^2 的网格，测量点选择在每个网络的中心，若中心点的位置不易测量，如在房顶、污沟、禁区等，可移到旁边能够测量的位置。测量的网格数目不应少于 100 个格。若城市较小，可按 $(250×250)$ m^2 的网络划分。

(2) 测量　测量时应选在无雨、无雪天气。白天时间一般选在上午 8：00~12：00，下午 2：00~6：00；夜间时间一般选在 22：00~5：00。根据南北方地区的不同、季节的不同，时间可稍有变化。声级计安装调试好后置于慢挡，每隔 5s 读取一个瞬时 A 声级数值，每个测点连续读取 100 个数据（当噪声涨落较大时，应读取 200 个数据）作为该点的白天或夜间噪声分布情况。在规定时间内每个测点测量 10min，白天和夜间分别测量，测量的同时要判断测点附近的主要噪声源（如交通噪声、工厂噪声、施工噪声、居民噪声或其他噪声源等），并记录下周围的声学环境。测量数据记录在声级等时记录表中（见表 3-5）。

(3) 数据处理　由于城市环境噪声是随时间而起伏变化的非稳态噪声，因此测量结果一一般用统计噪声级或等效连续 A 声级进行处理,即测定数据按本章第三节有关公式计算出 L_{10}、L_{50}、L_{90}、L_{eq} 和标准偏差 s 数值,确定城市区域环境噪声污染情况。如果测量数据符合正态分布,则可用下述两个近似公式来计算 L_{eq} 和 s:

$$L_{eq} \approx L_{50} + d^2/60 \qquad d = L_{10} - L_{90}$$

$$s \approx (L_{16} - L_{84})/2$$

所测数据均按由大到小顺序排列,第 10 个数据即为 L_{10},第 16 个数据即为 L_{16},其他依此类推。

表 3-5 环境噪声等时记录表

年 月 日		时 分至 时 分	
星期		测量人	
天气		仪器	
地点		计权网络	
主要噪声源		快慢挡	
取样间隔		取样总数	

$L_{10}=$ dB(A) $L_{50}=$ dB(A) $L_{90}=$ dB(A) $L_{eq}=$ dB(A)

(4) 评价方法

① 数据平均法 将全部网络中心测点测得的连续等效 A 声级做算术平均运算,所得到的算术平均值就代表某一区域或全市的总噪声水平。

② 图示法 城市区域环境噪声的测量结果,除了用上面有关的数据表示外,还可用城市噪声污染图表示。为了便于绘图,将全市各测点的测量结果以 5dB 为一等级,划分为若干等级(如 56～60,61～65,66～70…分别为一个等级),然后用不同的颜色或阴影线表示每一等级,绘制在城市区域的网格上,用于表示城市区域的噪声污染分布。由于一般环境噪声标准多以 L_{eq} 来表示,为便于同标准相比较,因此建议以 L_{eq} 作为环境噪声评价量,来绘制噪声污染图。等级的颜色和阴影线规定用表 3-6 中所列的方式表示。

表 3-6 等级颜色和阴影线表示方式

噪声带/dB(A)	颜色	阴影线	噪声带/dB(A)	颜色	阴影线
35 以下	浅绿色	小点,低密度	61～65	朱红色	交叉线,低密度
36～40	绿色	中点,中密度	66～70	洋红色	交叉线,中密度
41～45	深绿色	大点,大密度	71～75	紫红色	交叉线,高密度
46～50	黄色	垂直线,低密度	76～80	蓝色	宽条垂直线
51～55	褐色	垂直线,中密度	81～85	深蓝色	全黑
56～60	橙色	垂直线,高密度			

3.3.3.2 道路交通噪声监测

(1) 布点 在每两个交通路口之间的交通线上选一个测点,测点设在马路旁的人行道上,一般距马路边沿 20cm,这样选点的好处是该点的噪声可以代表两个路口之间的该段马路的交通噪声。

(2) 测量 测量时应选在无雨、无雪的天气进行,以减免气候条件的影响,因风力大小等都直接影响噪声测量结果。测量时间同城市区域环境噪声要求一样，一般在白天正常工作时间内进行测量。将声级计置于慢挡，安装调试好仪器，每隔5s读取一个瞬时A声级，连续读取200个数据，同时记录车流量（辆/h）。测量的数据记录在声级等时记录表3-5中。

（3）数据处理　测量结果一般用统计噪声级和等效连续A声级来表示。将每个测点所测得的200个数据按从大到小顺序排列，第20个数即为L_{10}，第100个数即为L_{50}，第180个数即为L_{90}。经验证明城市交通噪声测量值基本符合正态分布，因此，可直接用近似公式计算等效连续A声级和标准偏差值。

$$L_{eq} \approx L_{50} + d^2/60, d = L_{10} - L_{90}$$
$$s \approx (L_{16} - L_{84})/2$$

L_{16}和L_{84}分别是测量的200个数据按由大到小排列后，第32个数和第168个数对应的声级值。

（4）评价方法

① 数据平均法　若要对全市的交通干线的噪声进行比较和评价，必须把全市各干线测点对应的L_{10}、L_{50}、L_{90}、L_{eq}的各自平均值、最大值和标准偏差列出。平均值的计算公式是：

$$\overline{L} = \frac{1}{l}\sum_{i=1}^{n}(L_i \cdot I_i)$$

式中　l——全市干线总长度，$l = \sum l_i$，km；

　　　L_i——所测i段干线的等效连续A声级L_{eq}或统计百分声级L_{10}，dB（A）；

　　　I_i——所测第i段干线的长度，km。

② 图示法　城市交通噪声测量结果除了可用上面的数值表示外，还可用噪声污染图表示。当用噪声污染图表示时，评价量为L_{eq}或L_{10}，将每个测点的L_{eq}或L_{10}按5dB一等级（划分方法同城市区域环境噪声），以不同颜色或不同阴影线划出每段马路的噪声值，即得到全市交通噪声污染分布图。

3.3.3.3　工业企业外环境噪声监测

测量工业企业外环境噪声，应在工业企业边界线1m处进行。根据初测结果声级每涨落3dB布一个测点。如边界模糊，以城建部门划定的建筑红线为准。如与居民住宅毗邻时，应取该室内中心点的测量数据为准，此时标准值应比室外标准值低10dB（A）。如边界设有围墙、房屋等建筑物时，应避免建筑物的屏障作用对测量的影响。监测点的选择见图3-9。

测量应在工业企业的正常生产时间内进行。必要时，适当增加测量次数。

计权特性选择A声级，动态特性选择慢响应。稳态噪声，取一次测量结果。非稳态噪声，声级涨落在3~10dB范围。每隔5s连续读取100个数据；声级涨落在10dB以上，连续读取200个数据，求取各个测点等效声级值。

3.3.3.4　功能区噪声的监测

当需要了解城市环境噪声随时间的变化时，应选择具有代表性的测点，进行长期监测。测点的选择，可根据可能的条件决定，一般不少于6个点，这6个测点的位置应这样选择：0类区、1类区、2类区、3类区各一点，4类区两点。

功能区24h测量以每小时取一段时间，在此时间内每隔5s读一瞬时声级，连续取100个数据［当声级涨落大于10dB（A）时，应读取200个数据］，代表该小时的噪声分布。测量时段可任意选择，但两次测量的时间间隔必须为1h。测量时，读取的数据记入环境噪声测量数据表。读数时还应判断影响该测点的主要噪声来源（如交通噪声、生活噪声、工业噪

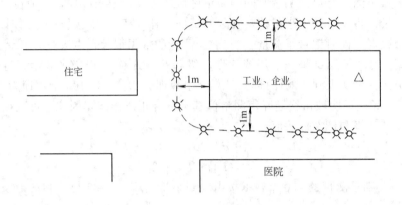

图 3-9 测点示意图
☼室外测点；△室内测点

声、施工噪声等），并记录周围的环境特征，如地形地貌、建筑布局、绿化状况等。测点若落在交通干线旁，还应同时记录车流量。

采用噪声分析仪进行测量时，取样间隔为 5s，测量时间不得少于 10min。评价参数选用各个测点每小时的 L_{10}、L_{50}、L_{90}、L_{eq}。

思考与练习

1. 试述 PSJ-2 声级计的结构原理。为什么在噪声测量中普遍采用电容传声器？
2. 使用声级计的步骤是什么？
3. 根据你家附近道路交通情况，设计出交通噪声测量的步骤，并评价出交通噪声污染的状况。
4. 为测量某车间中一台机器的噪声的大小，从声级计上测得噪声级为 100dB（A），当机器停止工作，测得背景噪声级为 96dB（A），求该机器噪声级的实际大小。

阅读园地

噪声控制途径

控制噪声污染可通过以下一些途径。

（1）降低噪声源　控制噪声污染的最有效方法是消除或减少噪声源。工厂中噪声大体有机械噪声源和气流噪声源两大类。可通过改进生产工艺、提高机械加工精度、改善安装技术、改进风机结构或选用高质量的低噪声设备来降低噪声源。

（2）从传播途径上控制噪声　利用噪声的自然衰减。噪声从声源发出后，传播越远降低越多。因此，城市在总体规划，工厂在总体设计时，要布局合理，对利用噪声自然衰减来控制噪声的问题加以认真考虑。要将生产区、生活区、教学区分开。

利用声源的指向性。噪声一般都有指向性，在离声源一定距离处，因方向不同，其声级不同。电厂、化工厂的高压锅炉、高压容器的排气放气，经常要辐射出强大的高频噪声，如果把它的出口朝向天空或野外，就比朝向生活区能降低噪声 10dB，如图 3-10 所示。

利用屏障的阻挡作用。在噪声严重的厂房、施工现场的周围或某一方向，设置足够高的围墙，或利用天然屏障，如山坡、土岗、树丛、草坪，也可以减少噪声强度。有关数据表明，40m 宽的林带能降低噪声 10～15dB，绿化的街道比没有绿化的街道降低噪声 8～10dB。我国贵阳市黄果树风景区的专用公路边建了一道高 3.5m，长 778.72m 的"声屏障"，有效地吸收、阻隔了噪声。

消声。消声器是控制动力性噪声的有效设备。主要用于通风机、鼓风机、压缩机、内燃机、柴油机、燃气轮机等设备的进出口管道中。安装合适的消声器一般能降低噪声 20～40dB。

吸声。车间的工人除了听到车间内声源传来的直达声外，还听到由车间墙壁、天花板、地面多次反射形成的混响声。为了降低混响声，常用的吸声材料有超细玻璃棉、矿渣棉、膨胀珍珠岩、泡沫塑料、微孔吸声砖等；常用的吸声结构有空间吸声体、吸声尖劈、帘幕、穿孔板吸声结构、微穿孔吸声结构等。

隔声。在声源和离开声源的某一点之间设置一道障板，或者把声源封闭在一个小的空间内，或者人在控制室内工作，这种使噪声与人的周围环境隔绝起来的办法叫隔声。图 3-11 是一车间噪声控制示意图。

减振。除了控制噪声通过空气的传播外，还要控制噪声通过固体如地板、墙壁等的传播，这就需在机器的基础上和地板墙壁等处，装设隔振或减振装置，如弹簧、减振垫层等。

(3) 接受点的防护　接受点的防护包括工作地点和人耳接受时的防护。可在噪声的环境中建立隔声岗亭或佩戴个人防声用具如耳塞、防声棉、耳罩、防声头盔等。

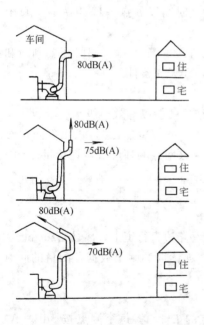

图 3-10　声源的指向性

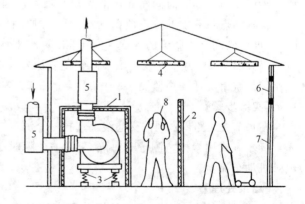

图 3-11　车间噪声控制示意图
1—风机隔声罩；2—隔声屏；3—减震弹簧；4—空间吸声体；
5—消声器；6—隔声窗；7—隔声门；8—防声耳罩

(4) 加强城市绿化　绿化可以有效地减轻环境噪声，路边植物对于降低交通噪声有很好的效果。据测定，路边未植树的街道比路边植满树木的街道交通噪声大五倍。沿街住宅与街道间留有 5～7m 地带植树绿化，居民受交通噪声的危害可减轻 15～25dB(A)。路边植树吸声效果为：一般乔木与灌木间种较好；宽叶片分枝低矮的树种吸声效果特别好。

3.4 环境噪声监测实验

【实验目的】
① 学会声级计的使用方法；
② 学会测定网格的划分、测量点选择；
③ 掌握区域环境噪声的测定方法；
④ 学会噪声污染图的绘制。

了解区域环境噪声、城市交通噪声和工业企业噪声的监测方法；了解声级计的使用方法；了解噪声污染图的绘制方法；明确噪声对人类生产、生活的不良影响。

【实验仪器】
PSJ-2 型普通声级计。

【实验内容】
(1) 区域环境噪声监测

【实验步骤】
① 将学校的平面图按比例划分为 25m×25m 的网格（若学校面积大可将网格放大），测点选在每个网格的中心。若中心点的位置不宜测量，可移到旁边能够测量的位置。
② 每组 4 位同学配置一台声级计，顺序到各网点测量，时间以 8 点～17 点为宜，每个网格至少测量四次，每次连续读 200 个数据。

读数方式用慢挡，每隔 5s 读一个瞬时 A 声级，连续读取 200 个数据。同时还要判断和记录附近主要噪声源（如交通噪声、施工噪声、工厂噪声）和天气条件。

【结果处理】
环境噪声是随着时间而起伏的无规律噪声，因此测量结果一般以等效声级来表示。

将各网点每一次的测量数据（200 个）顺序排列，找出 L_{10}、L_{50}、L_{90}，求出等效声级 L_{eq}，再将该网点一整天的各次 L_{eq} 值求出算术平均值，作为该网点的环境噪声评价量。

以 5dB（A）为一等级，用不同颜色或记号绘制学校噪声污染图。

(2) 城市交通噪声监测

【实验步骤】
在每个交叉路口之间的交通线上选择一个测点。测点在马路边人行道上，离马路20cm。

读数方式用慢挡，测量时每隔 5s 记一个瞬时 A 声级，连读取 200 个数据，测量的同时记录机动车流量。

【结果处理】
交通噪声符合正态分布，可用前面方法计算各个测点的 L_{eq}。将每个测点按 5dB（A）一档分级，用不同的颜色或不同记号绘制一段马路的噪声值，即得到某一地区一段马路的交通噪声污染图，噪声分级图例如图 3-12 所示。

(3) 工业企业噪声监测

【实验步骤】
测点选择应根据车间声级不同而定。若车间内各处声级波动小于 3dB（A），则只需在车间内选择 1～3 个测点。若车间内各处声级波动大于 3dB（A），则应按声级大小将车间分成若干区域，任意两区域的声级波动应大于或等于 3dB（A），而每个区域内的声级波动必须小于 3dB（A）。测量区域必须包括所有工人为观察或管理生产过程而经常工作、活动的

3. 噪声监测

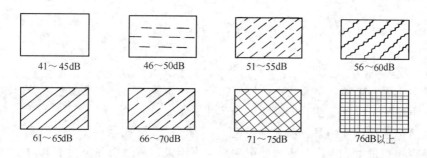

图 3-12 噪声分级图例

地点和范围。每个区域应取 1~3 个测点。

读数方式用慢挡，测量时每隔 5s 记一个瞬时 A 声级，共 200 个数据。

测量时同时记下车间内机器名称、型号、功率、运行情况以及这些机器设备和测点的分布情况。

【结果处理】

计算 L_{eq} 的方法同区域环境噪声。若车间内各处声级波动小于 3dB（A），可先求出各测点的 L_{eq} 值，再得出各测点 L_{eq} 的算术平均值作为车间内噪声评价量。若车间内各处声级波动大于 3dB（A），则各个区域的噪声值可用该区域内各测点 L_{eq} 的算术平均值来表示，然后按 5dB（A）一档分级，用不同颜色或记号划出车间内噪声污染图。

【注意事项】

a. 使用电池供电的监测仪器，必须检查电池电压，电压不足应予以更换。

b. 每次测量要仔细核准仪器，可用仪器上的"Cal"和"A"（或"C"）挡按键以及灵敏度调节孔进行校准。

c. 为了防止风噪声对仪器的影响，在户外测量时要在传声器上装风罩。风力超过四级以上要停止测量。

d. 当测量的声压级与背景噪声相差不到 10dB 时，应扣除背景噪声的影响，才是真正的声源声压级，按表 3-7 修正。实际测得噪声级减去修正值即为测量声源的噪声级。

表 3-7 背景噪声修正值

测量声级减去背景声级/dB	1,2	3	4,5	6,7,8,9
修正值	5	3	2	1

e. 注意反射声对测量的影响，一般要使传声器远离反射面 2~3m。手持声级计时，尽量使身体离开话筒，最好将声级计安装在三角架上，传声器离地面 1.2m，人体距话筒至少 50cm。

f. 计权网络的选择，一般都采用 A 声级来评价噪声。

g. 快慢挡的选择，快挡用于起伏很小的稳态噪声，如果表头指针摆动超过 4dB，则用慢挡读数。在读数不稳时，可读表头指针摆动的中值。

h. 测点的选择 随着不同的噪声测量内容而有不同的布置方法，技能训练中将另作介绍。

i. 测量记录应标明测点位置、仪器名称、型号、气候条件、测量时间及噪声源。

j. 所有声级的计算结果保留到小数点后一位。小数点后第二位的处理方法为：四舍六进；逢五则奇进偶舍。

本 章 小 结

1. 噪声学基础
① 噪声主要污染源：交通噪声、厂矿噪声、建筑施工噪声和社会生活噪声四个方面。
② 噪声特征　可感受性、即时性、局部性。
③ 噪声物理特性　频率、波长、声速。
④ 噪声物理量度　声压、声强和声功率；声压级、声强级和声功率级。
⑤ 噪声叠加
a. 两个相同噪声叠加　$L_c = L + 10\lg N$。
b. 两个不相同噪声叠加　$L_c = L_1 + \Delta L$。
c. 噪声的相减　$L_1 = L_c - \Delta L$。

2. 噪声主观评价

① 主观评价 $\begin{cases} 响度 \\ 响度级 \\ 等响曲线 \end{cases}$

② 计权声级

③ 噪声评价参数 $\begin{cases} 等效连续声级 \\ 累计百分声级 \\ 昼夜等效声级 \\ 噪声污染声级 \end{cases}$

3. 噪声测量仪器与噪声监测
① 测量仪器　声级计、声级频谱仪、噪声级分析仪。
② 监测技能训练

内容 $\begin{cases} 城市区域环境噪声监测 \\ 道路交通噪声监测 \\ 工业企业外环境噪声监测 \\ 功能区噪声监测 \end{cases}$

程序：布点→测量→数据处理→评价。

噪声监测职业技能鉴定表

一、知识部分

知识要求	鉴定范围	鉴 定 内 容	鉴定分值（共100）
基础知识	噪声监测基础知识	1. 声压、声强、声功率的概念 2. 声压级、声强级、声功率级的表达式 3. 噪声的叠加方式及计算 4. 噪声的主观评价及评价参数的表达式	30
专业知识	噪声监测内容	1. 城市区域环境噪声的监测 2. 道路交通噪声监测 3. 工业企业外环境噪声的监测 4. 功能区噪声的监测	40
	仪器与设备的使用维护知识	1. PSJ-2 声级计的基本构造 2. PSJ-2 声级计的工作原理 3. PSJ-2 声级计的使用方法和维护知识	15

3. 噪声监测

续表

知识要求	鉴定范围	鉴定内容	鉴定分值（共100）
相关知识	相关专项专业知识	1. 识图绘图知识 2. 书写调查、评价报告知识	15

二、操作部分

操作要求	鉴定范围	鉴定内容	鉴定分值（共100）
操作技能	基本操作技能	1. 测量区域网络的划分 2. 测点的正确选择 3. 声级计的选用 4. 测点噪声的测量 5. 数据记录表的设计和填写 6. 数据的处理 7. 噪声的数据评价法和图示评价法 8. 噪声污染图的绘制	80
仪器设备的使用与维护	设备的使用与维护	1. 正确使用声级计 2. 维护声级计	10
安全及其他		1. 合理支配时间 2. 保持整洁有序的工作环境 3. 现场测量注意安全	10

*4. 固体废物监测

> 学习指南

本章介绍固体废物中一些主要污染物的监测方法。内容包括污染物的来源、种类、特征、危害，试样的采集、制备和保存，并对固体废物中有害物质的监测方法进行较为详细的说明。选用的监测方法新，适用面广，可操作性强，便于学习和掌握。学习本章内容时一是弄清有害物质监测的基本原理；二是熟练掌握监测有害物质的基本技能，通过复习学过的分析化学和仪器分析等知识，帮助理解和掌握本章内容。

4.1 工业有害固体废物及固体废物样品的采集和制备

目前，我国环境污染的主要问题是水污染和大气污染。但是，其他的环境污染问题如固体废物的污染亦是不可忽视的重要问题，并随着经济的发展和资源的枯竭越显迫切。据统计，我国每年因固体废物污染环境造成的直接经济损失已超过 90 亿元人民币，而资源损失——每年固体废物中可利用而未被利用的资源价值就达 250 亿元。因此，了解固体废物的来源和危害，加强固体废物的监测和管理，是环境保护工作的重要任务之一。

4.1.1 固体废物的概念

固体废物是指在社会的生产、流通、消费等一系列活动中产生的，在一定时间和地点无法利用而被丢弃的污染环境的固体、半固体废物。所谓废物则仅仅是相对于某一过程或某一方面失去了使用价值，但某一过程的废物也可能是另一过程的原料，因此称固体废物为"在错误时间放在错误地点的原料"是有道理的。不能排入水体的液态废物和不能排入大气的置于容器中的气态废物，由于多具有较大的危害性，一般也归入固体废物管理体系。

4.1.2 固体废物的种类、特性和危害

4.1.2.1 固体废物的来源

固体废物来自人类活动的许多环节，主要包括生产过程和生活过程的各个环节。从原始人类活动就有固体废物产生，当粪便堆积起来，恶化了生活环境，他们就用迁徙的方法来解决。随着人类社会的进步，新的固体废物也在不断产生，17～18 世纪，主要为机器加工的屑末；19～20 世纪初，由于人们开始改变物质的化学性能，就产生了含有汞、铅、砷、氰化物等的有害固体废物；20 世纪以来，由于人们视野深入到原子核的层次，就产生了放射性固体废物和其他新种类的固体废物。表 4-1 列出了固体废物的分类、来源及主要的固体废物。

4.1.2.2 固体废物的种类

固体废物的种类很多，按其组成成分可分为有机废物和无机废物；按其形态可分为固态的废物、半固态的废物；按其污染特性可分为有害废物与一般废物等。在《固体废物污染环境防治法》中将其分为城市固体废物、工业固体废物和有害废物。

（1）城市固体废物　城市固体废物是指居民生活、商业活动、市政建设与维护、机关办公等过程产生的固体废物，一般分为以下几类。

表 4-1 固体废物的主要来源

分类	产生源	产生的主要固体废物
矿业废物	矿业	废石、尾矿、金属、废木、砖瓦和水泥、砂石等
工业废物	建筑材料工业	金属、水泥、黏土、陶瓷、石膏、石棉、砂、石、纸和纤维等
	冶金、机械、交通等工业	金属、渣、砂石、模型、芯、陶瓷、涂料、管道、绝热和绝缘材料、黏结剂、污垢、废木、塑料、橡胶、纸、各种建筑材料、烟尘等
	食品加工业	肉、谷物、蔬菜、硬壳果、水果、烟草等
	橡胶、皮革、塑料等工业	橡胶、塑料、皮革、布、线、纤维、染料、金属等
	石油化工工业	化学药剂、金属、塑料、橡胶、陶瓷、沥青、污泥油毡、石棉、涂料等
	电器、仪器仪表等工业	金属、玻璃、木、橡胶、塑料、化学药剂、研磨料、陶瓷、绝缘材料等
	纺织服装工业	布头、纤维、金属、橡胶、塑料等
	造纸、木材、印刷等工业	刨花、锯末、碎木、化学药剂、金属填料、塑料等
城市垃圾	居民生活	食物、垃圾、纸、木、布、庭院植物修剪物、金属、玻璃、塑料、陶瓷、燃料灰渣、脏土、碎砖瓦、废器具、粪便、杂品等
	商业、机关	同上,另有管道、碎砌体、沥青、其他建筑材料、含有易燃、易爆、腐蚀性、放射性的废物以及废汽车、废电器、废器具等
	旅客列车	纸、果屑、残剩食品、塑料、泡沫塑料盒、玻璃瓶、金属罐、粪便等
	市政维护、管理部门	脏土、碎砖瓦、树叶、死禽畜、金属、锅炉灰渣、污泥等
农业废物	农业、林业	秸秆、蔬菜、水果、果树枝条、糠秕、人和禽畜粪便、农药等
	水产、畜产加工	腥臭死禽畜,腐烂鱼、虾、贝壳、加工污水、污泥等
放射性废物	核工业和放射性医疗单位	金属、含放射性废渣、粉尘、污泥、器具和建筑材料等

① 生活垃圾 城市生活垃圾是指在城市居民日常生活中或为城市日常生活提供服务的活动中产生的固体废物,其主要成分如表 4-1 所示。我国城市垃圾主要由居民生活垃圾、街道保洁垃圾和集团垃圾三大类组成。居民生活垃圾数量大、性质复杂,其组成受时间和季节影响大。街道保洁垃圾来自街道等路面的清扫,其成分与居民生活垃圾相似,但泥沙、枯枝落叶和商品包装较多,易腐有机物较少,含水量较低。集团垃圾指机关、学校、工厂和第三产业在生产和工作过程中产生的废物,它的成分随发生源不同而变化,但对某个发生源则相对稳定。例如,来自农贸市场的垃圾以易腐性有机物占绝大多数;旅游、交通枢纽的垃圾以各类性质的商品包装物及瓜皮果核为主;制衣厂、制鞋厂及电子、塑料厂的垃圾一般以该厂主要产品下脚料为主。这类垃圾与居民生活垃圾相比,具有成分较为单一稳定、平均含水量较低和易燃物(特别是高热值的易燃物)多的特点,它的热值一般为 6000~20000kJ/kg。根据广州市调查,上述三类垃圾分别占垃圾总量的 67.5%、11.0%、21%。

② 城建渣土 城建渣土包括废砖瓦、碎石、渣土、混凝土碎块(板)等。

③ 商业固体废物 商业固体废物包括废纸、各类废旧的包装材料、丢弃的主(副)食品等。

④ 粪便 工业先进国家城市居民产生的粪便,大都通过下水道输入污水处理厂处理。我国的城市粪便处理设施少,粪便需要收集、清运,是城市固体废物的重要组成部分。

(2) 工业固体废物 工业固体废物是指在工业、交通等生产过程中产生的固体废物。工业固体废物主要包括冶金工业固体废物、能源工业固体废物、石油化学工业固体废物、矿业固体废物、轻工业固体废物、其他工业固体废物。

(3) 有害废物 有害废物又称危险废物，泛指除放射性废物以外，具有毒性、易燃性、反应性、腐蚀性、爆炸性、传染性因而可能对人类的身体健康和生活环境产生危害的废物。

固体废物的类别，除以上三者之外，还有来自农业生产、畜禽饲养、农副产品加工以及农村居民生活所产生的废物，如农作物秸秆、人畜禽排泄物等。这些废物多产于城市外，一般就地加以综合利用，或作沤肥处理，或作燃料焚化。

4.1.2.3 固体废物的特性

(1) 资源和废物的相对性 固体废物具有鲜明的时间和空间特性，是在错误时间放在错误地点的资源。从时间方面讲，它仅仅是在目前的科学技术和经济条件下无法加以利用，但随着时间的推移，科学技术的发展，以及人们的要求变化，今天的废物可能变成为明天的资源。从空间角度看，废物仅仅相对于某一过程或某一方面没有使用价值，而并非在一切过程或一切方面都没有使用价值。一种过程的废物，往往可以成为另一种过程的原料。固体废物一般具有某些工业原材料所具有的化学、物理特性，且较废水、废气容易收集、运输、加工处理，因而可以回收利用。

(2) 富集终态和污染源头的双重性 固体废物往往是许多污染成分的终极状态。例如，一些有害气体或飘尘，通过治理最终富集成为固体废物；一些有害溶质和悬浮物，通过治理最终被分离出来成为污泥或残渣；一些含重金属的可燃固体废物，通过焚烧处理，有害金属浓集于灰烬中。但是，这些"终态"物质中的有害成分，在长期的自然因素作用下，又会转入大气、水体和土壤，故又成为大气、水体和土壤环境的污染"源头"。

(3) 危害具有潜在性、长期性、灾难性和不可稀释性 固体废物对环境的污染不同于废水、废气和噪声。固体废物呆滞性大、扩散性小，它对环境的影响主要是通过水、气和土壤进行的。其中污染成分的迁移转化，如浸出液在土壤中的迁移，是一个比较缓慢的过程，其危害可能在数年以至数十年后才能发现。从某种意义上讲，固体废物，特别是有害废物对环境造成的危害可能要比水、气造成的危害严重得多。

4.1.2.4 固体废物的危害

固体废物的两大来源是工业废物及城市生活垃圾。

自20世纪80年代以来，随着我国国民经济的飞速增长，工业固体废物的增长也十分迅速，这对我国制造业可持续增长造成了极大的压力。据环境保护部的统计，目前我国每年产生的工业固体废物已超过30亿吨，其中经处理再生的只占废物总量的59%左右（见表4-2）。

表4-2 我国工业固体废物数量统计

年份	2007	2008	2009	2010	2011
工业固体废物/亿吨	17.6	19.0	20.0	24.1	32.3

注：数据来源为环境保护部《全国环境统计公报》。

再来看城市生活垃圾。2010年，中国环保产业协会副会长陈泽峰在北京举行的"全国生态文明高层论坛暨2009全国生态文明建设十大新闻人物颁奖仪式"上说，中国的垃圾产量世界第一。资料显示，历年来堆积的垃圾已经超过60亿吨，侵占了300多万亩的土地并对周边产生严重的环境污染甚至灾难，全国600多座城市有三分之二被垃圾包围。据他的预测，2015年和2020年中国城市垃圾年产量将达1.79亿吨和2.1亿吨。

目前国内对城市垃圾的处理方式是，90%为填埋，只有7%为焚烧，其余为堆肥等处理方式。在全国 1636 个县城里，每年的垃圾产生量在 5000 万吨左右。在全国 650 多座城市当中，325 个城市还没有建设生活垃圾处理设施。大量的垃圾只是做简单的堆放，在城市里产生了大量的异味以及一氧化碳等，严重污染了水体、大气、土壤。固体废物排放量的增长，给环境带来了一系列的问题，已成为世界性的一大公害。具体地说其危害有以下几个方面。

（1）侵占土地　据统计，我国单是工矿业固体废物累计堆放量就达 60 亿吨以上，占用和毁坏的农田面积已达 200 万亩以上；据北京市 1983 年的统计，城市垃圾已占地 7000 余亩；据 1985 年航空遥感调查，广州市近郊各类固体废物堆放已占地 2487 亩，其中城市垃圾 1035 亩。城市垃圾任意侵占农田的现象，在我国许多城市都存在，估计全国每年被垃圾所占用的土地可达数万亩之多。

（2）污染土壤　土壤是植物、农作物赖以生存的基础，特别是土壤中的微生物有着重要作用。但是，若在其上堆放固体废物（尤其是有害废物），经过风化、雨雪淋溶、地表径流侵蚀，产生高温和有毒液体渗入土壤，从而杀死其中的微生物，破坏土壤的腐解能力，导致草木不生或使蔬菜、农作物受污染。英国、美国和我国都有过因固体废物堆放造成大片土地、草原受污染，致使居民被迫搬迁的沉痛教训。据统计，我国受工业废渣污染的农田约有 25 万亩之多。

（3）污染水体　一方面，若固体废物倾倒于江、河、湖、海中，则可直接污染水体；另一方面，若堆放于露天，则可能随风漂移落入水体以及滤液下渗、地表径流使地表水、地下水受污染。如我国一家铁合金厂的铬渣堆放场，由于缺乏防渗措施，六价铬污染了附近 20 多平方公里的地下水，致使 7 个自然村的 1800 多眼水井无法饮用，工厂为此花费 7 千万元用于赔偿和采取补救措施。我国某锡矿山的含砷废渣长期堆放，随雨水渗透，污染水井，曾造成一次 108 人中毒、6 人死亡的恶性事件。哈尔滨市某垃圾填埋场，地下水浓度、色度和锰、铁、酚、汞含量及总细菌数、大肠杆菌数等都超过标准好多倍，如汞超 29 倍，细菌总数超 4.3 倍，大肠杆菌超 41 倍。据有关资料介绍，典型垃圾浸沥液其 BOD_5 达 30000mg/L，COD 达 45000mg/L，可见，其对环境的危害不容忽视。

（4）污染大气　固体废物在收运和堆放过程中未进行密封处理，垃圾微粒、灰尘可能在大气中漂散，直接污染大气；垃圾由于厌氧发酵而产生的 CH_4、H_2S、NH_3 等有害气体也污染大气环境，控制不好甚至会产生爆炸等危害事件，如重庆、北京等地皆发生过此类事件。此外，在固体废物焚烧过程中将产生大量的废气、粉尘，若处理不好，对环境的污染亦不可忽视。

（5）影响市容环境卫生　城市生活垃圾易发酵腐化，产生恶臭，招引鼠鸟，孳生蚊虫、苍蝇及其他害虫，有害城市卫生，易引起疾病传播。城市的清洁文明，很大程度上与垃圾的收集、处理相关，尤其是在风景名胜区及国家卫生城市，垃圾不妥善处理，其不良影响极大。因此，固体废物的处理是环境科学研究与环境工程的重要任务之一。

特别要强调的是，在运输与处理工业废渣和城市垃圾的过程中，产生的有害气体和粉尘将是十分严重的。例如，当采用焚烧方法处理废旧塑料时，会排放出有毒的氯气、二噁英等气体，但这种处理方法在我国的许多工厂和垃圾处理厂中还在采用。

总的来说，固体废物对环境的污染，虽没有废水、废气那样严重，但从其对人类所造成的危害来看，也必须采取措施，进行合理的处理，进行全过程的管理。

4.1.3　固体废物样品的采集、制备和保存

为使采集样品具有代表性，在采集之前要调查研究生产工艺过程、废物类型、排放数

量、堆积历史、危害程度和综合利用情况。如果采集有害废物则应根据其有害特性采取相应的安全措施。

4.1.3.1 固体废物样品的采集

（1）采样工具 尖头钢锹，钢尖镐，采样铲，具盖采样桶或内衬塑料的采样袋。

（2）采样程序 根据固体废物批量大小确定应采的子样（由一批废物中的一个点或一个部位，按规定量取出的样品）个数；根据固体废物的最大粒度（95%以上能通过的最小筛孔尺寸）确定子样量；根据采样方法，随机采集子样，组成总样（图4-1），并认真填写采样记录表。

图 4-1 采样示意图

（3）子样数 按表4-3确定应采子样个数。

（4）子样量 按表4-4确定每个子样应采的最小质量。所采的每个子样量应大致相等，其相对误差不大于20%。表中要求的采样铲容量为保证一次在一个地点或部位能取到足够数量的子样量。

表 4-3 批量大小与最少子样数

批量大小（单位：液体是 m^3，固体是 t）	最少子样个数	批量大小（单位：液体是 m^3，固体是 t）	最少子样个数
<5	5	500～1000	25
5～50	10	1000～5000	30
50～100	15	>5000	35
100～500	20		

表 4-4 子样量和采样铲容量

最大粒度/mm	最小子样质量/kg	采样铲容量/mL	最大粒度/mm	最小子样质量/kg	采样铲容量/mL
>150	30	—	20～40	2	800
100～150	15	16000	10～20	1	300
50～100	5	7000	<10	0.5	125
40～50	3	1700			

流态的固体废物的子样量以不小于100mL的采样瓶所盛量为准。

（5）采样方法

① 现场采样 在生产现场采样，首先确定样品的批量，然后按下式计算出采样间隔，进行流动间隔采样。

$$采样间隔 \leqslant 批量(t)/规定的子样量$$

注意事项 采第一个子样时，不准在第一间隔的起点开始，可在第一间隔内任意确定。

② 运输车及容器采样 在运输一批固体废物时，当车数不多于该批废物规定的子样数时，每车应采子样按下式计算。当车数多于规定的子样数时，按表4-5选出所需最少的采样车数，然后从所选车中随机采集一个子样。

$$每车应采子样数 = 规定子样数/车数$$

在车中，采样点应均匀分布在车厢的对角线上（图4-2所示），端点距车角应大于0.5m，表层去掉30cm。

对于一批若干容器盛装的废物，按表4-5选取最少容器数，并且每个容器中均随机采两个样品。

图 4-2 车厢中的采样布点

表 4-5 所需最少的采样车数

车数（容器）	所需最少采样车数	车数（容器）	所需最少采样车数
<10	5	50～100	30
10～25	10	>100	50
25～50	20		

③ **废渣堆采样法** 在废渣堆两侧距堆底 0.5m 处划第一条横线，然后向上每 0.5m 再划一条横线；再以每 2m 为间隔划一条横线的垂线，其交点作为采样点。按表 4-3 确定的子样数，确定采样点数，在每点上从 0.5～1.0m 深处各随机采样一份（图 4-3）。

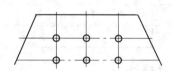 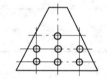

图 4-3 废渣堆中采样点的分布

4.1.3.2 固体废物样品的制备

（1）**制样工具** 制样工具包括粉碎机、药碾、木锤或有机玻璃棒、标准套筛、十字分样板、机械缩分器。

（2）**制样要求** 在制样全过程中，应防止样品产生任何化学变化和污染。若制样过程中可能对样品的性质产生显著影响，则应尽量保持原来状态。

湿样品应在室温下自然干燥，使其达到适于破碎、筛分、缩分的程度。制备的样品应过筛（筛孔为 5mm），装瓶备用。

（3）**制样程序**

① **粉碎** 用机械或人工方法把全部样品逐级破碎，通过 5mm 筛孔。粉碎过程中，不可随意丢弃难于破碎的粗粒。

② **缩分** 将样品在清洁、平整、不吸水的板面上堆成圆锥形，每铲物料自圆锥顶端落下，使均匀地沿锥尖散落，不可使圆锥中心错位。反复转堆，至少三周，使其充分混合。然后将圆锥顶端轻轻压平，摊开物料后，用十字板自上压下，分成四等分，取两个对角的等分，重复操作数次，直至不少于 1kg 试样为止。

4.1.3.3 样品的保存

制备好的样品密封于容器中保存（容器应对样品不产生吸附，不使样品变质），贴上标签备用。标签上应注明：标号、废物名称、采样地点、批量、采样人、制样人、时间。特殊样品可采取冷冻或充惰性气体等方法保存。

制备好的样品，一般有效保存期为三个月（易变质的试样不在此列）。最后填好采样记录表（表 4-6）一式三份，分别存于有关部门。

表 4-6 采样记录表

样品登记号		样品名称	
采样地点		采样数量	
采样时间		废物所属单位名称	
采样现场简述			
废物产生过程简述			
样品可能含有的主要有害成分			
样品保存方式及注意事项			
样品采集人及接受人			
备注		负责人签字	

思考与练习

1. 调查你家周围固体废物的主要来源有哪些？这些固体废物是怎样处理的？
2. 选择一指定的固体废物放置地，用平面图划出采样图，采取五个试样分别记录在采样记录表中。

阅读园地

化学品及有害废物对人体的危害

　　大部分化学工业固体废物属有害废物。这些废物中有毒有害物质浓度高，如果得不到有效处理处置，会对人体和环境造成很大影响。根据物质的化学特性，当某些物质相混时，可能发生不良反应，包括热反应（燃烧或爆炸），产生有毒气体（砷化氢、氰化氢、氯气、二噁英等）和可燃性气体（氢气、乙炔等）；若人体皮肤与废强酸或废强碱接触，将产生烧灼性腐蚀；若误吸入体内，能引起急性中毒，出现呕吐、头晕等症状。

　　20世纪30～70年代，国内外不乏因工业固体废物处置不当，祸及居民的公害事件。如含Cd固体废物排入土壤引起日本富山县骨痛病事件；美国纽约州腊芙运河河谷土壤污染事件；以及我国发生在50年代的锦州镉渣露天堆积污染井水事件等。不难看出，这些公害事件已给人类带来灾难性后果。尽管近10多年来，严重的污染事件发生较少，但固体废物污染环境对人类健康将会造成的潜在危害和影响是难以估量的。

　　到目前为止，我国尚没有一个合乎标准的综合性有害废物集中处置场运行，专业性处置设施和企业附属的处置设施也屈指可数。大部分有害废物是在较低水平下得到处置的，其对环境的污染日益严重，引起的纠纷也因此逐渐增多。据不完全统计，每年由于有害废物引起的污染纠纷造成的污染赔款超过2000万元。

4.2 有害物质的监测方法

4.2.1 水分的测定

(1) 测量方法　加热烘干称量法。

(2) 基本原理　水分含量是固体废物监测中所必测的项目。水分含量一般是指样品在105℃干燥后所损失的质量。但是蒸气压与水的蒸气压相近或较高的物质，采用加热法不能进行分离，因此，用105℃加热法所测的水分含量包括某些含氮化合物、有机化合物等。不过，这些物质的存在对固体废物或污泥水分含量测定所造成的误差通常小于1%。

(3) 技能训练

① 目的要求　掌握加热称量法测定水分含量的基本原理和测定方法。

② 仪器设备和药品　恒温鼓风干燥箱，容器（培养皿或瓷质坩埚），固体废物试样，天平（精确度为0.01g）。

③ 测定步骤　测定时，先将容器在105℃烘至恒重（m_1），然后在已恒重的容器中放入20g左右的试样称重（m_2），把盛有试样的容器放入恒温鼓风干燥箱中，容器盖半盖在容器上面，在105℃下烘干4~8h，然后放入干燥器中冷却，恒重至±0.1g。称重（m_3）准确至0.01g。污泥试样在105℃干燥时间要延长，有时要干燥24h才能达到稳定平衡（变动量小于0.5%）。水分含量按下式计算：

$$w(H_2O) = \frac{m_2 - m_3}{m_2 - m_1}$$

式中　m_1——容器质量，g；

m_2——容器质量加试样烘干前质量，g；

m_3——容器质量加试样烘干后质量，g。

(4) 讨论　固体废物中水分的含量测定时加热温度不能过高，否则会引起其他易挥发物质的损失，使结果偏高。

4.2.2 pH值的测定

(1) 测定方法　玻璃电极电位法。

(2) 基本原理　同水和废水监测中pH值测定原理。

(3) 技能训练

① 目的要求　掌握固体废物pH值测定原理和方法，学会用pH值反映固体废物腐蚀性的大小。

② 仪器设备和药品　pHS-25型酸度计及配套电极，往复式水平振荡器，固体废物试样，标准缓冲溶液，蒸馏水。

③ 测定步骤　用与待测试样pH值相近的标准缓冲溶液校正酸度计，并加以温度补偿。对于含水量高几乎是液体的污泥，可直接将电极插入进行测定，但测定数值至少要保持恒定30s后读数；对黏稠试样可以离心后或过滤后，测其液体的pH值；对于粉、粒、块状试样，称取50g干试样置入1L塑料瓶中，加入新鲜蒸馏水250mL，使固液比为1:5，加盖密封后，放在振荡器上于室温下连续振荡30min，静置30min，测上层清液的pH值。每种试样取两个平行样品测定其pH值，差值不得大于0.15，否则应再取1~2个样品重复进行测定。结果用测得pH范围表示。

4.2.3 总汞的测定

（1）测定方法　冷原子吸收分光光度法（HJ 597—2011）。冷原子吸收分光光度法是测定汞的特异方法，其干扰少，取样量少，操作简便、快速，灵敏度高，被广泛应用于固体废物中总汞的测定。

（2）基本原理　汞蒸气对波长为 253.7nm 的紫外光具有选择性吸收，在一定浓度范围内，吸光度与被测试液中汞的浓度成正比。根据这种关系可定量测得固体废物中总汞元素的含量。试样经酸性高锰酸钾溶液消化处理，转化为二价汞离子，用盐酸羟胺溶液还原剩余的高锰酸钾，将处理后的样品置于测汞仪的翻泡瓶（反应瓶）中，经氯化亚锡溶液将二价汞还原为单质汞，用载气或振荡使之挥发，并把挥发的汞蒸气带入测汞仪的吸收池中，测定吸光度。

（3）技能训练

① 目的要求　了解测汞仪的工作条件，学会汞标准操作液的配制，掌握汞冷原子吸收法的分析原理和测定方法。

② 仪器设备和药品

a. 仪器　590 型测汞仪，汞蒸气发生装置（参见第一章），低压汞灯，记录仪，氮气钢瓶。

b. 药品

（a）50g/L 高锰酸钾溶液　称取 $KMnO_4$（优级纯）2.5g，在加热和搅拌下溶于水，最后稀释至 50mL。必要时高锰酸钾需重结晶后再配制。

（b）硝酸和重铬酸钾混合溶液　称取 $0.25g K_2Cr_2O_7$，加去离子水溶解后，加入 25mL 浓硝酸（$\rho = 1.42g/mL$），用去离子水稀释至 500mL。

（c）100g/L 盐酸羟胺溶液　将 1g 盐酸羟胺（$NH_2OH \cdot HCl$）用无汞蒸馏水溶解，稀释至 10mL。

（d）100g/L 氯化亚锡溶液　称取 10g 含有两个结晶水的氯化亚锡（$SnCl_2 \cdot 2H_2O$），溶于 100mL 0.5mol/L 的硫酸溶液中，使用前现配或加入数粒锡粒保存。

（e）汞标准储备溶液　准确称取 0.1354g 氯化汞（优级纯），置于 1000mL 容量瓶中，加入 60mL 硝酸和重铬酸钾混合溶液溶解，并用去离子水稀释至 1000mL，此溶液每毫升含 100μg 汞。

（f）汞标准中间操作液　使用前，准确吸取汞标准储备溶液 0.50mL，置于 100mL 容量瓶中，用硝酸和重铬酸钾混合液定容至标线，此溶液每毫升含 0.50μg 汞。

（g）汞标准操作液　准确吸取标准中间操作液 10.00mL，置于 100mL 容量瓶中，用硝酸和重铬酸钾混合液定容至标线，此溶液每毫升含 0.05μg 汞。

（h）0.5mol/L H_2SO_4 溶液（优级纯）。

（i）(1+1) H_2SO_4 溶液　1 体积浓硫酸（$\rho = 1.84g/mL$）与 1 体积蒸馏水混合溶液。

（j）无水 $Mg(ClO_4)_2$。

③ 测定步骤

a. 仪器使用前检查准备　连接测汞仪的气路系统，使钢瓶氮气经过净化管、汞蒸气发生瓶和干燥管进入仪器，检查气路系统是否漏气。将测汞仪调至最佳测试条件，载气流量控制在 1L/min。待仪器稳定后，转动三通活塞，使空气经干燥管进入仪器，准备以下标准溶液和土壤试液的测定。

b. **固体废物试液的制备** 准确称取 1.0000～5.0000g 固体废物置于 150mL 锥形瓶中，分别加入 40mL 去离子水、10mL(1+1)H_2SO_4、20mL 50g/L $KMnO_4$，充分摇匀，锥形瓶上插一小漏斗置于 90℃ 水浴上消解 2h。消解过程中，每隔 5min 左右充分摇动锥形瓶一次，使消化液和试样充分作用，维持红色不褪。如高锰酸钾紫红色退去，可补加高锰酸钾 5～10mL。消解完后取下冷至室温，滴加 100g/L 盐酸羟胺溶液，边滴边摇，至紫红色和棕色褪尽。将锥形瓶里的溶液转入 100mL 容量瓶中，用去离子水洗涤锥形瓶 2～3 次，每次洗液均并入容量瓶内，用去离子水稀释至标线，摇匀。以备分析测定。

c. **标准曲线绘制** 分别吸取汞标准操作液 0.00，1.00mL，3.00mL，4.00mL，5.00mL，7.00mL，10.00mL 于 7 个汞蒸气发生瓶中，以 0.5mol/L 硫酸溶液稀释至 10mL（或 25mL），加入 4mL 100g/L 氯化亚锡溶液，迅速塞紧瓶盖，立即转动两个三通活塞，使氮气经汞蒸气发生瓶将汞蒸气吹入仪器中，待指针达最高点时记录表头指示的吸光度值。其测定次序按浓度从小到大进行。以经过空白校正后的各汞标准溶液的吸光度值为纵坐标，相应汞的含量（μg）为横坐标，绘制出标准曲线。

d. **固体废物试液的测定** 吸取摇匀后的试样消化液 10.00mL 或 25mL（视汞含量而定）于汞蒸气发生瓶中，加入 4mL 100g/L 氯化亚锡溶液，迅速塞紧瓶盖，立即转动两个三通活塞使氮气经汞蒸气发生瓶将汞蒸气吹入仪器，记录表头指示的最大吸光度值，扣除空白值，从标准曲线上查得固体废物试液中汞的含量。

$$w(Hg) = \rho_x V / m$$

式中 ρ_x——从标准曲线上查得固体废物试液中汞的质量浓度，μg/mL；

V——固体废物试液的总体积，mL；

m——称量固体废物的质量，g。

(4) **讨论** 玻璃对汞有吸附作用，因此发生瓶、容量瓶等玻璃器皿每次用后都需用 (1+3) 硝酸溶液浸泡，洗净后备用。

由于汞蒸气的发生受到载气流量、温度、溶液的酸度和体积等因素影响，因此必须注意土样试液的测定与标准溶液测定条件的一致性。

消化过程中如发现红色消失，则应补加少量高锰酸钾溶液。对有机质含量多的固体废物，可先加 5mL 浓硝酸，于水浴上预消化 1h，然后再按所述步骤消化。

盐酸羟胺还原高锰酸钾时产生氯气，必须充分摇匀，静置数分钟使氯气逸出。

测汞仪的气路采用聚乙烯管或聚四氟乙烯管连接。乳胶管吸附汞，使测定结果偏低，故不得采用。

氯化钙潮解出现液滴，对汞的测定有影响，使结果偏低，应勤换氯化钙干燥管。也可用干燥脱脂棉做干燥剂。硅胶对汞有吸附作用，不能采用。

测定后的汞蒸气尾气应采用试剂吸收（如活性炭或酸性高锰酸钾溶液），以免污染环境。

4.2.4 铬的测定

(1) **测定方法** 二苯碳酰二肼分光光度法（GB/T 15555.4—1995）。

(2) **基本原理** 固体废物试样经过硫酸、磷酸消化，铬化合物变成可溶性，再经过离心或过滤分离后，用高锰酸钾将三价铬氧化成六价铬，然后在酸性条件下与二苯碳酰二肼反应生成紫红色配合物，其色度与试液中铬的浓度成正比，在 540nm 处测其吸光度，利用标准曲线法即可求得铬的含量。

(3) **技能训练**

① 目的要求　了解仪器的工作条件，学会铬标准操作液的配制，掌握铬的二苯碳酰二肼分光光度法分析原理和测定方法。

② 仪器设备和药品

a. 仪器设备　721 分光光度计，离心机。

b. 药品

（a）铬标准储备液　准确称取 0.2829g 经 110℃ 干燥 2h 的 $K_2Cr_2O_7$（优级纯），用少量去离子水溶解后移入 100mL 容量瓶中，加去离子水稀释至标线，摇匀。此溶液为每毫升含 1.0mg 铬（Ⅵ）的标准储备液。

（b）铬标准操作液　吸取 10.00mL 铬（Ⅵ）标准储备液于 100mL 容量瓶中，用去离子水稀释至标线，摇匀备用。吸取 5.00mL 稀释后的标准储备液于另一 100mL 容量瓶中，用去离子水稀释至标线，即得每毫升含 5μg 铬（Ⅵ）的标准操作液。

（c）浓硝酸　ρ_{20}＝1.42g/mL，优级纯。

（d）浓硫酸　ρ_{20}＝1.84g/mL，优级纯。

（e）浓磷酸　ρ_{20}＝1.69g/mL，优级纯。

（f）5g/L 高锰酸钾溶液　称取 $0.5gKMnO_4$（优级纯），加水稀释至 100mL。

（g）5g/L 叠氮化钠溶液　称取 0.5g 叠氮化钠，加水稀释至 100mL。

（h）2.5g/L 的二苯碳酰二肼丙酮溶液　称取 0.25g 二苯碳酰二肼 $[CO(NH·NH·C_6H_5)_2]$，溶于 100mL 丙酮中摇匀，储于棕色瓶，置于冰箱中保存。试剂应无色，变色后不能再使用。

（i）（1+1）磷酸　将浓磷酸（ρ＝1.69g/mL，优级纯）与水等体积混合。加热至沸，并滴加稀高锰酸钾溶液至微红色。

（j）硫酸和磷酸混合溶液　取浓硫酸、浓磷酸各 5mL 慢慢倒入水中，稀释至 100mL，加热至沸，并加稀高锰酸钾溶液至红色。

③ 测定步骤

a. 固体废物试液的制备　准确称取 0.5000～1.0000g 固体废物，放入 100mL 锥形瓶中，加少许去离子水湿润，再加入浓磷酸、浓硫酸各 1.5mL，盖上表面皿，放电炉上加热至冒白烟，取下稍冷，重复滴加 2～3 滴浓硝酸，再置于电炉上加热至冒大量白烟，土样变白，消化液呈浅绿色为止。取下锥形瓶冷却，用去离子水冲洗表面皿和锥形瓶内壁，将消化液（约 50mL）连同残渣移入 50mL 离心管中离心，把离心后的上层清液倾入 100mL 容量瓶中，用去离子水冲洗离心管壁，并用玻璃棒搅动离心管下部残渣，再离心，将上层清液合并入 100mL 容量瓶中，稀释至标线。

b. 标准曲线绘制　分别吸取铬标准使用液 0.00，0.50mL，1.00mL，1.50mL，2.00mL，2.50mL 于 6 个 25mL 比色管中，加硫酸和磷酸混合液 2.5mL，用去离子水稀释至刻度，加（1+1）磷酸 1mL，摇匀，加 1mL 二苯碳酰二肼丙酮溶液，迅速摇匀，放置 10min 后于波长 540nm 处，用 3cm 比色皿，以试剂空白作参比，测定吸光度。以铬标准系列的含量（μg）为横坐标，相应的吸光度为纵坐标，绘制标准曲线。

c. 固体废物试液的测定　吸取 10.0mL 经过离心分离后的固体废物清液于 50mL 烧杯中，滴加 5g/L 高锰酸钾溶液至紫红色，置于水浴上煮沸 15min（如果煮沸过程中高锰酸钾颜色褪去，应滴加至紫红色不褪），趁热滴加 5g/L 叠氮化钠溶液，并不断振摇，到红色刚好褪去，放于冷水浴中迅速冷却，转移到 25mL 比色管中，用冷蒸馏水稀释至刻度。在上述比色管中加入（1+1）磷酸 1mL，摇匀，再加 1mL 二苯碳酰二肼丙酮溶液，迅速摇匀，放置 10min 后于波长 540nm 处，用 3cm 比色皿，以试剂空白作参比，测定吸光度。从标准曲线上查得土样试液中铬的含量。

$$\omega(Cr) = \rho_x V/m$$

式中　ρ_x——从标准曲线上查得固体废物试液中铬（Ⅵ）的质量浓度，μg/mL；
　　　V——固体废物试液（消化液）的总体积，mL；
　　　m——称量固体废物的质量，g。

（4）讨论　用于测定铬的玻璃器皿不应用重铬酸钾溶液洗涤。

固体废物样品消化时，时间不可过长，温度不可过高，否则不但结果偏低，而且残渣结块黏结在玻璃上不易洗下，烧杯也易发毛损坏。

本法用磷酸掩蔽铁，使之形成无色配合物，同时还可以和其他金属离子配合，避免一些盐类的析出而产生浑浊；在磷酸的存在下还可以排除 NO_3^-、Cl^- 的影响，如果在氧化时或显色时出现浑浊可考虑加大磷酸的用量。

可用尿素-亚硝酸钠代替叠氮化钠使用。

铬与二苯碳酰二肼反应时酸的浓度应控制在 0.03～0.3mol/L，以 0.1mol/L 时颜色最稳定。

加入显色剂后应立即摇匀。

温度和放置时间对显色有影响，以 15℃时最稳定，显色后 2～3min 颜色最深。

4.2.5　氰化物的测定

（1）测定方法　异烟酸-吡唑啉酮分光光度法（HJ 484—2009）。

（2）基本原理　在 pH 为 6.8～7.5 近中性的混合磷酸盐缓冲液条件下，氰化物被氯胺 T 氧化成氯化氰，氯化氰与异烟酸作用，并经水解后生成戊烯二醛，此化合物再与吡唑啉酮缩合生成稳定的蓝色化合物，在一定浓度范围内，该化合物的颜色强度（色度）与氰化物的浓度成线性关系，利用标准曲线法即可求得固体废物中氰化物的含量。

（3）技能训练

① 目的要求　了解仪器的工作条件，学会氰化物的蒸馏及标准液的配制，掌握异烟酸-吡唑啉酮分光光度法的分析原理和测定方法。

② 仪器设备和药品

a. 仪器设备　721 分光光度计，250mL 全玻璃蒸馏瓶及冷凝装置（参见第一章），25mL 具塞比色管，50mL 容量瓶。

b. 药品

(a) 浓磷酸　ρ_{20}=1.69g/mL，优级纯。

(b) 浓硝酸　ρ_{20}=1.42g/mL，优级纯。

(c) 0.1mol/L HAc 溶液。

(d) 100g/L $Zn(Ac)_2$ 溶液　称取 10g 无水 $Zn(Ac)_2$，用蒸馏水稀释至 100mL。

(e) 150g/L 酒石酸溶液　称取 15g 酒石酸，用蒸馏水稀释至 100mL。

(f) 10g/L 氯胺 T 溶液　称取 1g 氯胺 T($C_7H_7SO_2NClNa \cdot 3H_2O$)溶于水后稀释至 100mL，摇匀并储于棕色瓶中，放入冰箱中保存或现用现配。

(g) 磷酸盐缓冲液　称取 34.0g 无水磷酸二氢钾（KH_2PO_4）和 35.5g 无水磷酸氢二钠（Na_2HPO_4），加水溶解后再稀释定容至 1000mL。

(h) 异烟酸-吡唑啉酮溶液　称取 1.5g 异烟酸（$C_6H_5O_2N$）溶于 24mL 20g/L 氢氧化钠溶液中，加水稀释至 100mL。称取 0.25g 吡唑啉酮（$C_{10}H_{10}NO_2$）溶于 20mL 二甲基甲酰胺 [$HCON(CH_3)_2$]中。临用前，将配好的异烟酸和吡唑啉酮溶液以 5+1 的比例混合。

(i) 试银灵指示剂 称取0.02g试银灵溶于100mL丙酮中。

(j) 0.02mol/L硝酸银标准溶液 称取金属银丝（纯度为99.99%）0.2157g，置于25mL烧杯中，加入1mL浓硝酸后稍微加热使其溶解，并使硝酸缓慢挥发掉，但加热温度不可过高以防止生成氧化银，最后加水溶解并定容到100mL。

(k) 氰化钾标准储备液

配制：称取0.25g无水氰化钾溶于1g/L氢氧化钠溶液中，并用1g/L氢氧化钠溶液稀释至100mL，然后用硝酸银标准溶液标定其准确浓度，溶液储存于聚乙烯塑料瓶中。

标定：准确移取氰化钾标准储备液10.00mL于锥形瓶中，加入50mL水和20g/L氢氧化钠溶液1mL，并加入7~8滴试银灵指示剂，然后用硝酸银标准溶液滴定至由黄刚开始变为橙色即为终点，记录消耗硝酸银标准溶液的体积V_1（mL），同时作空白实验，记录消耗硝酸银标准溶液的体积V_2（mL），按下列公式计算氰化钾标准储备液的浓度。

$$\rho(CN_{标})=[0.02(V_1-V_2)\times 52.04]/10$$

(l) 氰化钾标准操作液 将氰化钾标准储备液用1g/L氢氧化钠溶液准确稀释1000倍。

(m) 20g/L氢氧化钠溶液。

(n) 酚酞。

③ 测定步骤

a. 固体废物试液的制备 准确称取1.0000~10.0000g固体废物于250mL蒸馏烧瓶中，加100mL去离子水、1mL 100g/L Zn(Ac)$_2$溶液、10mL 150g/L酒石酸溶液，立即连接好仪器进行蒸馏，馏出液收集于盛有5mL 20g/L NaOH溶液的50mL容量瓶中，当馏出液收集约50mL时，停止蒸馏，用去离子水稀释至标线，摇匀。

b. 标准曲线绘制 取25mL具塞比色管6支，分别加入氰化物标准溶液0.00，1.00mL，2.00mL，3.00mL，4.00mL，5.00mL，用去离子水稀释至10mL，加酚酞1滴，用0.1mol/L醋酸调至酚酞褪色后，加5mL磷酸盐缓冲溶液，摇匀后迅速加入0.2mL 10g/L氯胺T溶液，立即盖好塞子摇匀，在15~25℃下放置3~5min；测定时向各比色管中加入异烟酸-吡唑啉酮混合液5mL，混匀后用去离子水稀释至刻度并摇匀，在25~35℃水浴中放置40min后，于波长638nm处，以试剂空白为参比，用1cm比色皿测定吸光度，然后以标准氰化物的质量浓度ρ（μg/mL）为横坐标，吸光度为纵坐标绘制标准曲线。

c. 固体废物馏出液的测定 吸取1~10mL固体废物馏出液于25mL具塞比色管中，用去离子水稀释至10mL，加酚酞1滴，用0.1mol/L醋酸调至酚酞褪色后，向比色管中加入5mL磷酸盐缓冲溶液，摇匀后迅速加入0.2mL 10g/L氯胺T溶液，立即盖塞摇匀，在15~25℃下放置3~5min，然后再加5mL异烟酸-吡唑啉酮混合液，用去离子水稀释至刻度并摇匀，在25~35℃水浴中放置40min，用10mm比色皿于波长638nm处测其吸光度，根据吸光度从标准曲线上查出固体废物试液中氰化物的含量。

$$w(CN^-)=\rho_x V/m$$

式中 ρ_x——由标准曲线上查出的固体废物馏出液中氰化物的质量浓度，μg/mL；

V——馏出液的总体积，mL；

m——称量固体废物质量，g。

(4) 讨论 溶液pH值要严格控制在6.8~7.5范围内，超出此范围时对测定结果有明显影响。

实验用水必须不含氰化物和游离氯。

氰化物酸化后形成的HCN极毒且易挥发，测定时应带防毒口罩，在通风橱中进行，且操作迅速。

氰化物标准操作液不稳定，应现用现配，同样氰化物也属于剧毒物，操作氰化物及其溶液时要特别小心，避免沾污皮肤和眼睛。

氯胺 T 溶液出现浑浊时不能使用，应重新配制。

称量银丝前先用硝酸洗去表面氧化层，再用水洗净，最后加入少量无水乙醇，使其挥发带走残余水分后再称量。

4.2.6　固体废物遇水反应性试验

(1) 测定方法　半导体点温计法。

(2) 基本原理　固体废物与水发生反应放出热量，使体系的温度升高，用半导体点温计来测量固-液界面的温度变化，以确定温升值。

(3) 技能训练

① 目的要求　了解仪器的工作条件，学会半导体点温计测定固体废物温升值的原理和方法。

② 仪器设备和药品　半导体点温计（图4-4），温升实验容器，100mL 比色管，固体废物试样，蒸馏水。

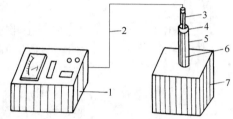

图 4-4　测定温升装置示意图
1—半导体点温计；2—连接导线；3—玻璃套管；
4—橡皮塞；5—温升实验容器；
6—点温计探头；7—绝热泡沫块

③ 测定步骤　将点温计的探头输出端接在点温计接线柱上，开关置于"校"字样，调整点温计满刻度，使指针与满刻度线重合。将温升实验容器插入绝热泡沫块 12cm 深处，然后将一定量的固体废物（1g、2g、5g、10g）置于温升实验容器内，加入 20mL 蒸馏水，再将点温计探头插入固-液界面处，用橡皮塞盖紧（图4-4），观察温升。将点温计开关转到"测"处，读取电表指针最大值，即是所测反应温度，此值减去室温即为温升测定值。

$$T = t_1 - t_2$$

式中　T——温升值，℃；

t_1——反应温度，℃；

t_2——室温，℃。

(4) 注意事项　测定过程中要避免热量的散失。至少测定两个平行样，报告算术平均值。反应剧烈的固体废物，宜从少量样品开始试验。半导体点温计外套玻璃套管后，可作为测温升的探头，要求玻璃套管壁薄，且不渗水、气，以保证测温的准确性和防止探头损坏。

4.2.7　固体废物渗漏模拟试验

(1) 测定方法　雨水或蒸馏水浸取法。

(2) 基本原理　固体废物长期堆放时可能通过渗漏污染地下水和周围土地，模拟实验是研究固体废物渗漏污染的一种简捷、有效的方法。在玻璃管内填装通过 0.5mm 孔径筛的固体废物，以一定的流速滴加雨水或蒸馏水，从测定渗漏水中有害物质的流出时间和浓度的变化规律，推断固体废物在堆放时的渗漏情况和危害程度。

(3) 技能训练

① 仪器设备和药品　玻璃柱（φ40mm，长 50cm），1000mL 带活塞试剂瓶，500mL 锥

形瓶，玻璃棉，固体废物试样。

② 测定步骤　按图 4-5 装配好渗漏模拟试验装置。把通过 0.5mm 孔径筛的固体废物试样装入玻璃柱内，试样高约 20cm。试剂瓶中装入雨水或蒸馏水，以 4.5mL/min 的流速通过玻璃柱下端的玻璃棉流入锥形瓶内，待滤液收集至 400mL 时，关闭活塞，摇匀滤液，取适量滤液按水中重金属的分析方法，测定重金属离子的浓度。同时测定固体废物中重金属的含量。

（4）讨论　根据测定结果推算，如果这种固体废物堆放在河边土地上，可能产生什么后果？这类固体废物应如何处置？

4.2.8　急性毒性的初筛试验

有害废物中往往含有多种有害成分，组分分析难度较大。急性毒性的初筛试验可以简便地鉴别并表达其综合急性毒性，方法如下。

以体重 18～24g 的小白鼠（或 200～300g 大白鼠）作为实验动物，若是外购鼠，必须在本单位饲养条件下饲养 7～10 天，仍活泼健康者方可使用。实验前 8～12h 和观察期间禁食。

称取制备好的样品 100g，置于 500mL 具磨口玻璃塞的锥形瓶中，加入 100mL（pH 为 5.8～6.3）水（固液体积比为

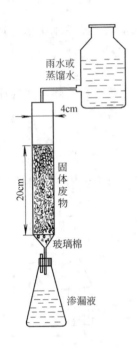

图 4-5　固体废物渗漏模拟试验装置

1+1），振摇 3min，于室温下静止浸泡 24h，用中速定量滤纸过滤，滤液留待灌胃用。

灌胃采用 1mL 或 5mL 注射器，注射针采用 9（或 12）号，去针头，磨光，弯曲成新月形。对 10 只小白鼠（或大白鼠）进行一次性灌胃，每只灌浸取液 0.50（或 4.40）mL，灌胃时用左手捏住小白鼠，尽量使之成垂直体位，右手持已吸取浸出液的注射器，对准小白鼠口腔正中，推动注射器使浸出液徐徐流入小白鼠的胃内。对灌胃后的小白鼠（或大白鼠）进行中毒症状观察，记录 48h 内动物死亡数，确定固体废物的综合急性毒性。

思考与练习

1. 测定固体废物 pH 值应注意哪些方面？
2. 根据您乘车的经历，试分析我国铁路列车垃圾状况，并提出一套列车垃圾的收集处理设想方案。

阅读园地

"二噁英"的警告

随着社会的发展，"怪"的病毒、新的名词也层出不穷：艾滋病危害人类尚未研究出有效的对策，英国的疯牛病又令人谈"牛"色变，欧洲又发生一起对人类健康造成威胁的恶性事件——比利时、荷兰、法国、德国连续发生饲料受到二噁英污染，导致出现禽类产品及乳制品二噁英含量过高现象。

二噁英（dioxin）是多氯二苯并二噁英和多氯二苯并呋喃的统称，其正式名称为聚氯化二苯二噁英。二噁英的产生主要来源于垃圾焚烧处理过程。1977 年，在荷兰的城市垃圾焚

烧炉烟道排气及飞灰中首次发现了这种化学物,它共有210个同族体,其中几个被公认为毒性最强,其毒性相当于剧毒化合物氰化钾的50～100倍,有强致癌性、生殖毒性、内分泌毒性和免疫毒性效应。二噁英的特点是化学稳定性强和高亲脂性或脂溶性,污染物很容易通过食物链富集于动物和人的脂肪及乳汁中,一旦进入体内又很难排出。由于二噁英是某些化学过程中产生的副产品,而不是特意生产的产品,所以人们一般不会在短时间内接触到大量的二噁英,它的致癌作用也都是经过长期积累后显现出来的。

早在120多年前,恩格斯在《自然辩证法》中就告诫人们:不要过分陶醉对自然界的胜利,对于每一次这样的胜利,自然界都报复了我们。他列举了美索不达米亚、希腊、小亚细亚以及其他各地的居民,为了想得到耕地,把森林都砍光了,但是后来这些地方却成为荒芜的不毛之地,平时不能储存水分,雨季又使凶猛的洪水倾泻到平原上……如今,我们不是也因此付出了高昂的代价,有了深刻的教训和切身的体会吗?

本 章 小 结

1. 工业有害固体废物样品的采集和制备

固体废物种类 $\begin{cases} 城市固体废物 \\ 工业固体废物 \\ 有害固体废物 \\ 城市垃圾 \end{cases}$

固体废物危害 $\begin{cases} 侵占土地 \\ 污染土壤 \\ 污染水体 \\ 污染大气 \\ 影响市容 \end{cases}$

固体废物采样程序　参见图4-1。

2. 固体废物常规监测内容　水分测定、pH测定、总汞的测定、铬的测定、氰化物的测定、遇水反应性试验、渗漏模拟试验、急性毒性的初筛试验。

5. 土壤污染监测

☞ **学习指南**

本章介绍土壤中一些主要污染物的监测方法。内容包括污染物的来源、危害，试样的采集、制备和保存，并对主要污染物的分析测定进行较为详细的说明。选用监测方法内容新，适用面广，可操作性强。学习本章内容时一要弄清监测主要污染物的基本原理；二要熟练掌握监测主要污染物的技能，通过复习学过的分析化学和仪器分析，能更好地帮助你理解和熟悉本章内容。

5.1 土壤污染物的来源和特点

土壤是自然环境的重要组成部分，是人类生存的基础和活动的场所。人类的生活与生产活动造成了土壤的污染，反过来，污染的土地又影响到人类的生活和健康。如日本富山县神通川流域著名的土壤污染事件就是如此，该地区引用含镉的废水灌溉农田，使土壤受到了严重的镉污染，致使生产出的稻米也含有镉，因而使数千人得了骨痛病。由于土壤的功能、组成、结构特征以及土壤在环境生态系统中的特殊地位和作用，使得土壤污染不同于大气污染，也不同于水体污染，而且比它们要复杂得多。因此，防止土壤污染，及时进行土壤污染监测，是当前环境监测中不可缺少的重要内容。

5.1.1 土壤的组成

土壤是覆盖于地球表面岩石圈上面薄薄的一层特殊的物质，它是由地球表面的岩石在自然条件下经过长时期的风化作用而形成的。土壤的组成十分复杂，从物理形态上来划分，可分为固态、液态和气态。从化学成分上来划分，可分为矿物质、有机质、水分或溶液、空气和土壤微生物五种成分。其中土壤矿物质占土壤总量的90%以上，是土壤的骨架，而有机质好比土壤的肌肉，水则是土壤的血液，可以说土壤是以固态物质为主的多相复杂体系。土壤中含有的常量元素有碳、氢、硅、氮、硫、磷、钾、铝、铁、钙、镁等；含有的微量元素有硼、氯、铜、锰、钼、钠、锌等。

从环境污染角度看，土壤又是藏纳污垢的场所，常含有各种生物的残体、排泄物、腐烂物以及来自大气、水及固体废物中的各种污染物、农药、肥料残留物等。

5.1.2 土壤污染源和污染物

土壤污染是指人类活动所产生的污染物质通过各种途径进入土壤，其数量超过了土壤的容纳和同化能力，而使土壤的性质、组成及性状等发生变化，并导致土壤的自然功能失调、土壤质量恶化的现象。土壤污染的明显标志是土壤生产能力的降低，即农产品的产量和质量的下降。土壤污染源同水、大气一样，可分为天然污染源和人为污染源两大类。天然污染源是由自然矿床中某些元素和化合物的富集超出了一般土壤含量时造成的地区性土壤污染；某些气象因素造成的土壤淹没、冲刷流失、风蚀；地震造成的"冒沙、冒黑水"；火山爆发的岩浆和降落的火山灰等，都可不同程度地污染土壤。这类污染源是由一些自然现象引起的，因此称为自然污染源。我们所研究的土壤污染主要是由人类活动所造成的污染

5.1.2.1 土壤污染源

土壤污染物的来源极为广泛，主要来自工业（城市）废水和固体废物、农药和化肥、牲畜排泄物以及大气沉降等。

(1) 工业（城市）废水和固体废弃物　在工业（城市）废水中，常含有多种污染物。当长期使用这种废水灌溉农田时，便会使污染物在土壤中积累而引起污染。截止到1999年，全国利用废水灌溉的面积已占全国总灌溉面积的7.3%，比20世纪80年代增加了1.6倍。另外，利用工业废渣和城市污泥作为肥料施用于农田时，常常会使土壤受到重金属、无机盐、有机物和病原体的污染。工业废物和城市垃圾的堆放场，往往也是土壤的污染源。

(2) 农药和化肥　现代农业生产大量使用的农药、化肥和除草剂也会造成土壤污染。如有机氯杀虫剂DDT、三氯杀螨醇，有机磷杀虫剂久效磷、甲胺磷等会在土壤中长期残留，并在生物体内富集。氮、磷等化学肥料，约有10%～30%在根层以下积累或转入地下水，成为潜在的环境污染物。目前我国不同程度遭受农药污染的土壤面积已达到1.4亿亩。

(3) 牲畜排泄物和生物残体　禽畜饲养场的积肥和屠宰场的废物中含有寄生虫、病原体和病毒，当利用这些废物作肥料时，如果不进行物理和生化处理，便会引起土壤或水体污染，并可通过农作物危害人体健康。

(4) 大气沉降物　大气中的SO_2、NO_x和颗粒物可通过沉降或酸性降水而进入到农田。如北欧的南部、北美的东北部等地区，雨水酸度增大，引起土壤酸化、土壤盐基饱和度降低。1999年，我国8000万亩以上的耕地遭受不同程度的大气污染，仅淮河流域因农田大气污染累计损失就超过1.7亿元。大气层核试验的散落物还可造成土壤的放射性污染。

5.1.2.2 土壤污染物

凡是进入土壤并影响到土壤的理化性质和组成，而导致土壤的自然功能失调、土壤质量恶化的物质，统称为土壤污染物。土壤污染物的种类繁多，按污染物的性质一般可分为四类：有机污染物、重金属、放射性元素和病原微生物。

(1) 有机污染物　土壤有机污染物主要是化学农药。目前大量使用的化学农药约有50多种，其中主要包括有机磷农药、有机氯农药、氨基甲酸酯类、苯氧羧酸类、苯酰胺类等。此外，石油、多环芳烃、多氯联苯、甲烷、有害微生物等也是土壤中常见的有机污染物。

(2) 重金属　使用含有重金属的废水进行灌溉是重金属进入土壤的一个重要途径。重金属进入土壤的另一条途径是随大气沉降落入土壤，含重金属的固体废物被淋洗、浸渗而进入土壤。重金属主要有Hg、Cd、Cu、Zn、Cr、Pb、As、Ni、Co、Se等。由于重金属不能被微生物分解，而且可被微生物富集，或者在微生物的作用下，转变为毒性更大的化合物，土壤一旦被重金属污染，其自然净化过程和人工治理都是非常困难的。

(3) 放射性元素　放射性元素主要来源于大气层核试验的沉降物，以及核工业、核电站及科研单位所排放的各种废气、废水和废渣。放射性元素主要有Sr、Cs、U、Pu等。含有放射性元素的物质不可避免地随自然沉降、雨水冲刷和废弃物的堆放而污染土壤。土壤一旦被放射性物质污染就难以自行消除，只能靠其自然衰变为稳定元素。

(4) 病原微生物　土壤中的病原微生物，可以直接或间接地影响人体健康。它主要包括病原菌和病毒，如肠细菌、寄生虫、霍乱病菌、破伤风杆菌、结核杆菌等。它们主要来源于人畜的粪便及用于灌溉的污水（未经处理的生活污水，特别是医院污水）。人类若直接接触含有病原微生物的土壤，可能会对健康带来影响；若使用被土壤污染的蔬菜、水果等则间接受到污染。

此外，某些非金属无机物如砷、氰化物、氟化物、硫化物等进入土壤后也能影响土壤的正常功能，降低农产品的产量和质量。

5.1.3 土壤污染的特点和危害

5.1.3.1 土壤污染的特点

（1）土壤污染比较隐蔽　水和大气的污染比较直观，有时可以通过人的感觉器官也能发现。土壤的污染往往是通过农作物，如粮食、蔬菜、水果以及家畜、家禽等食物污染，再通过人食用后身体的健康情况来反映。从开始污染到导致后果，有一段很长的间接、逐步、积累的隐蔽过程。如日本的"镉米"事件，当查明原因时，造成事件的那个矿已经开采完了。

（2）土壤被污染和破坏以后很难恢复　土壤一旦被污染后很难恢复，净化过程需要相当长的时间，而且重金属的污染是不可逆的过程，因此土壤有时被迫改变用途或放弃。故对土壤的保护要有长远观点，当今人们要利用它，将来人们还要利用它，尽管污染物含量很小，但要考虑它的长期积累后果。

（3）污染后果严重　土壤污染物可通过食物链的生物放大作用危害动物和人体，甚至使人畜失去赖以生存的基础。

（4）土壤污染的判定比较复杂　到目前为止，国内外尚未定出类似水和大气的判定标准。因为土壤中污染物质的含量与农作物生长发育之间的因果关系十分复杂，有时污染物质的含量超过土壤背景值很高，但并未影响植物的正常生长；有时植物生长已受影响，但植物内未见污染物的积累。

5.1.3.2 土壤污染的影响和危害

土壤污染会直接使土壤的组成和理化性质发生变化，破坏土壤的正常功能，并可通过植物的吸收和食物链的积累等过程，进而对人体健康构成危害。土壤污染物进入人体的途径如图 5-1 所示。另外，土壤污染还会使农作物的产量和质量下降。

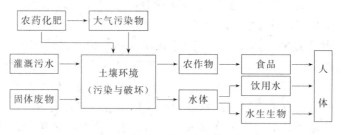

图 5-1　土壤污染物进入人体的途径

（1）土壤污染对植物的影响和危害　当土壤中的污染物含量超过植物的忍耐限度时，会引起植物的吸收和代谢失调；一些污染物在植物体内残留，会影响植物的生长发育，甚至导致遗传变异。

① 无机污染物的危害　土壤长期施用酸性或碱性物质会引起土壤 pH 值的变化，降低土壤肥力，减少作物的产量。土壤受 Cu、Ni、Co、Mn、Zn、As 等元素的污染，能引起植物的生长和发育障碍；而受 Cd、Hg、Pb 等元素的污染，一般不引起植物生长发育障碍，但它们能在植物可食部位蓄积。用含 Zn 污水灌溉农田，会对农作物特别是小麦的生长产生较大影响，造成小麦出苗不齐、分蘖少、植株矮小、叶片发生萎黄；过量的 Zn 还会使土壤酶失去活性，细菌数目减少，土壤中的微生物作用减弱。当土壤中 As 含量较高时，会阻碍树木的生长，使树木提早落叶、果实萎缩、减产。土壤中存在过量的 Cu，也能严重地抑制植物的生长和发育。当小麦和大豆遭受 Cd 的毒害时，其生长发育均受到严重影响，实验证明，随着施 Cd 量的增加，作物体内 Cd 含量增高，产量降低。

② 有机毒物的危害　利用未经处理的含油、酚等有机毒物的污水灌溉农田，会使植物生长发育受到障碍。例如，我国沈阳抚顺灌区曾用未经处理的炼油厂废水灌溉，结果水稻严重矮化。植物生长状况同土壤受有机毒物污染程度有关，一般认为水稻矮化现象是含油污水中的油、酚等有机毒物和其他因素综合作用的结果。农田在灌溉或施肥过程中，也极易受三氯乙醛（植物生长紊乱剂）及其在土壤中转化产物三氯乙酸的污染。三氯乙醛能破坏植物细胞原生质的极性结构和分化功能，使细胞和核的分裂产生紊乱，形成病态组织，阻碍正常生长发育，甚至导致植物死亡，小麦最容易遭受危害，其次是水稻。据研究，每千克栽培小麦的土壤中三氯乙醛含量不得超过 0.3mg。

③ 土壤生物污染的危害　土壤生物污染是指一个或几个有害的生物种群，从外界环境侵入土壤，大量繁衍，破坏原来的动态平衡，对人体或生态系统产生不良的影响。造成土壤生物污染的污染物主要是未经处理的粪便、垃圾、城市生活污水、饲养场和屠宰场的污物等，其中危险性最大的是传染病医院未经处理的污水和污物。

一些在土壤中长期存活的植物病原体也能严重地危害植物，造成农业减产。例如，某些植物致病细菌污染土壤后能引起番茄、茄子、辣椒、马铃薯、烟草等百余种茄科植物的青枯病，能引起果树的细菌性溃疡和根癌病。某些致病真菌污染土壤后能引起大白菜、油菜、芥菜、萝卜、甘蓝、荠菜等 100 多种蔬菜的根肿病，引起茄子、棉花、黄瓜、西瓜等多种植物的枯萎病，以及小麦、大麦、燕麦、高粱、玉米、谷子的黑穗病等。此外，甘薯茎线虫，黄麻、花生、烟草根结线虫，大豆胞囊线虫，马铃薯线虫等都能经土壤侵入植物根部引起线虫病。广义上讲，上述病虫害都可认为是土壤生物污染所致。

(2) 土壤污染对人体健康的影响和危害

① 病原体对人体健康的影响　病原体是由土壤生物污染带来的污染物，其中包括肠道致病菌、肠道寄生虫、破伤风杆菌、肉毒杆菌、霉菌和病毒等。病原体能在土壤中生存较长时间，如痢疾杆菌能在土壤中生存 22～142d，结核杆菌能生存 1a 左右，蛔虫卵能生存 315～420d，沙门菌能生存 35～70d。土壤中肠道致病性原虫和蠕虫进入人体主要通过两个途径：一是通过食物链经消化道进入人体，例如，人蛔虫、毛首鞭虫等一些线虫的虫卵，在土壤中经过几周时间发育后，变成感染性的虫卵通过食物进入人体；二是穿透皮肤侵入人体，例如，十二指肠钩虫、美洲钩虫和粪便圆线虫等虫卵在温暖潮湿的土壤中经过几天孵育变为感染性幼虫，再通过皮肤穿入人体。

传染性细菌和病毒污染土壤后对人体健康的危害更为严重。一般来自粪便和城市生活污水的致病菌有沙门菌属、芽孢杆菌属、梭菌属、假单胞杆菌属、链球菌属、分枝菌属等。另外，随患病动物的排泄物、分泌物或其尸体进入土壤而传染人体的还有破伤风、恶性水肿、丹毒等疾病的病原菌。目前，在土壤中已发现有 100 多种可能引起人类致病的病毒，例如脊髓灰质炎病毒、人肠细胞病变孤儿病毒、柯萨奇病毒等，其中最危险的是传染性肝炎病毒。

此外，被有机废弃物污染的土壤，往往是蚊蝇孳生和鼠类繁殖的场所，而蚊、蝇和鼠类又是许多传染病的媒介。因此，被有机废弃物污染的土壤，在流行病学上被视为特别危险的物质。

② 重金属对人体健康的影响　土壤中的重金属被植物吸收后，可通过食物链危害人体健康。例如，1995 年日本富山县发生的"镉米"事件，其原因是农民长期使用神通川上游铅锌冶炼厂的含镉废水灌溉农田，导致土壤和稻米中的镉含量增加，人们长期食用这种稻米，使得镉在人体内蓄积，从而引起全身性神经痛、关节痛、骨折，以致死亡。据测定，日本因镉慢性中毒而致死亡者体内镉的残毒量：肋骨为 $11472\mu g/g$，肝为 $7051\mu g/g$，肾

为 4903μg/g。

③ 放射性物质对人体健康的影响　放射性物质主要是通过食物链经消化道进入人体，其次是经呼吸道进入人体，通过皮肤吸收的可能性很小。该过程受到许多因素的影响，包括放射性核素的理化性质、环境因素（气象、土壤条件）、动植物体内的代谢情况以及人们的饮食习惯等。放射性物质进入人体后，可造成内照射损伤，使受害者头昏、疲乏无力、脱发、白细胞减少或增多、发生癌变等。此外，长寿命的放射性核素因衰变周期长，一旦进入人体，其通过放射性裂变而产生的 α、β、γ 射线，将对机体产生持续的照射，使机体的一些组织细胞遭受破坏或变异，此过程将持续至放射性核素蜕变成稳定性核素或全部被排出体外为止。

思考与练习

1. 调查你家附近土壤污染源有哪些？并分析出各污染源中含有的污染物，根据污染物说明对土壤可能产生的主要危害。
2. 土壤污染有何特点？
3. 简述土壤污染对人的影响和危害有哪些。

土壤的"骨架"和"肌肉"

土壤是植物生长、繁育的主要基质。植物生长的好坏，产品质量、产量的高低都与土壤肥力有着密切关系。

那么，什么是土壤肥力呢？在植物生长发育过程中，土壤不断地供给和调节植物所必需的水、肥、气、热等无毒害物质和能量就是土壤肥力。自然土壤具有自然肥力，农业土壤则要在自然肥力的基础上靠人为的耕种、施肥、改良以及其他技术措施来提高农业生产力和经济效益。可是，土壤是怎么组成的？有什么特征？不同类型、不同性质的土壤又有什么肥力特点呢？

土壤是一个疏松多孔的体系，它是由固体、液体和气体三项物质所构成。土壤的固体物质包括矿物质和有机质两部分，矿物质就好像土壤的"骨架"，有机质就好比是它的"肌肉"包被在矿物质表面，不要小看这层物质，它可是植物吸收水分和养料的宝库。液体部分是指土壤的水分，它保存和运动在土壤的孔隙之间，是土壤中最活跃的部分。土壤的气体部分是指土壤的空气，它充满在那些没有被水分占据的孔隙中。土壤孔隙分大、中、小三种，其中，大孔隙叫充气孔隙。大孔隙不宜太多，太多了跑墒严重。小孔隙的孔径太小，不利于植物的透气和扎根。中孔隙也叫持水孔隙，这种孔隙越多越适宜作物的生长，就像人体的皮肤一样，保水性、透气性越好长得就越水灵。作为土壤"骨架"的矿质土粒，因大小不同，所含养分不同，保肥性也不同。当我们将一种土壤松散后，就会发现，土壤有其大小不等的颗粒。根据颗粒大小不同以及各种粒级在土壤中所占比例的不同，划分出不同的土壤种类，我们把它称为"土壤质地"，如砂土、黏土和壤土。不同质地的土壤具有不同的肥力性状，对植物生长也有不同的影响。

另外，从土壤的层次性来看，由于作物扎根有一定的深度，因此，不同质地的土壤在不同深度的排列也影响着作物的生长。如果土壤的上下层是砂质土或是黏质土，那就不太理想。肥沃的土壤是老百姓常说的"蒙金土"。它的上层是偏砂的壤土，而下层是偏黏的壤土，这种土对作物苗期、中期、后期生长都是有利的。

从土壤的结构看，最理想的结构体应具有团粒结构，它是看上去像蚯蚓粪的土壤。有没有办法使土壤更多地形成团粒结构呢？较常用的方法是通过耕、畜、耙、压等措施，结合使用有机肥、秸秆还田促进团粒结构的形成。

5.2 土壤污染物的测定

5.2.1 监测项目

环境是个整体，污染物进入哪一部分都会影响整个环境，因此，土壤监测必须与大气、水体和生物监测相结合才能全面客观地反映实际。确定土壤中优先监测物的依据是国际学术联合会环境问题科学委员会（SCOPE）提出的"世界环境监测系统"草案，该草案规定，空气、水源、土壤以及生物界中的物质都应与人群健康联系起来。土壤中优先监测物有以下两类。

第一类：汞、铅、镉、DDT及其代谢产物与分解产物，多氯联苯（PBC）。

第二类：石油产品，DDT以外的长效有机氯、四氯化碳、醋酸衍生物、氯化脂肪族、砷、锌、硒、镉、镍、锰、钒、有机磷化合物及其他活性物质（抗生素、激素、致畸性物质、催畸形物质和诱变物质）等。

我国土壤常规监测项目中，金属化合物有铜、铬、镉、汞、铅、锌；非金属化合物有砷、氰化物、氟化物、硫化物等；有机化合物有苯并[a]芘、三氯乙醛、油类、DDT、有机氯农药、有机磷农药等。

5.2.2 样品的采集、制备和保存

5.2.2.1 样品的采集

土壤是由固、液、气三相组成的，其主体是固体。污染物进入土壤后流动、迁移、混合都比较困难，因而污染土壤的均匀性更差。实践表明，土壤污染监测中采样误差往往超过分析误差对结果的影响。土壤污染采集地点、层次、方法、数量和时间等依监测的目的决定。采样前要对监测地区进行调查研究，调查评价区域的自然条件（包括地质、地貌、植被、水文、气候等）、土壤性状（包括土壤类型、剖面特征、分布及物理化学特征等）、农业生产情况（包括土地利用、农作物生长情况与产量、耕作制度、水利、肥料和农药的施用等），以及污染历史与现状（通过水、气、农药、肥料等途径及矿床的影响）。在调查研究的基础上根据需要和可能布设采样点，以代表一定面积的地区或地段，并挑选一定面积的非污染区作分析对照之用。每个采样点是一个采样分析单位，它必须能够代表被监测的一定面积的地区或地段的土壤。由于土壤本身在空间分布上具有一定的不均匀性，所以应多点采样并均匀混合成为具有代表性的土壤样品。在同一采样分析单位里，区域面积在 $1000\sim1500m^2$ 以内的，可在不同方位上选择 5~10 个具有代表性的采样点。采样点的分布应尽量照顾土壤的全面情况，不可太集中。总之，采样布点的原则是要有代表性和对照性。

(1) 采样点布设方法　根据土壤自然条件、类型及污染情况的不同，常用的布点采样方法有如下几种，如图 5-2 所示。

① 对角线布点法 [见图 5-2(a)]　该法适用于面积小、地势平坦的废水灌溉或受污染的水灌溉的田块。布点方法是由田块进水口向对角引一斜线，将此对角线三等分，以每等分

(a) 对角线布点法　　(b) 梅花形布点法　　(c) 棋盘式布点法　　(d) 蛇形布点法

图 5-2　采样布点方法

的中央点作为采样点。每一田块虽只有三个点，但可根据调查监测的目的、田块面积的大小和地形等条件作适当的变动。图中记号"×"作为采样点。

② 梅花形布点法［见图 5-2(b)］　该法适用于面积较小、地势平坦、土壤较均匀的田块，中心点设在两对角线相交处，一般设 5~10 个采样点。

③ 棋盘式布点法［见图 5-2(c)］　该法适用于中等面积、地势平坦、地形完整开阔、但土壤较不均匀的田块，一般采样点在 10 个以上。此法也适用受固体废物污染的土壤，因固体废物分布不均匀，采样点需设 20 个以上。

④ 蛇形布点法［见图 5-2(d)］　该法适用于面积较大、地势不太平坦、土壤不够均匀的田块。采样点数目较多。

为全面客观评价土壤污染情况，在布点的同时要与土壤生长作物监测同步进行布点、采样、监测，以利于对比和分析。

(2) 采样深度　如果只是一般了解土壤污染情况，采样深度只需取由地面垂直向下 15cm 左右的耕层土壤或由地面垂直向下在 15~20cm 范围内的土样。如果要了解土壤污染深度，则应按土壤剖面层分层取样。土壤剖面指地面向下的垂直土体的切面，其采样次序是由下而上逐层采集，然后集中混合均匀。用于重金属项目分析的土样，应将和金属采样器接触部分弃去。

(3) 采样方法

① 采样筒取样　采样筒取样适合于表层土样的采集。将长 10cm、直径 8cm 金属或塑料的采样器的采样筒直接压入土层内，然后用铲子将其铲出，清除采样筒口多余的土壤，采样筒内的土壤即为所取样品。

② 土钻取样　土钻取样是用土钻钻至所需深度后，将其提出，用挖土勺挖出土样。

③ 挖坑取样　挖坑取样适用于采集分层的土样。先用铁铲挖一截面 1.5m1m，深 1.0m 的坑，平整一面坑壁，并用干净的取样小刀或小铲刮去坑壁表面 1~5cm 的土，然后在所需层次内采样 0.5~1kg，装入容器内。

(4) 采样时间　采样时间应根据监测的目的和污染特点而定。为了解土壤污染状况，可随时采集土样测定。如果测定土壤的物理、化学性质，可不考虑季节的变化；如果调查土壤对植物生长的影响响，应在植物的不同生长期和收获期同时采集土壤和植物样品；如果调查气型污染，至少应每年取样一次；如果调查水型污染，可在灌溉前和灌溉后分别取样测定；如果观察农药污染，可在用药前及植物生长的不同阶段或者作物收获期与植物样品同时采样测定。

(5) 采样量　由于测定所需的土样是多点混合而成的，取样量往往较大，而实际供分析的土样不需要太多，具体需要量视分析项目而定，一般要求 1kg。因此，对多点采集的土壤，可反复按四分法缩分，最后留下所需的土样量，装入采样瓶或塑料袋中密封保存，并贴上标签，做好记录。

(6) 注意事项　采样点不能选在田边、沟边、路边或肥堆旁。经过四分法后剩下的土样应装入采样瓶或塑料袋中，写好两张标签，一张在袋内，一张扎在袋口上，标签上记载采样地点、深度、日期及采集人等。同时把有关该采样点的详细情况另作记录。

土壤背景值样品的采集。土壤背景值又称土壤本底值，它是指在未受或少受人类活动影响下，尚未受或少受污染和破坏的土壤中元素的含量。土壤中有害元素自然本底值是环境保护和土地开发利用的基础资料，是环境质量评价的重要依据。采集这类土壤样品时，采样点的选择应能反映开发建设项目所在区域土壤及环境条件的实际情况，能代表区域土壤总的特征并远离污染源，同一类型土壤应有3~5个采样点，以便检验本底值的可靠性。土壤本底值采样要特别注意成土母质的作用，因为不同土壤母质常使土壤的组成和含量发生很大的差异。与污染土壤采样不同之处是同一样点并不强调采集多点混合样，而是选取植物发育典型、代表性强的土壤采样。采样深度为1m以内的表土（0~20cm）和心土（20~40cm），对于植物发育完好的典型土壤，尤其应按层分别采样，以研究各元素在土壤中的分布。

5.2.2.2　样品的制备

（1）土样的风干　除了测定游离挥发酚、硫化物等不稳定组分需要新鲜土样外，多数项目的样品需经风干后才能进行测定，风干后的样品容易混合均匀，分析结果的重复性、准确性都比较好。从野外采集的土壤样品运到实验室后，为避免受微生物的作用引起发霉变质，应立即将全部样品倒在洗刷干净、干燥的塑料薄膜上或瓷盘内进行自然风干。当达到半干状态时用有机玻璃棒把土块压碎，剔除碎石和动植物残体等杂物后铺成薄层，在室温下经常翻动，充分风干，要防止阳光直射和尘埃落入。

（2）磨碎与过筛　风干后的土样，用有机玻璃棒或木棒碾碎后，过2mm孔径尼龙筛，除去筛上的砂砾和植物残体。筛下样品反复按四分法缩分，留下足够供分析用的数量，再用玛瑙研钵磨细，全部通过100目尼龙筛，过筛后的样品充分搅拌均匀，然后放入预先清洗、烘干并冷却后的小磨口玻璃瓶中以备分析用。制备样品时，必须避免样品受污染。

5.2.2.3　样品的保存

将风干土样样品或标准土样样品储存于洁净玻璃瓶或聚乙烯容器内。在常温、阴凉、干燥、避阳光、密封（石蜡涂封）条件下保存30个月是可行的。

5.2.3　土壤污染物的测定

5.2.3.1　测定方法

土壤污染监测所用方法与水质、大气监测方法类同。常用方法有：重量法，适用于测定土壤水分；滴定法，适用于浸出物中含量较高的成分测定，如Ca^{2+}、Mg^{2+}、Cl^-、SO_4^{2-}等；分光光度法，适用于重金属如铜、镉、铬、铅、汞、锌等组分的测定；气相色谱法，适用于有机氯、有机磷及有机汞等农药的测定，见表5-1。

5.2.3.2　土壤样品的溶解

在土壤样品的监测分析中，根据分析项目的不同，首先要经过样品的溶解处理工作，然后才能进行待测组分含量的测定。常用的溶解处理方法有湿法消化、干法灰化、溶剂提取和碱熔法。

分析土壤样品中的痕量无机物时，通常将其所含的大量有机物加以破坏，使其转变为简单的无机物，然后进行测定。这样可以排除有机物的干扰，提高检测精度。破坏有机物的方法有湿法消化和干法灰化两种。

表 5-1　土壤中某些金属、非金属组分的溶解、测定方法

元　素	溶　解　方　法	测　定　方　法	最低检出限 /(μg/kg)
As	HNO_3-H_2SO_4 消化	比色法	0.5
Cd	HNO_3-HF-$HClO_4$ 消化	石墨炉原子吸收法	0.002
Cr	HNO_3-H_2SO_4-H_3PO_4 消化	比色法	0.25
	HNO_3-HF-$HClO_4$ 消化	原子吸收法	2.5
Cu	HCl-HF-HNO_3-$HClO_4$ 消化	原子吸收法	1.0
	HNO_3-HF-$HClO_4$ 消化	原子吸收法	1.0
Hg	H_2SO_4-$KMnO_4$ 消化	冷原子吸收法	0.007
	HNO_3-H_2SO_4-V_2O_5 消化	冷原子吸收法	0.002
Mn	HNO_3-HF-$HClO_4$ 消化	原子吸收法	5.0
Pb	HCl-HF-HNO_3-$HClO_4$ 消化	原子吸收法	1.0
	HNO_3-HF-$HClO_4$ 消化 Na_2CO_3	石墨炉原子吸收法	1.0
氟化物	Na_2O_2 熔融法	电极法	5.0
氰化物	$Zn(Ac)_2$-酒石酸蒸馏法	分光光度法	0.05
硫化物	盐酸蒸馏法	比色法	2.0
有机氯农药	石油醚-丙酮萃取法	气相色谱法	40
有机磷农药	三氯甲烷萃取法	气相色谱法	40

(1) 湿法消化法　湿法消化又称湿法氧化。它是将土壤样品与一种或两种以上的强酸（如硫酸、硝酸、高氯酸等）共同加热浓缩至一定体积，使有机物分解成二氧化碳和水除去。为了加快氧化速度，可加入过氧化氢、高锰酸钾、过硫酸钾和五氧化二钒等氧化剂和催化剂。常用的消化方法有以下几种。

① 王水（盐酸-硝酸）消化　1 体积硝酸和 3 体积盐酸的混合物。可用于消化测定铜、锌、铅等组分的土壤样品。

② 硝酸-硫酸消化　由于硝酸氧化能力强、沸点低，硫酸具有氧化性且沸点高，因此，二者混合使用，既可利用硝酸的氧化能力，又可提高消化温度，消化效果较好。常用的硫酸与硝酸的比例为 2∶5。消化时先将土壤样品润湿，然后加硝酸于样品中，加热蒸发至较少体积时，再加硫酸加热至冒白烟，使溶液变成无色透明清亮。冷却后，用蒸馏水稀释，若有残渣，需进行过滤或加热溶解。必须注意的是，在加热溶解时，开始低温，然后逐渐高温，以免因迸溅引起损失。

③ 硝酸-高氯酸消化　硝酸-高氯酸消化适用于含难氧化有机物的样品处理，是破坏有机物的有效方法。在消化过程中，硝酸和高氯酸分别被还原为氮氧化合物和氯气（或氯化氢）自样液中逸出。由于高氯酸能与有机物中的羟基生成不稳定的高氯酸酯，有爆炸危险，因此操作时，先加硝酸将醇类中的羟基氧化，冷却后在有一定量硝酸的情况下加高氯酸处理，切忌将高氯酸蒸干，因无水高氯酸会爆炸。样品消化时必须在通风橱内进行，而且应定期清洗通风橱，避免因长期使用高氯酸引起爆炸。

④ 硫酸-磷酸消化　这两种酸的沸点都较高。硫酸具有氧化性，磷酸具有络合性，能消除铁等离子的干扰。

(2) 干法灰化法　干法灰化又称燃烧法或高温分解法。根据待测组分的性质，选用铂、石英、银、镍或瓷坩埚盛放样品，将其置于高温电炉中加热，控制温度 450～550℃，使其灰化完全，将残渣溶解供分析用。

对于易挥发的元素，如汞、砷等，为避免高温灰化损失，可用氧瓶燃烧法进行灰化。此法是将样品包在无灰滤纸中，滤纸包钩在磨口塞的铂丝上（图 5-3），瓶中预先充入氧气和

吸收液，将滤纸引燃后，迅速盖紧瓶塞，让其燃烧灰化，摇动瓶子让燃烧产物溶解于吸收液中，溶液供分析用。

（3）溶剂提取法　分析土壤样品中的有机氯、有机磷农药和其他有机污染物时，由于这些污染物质的含量多数是微量的，如果要得到正确的分析结果，就必须在两方面采取措施：一方面是尽量使用灵敏度较高的先进仪器及分析方法；另一方面是利用较简单的仪器设备，对环境分析样品进行浓缩、富集和分离。常用的方法是溶剂提取法。用溶剂将待测组分从土壤样品中提取出来，提取液供分析用。提取方法有下列几种。

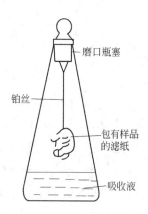

图 5-3　氧瓶燃烧法示意图

① 振荡浸取法　将一定量经制备的土壤样品置于容器中，加入适当的溶剂，放置在振荡器上振荡一定时间，过滤，用溶剂淋洗样品，或再提取一次，合并提取液。此法用于土壤中酚、油类等的提取。

② 索式提取法　索式提取器（图 5-4）是提取有机物的有效仪器，它主要用于提取土壤样品中苯并芘、有机氯农药、有机磷农药和油类等。将经过制备的土壤样品放入滤纸筒中或用滤纸包紧，置于回流提取器内。蒸发瓶中盛装适当有机溶剂，仪器组装好后，在水浴上加热。此时，溶剂蒸气经支管进入冷凝器内，凝结的溶剂滴入回流提取器，对样品进行浸泡提取，当溶剂液面达到虹吸管顶部时，含提取液的溶剂回流入蒸发瓶中，如此反复进行直到提取结束。选取什么样的溶剂，应根据分析对象来定。例如，极性小的有机氯农药采用极性小的溶剂（如己烷、石油醚）；对极性强的有机磷农药和含氧除草剂用极性强的溶剂（如二氯甲烷、三氯甲烷）。该法因样品都与纯溶剂接触，所以提取效果好，但较费时。

③ 柱层析法　一般是当被分析样品的提取液通过装有吸附剂的吸附柱时，相应被分析的组分吸附在固体吸附剂的活性表面上，然后用合适的溶剂淋出来，达到浓缩、分离、净化的目的。常用的吸附剂有活性炭、硅胶、硅藻土等。

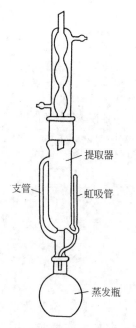

图 5-4　索式提取器

此外还有碱熔法。碱熔法常用氢氧化钠和碳酸钠作为碱熔剂与土壤试样在高温下熔融，然后加水溶解，一般用于土壤中氟化物的测定。该法因添加了大量可溶性的碱熔剂，易引进污染物质；另外有些重金属如 Cd、Cr 等在高温熔融时易损失。

土壤污染主要是由两方面因素所引起，一是工业废物，主要是废水和废渣；另一方面是使用化肥和农药所引起的副作用。其中工业废物是土壤污染的主要原因（包括无机污染和有机污染）。土壤污染的主要监测项目是对土壤、作物有害的重金属如铜、镉、汞、铬，非金属及其化合物如砷、氰化物、氟化物、硫化物及残留的有机农药等进行监测。

5.2.3.3　污染物的测定（以铜为例）

（1）标准储备液制备　制备各种重金属标准储备液推荐使用光谱纯试剂；用于溶解土壤的各种酸皆选用高纯或光谱纯级；稀释用水为蒸馏去离子水。使用浓度低于 $0.1\mu g/mL$ 的标准溶液时，应于临用前配制或稀释。标准储备液在保存期间，若有浑浊或沉淀生成时需重新配制。某些主要元素标准储备液的配制方法见表 5-2。

表 5-2 主要元素标准储备液的制备方法

元素	化合物	质量/g	制备方法(浓度单位为 mg/mL)
As	As_2O_3	1.3203	溶于少量 20%NaOH 溶液中,加 2mL 浓 H_2SO_4,用水定容至 1000mL
Cu	Cu	1.0000	在微热条件下,溶于 50mL(1+1)HNO_3 中,冷却后,用水定容至 1000mL
Cd	Cd	1.0000	溶于 50mL(1+1)HNO_3 中,冷却后,用水定容至 1000mL
Zn	Zn	1.0000	溶于 40mL(1+1)HCl 溶液中,用水定容至 1000mL
Hg	$Hg(NO_3)_2$	1.6631	用 0.05% K_2CrO_7-5%HNO_3 固定液溶解,并用该固定液稀释至 1000mL
Pb	Pb	1.0000	溶于 50mL(1+1)HNO_3 中,冷却后,用水定容至 1000mL

(2) 土样预处理 称取 0.5~1g 土样于聚四氟乙烯坩埚中,用少许水润湿,加入 HCl,在电热板上加热消化,加入 HNO_3 继续加热,再加 HF 加热分解 SiO_2 及胶态硅酸盐。最后加入 $HClO_4$ 加热（<200℃）蒸至尽干。冷却,用稀 HNO_3 浸取残渣、定容。同时作全程空白试验。

(3) 铜标准系列溶液的配制 铜标准操作溶液是通过逐次稀释标准储备液得到的。铜适宜测定的浓度范围是 0.2~10μg/mL。

(4) 用原子吸收分光光度（AAS）法测定 工作参数见表 5-3。

表 5-3 铜工作参数

工 作 参 数	铜	工 作 参 数	铜
适测浓度范围/(μg/mL)	0.2~10	波长/nm	324.7
灵敏度/(μg/mL)	0.1	空气-乙炔火焰条件	氧化型
检出限/(μg/mL)	0.01		

(5) 结果计算

$$铜(mg/kg) = \frac{m}{W}$$

式中 m——自标准曲线中查得铜含量,μg;

W——称量土样的质量,g。

思考与练习

1. 如何布点采集污染土壤样品和背景值样品？用图示法解释说明。

2. 分析比较土壤试样各种酸式消化法的特点,有哪些注意事项？消化过程中各种酸起何种作用？

3. 为测定土壤试样中铜的含量,于三份 5mL 的土壤试液中分别加入 0.5mL、1mL、1.5mL 5 μg/mL 的硝酸铜标准溶液,均用水稀释至 10mL,在原子吸收分光光度计上测得吸光度依次为 33.0、55.3、78.0。计算此土壤试液中铜的含量（mg/L）是多少。

植物清污 大有可为

环境治理是一项既耗时费力也费钱的系统工程。据专家估计,仅在美国,清除数以万计的有毒场所所需费用就得超过 7000 亿美元。而迄今采用的清污方式主要为掩埋法,不仅耗资巨大,而且污染隐患长期存留在掩埋地点,后患无穷。为此,科学家们一直试图找到更廉价、更可行的方式来清洁被污染的土壤和地下水。植物清污法因天然可行而备受科学家青睐。在美国，经过为时10年之久的野外和温室试验，一些利用植物根系的吸垢纳污能力进行环境污染治理的方法已经开始崭露头角。自然界有数百种能清除环境污染的植物，这些植物，包括围绕这些植物滋生的真菌和细菌形成了一个具有清污功能的小型生态系统，可将自己周围的有害物质分解成无害分子。比如，向日葵能捕捉富集铀，蕨类能在富砷地区茁壮生长，高山草本植物能富集锌，芥菜能吞噬铅原子，苜蓿可"吃"掉石油，白杨可分解干洗剂的化学分子。据科学家研究，白杨树对于治理有机物污染尤为有效。它可源源不断地泵上地下水，滤去有毒的有机物质。为此，科学家给白杨取了一个新名字——"治理污染的天然系统"。美国联邦环境保护署国家风险处理研究实验室，正在跟踪研究美国境内植物的清污能力，并着手实际应用，一些重度污染地区已经开始进行实验性的小范围植物清污治理。这些地区已经被列入美国超级基金会污染最严重地点的黑名单。另外，还有越来越多的轻度污染地区大规模采用这种植物清污法，这些地区环境污染虽不严重，但环境指标仍不符合环保标准，有害人体健康。专家们强调，植物清污法是治理轻度污染地区的最可行、最廉价，也最适用的"低"技术，应大力提倡和广泛采用。

专家们还指出，植物清污法的商业前景非常广阔。2000年，这个新兴行业在美国的税收已达5000万至8600万美元。如果加上美国以外的市场，潜力非常惊人。无论是在发达国家还是在发展中国家，低成本的环境清污技术都大有用武之地。

5.3 实验：土壤中铜的测定

【实验目的】
① 学会土壤样品的采集和制备处理方法；
② 学会利用原子吸收光度法测定土壤中的Cu。

【实验原理】
火焰原子吸收分光光度法是将土壤样品用硝酸-氢氟酸-高氯酸或盐酸-硝酸-氢氟酸-高氯酸混酸体系消化后，将消化液直接喷入空气-乙炔火焰，在一定的温度下消化液中被测元素由分子态离解或还原成基态原子蒸气，原子蒸气对锐线光源（空心阴极灯或无极放电灯）发射的特征电磁辐射谱线产生选择性吸收，在一定条件下试液的吸光度与试样中被测元素的浓度成正比，根据这种关系即可定量测得土壤中铜的含量。

火焰原子吸收分光光度法适用于高背景土壤（必要时应消除基体元素干扰）和受污染土壤中重金属的测定。铜的工作条件见表5-3。

【仪器和试剂】
① 仪器 原子吸收分光光度计，空气-乙炔火焰原子化器，铜空心阴极灯。
仪器工作条件：测定波长324.7nm，通带宽度1.3nm，灯电流7.5mA，火焰类型空气-乙炔氧化型蓝色火焰，火焰高度7.5mm，乙炔和空气体积比1：4。
② 试剂
a. (1+5) 硝酸溶液 1体积浓硝酸和5体积蒸馏水混合。
b. 铜标准储备液 准确称取0.5000g高纯度或光谱纯金属铜于100mL烧杯中，加入25mL (1+5) 硝酸溶液微热溶解，待溶液冷却后转移到500mL容量瓶中，用去离子水稀释并定容。此溶液每毫升含1.00mg铜。
c. 铜标准操作液 吸取10.00mL铜标准储备液于100mL容量瓶中，用去离子水稀释至标线，摇匀备用。吸取 5.00mL 稀释后的标准液于另一 100mL 容量瓶中，用去离子水稀释至标线，即得每毫升含 5μg 铜的标准操作液。

  d. 浓盐酸 $\rho_{20}=1.19\text{g/mL}$，优级纯。
  e. 浓硝酸 $\rho_{20}=1.42\text{g/mL}$，优级纯。
  f. 氢氟酸 $\rho_{20}=1.13\text{g/mL}$，优级纯。
  g. 高氯酸 $\rho_{20}=1.68\text{g/mL}$，优级纯。

【操作步骤】

① 土样试液的制备 准确称取 0.5000～1.0000g 土样于 25mL 聚四氟乙烯坩埚中，用少许去离子水润湿，加入 10mL 浓盐酸，在电热板上加热消化 2h，然后加入 15mL 浓硝酸，继续加热至溶解物剩余约 5mL 时，再加入 5mL 氢氟酸并加热分解除去硅化合物，最后加入 5mL 高氯酸加热（<200℃）至消解物呈淡黄色时，打开瓶盖，蒸至近干。取下冷却，加入 (1+5) 硝酸 1mL 微热溶解残渣，移入 50mL 容量瓶中，用去离子水定容。同时进行全程序试剂空白实验。

② 标准曲线法

a. 标准曲线的绘制 分别吸取铜标准操作液 0、0.50mL、1.00mL、2.00mL、3.00mL、4.00mL 于 6 个 50mL 容量瓶中，用 (1+499) 硝酸溶液（取 1mL 优级纯硝酸于 500mL 容量瓶中，用去离子水稀释至标线）定容，摇匀。此标准系列分别含铜 0、0.05μg/mL、0.10μg/mL、0.20μg/mL、0.30μg/mL、0.40μg/mL。在选定的仪器工作条件下，以空白溶液调零后，将所配制的铜标准溶液由低浓度到高浓度依次喷入火焰，分别测出各溶液的吸光度，以铜标准系列溶液的浓度作横坐标，以吸光度作纵坐标，绘制吸光度-浓度标准工作曲线（图 5-5）。

b. 土样试液的测定 在仪器和操作方法与绘制标准曲线相同的条件下，测定土样试液的吸光度，直接在标准曲线上查得土样试液中铜元素的浓度，然后求出铜元素的含量。土壤中污染物的监测结果规定用 mg/kg 表示。

$$\omega(\text{Cu})=\frac{\rho_x V}{m}$$

式中 ρ_x——从标准曲线（图 5-5）上查得的铜质量浓度，μg/mL；
   m——称量土样质量，g；
   V——土样试液的总体积，mL。

③ 标准加入法 分别吸取 5.00mL 土壤试液于 4 个已编好号的 10mL 容量瓶中，然后在这 4 个容量瓶中依次分别加入铜标准操作液 0、0.50mL、1.00mL、1.50mL，用 (1+499) 硝酸

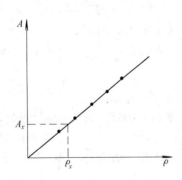

图 5-5 吸光度-浓度标准曲线

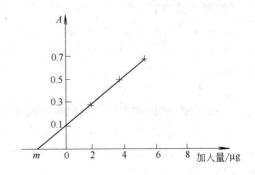

图 5-6 标准加入法测铜曲线

溶液定容，在相同的实验条件下依次测得各溶液的吸光度。以吸光度为纵坐标，以加入标准操作液的绝对含量（μg）为横坐标，绘出吸光度-加入量曲线图（图5-6），外延曲线与横坐标相交于一点，此点与原点的距离，即为所测土样试液中铜元素的含量。

$$\omega(\mathrm{Cu}) = \frac{m_x V_1}{m V_2}$$

式中　m_x——从标准加入法曲线（图5-6）查得5.00mL土样试液中铜的含量，μg；
　　　V_1——土样试液总体积，mL；
　　　V_2——测定时吸取的土样试液体积，mL；
　　　m——称量土样质量，g。

【注意事项】

a. 标准曲线法适用于组成简单的试样，标准加入法适用于组成复杂且配制标准操作液困难的试样。

b. 土样消化过程中，最后除 $HClO_4$ 时必须防止将溶液蒸干，不慎蒸干时 Fe、Al 盐可能形成难溶的氧化物而包藏铜，使结果偏低。注意无水 $HClO_4$ 会爆炸。

c. 土壤用高氯酸消化并蒸至近干后，土样仍为灰色，说明有机物还未消化完全，应再加 3mL $HClO_4$ 重新消化至淡黄色为止。

d. 铜的测定波长为 324.7nm，该分析线处于紫外光区，易受光散射和分子吸收的干扰，另外，Ca、Mg 的分子吸收和光散射也十分强。这些因素皆可造成铜的表观吸光度增大。为消除基体干扰，可在测量体系中加入适量基体改进剂，如在标准系列溶液和试样中分别加入 $0.5gLa(NO_3)_3 \cdot 6H_2O$。此法适用于测量含铜量较高土壤和受污染土壤中的铜含量。

e. 高氯酸的纯度对空白值的影响很大，直接关系到测定结果的准确度，因此必须注意全过程空白值的扣除，并尽量减少加入量以降低空白值。

本 章 小 结

1. 土壤污染物的来源和特点

土壤污染源分为天然污染源和人为污染源两大类。本章介绍的是人为污染源的来源、危害和监测方法。

土壤污染源 {
　工业（城市）废水和固体废物
　农药和化肥
　牲畜排泄物和生物残体
　大气沉降物
}

土壤污染物 {
　有机污染物：有机磷和有机氯农药、有机汞、酚类、油类等
　重金属：铜、镉、汞、锌、铅等
　放射性元素：锶、铯、铀等
　病原微生物：肠道细菌、寄生虫、破伤风杆菌、结核杆菌等
}

土壤的特点 {
　土壤污染比较隐蔽
　土壤被污染和破坏以后很难恢复
　污染后果严重
　土壤污染的判定比较复杂
}

2. 土壤污染物的测定

布点原则：代表性和对照性

试样制备程序：采样→风干→破碎→过筛→保存

样品预处理方法 $\begin{cases} 湿法消化 \\ 干法灰化 \\ 溶剂提取 \\ 柱层析法 \\ 碱熔法 \end{cases}$

检测程序：方法 $\begin{cases} 原子吸收分光光度法（AAS） \\ 紫外分光光度法（UV） \\ 电极法（EP） \\ 气相色谱法（GC） \end{cases}$ →原理→技能训练→注意事项

*6. 生物污染监测

☞ 学习指南

本章介绍生物体中一些主要污染物的监测方法。内容包括污染物的来源、种类、形式、危害，试样的采集、制备和保存，并对主要污染物的分析测定进行较为详细的说明。通过学习本章，需要了解和掌握以下一些内容：①污染物在动、植物体内的分布；②动、植物样品的采集和制备方法；③生物样品的光谱、色谱分析方法。重点学习并掌握生物样品的消解、灰化、提取与浓缩的预处理方法。

6.1 污染物在生物体内的分布

污染物通过各种途径进入生物体后，在体内各部位的分布和蓄积是不均匀的，为了能够正确地采集样品，选择适宜的监测方法，使生物污染监测结果具有代表性和可比性，首先应充分了解污染物在生物体内的分布情况。

6.1.1 污染物在植物体内的分布

植物吸收污染物后，在体内各部位的分布规律与植物吸收污染物的途径、植物的种类及污染物的性质等多种因素有关。

植物通过叶面气孔从大气中吸收了污染物后，由于植物叶片与污染物直接接触，并且对二氧化硫、氟化物、氯及重金属等具有较强的富集能力，因而这些污染物在叶片的叶尖和叶缘处分布最多。

植物通过根系从土壤和水体中吸收的污染物，在体内各部位的积蓄（残留）量是不相同的。一般的分布规律和残留含量的顺序是：根＞茎＞叶＞穗＞壳＞种子（果瓤）。

植物在不同的生长发育期与同一污染物接触，残留量也会有差别。如某农业大学根据对比试验，发现在水稻抽穗后喷洒农药，稻壳中的农药残留量会有明显的增加。

但是，也有不符合上述规律的特殊情况。①不同种类的植物对同一污染物的吸收分布是不相同的，例如，在被镉污染的土壤中种植萝卜或胡萝卜，根部的含镉量就低于叶部。②不同性质的污染物在同种植物中的残留分布也有不相同的，如接触了西维因（一种有机农药）的苹果，果肉中的残留就多于果皮。

6.1.2 污染物在动物体内的分布

动物通过呼吸系统、消化系统及皮肤吸收等多种途径将环境中的污染物吸收，污染物主要随血液和淋巴液分布到各组织和各器官中并引发各种危害。污染物在动物体内的分布情况与其透过细胞膜的能力、与体内各组织的亲和力有极大的关系，根据污染物的不同性质及进入动物各组织、器官的不同，主要有表6-1列出的五种分布规律。

尽管某一污染物对某一器官具有特殊的亲和性，但通常也能同时分布于其他器官中，表6-1列出的五种分布类型并非专属的，而是彼此交叉、各有侧重。例如，铅不仅主要分布于骨骼中，还分布于脑、肝、肾中；砷主要分布在骨骼、肝、肾中，而皮肤、毛发和指甲中也有分布。即使是同一种元素，也会因为其价态和存在形态的不同，在体内的残留有所差异。例如，汞离子是水溶性物质，它主要分布在肝、肾中，而烷基汞是脂溶性物质，很容易通过血脑屏障进入脑组织。

表 6-1 污染物在动物体内的分布规律

污 染 物	污染物性质	主要分布部位
钠、钾、锂、氟、氯、溴等	能溶于体液	在体内分布比较均匀
镧、锑、钍等三价或四价阳离子	水解后成为胶体	肝脏或其他网状内皮系统
钙、锶、钡、铅、镭等二价阳离子	与骨骼有较强亲和性	骨骼
碘、汞、铀	对某种器官有特殊亲和性	碘-甲状腺，汞、铀-肾脏
有机氯化物（六六六、DDT）、甲苯等	脂溶性物质	脂肪

由于动物体内的代谢，污染物在动物体内的分布情况也会有所变化。初期在血液充足及易透过细胞膜的组织或器官中，然后逐渐重新分布到血液循环较差的部位；有的污染物经过体内的代谢能够解除其毒性，而有的却会增强其毒性。例如，1605（一种农药）在体内被氧化成 1600 后，毒性会增强。

思考与练习

1. 污染物进入生物体后，在植物体内的一般分布规律是怎样的？在动物体内的分布情况如何？
2. 在水稻抽穗后喷施农药，稻壳中的残留量是否会明显增加？
3. 中枢神经系统中的血脑屏障可防止有害化学物质的侵入，但脂溶性物质却极易通过该屏障。有机溶剂中的四氯乙烯、甲苯、二甲苯能否通过血脑屏障进入脑组织？

阅读园地

小　常　识

生物污染监测分析属于生物监测技术。生物监测技术是以生物体为检测对象，用生物评价技术和方法通过对环境中某一生物系统的质量和状况进行测定，配合物理化学监测，可以弥补理化监测的不足，成为综合的环境监测手段。

生物监测技术包括以下几个方面的工作：生物群落（生态学）监测、生物污染监测、细菌学监测、急性毒性试验和致突变物监测。这些监测技术之间既有一定的联系及相同之处，又有一定的区别：生物群落（生态学）监测是通过野外调查和实验室研究，揭示生物群落结构特征的变化与环境污染程度的关系；细菌学监测反映出水体中各种微生物的变化情况，是水源被污染程度的标志；急性毒性试验和致突变物监测是测定高浓度污染物在短期内及低浓度污染物在一定周期后对生物的生命质量的影响。

生物监测技术的特点是：作为监测对象的生物样品可以选择性地富集某些污染物；能作为早期污染的警报器；能监测污染效应的发展动态；反映的是自然的和综合的污染状况。

6.2 生物样品的采集、制备和预处理

6.2.1 生物样品的采集、制备

因为在监测分析中样品的用量通常是较小的，而其结果却要求能够代表一个较大的监测

对象的真实情况，因此，在采集生物样品前应进行仔细的调查研究，制定监测方案，确定采样区、采样方法、采样时间及频率，以保证样品的代表性。

采集生物样品时必须注意以下几点。

① 具有代表性　即能够代表一定范围的污染情况。采集植物样品时，注意不能选择田埂地边及距离田埂地边 2m 以内的植株；并且还应注意与污水排放口有一定的距离。

② 具有典型性　即采集的部位能够充分反映监测的目的及情况。注意根据监测的具体要求，分别采集生物体的不同部位。为了能对生物体的同一部位进行比较分析，切不可将不同部位的样品随意混合。

③ 具有适时性　即根据监测的具体要求，在生物的不同生长发育阶段，植物的施药或施肥前后适时采样。目的是能够掌握不同时期的污染状况及污染物对生物体生长发育的影响。

6.2.1.1　植物样品的采集和制备

（1）植物样品的采集　采集植物样品的方法和步骤如下。

① 做好充分的准备工作　备好小铲、枝剪、剪刀、布袋和聚乙烯袋，以及标签、记录本、采集登记表（见表6-2）等。

表 6-2　植物样品采集登记表

采样日期	采样地点	样品编号	样品名称	采样部位	物候期	土壤类别	灌溉情况			分析部位	分析项目	采样人	备注
							成分	浓度	次数				

② 布点　对污染物的类型、分布及植物的特征、土壤类别等环境因素进行综合考虑后，选择好采样区，在采样区内再划分和固定一些具有代表性的小区，在这些小区内采用梅花形布点法（如图 6-1 所示）或交叉间隔布点法（如图 6-2 所示）取样。

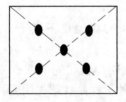

图 6-1　梅花形布点法

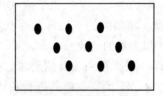

图 6-2　交叉间隔布点法

③ 确定样品的采集量　为了确保有足够数量的样品进行监测分析，应根据监测分析项目的内容要求确定样品的采集量。一般要求样品经制备后，至少有 20～50g 的干样品，最好备有 1kg 的干样。对于新鲜的样品，应按含水量 80%～90%计算所需的采集量。

④ 采集　采集根部样品时，无论是在抖落附在根系上的泥土时，还是在用清水冲洗（不可浸泡）后再用纱布拭干水分的过程中，均应注意保持根系的完整，切不可损伤根毛。

采集果树样品时，要注意树龄、株型、长势、挂果数量及果实生长的部位和方向。

采集浮萍、藻类等水生植物时，应采集全株。从污水中捞取的样品，需用清水洗净并除去附在样品上的杂草、小螺等杂物。

⑤ 保存　采集的植物样品应及时装袋，贴上注明了编号、采样地点、植物种类的标签，并填写好植物样品采集登记表。样品在运输的途中，要注意防止发霉腐烂，必要时，应冷藏运输。

如需对新鲜样品进行测定，应尽快送回实验室，并立即处理和分析。若当天不能分析完的样品，可暂时放入冰箱中保存，保存时间的长短，应结合污染物的性质及其在生物体内的转化特点和分析要求加以确定。

若需用干样品，则需将新鲜样品去除灰尘及杂物后置于干燥通风处晾干，或于鼓风干燥箱中烘干。

(2) 植物样品的制备　从现场采集回来的植物样品称为原始样品，经过加工处理后的样品称为分析样品。对原始样品，要根据检测项目的要求、植物的特性，采用不同的方法进行选取。瓜果、块根、块茎等样品，应洗净并晾干（或拭干）后切分为四块或八块，然后再按测定的需要量各取其中每块的 1/4 或 1/8 充分混合后成为平均样品。粮食、种子等样品经充分混合后，将其平铺在清洁干燥的玻璃板或木板上，用多点取样经多次选取成为平均样品；或用四分法，即将样品充分混合均匀，堆成圆锥形，将圆锥顶压平（也可压成圆饼状或平面正方形），通过平顶的中心划十字形将样品切分成四等份，弃去其中任意对角的两份，保留另两份，混合均匀即成为平均样品。对平均样品做一系列处理后即可成为分析样品。

① 新鲜样品的制备　新鲜样品适用于：a. 检测植物样品中易挥发、易转化或易降解的物质，如：酚、氰、亚硝酸盐、有机农药等；b. 检测营养成分，如维生素、氨基酸、糖、植物碱等；c. 检测多汁的瓜果蔬菜。

制备较软的新鲜样品时，称取 100g 平均样品置于电动捣碎机的捣碎杯中，加适量蒸馏水或去离子水（含水量大的可不必加水，含水量少的可酌情多加水），开动捣碎机 1~2min，将样品制成匀浆。

制备含纤维较多或较硬的新鲜样品时，应用不锈钢刀具或剪刀将平均样品切成小块或碎片后，置于研钵中研细。

② 干样品的制备　干样品适用于检测植物中较稳定的污染物（金属元素和非金属元素等）。

制备干样品时，应采取以下方法。

a. 干燥　将新鲜的平均样品尽快用鼓风干燥箱在 40~60℃ 的温度下烘干，以防霉变，并减少化学和生物的变化。

b. 粉碎　根据检测项目的要求，选择合适的磨具（电动粉碎机、瓷质或石质球磨、玛瑙研钵等）对已干燥好的样品进行粉碎。谷类作物的果实或种子样品，须先脱壳再粉碎。

c. 过筛　按粉碎过程中的要求，将粉碎好的样品过 1mm 或 0.25mm 筛孔的金属筛、塑料筛或尼龙筛，然后储存于广口的玻璃磨口瓶或聚乙烯瓶中。在粉碎和过筛时，必须注意避免因使用金属制品对样品造成污染而导致检测结果失真的问题。

③ 植物样品中水分的测定及表示方法　为了比较各种样品之间某种成分含量的高低，通常以干重为基础表示其监测结果，如 mg/(kg·干重)，因此，必须测定样品的含水量以便换算分析结果。

测定样品的水分含量，常用的方法是重量法，即称取一定量的新鲜样品（自身含水分）或风干样品（加工或储存过程中吸收了水分），于 105℃ 的干燥箱中烘干至恒重。若植物样品中含有大量因加热至100~125℃就可能分解的物质，就必须严格控制烘干温度和时间，可在65℃下或在真空干燥箱中以低温烘至恒重。

对含水量在80%~95%的样品，则以鲜重表示计算结果为好。

6.2.1.2 动物样品的采集和制备

由于环境污染物进入动物体内后，在血液、组织、脏器中均有分布和蓄积，而大多数的毒物及其代谢产物又由肾脏经膀胱、尿道随尿液排出；另外，由于污染物在毛发和指甲中的蓄积残留时间较长，即使是在脱离了与污染物的接触或停止食用污染食物，血液、尿液中污染物的残留量明显下降且难以检出的情况下，从动物的毛发、指甲中仍能较易检出。因此，动物样品系指动物的血液、尿液、组织、脏器、骨骼和毛发、指甲等。以下将对动物样品的采集和制备做简单介绍。

(1) 血液样品的制备　采集血液样品时，除急性中毒外，一般应禁食6h以上或在早餐前空腹采血，职业接触者应在班末时采血，通常是采集静脉血或末梢血为样品。

① 全血的制备。采血前需准备好抗凝试管。制作方法是：将抗凝剂配成水溶液，按取血量的需要加入试管中，转动试管，在100℃以下（若用肝素，则应在30℃以内）烘干，使抗凝剂在试管内壁形成薄层。

常用抗凝剂的用量及用途见表6-3。

表6-3　抗凝剂的用途及用量

抗凝剂	每毫升血用量/mg	作用
草酸钾（或钠）	1~2	与血液中的钙离子形成草酸钙
氟化钠	5~10	与血液中的钙离子形成氟化钙
柠檬酸钠	5	与血液中的钙离子形成络合物
肝素	0.01~0.02	生理抗凝剂

注：若检验血中尿素时，不可用氟化钠做抗凝剂。

取出动物的血液后，注入抗凝试管，轻轻地转动试管，即可使之与抗凝剂均匀接触，制成抗凝全血样品。

② 血浆的制备。将抗凝全血在室温下放置15~30min，于离心机中离心分离，下层为血细胞，上层清液即为抗凝血浆样品。

③ 血清的制备。制备血清时，全血的采集无需加入抗凝剂，在室温下使其自然凝固，30min内即用离心机离心分离，吸取上层的清液，即为血清样品。

④ 无蛋白质血液的制备。在采集的全血样品中加入蛋白沉淀剂（钨酸、三氯乙酸和硫酸锌等），使蛋白质失去水化膜而改性并沉淀，离心分离后，上层清液即为无蛋白质血液。

(2) 尿液样品的制备　将采集尿液的器具用稀硝酸浸泡后，再用自来水、蒸馏水洗净，烘干。一般一次收集早晨的尿液，也可分别收集8h或24h的尿样。

(3) 毛发样品的制备　人发样品一般采集2~5g，男性采集枕部发，女性采集短发。发样用中性洗涤剂洗涤后，用蒸馏水或去离子水洗干净，室温下充分晾干后备用。

(4) 动物组织及脏器样品的制备　制备肝检验样品时，应剥去被膜，取右叶的前上方表面下几厘米处纤维组织丰富的部分，置于捣碎机中，加入2mL冰冷的Krebs-Ringer缓冲液，加以磨碎，然后，再加入4mL冰冷的Krebs-Ringer缓冲液搅匀，离心分离后，取上层清液于试管中，置冰浴中备用。

制备组织样品时，取3~5g新鲜组织，用冰冷的蒸馏水洗涤后，再用冰冷的磷酸盐缓冲溶液（0.1mol/L，pH=7.4）洗涤，弃去洗涤液后，置于捣碎机中，加入少许冰冷的蒸馏水，即成组织糜或组织匀浆。若以1∶2的比例，在组织糜或组织匀浆中加入上述冰冷的磷酸盐缓冲液并混匀，经离心沉淀后的上层清液即为组织提取液。制备好的组织糜、组织匀浆及组织提取液，均应置冰浴中冷藏备用。

6.2.2 生物样品的预处理

经上述简单加工的生物样品，在测定前仍需根据监测项目的要求，做进一步富集、分离或消除干扰的处理，这就是生物样品的预处理工作。常用的预处理方法有：消解与灰化（测定无机污染物时），提取与浓缩（测定有机污染物时）。

6.2.2.1 消解与灰化

在测定生物样品中的微量或痕量无机物时，因为许多矿物元素均以结合的形式存在于有机物中，为提高检测这些元素的精确度，通常都必须将生物样品中大量的有机物进行分解，使欲测组分转变为简单的无机物后，方可进行测定。常用的使有机物分解的方法是湿法消解与干法灰化。

(1) 湿法消解 湿法消解又称为湿法氧化或消化法。是通过用一种或两种以上的强酸（必要时还需加入催化剂）与生物样品共煮，将有机物的结构破坏，使碳氢化合物分别转化成二氧化碳和水并除去的方法。表6-4列出了常用的消解试剂及应用范围供操作时参考。

表6-4 常用的消解试剂及应用范围

试　剂	应　用	备　注
$HNO_3+H_2SO_4(2∶5)$	分解含铅、砷、锌等元素的有机物	①会使卤素完全损失 ②汞、砷、硒等有一定程度损失
HNO_3+HClO_4	分解含铁、锡等元素的有机物	易发生爆炸，必须严格遵守操作规定
$H_2O_2+HNO_3(H_2SO_4)$	分解含氮、磷、钾、硼、砷、氟等元素或脂肪较高的食品	先加入H_2O_2浸没试样，再加入$HNO_3(H_2SO_4)$
$KMnO_4+H_2SO_4$	分解尿样	
$KMnO_4+H_2SO_4+HNO_3$	分解鱼、肉样品	
$KMnO_4+HNO_3$	消解食品	
$V_2O_5+HNO_3+H_2SO_4$	消解含甲基汞类化合物样品	对杂环，N—N链化合物等可加入适当的还原剂等
$H_2SO_4+K_2SO_4+CuSO_4$	消解有机氮化合物	
过硫酸盐+银盐	消解尿液	

(2) 干法灰化 干法灰化又称燃烧法或高温分解法。由于不使用或很少使用化学试剂，并可处理大量的样品，故有利于提高微量元素的测定精确度。干法灰化常用的方法有高温电炉直接灰化法、氧瓶燃烧法、燃烧法、低温灰化法。

① 高温电炉直接灰化法 利用高温电炉对生物样品进行灰化前，应根据待测组分的性质，分别选用石英、银、镍、铂、铁、瓷等材质的坩埚，并参照表6-5选择适当的灰化温度，待灰化完全后，将残渣用盐酸或硝酸溶解后供分析使用。

表6-5 部分生物样品的灰化温度

样　品	灰化温度/℃	样　品	灰化温度/℃	样　品	灰化温度/℃
淀粉	800	肉	550	核桃	525
谷物	600	蔬菜、块茎	550	骨骼	525
可可制品	600	干酪	550	牛奶	≤500
蜂蜜	600	茶叶	525		

② 氧瓶燃烧法　高温灰化常会引起非金属元素（如硫、氯、砷等）及一些易挥发的金属元素（如汞）的损失。氧瓶燃烧法是一种简单易行的低温灰化法。操作方法是：将固体样品包在无灰滤纸中（如图 6-3），液体样品装入胶纸袋中（如图 6-4），把样品包（袋）钩（夹）于烧结在磨口瓶塞的铂丝上，瓶中放入适当适量的吸收液后，充入氧气，将样品包（袋）点燃后，迅速盖上并用手压紧瓶塞，灰化完全后，振摇锥瓶使吸收液将燃烧产物完全溶解，即可供测定。

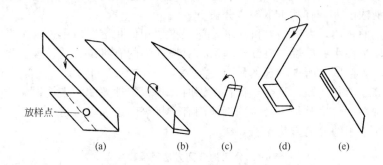

图 6-3　固体样品包折法

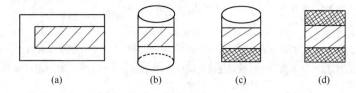

图 6-4　装液体样品的胶纸袋

③ 燃烧法　燃烧法又称氧弹法，用于灰化含汞、硫、砷、氟、硒、硼、氚和 ^{14}C 等元素的生物样品。将样品装入样品杯，置于盛有吸收液的铂内衬氧弹中，旋紧氧弹盖，充入氧气，用电火花点燃样品，使样品灰化，待吸收液将灰化产物完全溶解后，即可用于测定。

④ 低温灰化法　低温灰化法是利用高频电场激发氧气产生激发态原子的技术，使样品进行氧化分解。通常在 100℃ 以下就能使样品完全灰化，在测定含砷、汞、硒、氟等易挥发元素的生物样品时效果十分显著。

6.2.2.2　提取与浓缩

在测定生物样品中的农药、石油烃、酚等有机污染物时，首先应选用适当溶剂将待测组分从样品中提取出来，为避免杂质或提取物中各组分间的互相干扰，还必须对提取液的不同组分进行分离。经提取、分离后的溶液，虽然已是纯净物质，但因为污染物的含量通常较低，所以，还必须加以浓缩，才能进行测定。提取、分离、浓缩的操作，常常共同应用于有机样品的预处理当中，并各有多种操作方法，以下将分别简要介绍。

(1) 提取

① 振荡浸取　此法适用于蔬菜、水果、小麦、稻子等。在切碎的生物样品中，加入适当的溶剂，并浸没样品，于振荡器上提取一定时间，滤出溶剂后，再用新的溶剂浸没滤残样品，重复振荡提取一次，合并两次滤液，进一步分离、浓缩。

② 组织捣碎提取　从动植物组织中提取有机污染物时，该法较常使用，也很方便。取

一定量切碎的生物样品,加入适当溶剂,置于组织捣碎机中,快速捣碎3～5min后过滤,滤渣再用新溶剂重复提取一次。合并两次滤液备用。

③ 索氏提取器提取　该法常用于从生物、土壤样品中提取农药、苯并芘等有机污染物当中。操作时,将样品装入一折叠好的滤纸筒中,置于提取器内;在烧瓶中加入适当的溶剂,按图5-4装好装置,水浴加热;当溶液蒸气经蒸气导管进入冷凝管时,冷凝液滴入提取器内并浸泡样品,当浸取液面高于虹吸管顶部时,就会回吸入烧瓶中,如此重复进行,无需过滤即可将提取物富集于烧瓶中。因样品总是与纯溶剂接触,所以,溶剂用量小,提取效率高,所得提取液浓度大,有利于下一步分析。

用作提取剂的物质,大都是有机溶剂,应根据"相似相溶"原则进行选择。对极性弱的有机氯农药应用极性小的己烷、石油醚提取;对极性强的有机磷农药、含氧除草剂则用极性大的氯仿、丙酮等提取。所选溶剂的沸点一般在45～80℃之间为宜。因为沸点太低,容易挥发;沸点太高,不易浓缩,且会导致在浓缩时,热稳定性差的污染物损失。除此之外,还必须对溶剂的毒性、价格及是否会对分析检测有干扰等因素加以考虑。

(2) 分离　常用的分离方法见表6-6。

表6-6　常用的分离方法及操作要点

方　法	原理、操作要点	备　注
柱色谱法	色谱柱上的吸附剂,可将被提取物吸附;不同物质与吸附剂之间吸附力不同,可以用适当的溶剂按一定顺序淋洗出来。吸附力小的组分,先分离出来,吸附力大的组分,后分离出来	吸附剂:硅酸镁、氧化铝、纤维素、网状树脂等 常用的淋洗剂:乙醚-石油醚、丙酮等
液-液萃取法	待测组分与杂质在两种互相不相溶的溶剂中溶解度不同。经多次萃取分离,即可分离出待测组分	溶剂的选择应考虑其毒性、价格及是否干扰测定等因素
磺化法	脂肪、蜡质等杂质与浓硫酸发生磺化反应后,生成可溶于水的磺化物,经水洗涤即可与待测组分分离	若测定对象是易被酸分解或起反应的,则此法不宜
皂化法	油脂等杂质与强碱发生皂化反应,生成溶于水的脂肪酸盐,经水洗涤后可分离除去	
低温冷冻法	被测组分与杂质在同一溶剂中的溶解度随温度不同而有较大的差异。当温度大幅降低时,溶解度小的以沉淀析出,溶解度大的则停留在溶剂中,过滤即可分离	

(3) 浓缩　常用的浓缩方法有蒸发、蒸馏、减压蒸馏、K-D浓缩器浓缩等。

由于大多数生物样品中的有机污染残留物均有毒、易挥发,并且含量极低,为了防止其分解损失、保护操作人员,多采用高效的K-D浓缩器进行浓缩,一般控制水浴温度在50℃以下,最高不可超过80℃。注意切不可将提取液蒸干,若需进一步浓缩时,则改为微温蒸发。

思考与练习

1. 怎样采集植物样品并根据监测要求进行制备?
2. 测定生物样品中的无机物和有机物时,各有什么样的预处理方法?

阅读
园地

微波炉消解法

生化样品消解过程中的时间长(几十分钟～几十小时)、酸污染严重等问题,长期以来一直困扰着分析工作者。如今，随着科技进步和分析仪器的自动化，快速分析方法得到普及，提高分析样品的预处理速度也势在必行。20世纪80年代以来，随着微波技术的广泛应用，科学工作者将微波炉用于分析样品的消解中，使之与众多的消解相比具有以下优点：

① 消解时间短，只需 $1\sim 2\,\mathrm{min}$ 甚至几十秒；

② 使用消化剂量小；

③ 样品交叉污染少，既避免了某些易挥发元素的消解损失，又消除了一般消解时产生的酸气对环境的污染。

因此，微波消解是一种快速、安全、可以大大节省劳力的方法。其原理是：在微波电磁场的作用下，样品与酸吸收了微波的能量，分子间相互摩擦产生高热；同时，交变的电磁场又使分子发生极化，极化的分子快速排列而引起了张力，以上两种作用，令样品的表面层不断地搅动破裂，不断地产生新的表面与酸接触反应，由于溶液是在瞬间吸收了辐射能而使温度急剧升高的，因而分解速度快。特别是在将微波消解法和密闭增压酸溶解法相结合后，使两者的优点得到了充分发挥。

微波消解器由微波炉、抽气模式的电源和消化容器组成。微波炉并非生活用的微波炉，而是炉膛及电子线路均由特殊材料制成、能耐受化学腐蚀的专用微波炉。消解容器是由聚四氟乙烯或含氟烷氧树脂制成的密封容器，具有不吸收微波、耐腐蚀、耐热、耐高压、表面不浸润、不吸附等优点。消化时，容器内的最大压力可达到 $11\,\mathrm{MPa}$。

目前，美国 Questron 公司生产的系列微波消解器和美国 Milestone 公司生产的样品微波消解系统（MLS-1200MEGA）均采用微电脑控制技术，对温度、压力进行自动控制，并可同时对 $4\sim 150$ 个样品进行自动消解。

6.3 生物样品监测方法

经过预处理的生物样品，即可进行污染物的分析测定。由于生物样品中污染物的含量一般很低，因此，需要用现代分析仪器进行痕量或超痕量的高精度分析。

常用的分析方法有光谱分析法、色谱分析法、电化学分析法、放射分析法以及联合检测技术（GC-MS、GC-FTIR、LC-MS 等）。本节简单介绍光谱分析及色谱分析在生物污染监测中的应用，并通过一些监测实例介绍有关生物样品中污染物的监测方法。

6.3.1 光谱分析法

光谱分析法包括可见-紫外分光光度法、红外分光光度法、荧光分光光度法、原子吸收分光光度法、发射光谱分析法、X 射线荧光分析法，这些方法的原理及操作要点在前面的有关章节中已做介绍，在此仅简要介绍在生物污染监测中的应用（见表6-7）。

6.3.2 色谱分析法

色谱分析法包括薄层层析法、气相色谱法、高压液相色谱法等，是对有机物进行分离检测的常用方法（见表6-7）。

6.3.3 测定实例

6.3.3.1 粮食作物中镉的测定

① 样品置于瓷坩埚中，于 $490\,\mathrm{℃}$ 干法灰化，残渣用 HNO_3-$HClO_4$ 处理成为样液。

② 由于在强碱性溶液中萃取时，Pb^{2+}、Hg^{2+}、Cu^{2+}、Co^{2+}、Ni^{2+}、Zn^{2+} 等易被同时萃取出来，其中的 Hg^{2+}、Cu^{2+}、Co^{2+}、Ni^{2+} 将干扰 Cd^{2+} 的测定，需进行萃取分离。用弱

表 6-7 光谱分析和色谱分析的应用

分类	方法	应用
光谱分析法	可见-紫外分光光度法	测定有机农药、酚类杀虫剂、芳香烃、共轭双键等不饱和烃、氰等有机化合物及汞、砷、铜、铬、镉、铅、氟等元素
	红外分光光度法	鉴别有机污染物的结构并进行定量测定
	荧光分光光度法	测定银、镉等多种金属元素及农药 1605 等多种有机化合物的含量
	原子吸收分光光度法	镉、汞、铅、铜、锌、镍、铬元素的定量分析
	发射光谱	对多种金属元素进行定性、定量分析
	X 射线荧光光谱	多元素分析,特别是硫、磷等
色谱色谱法	薄层色谱法（与薄层扫描仪联用后可定量测定）	对多种农药进行定性和半定量分析
	气相色谱（应用最广泛）	食品、蔬菜中多种有机磷农药、烃类、酚类、苯、硝基苯、胺类、多氯联苯、有机氯等的定量分析
	高压液相色谱法	相对分子质量大于 300、热稳定性差、离子型化合物的测定 多环芳烃、酚类、酯类、取代酯类、苯氧乙酸类的测定

碱性柠檬酸铵和三乙醇胺及氨水将样液调成 pH＝8～9，用 $CHCl_3$ 和二乙二硫代基甲酸萃取 Pb^{2+}、Hg^{2+}、Cu^{2+}、Co^{2+}、Ni^{2+}、Zn^{2+} 等。

③ 用 HCl（1mol/L）反萃取，使 Pb^{2+}、Cd^{2+}、Zn^{2+} 定量地转入水中与 Hg^{2+}、Cu^{2+}、Co^{2+}、Ni^{2+} 等分离。

④ 镉与双硫腙反应生成有色配合物，再用三氯甲烷将双硫腙盐提取出来。用酒石酸钾钠、盐酸羟胺和氢氧化钠溶液将样液调至 pH＝12～13，加入双硫腙氯仿使之与 Cd^{2+} 生成双硫腙配合物并被萃取，将萃取液定容。

⑤ 用 20mm 比色皿，置于 518nm 处测吸光度，对照标准溶液定量。

6.3.3.2 植物中氟化物的测定

① 用碳酸钠作为氟的固定剂，于 500～600℃进行干法灰化。

② 残留物加浓硫酸洗出后，用水蒸气蒸馏法控制温度于 135～140℃蒸馏，收集馏分。

③ 加入 pH＝4 的醋酸钠缓冲溶液，再加入硝酸镧与氟离子反应生成三元配合物，用 3cm 比色皿在 620nm 处测吸光度，标准曲线法定量。

6.3.3.3 有机氯农药测定

① 将生物样品捣碎，用石油醚萃取。

② 加浓硫酸分离去有机相中的脂肪类及不饱和烃等干扰物质，经水洗后，用无水亚硫酸钠脱水干燥。

③ 进一步蒸发有机溶剂，使样液浓缩。

④ 用(1.8～2)mm×(2～3.5)mm 玻璃柱填充 15％OV-17、1.95％QF-1/Chromosorb WAW DMCS（80～100 目）的柱分离，色谱法可测定有机氯的八种异构体的总含量。

思考与练习

为了测定某农作物被镉及有机氯污染的情况，请你设计出由采样到测定的监测方法。

生物体农药残毒量的 EIA 技术

EIA（酶免疫检测，Enzyme Immune Assay）技术。

抗原是所有能刺激机体免疫系统，使之发生一系列免疫反应的物质，是非自身的异物；抗体是动物对外界抗原刺激而产生的特异性血清蛋白，抗体对特定的抗原具有高度的识别能力。EIA 技术正是利用了抗原与抗体的这种高度的特异性反应的机理，对农药残毒量进行定性和定量的。方法是：以酶作为标记物，与已知抗体结合，应用单克隆技术制备出许多杀虫剂、微生物毒素、有机磷化学品的微生物蛋白产物及多种生物的特异性抗体，以之为基准物与被测定物相互作用，鉴定生物体内的未知抗原，并与测定样品前建立的标准曲线对比而进行定量。

适合于用 EIA 检测的，一般是亲水性、不挥发、在水中稳定性好的环境化合物，如：磺酰基尿素、苯酰基尿素、除莠剂和基因工程、微生物的蛋白质产物等。

本 章 小 结

本章分三小节分别就污染物在生物体内的分布、生物样品的采集和处理、生物样品的监测方法等内容作了相应的介绍。

（1）关于污染物在生物体内的分布情况

① 在植物体内的分布与植物吸收途径、植物类型及污染物的性质有关。

② 在动物体内的分布与其透过细胞膜的能力及其与体内各组织的亲和力有关。

（2）关于生物污染监测的内容

① 生物污染物监测的内容包括：对重金属、非金属类及其化合物的监测分析。

② 生物污染监测的一般程序是：

确定监测项目及方案→选择分析方法 { 光谱法 / 色谱法 } →采集样品→样品预处理

{ （测无机物） { 消解 / 灰化 }

（测有机物） { 提取 / 分离 / 浓缩 } →监测分析→结果讨论

必须注意：在生物样品的采集中，应根据监测要求遵循代表性、典型性、适时性的原则进行采集。

*7. 放射性污染监测

☞ **学习指南**

随着核能技术的广泛应用，以及家用电器、电脑、手机的普及，关于放射性及辐射污染问题越来越受到人们的关注，放射性污染监测就显得更为重要。本章将首先简介有关放射性物质及放射性的一些基本概念，而后介绍放射性监测过程中使用的特殊仪器及监测方法。学习本章的目的是：了解放射性污染的来源、对人体产生的危害情况及其监测方法。

7.1 基本概念

7.1.1 放射性及其来源

7.1.1.1 关于放射性的几个基本概念

（1）放射性 是指由不稳定原子核自发地产生核衰变而放出射线的性质。核衰变是指原子核自发地改变核结构的现象。

放射性有天然和人工之分，天然放射性是指天然不稳定核素自发地放出射线的特性，而人工放射性是指由人工通过核反应制造出来的人工核素而产生的放射性。核素是指具有一定原子序数和中子数，处于特定能量状态下的原子。

（2）放射性物质 具有不稳定原子核的物质称为放射性物质。

（3）放射线 是指不稳定的原子核在核衰变过程中，释放出的肉眼看不见的粒子流。根据粒子流的不同性质和成因，它们又可分为三种射线，即 α 射线、β 射线和 γ 射线。

7.1.1.2 放射性衰变及其类型

原子是由原子核及围绕原子核运动的电子所组成的，而原子核又由质子和中子所组成。在迄今为止所发现的 100 多种元素中，有些原子核非常稳定，而有些则是不稳定的，它们能自发地改变核的结构，这种现象就称为核衰变。在核衰变的过程中总是会放射出具有一定动能的带电或不带电的粒子，从而形成射线。因此，我们就将这种现象称为放射性衰变。

放射性衰变可分为三种类型。

（1）α 衰变 α 衰变时产生带正电荷的粒子流。它是不稳定重核（一般原子序数大于 82）自发地放出 ^4He 核（α 粒子）的过程。α 粒子的质量大、速度小、电离能很大，但贯穿能力较小，在空气中只要 3~8cm 的路程即可被吸收，因此防护 α 射线的外照射是比较简单的。但切忌 α 放射性元素进入体内。

（2）β 衰变 β 衰变是放射性核素放射 β 粒子（即快速电子）的过程，它是原子核内质子和中子发生互变的结果。β 射线穿透能力比 α 射线强得多，在空气中一般可穿过几米至十几米才能被吸收，但比 γ 射线差。电离能力比 α 射线弱。β 衰变可分为 $β^-$ 衰变、$β^+$ 衰变和电子俘获三种类型。

$β^-$ 衰变：它是由于核素中的中子转变为质子并放出一个 $β^-$ 粒子和中微子的过程。$β^-$ 粒子实际上是带一个单位负电荷的电子。

$β^+$ 衰变：核素中质子转变为中子并发射正电子和中微子的过程。

电子俘获：不稳定的原子核俘获一个核外电子，使核中的质子转变为中子并放出一个中微子的过程。通常，靠近原子核的 K 层电子被俘获的概率远大于其他壳层的电子，故这种衰变又称为 K 电子俘获。

（3）γ衰变　γ衰变是原子核从较高能级跃迁到较低能级或基态时放射的电磁辐射。γ射线是一种短波长的电磁波（约 0.007～0.1nm），与物质作用时产生光电效应、康普顿效应、电子对生成效应等，有极强穿透能力。过量的照射会危害人体健康，因此对 γ 射线的防护是很重要的。

7.1.1.3　放射性的来源

（1）天然放射性的来源

① 天然辐射源　人类环境中存在着天然放射性物质，如地壳中的铀和钾的放射性同位素 ^{40}K 等。

② 宇宙射线　宇宙间高能粒子流构成的初级宇宙射线，以及这些高能粒子进入大气层后与大气中的氧、氮原子核碰撞后产生的次级宇宙射线。

天然放射源所产生的总放射水平称为天然放射性本底，它是判断环境中是否受到放射性污染的基准。

（2）人工放射性的来源　随着核工业包括核能在内的核技术的应用，人类赖以生存的生态环境所受到的放射性污染，主要来自人造放射性源。

① 核试验及核事故　如大气层核试验、外层空间核动力航天器事故及地下核爆炸试验冒顶事故等，不仅有未起反应的剩余核素（^{235}U、^{239}Po 等）排放，而且还产生了包括 200 多种放射性核素的核裂变产物的放射性气溶胶、放射性尘埃（^{89}Sr、^{90}Sr、^{137}Cs、^{131}I 等）进入环境。

② 放射性矿的开采和利用　铀、钍等放射性矿的开采、冶炼及核燃料加工厂的生产过程中，含铀、钍、氡、镭等的三废排放。

③ 核工业　如核电站、核反应堆及核动力潜艇在运行过程中，含有 ^{3}H、^{85}Kr、^{133}Xe、^{135}Xe 的三废排放。

④ 医学、科研和工农业等部门使用放射性核素的排放废物　如医学上使用的 ^{60}Co、^{131}I 等，发光钟表盘中的镭，生产和使用磷肥、钾肥中的 ^{226}Ra、^{32}P、^{40}K 等。

7.1.2　放射性污染的危害

由于所有的放射线都能令被照射物质的原子激发或产生电离，从而使机体内的各种分子变得极不稳定，发生化学键断裂、基因突变、染色体畸变等，生成的新分子造成细胞损害并引发各种功能障碍疾病。

人体受射线的电离辐射所产生的各种生物效应统称为辐射损伤。损伤出现在被照射者身上时，称为躯体效应；损伤出现在被照射者的后代身上时，称为遗传效应。人体受过量的放射线照射，所产生的一系列机体反应有三类：急性损伤、慢性损伤和远程效应。

7.1.2.1　急性损伤

当人体遇到核爆炸、核事故时，一次或短期内受到大剂量的射线照射，体内的各组织、器官和系统将会遭受严重的伤害，轻者出现病症，重者造成死亡。表 7-1 叙述了不同的照射剂量将引起不同的急性机体效应。

7.1.2.2　慢性损伤

若放射源长期对人体产生辐射，将会引发各种慢性损伤。

表 7-1 急性照射时的机体效应

受照射剂量/Gy	急 性 效 应
0~0.25	无可检出的临床效应
0.5	血象发生轻度变化、食欲减退
1	疲劳、恶心、呕吐
≥1.25	血象发生显著变化,将有20%~25%的被照射者发生呕吐等急性放射性病症状
2	24h内出现恶心、呕吐,经过大约一周的潜伏期,出现毛发脱落、全身虚弱的病症
4(半死剂量)	数小时内出现恶心、呕吐,两周内毛发脱落,体温上升,三周后出现紫斑、咽喉感染、极度虚弱的病症,50%的人四周后死亡,存活者半年后可逐渐康复
≥5(致死剂量)	1~2h内即出现严重的恶心、呕吐的症状,一周后出现咽喉炎、体温增高、迅速消瘦等症状,第二周就会死亡

放射性物质进入环境后,不仅会对人体产生外辐射,还将通过物质的循环(如呼吸、饮水及食物链)进入人体内产生内辐射。内辐射的危害程度因放射性物质的种类及其在体内的积蓄量、分布于各组织器官的不同而有所不同。主要危害为白细胞减少、白血病及其他恶性肿瘤等。

7.1.2.3 远程效应

远程效应指人体遭受急性照射后经过若干时间或长期遭受低剂量的照射,数年后才表现出的躯体效应或遗传效应的现象。常见的躯体效应有白血病、白内障及各种癌症;常见的遗传效应有基因突变和染色体畸变,在第一代表现为流产、死胎、畸形和智力不全等,在下几代可能出现变异、变性和不孕等。

7.1.3 放射性污染度量单位

有了放射性度量单位,才能度量放射线的照射量、被照射物质所吸收的射线能量,并能准确描述生物体被照射而产生的效应。常用的度量单位有以下五种。

7.1.3.1 放射性活度 (A)

放射性活度(强度)表示的是:放射性物质在单位时间内发生核衰变的原子数目。放射性活度的定义可用公式表达为:

$$A = -dN/dt = \lambda N$$

式中 N——发生核衰变的原子数目;
t——时间,s;
λ——衰变常数,表示放射性核素在单位时间内的衰变概率。

活度的 SI 单位为贝可[勒尔],符号表示为 Bq。1Bq 表示在 1s 内发生一次衰变,即 $1Bq = 1s^{-1}$;

7.1.3.2 半衰期 ($T_{1/2}$)

放射性核素因衰变而减少到原来的一半时所需的时间。

$$T_{1/2} = 0.693/\lambda$$

式中 λ——衰变常数,表示放射性核素在单位时间内的衰变概率。

7.1.3.3 吸收剂量 (D)

用吸收剂量表示物体对辐射能量的吸收状况。所代表的意义是:电离辐射到物质上并发生作用时,单位质量的物质吸收电离辐射能量的大小。用公式可表达为:

$$D = dE/dm$$

式中　dE——电离辐射给予一个体积单元中物质的平均能量；

　　　dm——被照射的体积单元中物质的质量。

吸收剂量的 SI 单位为戈［瑞］(Gy)。1Gy 表示任何 1kg 物质吸收 1J 的辐射能量，即 1Gy=1J/kg。与戈［瑞］暂时并用的专用单位是拉德 (rad)，1rad=10^{-2}Gy。

吸收剂量有时也用吸收剂量率（P）来表示，即单位时间的吸收剂量。用公式表达为：

$$P = dD/dt$$

其单位为 Gy/s 或 rad/s。

7.1.3.4　剂量当量（H）

由于电离辐射所产生的生物效应与辐射类型、能量等因素有关，因此，即便是吸收剂量（D）相同，当射线类型、照射条件不同时，对生物组织的危害程度也是不同的。为了表征人体所受各种电离辐射的危害程度，表达不同种类的射线在不同能量及不同照射条件下所引起生物效应的差异，在辐射防护工作中引入了剂量当量的概念，并把剂量当量定义为：在生物体中组织内所考虑的一个体积单元上吸收剂量与品质因素和所有修正因素的乘积。用公式表示为：

$$H = kDQ$$

式中　H——剂量当量，剂量当量的 SI 单位是希［沃特］(SV)，1SV=1J/kg；

　　　k——所有其他修正因素乘积，通常取 1；

　　　D——吸收剂量，Gy；

　　　Q——品质因素。

品质因素 Q 用来粗略地表示吸收剂量（D）相同时，各种辐射的相对危险程度，Q 越大，危险程度越高。Q 值的大小由辐射的类型、射线的种类决定，根据各种电离辐射带电粒子的密度作相应规定。国际放射防护委员会建议对内外照射均可使用表 7-2 给出的 Q 值。

表 7-2　各种射线的品质因素

照射类型	射线类型	品质因素 Q	照射类型	射线类型	品质因素 Q
外照射	X、γ	1	外照射	反冲核	20
	慢中子	3	内照射	X、γ、β	1
	中能中子	5~8		α	10
	快中子	10		反冲核	20

【例 7-1】　某人全身均受照射，其中 γ 射线的吸收剂量为 1.5×10^{-2}Gy，快中子吸收剂量为 2.0×10^{-3}Gy，计算总剂量当量。

解：$H_{总} = H_{γ} + H_{快中子}$

由 $H = kDQ$ 并查表 7-2，

得 $H_{总} = 1.5 \times 10^{-2} \times 1 + 2.0 \times 10^{-3} \times 10$

　　　　$= 3.5 \times 10^{-2}$ (SV)

7.1.3.5　照射量（X）

照射量只适用于 X 和 γ 辐射，不能用于其他类型的辐射和介质。

照射量的定义是：在单位体积单元的空气中（质量为 dm），γ 或 X 射线全部被空气所阻止时，空气电离所形成的离子的总电荷（正的或负的）的绝对值。公式表示为：

$$X = \mathrm{d}Q/\mathrm{d}m$$

式中　$\mathrm{d}Q$——单位体积单元内形成的离子的总电荷绝对值，C；

　　　$\mathrm{d}m$——单体体积中空气的质量，kg。

照射量（X）的 SI 单位是库仑/千克（C/kg），暂时并用的单位是伦琴（R），$1R = 2.58 \times 10^{-4}$ C/kg。

伦琴单位的定义是：凡 1 伦琴 γ 或 X 射线照射 $1cm^2$ 标准状况下（0℃和 101.325 kPa）的空气，能引起空气电离而产生 1 静电单位正电荷和 1 静电单位负电荷的带电粒子。这一单位仅适用于 γ 和 X 射线透过空气介质的情况，不能用于其他类型的辐射和介质。

照射量有时也用照射量率来表示，定义为：单位时间内的照射量，单位为 C/(kg·s)。

7.1.4　放射性监测对象和内容

(1) 放射性监测对象

① 现场监测　即对生产或使用放射性物质的单位内部进行工作区域的放射性监测。

② 个人剂量监测　对从事放射性专业的工作人员或接受放射性照射的人员进行内照射和外照射剂量的监测。

③ 环境监测　对生产或使用放射性物质的单位外部环境，如空气、水体、土壤、生物、固体废物等进行的放射性监测。

(2) 放射性监测的内容

① 放射源强度、半衰期、射线种类及能量的监测。

② 环境和人体中放射性物质的含量、放射性强度、空间照射量或电离辐射剂量的监测。

7.2　放射性监测方法

由于放射性监测的内容均涉及放射性物质，因此，在放射性环境样品的采集、预处理和监测的过程中，必须使用特殊的专用仪器来完成。本节将简单介绍放射性监测仪器和放射性监测方法。

7.2.1　放射性监测仪器

放射性监测仪器种类多，需根据监测目的，试样形态，射线类型、强度及能量等因素进行选择。最常用的监测器有三类，即电离探测器、闪烁探测器和半导体探测器。表 7-3 列举了常用的不同类型放射性监测仪器的特点及应用。

表 7-3　常用放射性检测器的特点及应用

仪　器		特　点	应　用
电离型探测器	电离室	对任何电离都有响应，故不可用于甄别射线类型，适用于测量较强放射性	测量辐射强度及其随时间的变化
	正比计数管	性能稳定、本底响应低、检测效率高，适用于弱放射性测量	α、β 粒子的快速计数，还用于能谱测定、β 线的探测
	盖革（GM）计数管	检测效率高，有效计数率近 100%，对不同的射线类型无法区别	用于检测 β 射线强度
闪烁探测器		灵敏度高，计数率高	测量 α、β、γ 辐射强度，鉴别放射性核素，测照射量、吸收剂量
半导体探测器		检测灵敏区范围较小，但对外来射线有很好的分辨率	测 α、β、γ 辐射，能谱分析并测定吸收量

用放射性测量仪器检测放射性的原理都是基于射线与物质间相互作用能产生各种效应，如电离、发光、热效应、化学效应和能产生次级粒子的核反应等。现将常用的电离型探测器、闪烁探测器和半导体探测器的工作原理分别作简单介绍。

7.2.1.1 电离探测器

电离探测器是利用射线通过气体介质时能使气体发生电离的特性而制成的探测器，是通过收集射线在气体中产生的电离电荷而进行测量的。

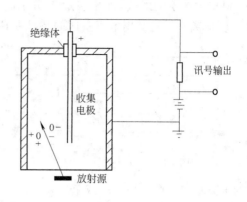

图 7-1 电离室示意图

常用的电离探测器如电离室、正比计数管和盖革（GM）计数管，都是在密闭的充气容器中设置一对电极，将直流电压加在电极上（图 7-1），当气体发生电离时，产生的正离子和电子在外电场的作用下分别移向两极而产生电离电流。电离电流的大小与外加电压的大小及进入电离室的辐射粒子数目有关，外加电压与电离电流的关系曲线如图 7-2 所示，可分为六个区域。

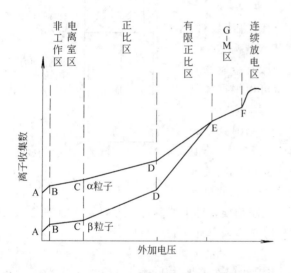

图 7-2 外加电压与电离电流的关系曲线

① 非工作区　在这一区域，电压较低，正离子和电子的复合概率大，电流随外加电压的增大而增大。

② 电离室区　在这一区域，外加电压已足够大，离子几乎全被收集，电流会达到一个饱和值，并将是一个常数，不再随电压的增加而改变。

③ 正比区　在这一区域，电离电流突破饱和值，随电压增加而继续增加。这时的外加电压，能使初始电离产生的电子在电场的作用下，向阳极加速运动，并在运动中与气体分子发生碰撞，使之发生次级电离，次级电离产生的大量电子又将继续碰撞气体分子，又有可能再发生三级电离，形成了"电子雪崩"，最终，使到达阳极的电子数大大增加，这一过程被称为"气体放大"。"气体放大"后电离总数与初始电离数之比称为气体放大倍数。由于在此区域内，在电压一定的情况下，气体放大的倍数是相同的（约 10^4），最后在阳极收集到的电子数与初始电离的电子数成正比，此区域被称为正比区。

④ 有限正比区　在此区域内，气体放大倍数与初始电离无关，不再是常数，故探测器在这一区域无法工作。

⑤ G-M 区（盖革-弥勒区）　在这一区域，当外加电压继续增加，分子激发产生光子的作用更加显著，收集到的电荷与初始电离的电子数毫无关系。即不论什么粒子，只要能够产生电离，无论其电离出的电子数目有多少（哪怕只有一对离子），经气体放大后，到达阳极的电子数目基本上是一个常数，因此最终的电离电流是相同的。

⑥ 连续放电区　在此区域，"电子雪崩"无限制地进行，探测器无法工作。

根据此图不同区域的特性规律，分别制成了三种电离型探测器。

① 电离室　是利用电离室区的特性制成的探测器。从结构上看，电离室由一个充气的密闭容器、两个电极和两极间有效灵敏体积组成。当射线进入电离室，则主体产生的正离子和电子在外加电场作用下，分别移向两极产生电离电流，射线强度越大，电流越大，利用此关系可以进行定量。

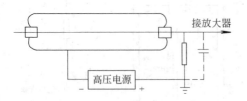

图 7-3　正比计数管示意图

② 正比计数管　在正比区工作的探测器。正比计数管的结构见图 7-3，是一个圆柱形的电离室，管内充甲烷（或氩气）和碳氢化合物，充气压力与大气压相同，以圆柱筒的金属外壳作阴极，安装在中央的金属细丝作阳极，两极的电压根据充气的性质选定。当外加电压超过正比区的阈电压时，气体放大现象开始出现，在阳极就感应出脉冲电压，脉冲电压的大小，正比于入射粒子的初始电离能，利用这一关系定量。

③ 盖革（G-M）计数管　在 G-M 区工作的计数管。常用的窗式 G-M 管结构如图 7-4 所示，其基本结构是一个密闭的充气容器，中间的金属丝作为阳极，涂有金属物质的管内壁或另加入一个金属筒作为阴极，窗可以根据探测射线种类的不同分别选择厚端窗（玻璃）或薄端窗（云母或聚酯薄膜）。G-M 管内充约 1/5atm（1atm＝101325Pa）的氩气或氖气等惰性气体和少量有机气体（乙醇、二乙醚等），有机气体的作用是防止计数管在一次放电后连续放电。当射线进入管内时，引起惰性气体电离，形成的电流

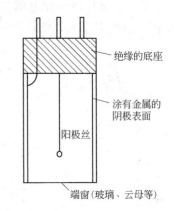

图 7-4　盖革计数管示意图

使原来加有的电压产生瞬时电压降，向电子线路输出，即形成脉冲信号，在一定的电压范围内，放射性越强，单位时间内输出的脉冲信号越多，以此达到测量的目的。

7.2.1.2　闪烁探测器

闪烁探测器（图 7-5）的工作原理是：当射线照在闪烁体上时，发射出荧光光子，光子被收集于用光导和反光材料制成的光电倍增管的光阴极上。光子在灵敏阴极上打出光电子，经倍增放大后，在阳极上产生较小的电压脉冲，此脉冲再经电子线路放大和处理后记录下来。由于脉冲信号的大小与放射性的能量成正比，故可用以定量。

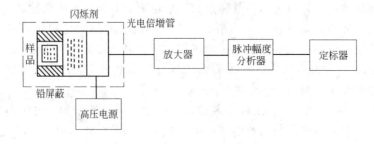

图 7-5　闪烁探测器工作原理

常用的闪烁体材料有硫化锌粉末（探测 α 射线）、蒽等有机物（探测 β 射线）和碘化钠

晶体（探测γ射线）。

无论是无机或有机闪烁剂，都具有受带电粒子作用后其内部原子或分子被激发而发射光子的特性。

7.2.1.3 半导体探测器

半导体探测器的工作原理（如图7-6所示）与电离探测器的工作原理相似，所不同的是其检测原件是固态半导体。射线粒子与半导体晶体相互作用时产生的电子-空穴对，在外电场的作用下，分别移向两极，并被电极所收集，从而产生脉冲电流，再经电子线路放大后记录。

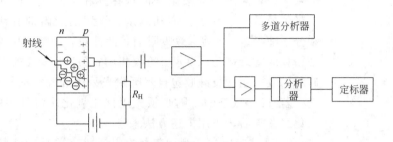

图7-6 半导体探测器工作原理

由于产生电子-空穴对能量较低，所以该种探测器以其具有能量分辨率高且线性范围宽等优点，被广泛地应用于放射性探测中。如用于α粒子计数及α、β能谱测定的硅半导体探测器；用于γ能谱测定的锗半导体探测器[Ge(Li)γ谱仪]等。我国生产的半导体探测器有GL-5、GL-16、GL-20、GM-5、GM-20、GM-30等多种型号。

另外，还可以利用照相乳胶曝光法探测放射性。当含放射性样品的射线照在照相乳胶上时，射线与乳胶作用产生电子，电子使卤化银还原成金属银，如同可见光一样，会产生一个潜在的图像，使底片显影后，根据曝光的程度来测定射线强度。

7.2.2 放射性监测方法

环境放射性监测方法有定期监测和连续监测。定期监测的一般步骤是：采集放射性样品→样品预处理→样品总放射性或放射性核素的测定。连续监测是在现场安装放射性自动监测仪器，实现采样、预处理和测定自动化。

7.2.2.1 样品的采集

(1) 放射性沉淀物的采集　沉淀物包括干沉淀物和湿沉淀物，大部分来自于大气层核爆炸所产生的放射性尘埃，小部分来自于人工放射性微粒。

采集干沉淀物的方法有水盘法、黏纸法和高罐法。

① 水盘法　采用不锈钢或聚乙烯塑料制成的圆形水盘，盘内装有适量的稀酸，沉淀物过少的地区应酌情加数毫克的硝酸锶或氯化锶作为载体，置水盘于采样点暴露24h，应始终保持盘中有水。将采集的样品经浓缩、灰化等处理后，测总β放射性。

② 黏纸法　将涂有一层黏性油（松香加蓖麻油等）的滤纸置于圆盘底部（使涂油面向上），于采样点暴露24h后，将滤纸灰化，进行总β放射性测量。

③ 高罐法　用一个不锈钢或聚乙烯圆柱形罐，暴露于空气中采集沉淀物。因罐壁高，可长时间进行沉淀物的收集且不必加水。

湿沉淀物是指随降雨或降雪而沉降的物质。采集湿沉淀物除可用上述方法外，还常用离子交换树脂湿沉淀物采集器（图 7-7）进行采集。

该采样器由一个承接漏斗和一根离子交换柱组成，交换柱的上下层分别装入阳离子和阴离子交换树脂，树脂将湿沉降物中的核素吸附浓集后再进行洗脱。收集洗脱液，进一步分离放射性核素，或直接从交换柱中取出树脂，经烘干、灰化后测总 β 放射性。

（2）**放射性气体的采集** 放射性气体样品的采集，常用固体吸附法、液体吸收法和冷凝法。

① **固体吸附法** 用固体颗粒作收集器。选择固体吸附剂时，必须考虑待测组分与吸附剂的选择性和特效性，使其他组分的干扰降到最低，以利于分离和测量。常用的吸附剂有活性炭、硅胶和分子筛等。^{131}I 的有效吸附剂是活性炭，因此，用混合有活性炭

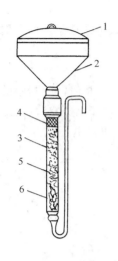

图 7-7 离子交换
树脂采样器

1—漏斗盖；2—漏斗；
3—离子交换柱；4—滤纸浆；
5—阳离子交换树脂；
6—阴离子交换树脂

细粉粒的滤纸作为采集 ^{131}I 的收集器；^{3}H 水蒸气的有效吸附剂是硅胶，故采用沙袋硅胶包自然吸附或采用硅胶柱抽气吸附 ^{3}H 水蒸气。若 ^{3}H 是气态的，则必须先用催化氧化法将气态的 ^{3}H 氧化或氚化水蒸气后，再用上述方法采集。

② **液体吸收法** 利用气体在某种液态物质中的特殊反应或气体在液相中的溶解而进行的采集法。具体操作，可参见大气采样部分。为除去气溶胶，可在采样器管前安装气溶胶过滤管。

③ **冷凝法** 用冷凝器对挥发性的放射性物质进行收集的方法。一般用干冰和液态氮作为冷凝剂，制成冷凝器的冷阱，收集有机挥发化合物和惰性气体。

（3）**放射性气溶胶的采集** 放射性气溶胶包括核爆炸产生的裂变产物、人工放射性物质以及氡、钍射气的衰变子体等天然放射性物质。放射性气溶胶的采集常用过滤法，其原理与大气中悬浮物的采集相同。

（4）**其他类型样品的采集** 与其他非放射性样品的采集方法基本一样，此处不再赘述。

为防止放射性核素在储放过程中损失，需加入稀酸或载体、络合剂等。

7.2.2.2 样品的预处理

对样品进行预处理的目的是将样品中的欲测核素转变为易于进行放射性监测的形态，并进行浓集，同时还需除去干扰核素。

常用的放射性样品预处理方法有衰变法、有机溶剂溶解法、蒸馏法、灰化法、萃取法、离子交换法、共沉淀法、电化学法。

（1）**衰变法** 将采集的样品放置一段时间，使其中的一些寿命短的非欲测核素衰变除去，然后再进行放射性测量。例如，欲测定大气中气溶胶的总 α 和总 β 的放射性，用过滤法采样后，再放置 4～5h，寿命短的氡、钍子体发生衰变后即可除去。

（2）**共沉淀法** 由于环境样品中的放射性核素含量很低，用一般的化学沉淀法分离时，会因为溶度积过低而无法达到分离目的。共沉淀法就是通过加入毫克数量级的非放射性元素作为载体，载体的性质与欲分离的放射性核素的性质相近，二者将发生同晶共沉淀作用。载体将放射性核素载带下来，达到分离和富集的目的，如用 ^{59}Co 作为载体与 ^{60}Co 发生同晶共沉淀。这种分离富集的方法具有操作简便、实验条件容易满足等优点。

（3）**灰化法** 将蒸干的环境样品，放瓷坩埚中于 500℃ 马弗炉中灰化。

（4）**电化学法** 通过电解将放射性核素沉积在阴极上，或以氧化物的形式沉积在阳极上。该法的优点是分离核素的纯度高，若将放射性核素沉积于惰性金属片上，就可直接

进行放射性测量；若放射性核素是沉积在惰性金属丝上的，则先将沉积物溶出，再制成样品源。

(5) 其他预处理法　在放射性物质的预处理中，若采用有机溶剂溶解法、蒸馏法、溶剂萃取法和离子交换法，其原理和操作与对非放射性物质的预处理方法没有本质差别，此处不再作介绍。

用上述方法将环境样品进行预处理后，有的可作为样品源直接用于放射性测量，有的则仍需经过蒸发或悬浮操作，进一步制成适合于测量要求状态（液态、气态、固态）的样品源。蒸发是指将液体样品移入测量盘或承托片上，在红外灯下缓慢蒸干，制成固态薄层样品源；悬浮是指用水或有机溶剂与沉淀形式的样品进行混悬，移入测量盘用红外灯缓缓蒸干。

7.2.2.3 监测方法

环境放射性的监测，应根据监测目的、样品特性，选择不同的采样及预处理方法，并采用适宜的监测仪器进行。通过以下放射性样品的监测实例，了解放射性监测的常用方法。

【例 7-2】　水样中总 α 放射性活度的测定

^{226}Ra、^{222}Rn 及其衰变产物是水体中常见辐射 α 粒子的核素。目前公认的水样的总 α 放射性浓度是 0.1Bq/L，当监测值大于此值时，就应对放射 α 粒子的核素进行鉴定和测量，确定主要的放射性核素，判断水质情况。操作程序如下所述。

(1) 水样预处理　移取 1L 水样于 2L 烧杯中，按 100mL 水加入 0.25mL 浓硫酸的比例加入一定量的浓硫酸。加热蒸发至体积为 10~20mL 时转入蒸发皿，继续蒸发至干。转入不超过 350℃ 的马弗炉中灰化 30min 后置干燥器中冷却备用。

(2) 测量

① 对空测量盘的本底值进行计数率测量。

② 以硝酸铀酰为已知放射性活度的标准源，对其进行计数测量以确定探测器的计数效率。

③ 将冷却的灰化样品转入测量盘中，铺展成均匀薄层，用以硫化锌为闪烁体的闪烁探测器对样品进行计数率测量。

(3) 计算样品源相对于标准源的相对放射性活度，即比放射性活度。

$$Q_\alpha = (n_c - n_b)/(n_s V)$$

式中　Q_α——比放射性活度，Bq/L；

n_c——水样的计数率，计数/min；

n_b——空测量盘的本底计数率，计数/min；

n_s——根据标准源的活度计数率计算出的探测器的计数率，计数/(Bq·min)；

V——移取水样的体积，L。

【例 7-3】　水样的总 β 放射性活度测量

水中 β 射线常来自 ^{40}K、^{90}Sr、^{129}I 等核素的衰变，目前公认的水平是 1Bq/L。测量总 β 放射性活度的操作程序与总 α 放射性活度测量基本相同，不同的是：

① 仪器　使用低本底的盖革计数管；

② 标准源　含 ^{40}K 的化合物（如 KCl 或 K_2CO_3）。标准源的制备方法是：取分析纯 KCl，研细、过筛，于 120~130℃ 下烘干 2h，置干燥器中冷却，使用时准确称取与样品相同质量的标准源，在测量盘中铺成中等厚度，即可测量。

【例 7-4】　大气中放射性 ^{222}Rn 的测量

原理及方法：^{222}Rn（氡）是^{226}Ra（镭）的衰变产物，是无色无臭的单原子分子，化学性质不活泼，在$-61.8℃$时为液态，$-71℃$时为有光泽的橙黄色固体，易溶于血液和脂肪中，在^{222}Rn污染区，许多人患有肺癌与吸入^{222}Rn气有关。利用^{222}Rn易被活性炭、黏土、胶皮等多孔材料所吸附的特性，在采集样品时多用活性炭吸附法收集。监测时，由于^{222}Rn与空气作用时能使之电离，并且，^{222}Rn及其子体发射的α粒子能使ZnS产生闪烁荧光，所以，既可用电离型探测器通过测量电离电流而测定其浓度；也可用闪烁探测器记录由^{222}Rn衰变时所放出的α粒子计算其含量。

操作过程分述如下。

(1) 电离室法　在常温下用由干燥管、活性炭吸附管及抽气动力组成的采样器以一定流量（当气体流速为1～2L/min时，活性炭吸附率达90%以上）采集空气样品，则活性炭将大气中的^{222}Rn吸附、浓集。然后将吸附^{222}Rn的活性炭吸附管置于解吸炉中，于350℃下进行解吸，将解吸出来的^{222}Rn导入电离室，用经过^{226}Ra标准源校准了的静电计测量产生的电离电流（格），按下式计算空气中的^{222}Rn的含量。

$$c_{Rn}=Kf(I_c-I_b)/(Qt)$$

式中　c_{Rn}——空气中^{222}Rn的含量，Bq/L；

K——静电计格值，Bq/(格/min)；

f——换算系数，据^{222}Rn导入电离室静置时间而定，可查表得知；

I_c——引入^{222}Rn的总电离电流，格/min；

I_b——电离室本底电离电流，格/min；

Q——气体流量，L/min；

t——抽气时间，min。

(2) 闪烁室法　将^{222}Rn气样引入闪烁室，^{222}Rn及其子体发射的α粒子使ZnS荧光闪烁体产生荧光，放置3h后测量，记录数据后，按下式计算^{222}Rn的含量。

$$c_{Rn}=Kf(n_c-n_b)/V$$

式中　c_{Rn}——空气中^{222}Rn的含量，Bq/L；

K——闪烁室校准系数，[Bq/(计数·min)]；

f——换算系数；

n_c——闪烁室内注入^{222}Rn后的总计数率，计数/min；

n_b——闪烁室本底计数率，计数/min；

V——采样体积，L。

【例7-5】　土壤中总α、β放射性活度的测量

(1) 采样　在选定的采样范围内，沿直线每隔一定的距离采集一份土壤样品，共采集4～5份。采样时，用取土器或小刀取面积为（10×10）cm^2、深为1cm的表土，除去其中的石子、草类等杂物。

(2) 预处理　采回的土样经晾干或烘干后，于干净的平板上压碎，铺成1～2cm厚的方块，用四分法反复缩分，直至剩余200～300g土壤样品，于500℃灼烧，待冷却后研细、过筛备用。

(3) 测量　称取适量制备好的土样，置于测量盘中并铺成均匀的薄层（测β放射性的样品层应厚于测α放射性的样品层），用相应的探测器分别测量α、β的比放射活度。

(4) 计算

$$Q_\alpha=(n_c-n_b)\times10^6/(60\varepsilon ShF)$$

$$Q_\beta = 1.48 \times 10^4 n_\beta / n_{KCl}$$

式中 Q_α——α 比放射活度，Bq/kg 干土样；

Q_β——β 比放射活度，Bq/kg 干土样；

n_c——样品 α 放射性总计数率，计数/min；

n_b——本底计数率，计数/min；

ε——探测器计数效率，计数/(Bq·min)；

S——样品面积，cm²；

h——样品厚度，mg/cm²；

F——自吸收校正因子，对较厚的样品取 0.5；

n_β——样品 β 放射性总计数率，计数/min；

n_{KCl}——氯化钾标准源的计数率，计数/min；

1.48×10^4——1kg 氯化钾所含 ^{40}K 的 β 放射性活度，Bq/kg。

思考与练习

1. 放射性污染源有哪几种？放射性对人体有哪些危害？
2. 常用于测量放射性的探测器有哪几种？分别简述其原理与适用范围。
3. 如何对水的总 α、总 β 放射性活度进行测定？

阅读园地

电磁辐射与记忆力

1895 年伦琴发现 X 射线和 1896 贝克勒对有关放射性的论述，标志着人类由此开始对电离辐射线的特性、使用和影响进行深入的研究，20 世纪初，特别是第二次世界大战期间，大规模利用核能的技术得到了充分的发展。多年来，人们在充分感受核技术给人类带来的诸多效益的同时，也逐渐地发现和认识到核辐射对人体产生的危害。这种危害不仅来自于诸如核爆炸试验、核反应堆废料等，还来自于建筑中常使用的大理石、花岗岩，生产化肥的磷酸盐矿石原料等，这些都构成了铀的实际来源，近几年来，人们还猜测，手机中的电磁辐射也对人体的某些器官有诱发癌变的作用。

美国科学家曾做过试验，将 100 只白鼠置于设有安全板的水池中训练其游泳，当这 100 只白鼠全被训练成遇到紧急情况，具有迅速游向安全板求生的技能后，将 100 只白鼠分成两组，其中 A 组的 50 只在平常的环境中生活，而 B 组的 50 只则在时刻充满了手机辐射的环境中生活；经过一段时间后，将 A、B 两组的白鼠，重新投入水池中，当遇紧急情况时，A 组中的 50 只白鼠仍能迅速游向安全板，而 B 组中的 50 只白鼠似乎已淡忘了游向安全板求生的技能。由此，似乎得到一个结论，辐射能损害记忆力！然而，这只是以鼠为实验对象得到的结论。事实上，由于对生物效应尤其对人的研究具有一定的长期性、复杂性，辐射的强度对人类记忆力的影响程度，严重与否，至今仍未有精确的结论。

科学事实告诉人们，只有受过量辐射，才会使机体受危害，尽管人们置身于家用电器、电脑及地下电缆、光缆等的辐射当中，却没有因此受损伤的报告，所以监测、防范辐射是必要的，但是大可不必谈辐射色变。

本 章 小 结

1. 基本概念
① 放射性及放射线　α放射线、β放射线、γ放射线。
② 放射性污染源　天然污染源、人工污染源。
③ 放射性危害　急性损伤、慢性损伤、远程效应。
④ 放射性度量单位　放射性活度、吸收剂量、剂量当量、照射量。
⑤ 监测对象　现场、个人、环境。
⑥ 监测内容　α、β放射性强度及放射性核素含量测定。
2. 放射性探测仪器
① 电离探测仪器　包括电离室、正比计数管、盖革（GM）计数管。
② 闪烁探测仪器。
③ 半导体探测仪器。
3. 监测方法
样品采集→预处理→监测→分析、讨论。

8. 监测过程的质量保证

☞ **学习指南**

本章主要介绍环境监测过程中的数据处理和结果的表达、实验室质量保证、环境标准物质及质量保证检查单和环境质量图的知识，对数据处理和实验室质量保证部分作了重点说明。学习本章内容主要要了解误差和偏差的概念及表示方法，了解有效数据的修约和运算规则，重点掌握 Q 和 T 两种检验数据的方法、直线回归方程的建立及其相关知识，能用实验室检测的数据来表示环境监测的结果，了解环境标准物质的概念、分类及其制备方法，了解质量保证单的内容、种类及其绘制方法。通过本章学习，使学生能熟练地进行数据的处理，得到合理正确的结论，为环境的治理和科学研究提供系统的监测资料。

8.1 数据处理和结果的表述

在监测过程中，我们可以得到许多物理、化学和生物学数据，这些都是描述和评价环境质量的基本依据。由于环境监测对象成分复杂，时间、空间量级上分布广泛，且随机多变，不易准确测量，再加上监测系统的条件限制以及操作人员的技术水平的差异，因此，为得到正确的结论，就要求各实验室提供的数据具有足够的准确性和可比性。所以，实验室的质量保证就非常重要，必须使其测量数据的误差控制在一定的范围内。

8.1.1 误差与偏差

8.1.1.1 误差、误差来源及其表示

由于认识能力不足和科学技术水平的限制，使测量值与总体均值 μ（又称真值，即客观存在的实际数值）不一致，这种矛盾在数值上表现为误差。任何测量结果都有误差，并存在于一切测量全过程之中。

误差按其性质和产生原因，可分为系统误差、随机误差。

(1) 系统误差 系统误差又称可测误差、恒定误差或偏倚(bias)，是指测量值的总体平均值与真值之间的差别，是由测量过程中某些恒定因素造成的，在一定条件下具有重现性，它的大小和方向并不因增加测量次数而改变。它的产生有如下几个方面。

① 仪器误差 由于仪器、量器不准所引起的误差。例如移液管的刻度不准确等。

② 试剂误差 由于所使用的试剂纯度不够而引起的误差。

③ 方法误差 由于分析方法本身的缺陷所引起的误差。例如在重量分析中选择的沉淀形式，其溶解度较大或称量形式不稳定等。

④ 操作误差 由于操作者的主观因素造成的误差。例如对滴定终点颜色的辨别深或过浅。

(2) 随机误差 随机误差是由测量过程中多种随机因素共同作用造成的误差，由能够影响结果的许多不可控制或未加控制因素的微小波动而引起，它又被称为偶然误差。例如环境温度、压力、湿度等的影响。随机误差遵守正态分布，具有有界性、单峰性、对称性和抵偿性的特点。这种特点，可用图 8-1 所示的曲线表示。

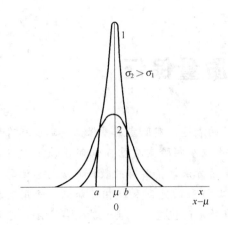

图 8-1　随机误差正态分布曲线

（3）准确度与误差　准确度是在特定条件下获得的多次测定值的平均值与真值之间的接近程度。准确度由分析的随机误差和系统误差决定，它能反映分析的可靠性。因此，在消除了系统误差的前提下，改善分析的精密度，可以提高分析结果的准确度。准确度用绝对误差或相对误差表示。其计算公式分别为：

$$绝对误差 = 测定值 - 真值 \tag{8-1}$$

$$相对误差 = 绝对误差/真值 = (测定值 - 真值)/真值 \tag{8-2}$$

8.1.1.2　偏差及其表示方法

（1）精密度　精密度是指在特定条件下重复测定的数值之间相互接近的程度，由分析的随机误差决定。精密度可用偏差的大小表示。偏差越小，精密度越高，测定结果的再现性愈好。

（2）偏差的表示方法

① 绝对偏差与相对偏差　单个测定值 x_i 与几次测定结果的平均值 $\bar{x}$ 之差称为绝对偏差，以 d_i 表示。

$$d_i = x_i - \bar{x} \tag{8-3}$$

式中　x_i——第 i 次的测定值；

$\bar{x}$——n 次测定平均值，$\bar{x} = \sum_{i=1}^{n} \dfrac{x_i}{n}$。

绝对偏差在平均值中所占的百分数或千分数称为相对偏差。

$$相对偏差 = \frac{d_i}{\bar{x}} \tag{8-4}$$

② 平均偏差与相对平均偏差　平均偏差是绝对偏差的绝对值之和的平均值。以 $\bar{d}$ 表示。

$$\bar{d} = \frac{|d_1| + |d_2| + \cdots + |d_n|}{n} = \frac{1}{n}\sum_{i=1}^{n}|d_i| \tag{8-5}$$

相对平均偏差是平均偏差与测量均值之比（常用百分数表示）。

$$相对平均偏差 = \frac{\bar{d}}{\bar{x}} \tag{8-6}$$

③ 标准偏差与变异系数　标准偏差用 s 表示，其表达式为：

$$s = \sqrt{\frac{\sum_{i=1}^{n} d_i^2}{n-1}} \tag{8-7}$$

标准偏差可以更确切地说明测定数据的精密度。

变异系数又称样本相对标准偏差，是样本标准偏差在样本均值中所占的百分数，用 C_v 表示。

$$C_v = \frac{s}{\bar{x}} \times 100\% \tag{8-8}$$

④ 极差　一组测量值中最大值（$x_{\max}$）与最小值（$x_{\min}$）之差，表示误差的范围，以 R 表示。

$$R = x_{max} - x_{min} \tag{8-9}$$

$$相对极差 = \frac{R}{\bar{x}} \tag{8-10}$$

【例 8-1】 测定某矿石中汞的含量,几次测定的结果分别为:12.75%、12.57%、12.72%、12.79%、12.77%。分别计算:(1) 平均偏差;(2) 相对平均偏差;(3) 标准偏差;(4) 变异系数。

解:计算过程列表如下:

序 号	1	2	3	4	5	
测定值/%	12.75	12.57	12.72	12.79	12.77	$\bar{x} = 12.72$
d_i/%	0.03	−0.15	0.00	0.07	0.05	$\sum |d_i| = 0.57$
d_i^2/%²	0.0009	0.0225	0.0000	0.0049	0.0025	$\sum d_i^2 = 0.0308$

(1) 平均偏差 $\bar{d} = \frac{1}{n}\sum |d_i| = 0.57\%/5 = 0.11\%$

(2) 相对平均偏差 $\frac{\bar{d}}{\bar{x}} = \frac{0.11\%}{12.72\%} = 0.86\%$

(3) 标准偏差 $s = \sqrt{\frac{\sum d_i^2}{n-1}} = \sqrt{\frac{0.0308}{4}}\% = 0.088\%$

(4) 变异系数 $C_v = \frac{s}{\bar{x}} = \frac{0.088\%}{12.72\%} = 0.69\%$

8.1.2 有效数字及运算规则

8.1.2.1 有效数字

"有效数字"是指在分析工作中实际能够测量得到的数字,在保留的有效数字中,只有最后一位数字是可疑的(有±1的误差),其余数字都是准确的。在定量分析中,为得到准确的分析结果,不仅要精确地进行各种测量,还要正确地记录和计算。例如滴定管读数 25.31mL 中,25.3 是确定的,0.01 是可疑的,可能为 0.00 或 0.02。而有效数字的位数由所使用的仪器决定,不能任意增加或减少位数。如刚才滴定管的读数不能写成 25.610mL,因为仪器达不到这种精度,也不能写成 25.6mL,而降低了它的精度。

数字"0"有双重意义。在第一个非"0"数字前的所有的"0"都不是有效数字,因为它只起定位作用,与精度无关;而第一个非"0"数字后的所有的"0"都是有效数字。例如:0.00571,0.0107,0.1070 的有效数字位数分别为三位、三位、四位。

对含有对数的有效数字,如 pH、pK_a、lgk 等,其位数取决于小数部分的位置,整数部分只说明这个数的方次。如 pH=9.32 为两位有效数字。

8.1.2.2 数字修约规则

数字修约时,应按中华人民共和国标准 GB 3101—93 进行。可归纳如下口诀:"四舍六入五成双;五后非零就进一,五后皆零视奇偶,五前为偶应舍去,五前为奇则进一。"

【例 8-2】 将下列数据修约到保留两位有效数字:

1.43426,1.4631,1.4507,1.4500,1.3500

解 按上述修约规则：

（1）1.43426 修约为 1.4

保留两位有效数字，第三位小于等于 4 时舍去。

（2）1.4631 修约为 1.5

第三位大于等于 6 时进 1。

（3）1.4507 修约为 1.5

第三位为 5，但其后面并非全部为 0 应进 1。

（4）1.4500 修约为 1.4

1.3500 修约为 1.4

第三位为 5，并且后面皆为零，则视其左面一位，若为偶数则舍去，若为奇数则进 1。
注意，若拟舍弃的数字为两位以上，应按规则一次修约，不得连续多次修约。

8.1.2.3 有效数字运算规则

对测量数据进行处理时，其运算必须遵循下列规则。

① 加减法 几个数据相加减时，它们的最后结果的有效数字保留，应以小数点后位数最少的数据为准。例如：

$$0.12+0.0354+42.716=42.8714\approx42.87$$

② 乘除法 几个数据相乘或相除时，它们的积或商的有效数字位数保留必须以各数据中有效数字位数最少的数据为准。例如：

$$1.54\times31.76=1.54\times31.8=49.0$$

③ 乘方和开方 对数据进行乘方或开方时，所得结果的有效数字位数保留应与原数据相同。例如：

$$6.72^2=45.1584 \quad 保留三位有效数字则为 45.2$$

$$\sqrt{9.65}=3.10644\cdots\cdots \quad 保留三位有效数字则为 3.11$$

④ 对数计算 所取对数的小数点后的位数（不包括整数部分）应与原数据的有效数字的位数相等。例如：

$$\lg102=2.00860017\cdots\cdots \quad 保留三位有效数字则为 2.009$$

⑤ 在计算中常遇到分数、倍数等，可视为多位有效数。

⑥ 在计算过程中，首位数为"8"或"9"的数据，有效数字位数可以多取一位。

⑦ 在混合计算中，有效数字的保留以最后一步计算的规则执行。

⑧ 表示分析方法的精密度和准确度时，大多数取 1～2 位有效数字。

8.1.3 可疑数据的取舍

对于一次测量的数据常会遇到这样一些情况，如一组分析数据，有个别值与其他数据相差较大；多组分析数据，有个别组数据的平均值与其他组的平均值相差较大，我们把这种与其他数据有明显差别的数据称为可疑数据。这些可疑数据的存在往往会显著地影响分析结果，当测定数据不多时，影响尤为明显。因为正常数据具有一定的分散性，所以对于这种数据，既不能轻易保留，也不能随意舍弃，应对它进行检验，常用的判别方法有以下两种。

8.1.3.1 狄克逊（Dixon）检验法（Q 检验法）

Q 检验法常用于检验一组测定值的一致性，剔除可疑值。其具体步骤如下。

① 将测定结果按从小到大的顺序排列：x_1、x_2、x_3、$\cdots$、x_n。x_1、x_n 分别为最小可疑值和最大可疑值。

② 根据测定次数 n 按表 8-1 中的计算公式计算 Q 值。
③ 再在表 8-1 中查得临界值[①]（Q_x）。
④ 将计算值 Q 与临界值 Q_x 比较，若 $Q \leqslant Q_{0.05}$ 则可疑值为正常值，应保留；$Q_{0.05} < Q \leqslant Q_{0.01}$，则可疑值为偏离值，可以保留；当 $Q > Q_{0.01}$，则可疑值应予剔除。

【例 8-3】 某一试验的 5 次测量值分别为 2.63，2.50，2.65，2.63，2.65，试用 Dixon 检验法检验测定值 2.50 是否为离群值。

解 从表 8-1 中可知，当 $n=5$ 时，用下式计算：

$$Q = \frac{x_2 - x_1}{x_n - x_1} = \frac{2.63 - 2.53}{2.65 - 2.50} = 0.867$$

查表 8-1 $n=5$，$\alpha=0.01$ 时，$Q_{(5,0.01)} = 0.780$，$Q > Q_{(5,0.01)}$ 故 2.50 可予舍弃。

表 8-1 Dixon 检验的统计量与临界值

统 计 量	n	显著性水平 α	
		0.01	0.05
$Q = \dfrac{x_n - x_{n-1}}{x_n - x_1}$（检验 x_n） $Q = \dfrac{x_2 - x_1}{x_n - x_1}$（检验 x_1）	3	0.988	0.941
	4	0.889	0.765
	5	0.780	0.642
	6	0.698	0.560
	7	0.637	0.507
$Q = \dfrac{x_n - x_{n-1}}{x_n - x_2}$（检验 x_n） $Q = \dfrac{x_2 - x_1}{x_{n-1} - x_1}$（检验 x_1）	8	0.683	0.554
	9	0.635	0.512
	10	0.597	0.477
$Q = \dfrac{x_n - x_{n-2}}{x_n - x_2}$（检验 x_n） $Q = \dfrac{x_3 - x_1}{x_{n-1} - x_1}$（检验 x_1）	11	0.679	0.576
	12	0.642	0.546
	13	0.615	0.521
$Q = \dfrac{x_n - x_{n-2}}{x_n - x_3}$（检验 x_n） $Q = \dfrac{x_3 - x_1}{x_{n-2} - x_1}$（检验 x_1）	14	0.641	0.546
	15	0.616	0.525
	16	0.595	0.507
	17	0.577	0.490
	18	0.561	0.475
	19	0.547	0.462
	20	0.535	0.450
	21	0.524	0.440
	22	0.514	0.430
	23	0.505	0.421
	24	0.497	0.413
	25	0.489	0.406

Q 检验的缺点是没有充分利用测定数据，仅将可疑值与相邻数据比较，可靠性差。在测定次数少时，如 3~5 次测定，误将可疑值判为正常值的可能性较大。Q 检验可以重复检验至无其他可疑值为止。但要注意 Q 检验法检验公式，随 n 不同略有差异，在使用时应予注意。

[①] 临界值——在特定的条件下，允许达到的最大值或最小值。

8.1.3.2 格鲁布斯（Grubbs）法（T 检验法）

Grubbs 检验法常用于检验多组测定值的平均值的一致性，也可以用它来检验同组测定中各测定值的一致性。下面我们以同一组测定值中数据一致性的检验为例，来看它的检验步骤。

① 将各数据按大小顺序排列：x_1、x_2、$\cdots x_n$。求出算术平均值 $\bar{x}$ 和标准偏差 s。将最大值计为 x_{max}，最小值为 x_{min}，这两个值是否可疑，则需计算 T 值。

② 计算 T 值可以使用下列公式：

$$T=(\bar{x}-x_{min})/s \text{ 或 } T=(x_{max}-\bar{x})/s$$

③ 查表 8-2 格鲁布斯检验临界值表（不作特别说明，α 取 0.05）得 T 的临界值 $T_{(\alpha,n)}$。

④ 如果 $T \geqslant T_{(\alpha,n)}$ 则所怀疑的数据 x_1 或 x_n 是异常的，应予剔除；反之应予保留。

⑤ 在第一个异常数据剔除舍弃后，如果仍有可疑数据需要判别时，则应重新计算 $\bar{x}$ 和 s，求出新的 T 值，再次检验，依次类推，直到无异常的数据为止。

对多组测定值的检验，只要把平均值作为一个数据用以上相同步骤进行计算与检验。

表 8-2 格鲁布斯检验临界值表

次数 n 组数 l	自由度 $n-l$	置信度 α		次数 n 组数 l	自由度 $n-l$	置信度 α	
		0.05	0.01			0.05	0.01
3	2	1.153	1.155	14	13	2.371	2.659
4	3	1.463	1.492	15	14	2.409	2.705
5	4	1.672	1.749	16	15	2.443	2.747
6	5	1.822	1.944	17	16	2.475	2.785
7	6	1.938	2.097	18	17	2.504	2.821
8	7	2.032	2.221	19	18	2.532	2.854
9	8	2.110	2.323	20	19	2.557	2.884
10	9	2.176	2.410	21	20	2.580	2.912
11	10	2.234	2.485	31	30	2.759	3.119
12	11	2.285	2.550	51	50	2.963	3.344
13	12	2.331	2.607	101	100	3.211	3.604

【例 8-4】 10 个实验室分析同一样品，各实验室测定的平均值按大小顺序为 4.41，4.49，4.50，4.51，4.64，4.75，4.81，4.95，5.01，5.39，用格鲁布斯检验法检验最大均值 5.39 是否应该被删除。

解

$$\bar{x}=\frac{1}{10}\sum_{i=1}^{10}x_i=4.746$$

$$s=\sqrt{\frac{1}{10-1}\sum_{i=1}^{10}(x_i-\bar{x})^2}=0.305$$

$$x_{max}=5.39$$

所以

$$T=(x_{max}-\bar{x})/s=\frac{(5.39-4.746)}{0.305}=2.11$$

当 $l=10$，显著性水平 $\alpha=0.05$ 时，临界值 $T_{0.05}=2.176$，因 $T>T_{0.05}$，故 5.39 为正常均值，即均值为 5.39 的一组测定值为正常数据。

8.1.4 回归分析法在工作曲线上的应用

8.1.4.1 概述

在监测中经常需要了解各种参数之间是否有联系,如环境介质中污染物质浓度与污染源的远近的关系;BOD 和 TOC 都代表水中有机污染的综合指标,它们之间是否有关。又如在水稻田施农药,水稻叶上农药残留量与施药后天数之间是否有关? 这种研究变量与变量之间关系的统计方法称为回归分析和相关分析。前者主要是找出用于描述变量间关系的定量表达式,以便由一个变量的值而求另一变量的值;后者则用于度量变量之间关系的密切程度,即当自变量 x 变化时,因变量大体上按照某种规律变化。

8.1.4.2 一元线性回归

变量之间的关系有两种主要类型:

(1) 确定性关系 例如欧姆定律 $V=IR$,已知三个变量中任意两个就能按公式求第三个量。

(2) 相关关系 有些变量之间既有关系又无确定性关系,这称为相关关系,它们之间的关系式叫回归方程式,最简单的为一元线性回归。

在环境监测中,经常要绘制各种标准曲线,通常用已知不同浓度的溶液测得各自相对应的响应值,然后绘制工作曲线。但在实验工作中,由于各种原因,实际测得的各点不完全恰好在同一直线上,因此在测定 5~7 个对应值后,必须进行线性关系的检验和标准曲线的回归。其直线回归方程为:

$$y=a+bx$$

式中,a、b 为常数,当 x 为 x_1 时,实际 y 值按计算所得 y 值左右波动。

常数 a、b 的确定可以用下列公式:

$$b=\frac{\sum(x_i-\bar{x})(y_i-\bar{y})}{\sum(x_i-\bar{x})^2}=\frac{\sum x_i y_i-\frac{1}{n}\sum x_i \sum y_i}{\sum x_i^2-\frac{1}{n}\left(\sum x_i\right)^2}$$

$$a=\frac{\sum y_i-b\sum x_i}{n}=\bar{y}-b\bar{x}$$

式中 $\bar{x}$、$\bar{y}$——x、y 的平均值;

x_i——第 i 个测量值;

y_i——第 i 个与 x_i 相对应的测量值。

【例 8-5】 用比色法测酚得到下列数据,试求对吸光度 A 和浓度 c 的回归直线方程。

序 号	1	2	3	4	5	6
酚浓度/(mg/L)	0.005	0.010	0.020	0.030	0.040	0.050
吸光度 A	0.020	0.046	0.100	0.120	0.140	0.180

解 设酚的浓度为 x,吸光度为 y

则
$$\sum x=0.155 \quad \sum y=0.606 \quad n=6$$

$$\bar{x}=0.0258 \quad \bar{y}=0.101 \quad \sum x_i y_i=0.0208 \quad \sum x_i^2=0.00552$$

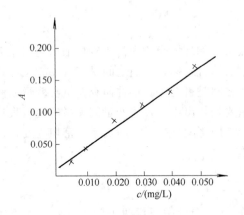

图 8-2 酚浓度与吸光度图

所以由上述公式：
$b = (0.0208 - 0.155 \times 0.606 \div 6)/(0.00552 - 0.155^2/6) = 3.4$
$a = 0.101 - 3.4 \times 0.258 = 0.013$

其回归方程式为 $y = 3.4x + 0.013$

根据数据和公式作图 8-2，图中直线是按公式所作，记号"×"是按实际测得的数据所画的点。

8.1.4.3 相关关系和相关系数

变量与变量之间的不确定关系，称为相关关系，它的性质与密切程度用相关系数 r 表示。相关系数可以用下列公式计算得到：

$$r = \frac{S_{xy}}{\sqrt{S_{xx} S_{yy}}}$$

式中

$$S_{xx} = \sum_{i=1}^{n}(x_i - \bar{x})^2 = \sum_{i=1}^{n} x_i^2 - \frac{1}{n}\left(\sum x_i\right)^2$$

$$S_{yy} = \sum_{i=1}^{n}(y_i - \bar{y})^2 = \sum_{i=1}^{n} y_i^2 - \frac{1}{n}\left(\sum_{i=1}^{n} y_i\right)^2$$

$$S_{xy} = \sum_{i=1}^{n}(x_i - \bar{x})(y_i - \bar{y}) = \sum_{i=1}^{n} x_i y_i - \frac{1}{n}\sum_{i=1}^{n} x_i \sum_{i=1}^{n} y_i$$

r 的取值在 $-1 \sim +1$ 之间。

$|r|$ 如果越接近 1，则所得的数据线性相关就越好。对于环境监测工作中的标准曲线，应力求相关系数 $|r| > 0.999$，否则应找出原因加以纠正，并重新进行测定和绘制。但在实际监测分析中，其标准曲线的相关系数达不到 $|r| > 0.999$，因此根据实际情况制定了相关系数的临界值 r_α 表，见表 8-3。根据不同的测定次数 n 和给定的 α（环境监测中 α 常取 0.05 或 0.01）可查得相应的临界值 r_α，只有当 $|r| > r_\alpha$ 时，表明 x 与 y 之间有着良好的线性关系，这时根据回归直线方程绘制的直线才有意义。反之，则 x 与 y 之间不存在线性相关关系。

表 8-3 相关系数临界值表

次数 n	显著性水平		次数 n	显著性水平		次数 n	显著性水平	
	0.05	0.01		0.05	0.01		0.05	0.01
3	0.9969	0.9999	12	0.5760	0.7079	21	0.4329	0.5487
4	0.9500	0.9900	13	0.5529	0.6835	22	0.4227	0.5368
5	0.8783	0.9587	14	0.5324	0.6614	23	0.3809	0.4869
6	0.8114	0.9172	15	0.5139	0.6411	24	0.3494	0.4487
7	0.7545	0.8745	16	0.4973	0.6226	42	0.3044	0.3932
8	0.7067	0.8343	17	0.4821	0.6055	52	0.2732	0.3541
9	0.6664	0.7977	18	0.4683	0.5897	62	0.2500	0.3248
10	0.6319	0.7646	19	0.4555	0.5751	82	0.2172	0.2830
11	0.6021	0.7348	20	0.4438	0.5614	102	0.1946	0.2540

【例 8-6】 求例 8-5 中的相关系数，并检验所确立的回归方程是否有意义。

解 例 8-5 中 $\sum x = 0.155$ $\sum y = 0.606$ $n = 6$ $\sum y_i^2 = 0.0789$ $\bar{x} = 0.0258$
$\bar{y} = 0.101$ $\sum x_i y_i = 0.0208$ $\sum x_i^2 = 0.00552$

$$r = \frac{\sum(x_i - \bar{x})(y_i - \bar{y})}{\sqrt{\sum(x_i - \bar{x})^2 \sum(y_i - \bar{y})^2}} = \frac{\sum x_i y_i - \frac{1}{n}\sum x_i \sum y_i}{\sqrt{\left[\sum x_i^2 - \frac{1}{n}(\sum x_i)^2\right]\left[\sum y_i^2 - \frac{1}{n}(\sum y_i)^2\right]}}$$

$= 0.993$

查表 8-3 得 $r_\alpha = 0.8114$ 显然，$r > r_\alpha$，所以例 8-5 中确定的回归方程有显著性意义。

8.1.5 测定结果的表述

对一试样某一指标的测定，由于真实值很难测定，所以常用有限次的监测数值来反映真实值，其结果表达方式一般有如下几种。

（1）用算术均值（$\bar{x}$）代表集中趋势 测定过程中排除了系统误差后，只存在随机误差，所测得的数据常呈正态分布，其计算均值（$\bar{x}$）虽不是总体平均值（μ），但它反映了数据的集中趋势，因此，用 $\bar{x}$ 代表监测结果是有相当可靠性的，也是表达监测结果最常用的方式。

（2）用算术均值和标准偏差表示测定结果的精密度（$\bar{x} \pm s$） 算术均值代表集中趋势，标准偏差表示离散程度。算术均值代表性的大小与标准偏差的大小有关，即标准偏差大，算术均值代表性小，反之亦然，故而监测结果常以（$\bar{x} \pm s$）表示。

（3）用（$\bar{x} \pm s$，C_v）表示结果 标准偏差的大小还与所测均值水平或测量单位有关。不同水平或单位的测定结果之间，其标准偏差是无法进行比较的，而变异系数是相对值，故可在一定范围内用来比较不同水平或单位测定结果之间的变异程度。

8.1.6 监测结果的统计检验

8.1.6.1 均数置信区间和"t"值

考察样本测量平均数（$\bar{x}$）与总体平均数（μ）之间的关系称为均数置信区间。用它来考察以样本平均数代表总体平均数的可靠程度。

若测定值 x 遵从正态分布，则样本测定平均值 $\bar{x}$ 遵从正态分布。如一组测定样本的平均值为 $\bar{x}$，标准偏差为 s，则用统计学可以推导出有限次数的平均值 $\bar{x}$ 与总体平均值 μ 的关系：

$$\mu = \bar{x} \pm t \frac{s}{\sqrt{n}}$$

式中，t 为在一定置信度（在特定条件下出现的概率）（$1-\alpha$）与自由度 $f = n-1$ 下的置信系数，可由表 8-4 中查出。上式具有明确的概率意义，它表明真值 μ 落在置信区间 ($\mu = \bar{x} - t\frac{s}{\sqrt{n}}$，$\mu = \bar{x} + t\frac{s}{\sqrt{n}}$) 的置信概率为 $P = 1-\alpha$。在分析中不做特别注明，一般指置信度为 95%。

【例 8-7】 测定废水中铁的浓度时，得到下列数据：$n = 10$，$\bar{x} = 15.30 \text{mg/L}$，$s = 0.10$，求置信度分别为 90% 和 95% 时的置信区间。

解 自由度 $f = n - 1 = 9$
置信度为 90% 时，查表 8-4 得 $t = 1.83$ $\mu = 15.30 \pm 1.83 \times 0.10/\sqrt{10}$
$\approx 15.30 \pm 0.06$

表 8-4　t 值表

自由度 f	P（双侧概率）				
	0.200	0.100	0.050	0.020	0.010
1	3.078	6.31	12.71	31.82	63.66
2	1.89	2.92	4.30	6.96	9.92
3	1.64	2.35	3.18	4.54	5.84
4	1.53	2.13	2.78	3.75	4.60
5	1.44	2.02	2.57	3.37	4.03
6	1.44	1.94	2.45	3.14	3.71
7	1.41	1.89	2.37	3.00	3.50
8	1.40	1.86	2.31	2.90	3.36
9	1.38	1.83	2.26	2.82	3.25
10	1.37	1.81	2.23	2.76	3.17
11	1.36	1.80	2.20	2.72	3.11
12	1.36	1.78	2.18	2.68	3.05
13	1.35	1.77	2.16	2.65	3.01
14	1.35	1.76	2.14	2.62	2.98
15	1.34	1.75	2.13	2.60	2.95
16	1.34	1.75	2.12	2.58	2.92
17	1.33	1.74	2.11	2.57	2.90
18	1.33	1.73	2.10	2.55	2.88
19	1.33	1.73	2.09	2.54	2.86
20	1.33	1.72	2.09	2.53	2.85
21	1.32	1.72	2.08	2.52	2.83
22	1.32	1.72	2.07	2.51	2.82
23	1.32	1.71	2.07	2.50	2.81
24	1.32	1.71	2.06	2.49	2.80
25	1.32	1.71	2.06	2.49	2.79
26	1.31	1.71	2.06	2.48	2.78
27	1.31	1.70	2.05	2.47	2.77
28	1.31	1.70	2.05	2.47	2.76
29	1.31	1.70	2.05	2.46	2.76
30	1.31	1.70	2.04	2.46	2.75
40	1.30	1.68	2.02	2.42	2.70
60	1.30	1.67	2.00	2.39	2.66
120	1.29	1.66	1.98	2.36	2.62
∞	1.28	1.64	1.96	2.33	2.58
自由度 f	0.100	0.050	0.025	0.010	0.005
	P（单侧概率）				

即 90% 时置信区间为 15.24～15.36mg/L。

置信度为 95% 时，$t=2.26$ $\mu=15.30\pm2.26\times0.10/\sqrt{10}\approx15.30\pm0.07$

即 95% 时置信区间为 15.23～15.37mg/L。

8.1.6.2 监测结果的统计检验

监测结果的检验就是运用数理统计方法检验分析结果是否能为人们接受，也就是对分析结果的准确度进行检验。常用的方法有 t 检验法和 F 检验法。

(1) t 检验法

① 检验分析方法或操作过程是否存在较大系统误差，可对标样进行若干次分析，再利用 t 检验法比较分析结果 $\bar{x}$ 与标准值 μ 是否存在显著性差异。

首先，根据 $t_{计}=\dfrac{|\bar{x}-\mu|}{s}\cdot\sqrt{n}$ 计算 $t_{计}$ 值。

式中　$\bar{x}$——标样测定的均值；

　　　μ——标样的标准值；

　　　s——标样测定的标准偏差。

根据自由度 f 与置信度 P 查表 8-4 得 t 值，与 $t_{计}$ 比较，若 $t_{计}>t$ 则存在显著性差异，否则不存在显著性差异。

【例 8-8】　某含铁标准物质，已知铁的保证值为 1.06%，对其 10 次测定的平均值为 1.054%，标准偏差为 0.009%。检验测定结果与保证值之间有无显著性差异。

解　$\mu=1.06\%$　$\bar{x}=1.054$　$s=0.009\%$

$$t_{计}=\sqrt{n}\,|\bar{x}-\mu|/s=\sqrt{10}\,|1.054\%-1.06\%|/0.009\%=2.11$$

由 $\alpha=0.05$　$f=n-1=9$　查 t 表得 $t=2.262$

因为 $t_{计}<t$，故测定结果与保证值无显著性差异。

② 两组平均值的比较　在测定中，对同一试样，两个不同的人、两种不同方法或不同仪器分析时，所得均值一般不等。用 t 检验判断两组均值之间是否存在显著性差异。假设两组数据的方差没有明显差异，则 $t_{计}$ 可按下列数据公式计算：

设两组数据分别为　n_1　s_1　$\bar{x}_1$

　　　　　　　　　n_2　s_2　$\bar{x}_2$

则

$$t_{计}=\dfrac{|\bar{x}_1-\bar{x}_2|}{s_{合}}\sqrt{\dfrac{n_1 n_2}{n_1+n_2}}$$

$$s_{合}=\sqrt{\dfrac{(n_1-1)s_1^2+(n_2-1)s_2^2}{n_1+n_2-2}}$$

用 $P=95\%$，$f=n_1+n_2-2$ 的值查表得 t 值，若 $t_{计}>t$ 则存在显著性差异，否则不存在显著性差异。

【例 8-9】　甲、乙两个分析人员用同一分析方法测定样品中的 CO_2 含量，得到结果分别为：

甲　　$n=4$　$\bar{x}_1=15.1$　$s_1=0.41$

乙　　$n=3$　$\bar{x}_2=14.9$　$s_2=0.31$

问两人测得结果有无显著性差异。

解　$s_{合}=\sqrt{\dfrac{(4-1)\times0.41^2+(3-1)\times0.31^2}{3+4-2}}=0.37$

$$t_{计} = \frac{|15.1-14.9|}{0.37} \times \sqrt{\frac{3\times 4}{3+4}} = 0.71$$

由 $\alpha=0.05$ $f=3+4-2=5$ 查 t 表得 $t=2.57$

$t_{计} < t$，所以两人测定结果无显著性差异。

(2) F 检验法 在 t 检验法第二种方法中，两组平均值检验的首要条件是两组方差无显著性差异，那么两组数据的精密度是否有显著性差异，即比较两组数据方差 s^2 的一致性，叫做 F 检验。

表 8-5 F 分布表($\alpha=0.05$)

f_2 \ f_1	1	2	3	4	5	6	7	8	9	10	12	15	20
1	161.4	199.5	215.7	224.6	230.2	234.0	236.8	238.9	240.5	241.9	243.9	245.9	248.0
2	18.51	19.00	19.16	19.25	19.30	19.33	19.35	19.37	19.38	19.40	19.41	19.43	19.45
3	10.13	9.55	9.28	9.12	9.01	8.94	8.89	8.85	8.81	8.79	8.74	8.70	8.66
4	7.71	6.94	6.59	6.39	6.26	6.16	6.09	6.04	6.00	5.96	5.91	5.86	5.80
5	6.61	5.79	5.14	5.19	5.05	4.95	4.88	4.82	4.77	4.74	4.68	4.62	4.56
6	5.99	5.14	4.76	4.53	4.39	4.28	4.21	4.15	4.10	4.06	4.00	3.94	3.87
7	5.59	4.74	4.35	4.12	3.97	3.87	3.79	3.73	3.68	3.64	3.57	3.51	3.44
8	5.32	4.46	4.07	3.84	3.69	3.58	3.50	3.44	3.39	3.35	3.28	3.22	3.15
9	5.12	4.26	3.86	3.63	3.48	3.37	3.29	3.23	3.18	3.14	3.07	3.01	2.94
10	4.96	4.10	3.71	3.48	3.33	3.22	3.14	3.07	3.02	2.98	2.91	2.85	2.77
11	4.84	3.98	3.59	3.36	3.20	3.09	3.01	2.95	2.90	2.85	2.79	2.72	2.65
12	4.75	3.89	3.49	3.26	3.11	3.00	2.91	2.85	2.80	2.75	2.69	2.62	2.54
13	4.67	3.81	3.41	3.18	3.03	2.92	2.83	2.77	2.71	2.67	2.60	2.53	2.46
14	4.60	3.74	3.34	3.11	2.96	2.85	2.76	2.70	2.65	2.60	2.53	2.46	2.39
15	4.54	3.68	3.29	3.06	2.90	2.79	2.71	2.64	2.59	2.54	2.48	2.40	2.33
20	4.35	3.49	3.10	2.87	2.71	2.60	2.51	2.45	2.39	2.35	2.28	2.20	2.12
30	4.17	3.32	2.92	2.69	2.53	2.42	2.33	2.27	2.21	2.16	2.09	2.01	1.93
60	4.00	3.15	2.76	2.53	2.37	2.25	2.17	2.10	2.04	1.99	1.92	1.84	1.75
∞	3.84	3.00	2.60	2.37	2.21	2.10	2.01	1.94	1.88	1.83	1.75	1.67	1.57

F 检验的步骤：首先求出两组数据的标准方差的平方 $s_{大}^2$ 和 $s_{小}^2$；其次计算 F 值，$F_{计} = s_{大}^2/s_{小}^2$；最后查 F 值表（表 8-5），将 $F_{计}$ 与从 F 值表查得的一定自由度下的 F 值进行比较，若 $F_{计} > F$，则存在显著性差异，否则不存在显著性差异。F 值表中 f_1 为两组数据中方差大的自由度，而 f_2 为方差小的自由度。

【例 8-10】 同一含铜的样品，两个实验室 5 次测定的结果见下表。

实验室号	1	2	3	4	5	$\bar{x}$	s
1	0.098	0.099	0.098	0.100	0.099	0.0988	0.00084
2	0.099	0.101	0.099	0.098	0.097	0.0988	0.00148

这两个实验室所测数据的精密度是否存在显著性差异？

解 $s_{大}=0.00148$ $s_{小}=0.00084$

$$F_{计}=s_{大}^2/s_{小}^2=3.10$$
$$f_1=f_2=5-1=4$$

查表 8-5 得 $F=6.39$。$F_{计}<F$，所以两组测定结果的精密度不存在显著性差异。

思考与练习

1. 分析误差可以分为哪几种？它们分别由哪些因素引起的？可以用哪种方式表示？

2. 用双硫腙比色法测定水样中的铅，六次测定的结果分别为 1.06mg/L，1.08mg/L，1.10mg/L，1.15mg/L，1.10mg/L，1.20mg/L，试计算测定结果的平均值、平均偏差、相对平均偏差、标准偏差、极差、变异系数，并表示出该测定的结果。

3. 一组测定值为 15.65，15.86，15.89，15.95，15.97，16.01，16.02，16.04，16.04，16.07，用 Dixon 检验法检验最小值 15.65 和最大值 16.07 是否为离群值。

4. 对同一样品 10 次测定的结果为 4.41，4.49，4.50，4.51，4.64，4.75，4.81，4.95，5.01，5.39，试用 Grubbs 检验法检验最大值 5.39 是否为离群值。

5. 测定一批鱼样的汞含量为 $(2.06, 1.93, 2.12, 2.16, 1.89, 1.95)\times 10^{-6}$，试估计这批鱼的含汞量范围（$P=90\%$ 和 $P=95\%$）。

6. 用分光光度法测定铁标准溶液得到下列数据：

序号	1	2	3	4	5
Fe^{3+} 含量/$(\times 10^{-3} mg/mL)$	0.40	0.80	1.20	1.60	2.00
吸光度 A	0.250	0.495	0.740	0.969	1.225

试求直线回归方程，并检验所确定的关系式是否有意义。

7. 某一样品用两种分析方法测定，所得结果为：

序号	1	2	3	4	5	6
方法 1	2.01	2.10	1.86	1.92	1.94	1.99
方法 2	1.88	1.92	1.90	1.97	1.94	

求两种方法所得结果有无显著性差异。

8.2 实验室质量保证

分析质量控制作为环境监测质量管理的一个重要环节，其目的在于把分析的误差控制在允许的限度内，保证测定结果有一定的精密度和准确度，使分析数据合理、可靠，在给定的置信度内，有把握达到所需要的质量。

环境监测的分析质量控制分为实验室内分析质量控制（内部控制）和实验室之间分析质量控制（外部控制）。

8.2.1 名词解释

（1）灵敏度 分析方法的灵敏度是指该方法对单位浓度或单位量的待测物质的变化所引起的响应量变化的程度。它可用仪器的响应量或其他指示量与对应的待测物质的浓度或量之比来描述，因此常用标准曲线的斜率来度量灵敏度，斜率越大，方法灵敏度越高。

（2）空白试验 空白试验又叫空白测定，是指用蒸馏水代替试样，其他试剂和操作步骤与样品测定完全相同的测定。空白试验应与试样测定同时进行,并且每次测定时,均作空白试验。空白试验所得的测定结果称为空白试验值,其值的大小及重现性可在相当大的程度上反映一个实验室及其分析人员水平。而实验用水、化学试剂纯度、滴定终点误差等对空白试验值均产生影响。

(3) 校准曲线和线性范围 校准曲线是用于描述待测物质的浓度或量与相应的测量仪器的响应量或其他指示量之间定量关系的曲线。校准曲线包括"工作曲线"和"标准曲线"两种。

在利用校准曲线时,往往利用它的直线部分,所以我们把某一方法的标准曲线的直线部分所对应的待测物质浓度(或量)的变化范围称为该方法的线性范围。

(4) 检测限 检测限是指某一方法在给定的可靠程度内可以从样品中检测出待测物质的最小浓度或最小量。当然这种检测是指定性检测,即断定样品中确定存在有浓度高于空白的待测物质。不同的分析方法,其检测限的规定不同,如:

① 分光光度法中规定以扣除空白值后,吸光度为 0.01 相对应的浓度值为检测限;

② 气相色谱法中规定检测器产生的响应信号为噪声值两倍时所对应的量为检测限,最小检测浓度是指最小检测量与进样量(体积)之比;

③ 离子选择性电极法规定某一方法的标准曲线的直线部分外延长线与通过空白电位且平行于浓度轴的直线相交时,其交点所对应的浓度值即为检测限;

④ 《全球环境监测系统水监测操作指南》中规定,给定置信度 95% 时,样品浓度的一次测定值与零浓度样品的一次测定值有显著性差异,即为检测限(L),当空白测定次数 n 大于 20 时,$L=4.6\sigma_{wb}$。式中 σ_{wb} 为空白平行测定的标准偏差。

(5) 测定限 测定限分为测定上限与测定下限。测定下限是指在测定误差能满足预定要求的前提下,用特定方法能够准确地定量测定待测物质的最小浓度或量;测定上限是指在测定误差能满足预定要求的前提下,用特定方法能够准确地定量测定待测物质的最大浓度或量。特定方法的测量下限到测定上限之间的浓度范围为最佳测定范围。例如分光光度法中的工作曲线中各点要符合比尔定律,被测液浓度在工作曲线范围之内,尽量不用工作曲线的延伸部分。

8.2.2 实验室内部质量控制图

实验室内部质量控制是实验室分析人员对分析质量进行自我控制的过程。一般通过分析和应用某种质量控制图或其他方法来控制分析质量。

8.2.2.1 质量控制图分析组成

质量控制图是实验室内部实行质量控制的一种常用的、简便有效的方法,它可以用于准确度和精密度的检验。

质量控制图主要是反映分析质量的稳定性情况,以便及时发现某些偶然的异常现象,随时采取相应的校正措施。因此,它一般用于经常性的分析项目。编制质量控制图的基本假设是:测定结果在受控条件下具有一定的精密度和准确度,并按正态分布。因而测量值落在总体平均值 u 两侧 3σ 范围内的概率为 99.73%。

质量控制图一般采用直角坐标系。横坐标代表抽样次数或样品序号,纵坐标代表作为质量控制指标的统计值。质量控制图的基本组成见图 8-3:

预期值——图中的中心线(CL);

目标值——图中上、下警告限(WL)之间区域;

8. 监测过程的质量保证

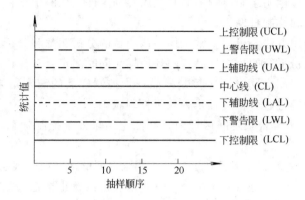

图 8-3　质量控制基本组成图

实测值的可接受范围——图中上、下控制限（CL）之间的区域；

辅助线（AL）——上、下各线在中心线与警告限的中间。

8.2.2.2　质量控制图的绘制和使用方法

质量控制图可分为均数控制图和均数-极差控制图两种。前者主要考察平行样测定的平均值 $\bar{x}_i$ 与总体平均值 $\bar{x}$ 的接近程度；后者不仅可以考察测定平均值 $\bar{x}_i$ 与总体平均值 $\bar{x}$ 的接近程度，而且还能反映极差的变化情况。

（1）均值控制图（$\bar{x}$ 图）　编制质量控制图时，需要准备一份质量控制样品，控制样品的浓度与组成尽量与环境样品相近，且性质稳定而均匀。编制时，要求在一定时间内，分批地用与分析环境样品相同的分析方法分析控制样品 20 份以上（每次平行分析两份，求均值 $\bar{x}_i$），其分析数据按下列公式计算总体平均值 $\bar{x}$、标准偏差 s 和平均极差 $\bar{R}$ 等值，以此来绘制质量控制图。

$$\bar{x}_i = \frac{x_i + x_i'}{2}$$

$$\bar{x} = \sum \frac{\bar{x}_i}{n}$$

$$s = \sqrt{\frac{\sum \bar{x}_i^2 - \frac{(\sum \bar{x}_i)^2}{n}}{n-1}}$$

$$R_i = |x_i - x_i'|$$

$$\bar{R} = \sum \frac{R_i}{n}$$

以测定顺序为横坐标，相应的测定值为纵坐标作图，同时作有关控制线。

中心线——以总体均值 $\bar{x}$ 估计 μ；

上、下警告限——按 $\bar{x} \pm 2s$ 值绘制；

上、下控制限——按 $\bar{x} \pm 3s$ 值绘制；

上、下辅助线——按 $\bar{x} \pm s$ 值绘制。

在绘制控制图时，落在 $\bar{x} \pm s$ 范围内的点数应占总数 68%，若小于 50%，则分布不合适，此图不可靠。若落在 $\bar{x} \pm s$ 范围内的点数在 50%～68%之间，此图虽可用，但可靠性较差。若连续 7 点位于中心线同一侧，表示数据失控，此图不适用。

控制图绘制后,应标明绘制控制图的有关内容和条件,如测定项目、分析方法、溶液浓度、温度、操作人员和绘制日期等。

均值控制图的使用方法:根据日常工作中该项目的分析频率和分析人员的技术水平,每间隔适当时间,取两份平行的控制样品,随环境样品同时测定;对操作技术较低的人员和测定频率低的项目,每次都应同时测定控制样品;将控制样品的测定结果($\bar{x}_i$)依次点在控制图上,根据下列规定检验分析过程是否处于控制状态。

① 若此点在上、下警告限之间区域内,则测定结果处于控制状态,环境样品分析结果有效。

② 若此点超出上述区域,但仍在上、下控制限之间的区域内,表示分析质量开始变劣,可能存在"失控"倾向,应进行初步检查,并采取相应的校正措施。此时环境样品的结果仍然有效。

③ 若此点落在上、下控制限以外,则表示测定过程已经失控,应立即查明原因并予以纠正。该批环境样品的分析结果无效,必须待方法校正后重新测定。

④ 若遇到 7 点连续上升或下降时,表示测定有失去控制的倾向,应立即查明原因,予以纠正。

⑤ 即使过程处于控制状态,尚可根据相邻几次测定值的分布趋势,对分析质量可能发生的问题进行初步判断。

当控制样品测定次数累积更多之后,这些结果可以和原始结果一起重新计算总平均值、标准偏差,再校正原来的控制图。

【例 8-11】 某一铁的控制水样,其 20 个平行样的数据见下表,试作 $\bar{x}$ 控制图。

序号	$\bar{x}_i$/(mg/L)	序号	$\bar{x}_i$/(mg/L)	序号	$\bar{x}_i$/(mg/L)	序号	$\bar{x}_i$/(mg/L)	序号	$\bar{x}_i$/(mg/L)
1	0.251	5	0.235	9	0.262	13	0.263	17	0.225
2	0.250	6	0.240	10	0.234	14	0.300	18	0.250
3	0.250	7	0.260	11	0.229	15	0.262	19	0.256
4	0.263	8	0.290	12	0.250	16	0.270	20	0.250

解 总均值 $\bar{x} = \dfrac{\sum \bar{x}_i}{n} = 0.256$

标准偏差:

$$s = \sqrt{\dfrac{\sum \bar{x}_i^2 - \dfrac{\left(\sum \bar{x}_i\right)^2}{n}}{n-1}} = 0.020$$

$$\bar{x} + s = 0.276$$

$$\bar{x} - s = 0.236$$

$$\bar{x} + 2s = 0.296 \qquad \bar{x} - 2s = 0.216$$

$$\bar{x} + 3s = 0.316 \qquad \bar{x} - 3s = 0.196$$

根据以上数据作图 8-4。

8. 监测过程的质量保证

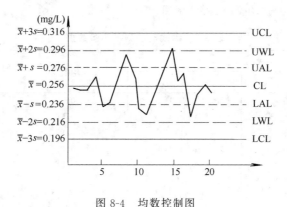

图 8-4 均数控制图

（2）均数-极差控制图（$\bar{x}$-R 控制图） 用均数-极差控制图可以同时考察均数和极差的变化情况。$\bar{x}$-R 控制图包括下述内容（见图 8-5）。

① 均数控制部分

中心线——$\bar{x}$；

上、下控制限——$\bar{x} \pm A_2 \bar{R}$；

上、下警告限——$\bar{x} \pm \dfrac{2}{3} A_2 \bar{R}$；

上、下辅助线——$\bar{x} \pm \dfrac{1}{3} A_2 \bar{R}$。

② 极差控制部分

上控制限——$D_4 \bar{R}$；

上警告限——$\bar{R} + \dfrac{2}{3}(D_4 \bar{R} - \bar{R})$；

上辅助线——$\bar{R} + \dfrac{1}{3}(D_4 \bar{R} - \bar{R})$；

下控制限——$D_3 \bar{R}$。

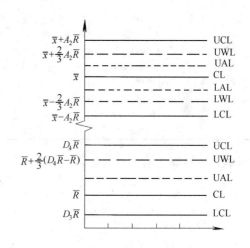

图 8-5 均数-极差控制图

其中系数 A_2、D_3、D_4 可从表 8-6 查出。

表 8-6 控制图系数表（每次测 n 个平行样）

系数	2	3	4	5	6	7	8
A_2	1.88	1.02	0.73	0.58	0.48	0.42	0.37
D_3	0	0	0	0	0	0.076	0.136
D_4	3.27	2.58	2.28	2.12	2.00	1.92	1.86

因为极差是愈小愈好，所以极差控制图部分没有下警告限，但仍有下控制限。在一般情况下，取 2～3 个平行样测定时，由上表可看出此时 $D_3=0$，下控制限为 0。在使用过程中，如 R 值稳定下降，以至 $R \approx D_3 \bar{R}$（即接近下控制限），则表明测定精密度已有提高，原质量控制图失效，应根据新的测定值重新计算 $\bar{x}$、$\bar{R}$ 和各相应统计量，改绘新的 $\bar{x}$-R 图。

使用 $\bar{x}$-R 控制图时，只要两者中任一个超出控制限（不包括 R 图部分的下控制限），即认为是"失控"，显然，其灵敏度较单纯的 $\bar{x}$ 图或 R 图高。

【例 8-12】 用镉试剂法测镉，以浓度为 1mg/L 的控制样品每次作两个平行测定。其结果见表 8-7。根据此数据作均数-极差控制图。

表 8-7　镉试剂法测镉实验数据

序号	测定结果		均值 $\bar{x}$	极差 R
	x_i	x_i'		
1	1.0110	0.9690	0.99	0.042
2	0.9380	0.9820	0.96	0.044
3	0.9905	0.9495	0.97	0.041
4	0.9820	0.9380	0.96	0.044
5	1.0005	0.9595	0.98	0.041
6	1.0110	0.9690	0.99	0.042
7	1.0001	0.9590	0.98	0.042
8	1.0005	0.9595	0.98	0.041
9	1.0105	0.9695	0.99	0.041
10	1.0015	0.9585	0.98	0.043
11	1.0110	0.9690	0.99	0.042
12	1.0020	0.9580	0.98	0.044
13	1.0015	0.9585	0.98	0.043
14	1.0005	0.9595	0.98	0.041
15	1.0001	0.9580	0.98	0.042
16	0.9905	0.9495	0.97	0.041
17	1.0105	0.9695	0.99	0.041
18	1.0115	0.9685	0.99	0.043
19	1.0105	0.9695	0.99	0.041
20	1.0005	0.9595	0.98	0.041

解　根据每次的平行样数据 x_i 和 x_i'，计算平均值（$\bar{x}$）和极差（R）并填于表中。

计算总均值 $\bar{\bar{x}} = \sum \dfrac{\bar{x}}{n} = 0.98$；

标准偏差 $s = 0.0246$；

变异系数 $C_v = \dfrac{s}{\bar{x}} = 2.51\%$；

平均极差 $\bar{R} = \sum R_i/n = 0.042$。

镉的监测方法中规定当镉浓度大于 0.1mg/L 时，$C_v \leqslant 4\%$，故上述数据"合格"。

均数控制图部分：均数上、下控制限为 $\bar{x} \pm A_2\bar{R}$，分别为 1.06 和 0.90；

均数上、下警告限为 $\bar{x} \pm \dfrac{2}{3}A_2\bar{R}$，分别为 1.03 和 0.93；

均数上、下辅助线为 $\bar{x} \pm \dfrac{1}{3}A_2\bar{R}$，分别为 1.006 和 0.954。

极差控制图部分：

极差上控制限为 $D_4\bar{R} = 0.14$；

极差上警告限为 $\bar{R} + \dfrac{2}{3}(D_4\bar{R} - \bar{R}) = 0.11$；

极差上辅助线为 $\bar{R} + \dfrac{1}{3}(D_4\bar{R} - \bar{R}) = 0.075$；

极差下控制限为 $D_3\bar{R} = 0$。

根据上述数据绘成均数-极差控制图（见图8-6）。

当然，无论是 $\bar{x}$ 控制图还是 $\bar{x}$-R 控制图，都不是一劳永逸、一成不变的。在分析方法、步骤、分析试剂等条件改变以后，应建立新的控制图。

8.2.2.3 其他质量控制图

用加标回收率来判断分析的准确度，由于方法简单，结果明确，故而是常用方法。但由于在分析过程中，对样品和加标样品的操作完全相同，以致于干扰的影响、操作损失或环境污染也很相似，使误差抵消，因而分析方法中某些问题尚难以发现，此时一般采用下列两种方法。

(1) 比较实验　对同一样品采用不同的分析方法进行测定，比较结果的符合程度来估计测定准确度。对于难度较大而不易掌握的方法或测得结果有争议的样品，常用此法，必要时还可以进一步交换操作者、交换仪器设备或两者都换。将所得结果加以比较，以检查操作稳定性和发现问题。

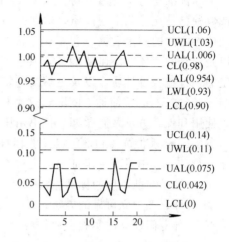

图 8-6　镉的均数-极差控制图

(2) 对照分析　在进行环境样品分析的同时，对标准物质进行平行分析，将后者的测定结果与浓度进行比较，以控制分析准确度。也可以由他人（上级或权威部门）配制（或选用）标准样品，但不告诉操作人员浓度值（即密码样），然后由上级或权威部门对结果进行检查，这也是考核人员的一种方法。

思考与练习

1. 实验室内部质量控制的方法有几种？
2. $\bar{x}$ 控制图与 $\bar{x}$-R 控制图各有什么特点及其使用方法、注意事项。
3. 下表为某一控制试样的 20 次测定数据，以此作 $\bar{x}$-R 控制图，并说明其是否合格。

n	1	2	3	4	5	6	7	8	9	10
x_i	11.6	10.8	11.1	11.5	11.2	11.6	11.7	11.3	11.3	10.9
x_i'	11.8	11.0	11.5	11.5	11.0	11.0	11.9	11.7	11.1	10.5
n	11	12	13	14	15	16	17	18	19	20
x_i	10.9	11.2	10.9	11.5	11.6	10.6	10.5	11.1	10.8	10.7
x_i'	10.5	11.3	10.7	11.2	11.2	10.2	10.3	10.8	10.4	10.7

8.3　环境标准物质

标准物质是指已确定其中一种或几种特性，用于校准测量器具，评价测量方法或确定材料特性量值的物质。它具有高度均匀性、良好稳定性和量值准确性等特点。标准物质在工业测量和产品质量控制、环境分析、临床化验以及科学研究等方面有着广泛的用途。

8.3.1　环境标准物质及分类

环境标准物质是标准物质中的一类。不同国家、不同机构对标准物质有不同的名称，而且至今仍没有被普遍接受的定义。

国际标准化组织将标准物质（Reference Material，简称作 RM）定义为这种物质具有一种或数种已被充分确定的性质，这些性质可以用作校准仪器或验证测量方法。RM 可以传递不同地点之间的测量数据（包括化学的、物理的、生物的或技术的）。RM 可以是纯的，也可以是混合的气体、液体或固体，甚至是简单的人造物体。在一批 RM 发放前，应确定其给定的一种或数种性质，以及足够的稳定性。ISO 还定义了具有证书的标准物质（Certified Reference Material，简称 CRM），这类标准物质应带有证书，在证书中应注明有关的特性值、使用和保存方法及有效期。证书由国家权威计量单位发给。

美国国家标准局（NBS）定义的标准物质称为标准参考物质（简称 SRM），是由 NBS 鉴定发行的，其中具有鉴定证书的也称 CRM。标准物质的定值由下述三种方法之一获得：

① 一种已知准确度的标准方法；
② 两种以上独立可靠的方法；
③ 一种专门设立的实验室协作网。

SRM 主要用于：

① 帮助发展标准方法；
② 校正测量系统；
③ 保证质量控制程序的长期完善。

我国环境标准物质的研制工作始于 20 世纪 70 年代末，目前已有气体、水和固体的多种环境标准物质。我国的标准物质以 BW 为代号，分为国家一级标准物质和二级标准物质（部颁标准物质）。国家一级标准物质应具备以下条件：

① 用绝对测量法或两种以上不同原理的、准确、可靠的测量方法进行定值，此外亦可在多个实验室中分别使用准确可靠的方法进行协作定值；
② 定值的准确度应具有国内最高水平；
③ 应具有国家统一编号的标准物质证书；
④ 稳定时间应在一年以上；
⑤ 应保证其均匀度在定值的精密度范围内；
⑥ 应具有规定的合格的包装形式。

作为标准物质中的一类，环境标准物质除具备上述性质外，还应具备：

① 是由环境样品直接制备或人工模拟环境样品制备的混合物；
② 具有一定的环境基体代表性。

在环境监测中应根据分析方法和被测样品的具体情况运用适当的标准物质。在选择标准物质时应考虑以下原则：

① 对标准物质基体（环境样品中，各种污染物的含量一般在 10^{-6} 或 10^{-9} 级水平，而大量存在的其他物质则称为基体）组成的选择——标准物质的基体组成与被测样品的组成越接近越好，这样可以消除方法基体效应引入的系统误差；
② 标准物质准确度水平的选择——标准物质的准确度应比被测样品预期达到的准确度高 3~10 倍；
③ 标准物质浓度水平的选择——分析方法的精密度是被测样品浓度的函数，所以要选择浓度水平适当的标准物质；
④ 取样量的考虑——取样量不得小于标准物质证书中规定的最小取样量。

环境标准物质在环境监测中主要用于：

① 评价监测分析方法的准确度和精密度，研究和验证标准方法，发展新的监测方法；

② 校正并标定监测分析仪器，发展新的监测技术；

③ 在协作实验中用于评价实验室的管理效能和监测人员的技术水平，从而加强实验室提供准确、可靠数据的能力；

④ 把标准物质当作工作标准和监控标准使用；

⑤ 通过标准物质的准确度传递系统和追溯系统，可以实现国际同行间、国内同行间以及实验室间数据的可比性和时间上的一致性；

⑥ 作为相对真值，标准物质可以用作环境监测的技术仲裁依据；

⑦ 以一级标准物质作为真值，控制二级标准物质和质量控制样品的制备和定值，也可以为新类型的标准物质的研制与生产提供保证。

8.3.2 标准物质的制备

固体标准物质的制备大致可以分为采样、粉碎、混匀和分装等几步。图 8-7 是我国环境标准物质——河流沉积物的制备流程。固体标准物质通常是直接采用环境样品制备的。已被选作标准物质的环境样品有飞灰、河流沉积物、土壤、煤；植物的叶、根、茎、种子；动物的内脏、肌肉、血、尿、毛发、骨骼等。

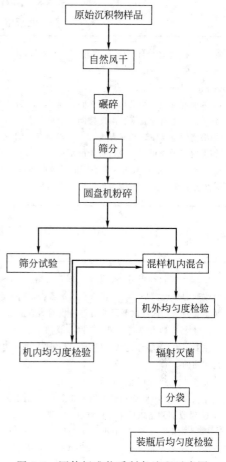

图 8-7 固体标准物质制备流程示意图

多数环境的液体和气体样品很不稳定，组成的动态变化大，所以液体和气体的标准物质是用人工模拟天然样品的组成制备的，如美国的 SRM1643a（水中 19 种痕量元素）就是根据天然港口淡水中各种元素的浓度，准确称量多种化学试剂并经过准确稀释制成的。

8.4 质量保证检查单和环境质量图

8.4.1 质量保证检查单

监测结果是采样人员、分析人员以及负责汇集、整理、分析和解释数据的人员共同协作的产物。在大规模的工作中，往往有许多非全时工作人员和志愿人员参加，诸如采样、样品的保存和运输、试剂的配制等项工作，这些人员的工作能力是非常重要的。除了进行培训外，工作中采用质量保证检查单是一项很有效的措施。质量保证检查单是根据监测中各个步骤列出的表格，工作人员在工作过程中及时填写，连同样品、分析数据一起交给负责汇集、整理的人员进行处理。

以美国艾奥瓦州环境质量部（DEQ）制定的质量保证检查单为例，空气监测中大容量采样器采样检查单是由四部分组成：采样器的维修与布置；过滤介质的鉴定、制备和分析；标定；样品的核实、计算与报告。表 8-8、表 8-9 是其中的两种。

表 8-8　DEQ 大容量采样器采样检查单
（滤纸鉴定、制备与分析部分）

调制处理环境的类型_____干燥柜_____空调室
1. 平衡时间_____h
2. 平衡时间的长短是否一致：是_____否_____
3. 是否规定有允许的最短平衡时间：是_____否_____，若是，规定时间为_____h
4. 分析天平室有无温度、湿度控制：温度：有_____无_____，湿度：有_____无_____
5. 如果使用空调室，相对湿度_____，温度范围_____到_____，温度
6. 如果使用干燥柜，为进行可能的更换，多长时间检查一次干燥剂_____
关键因素：颗粒物的吸水性是不同的，美国环境保护署的研究结果表明，相对湿度为 80% 时，其质量可增加 15%；相对湿度高于 55% 时，湿度与质量之间有指数关系。滤纸应在相对湿度低于 50% 的环境内平衡

表 8-9　DEQ 气体鼓泡采样检查单
（样品制备部分）

1. 制备吸收剂所用全部化学试剂是否均为 ACS[①] 试剂或更纯的试剂：是_____否_____；所用蒸馏水是否符合制备吸收剂的要求：是_____否_____；若否，请予解释
主要因素：这些试剂影响所得吸收剂的质量
2. 制备吸收剂是否采用了美国《联邦记录》上的参考手续：是_____否_____；若否，请予解释有何困难
主要因素：《联邦记录》规定了制备吸收剂时拟采用的手续，因此偏离这些手续时必须提出充分证据，说明这种偏离是正当的
3. 吸收剂在使用前储存了_____月
主要因素：吸收剂一般可稳定 6 个月，因此储存时间不应超过 6 个月
4. 吸收剂制备以后是否检查过 pH 值：是_____否_____；若是，其可用范围如何
质量控制点：当 pH 值小于 3 或大于 5 时，吸收剂是不可用的。它说明制备过程中存在着问题
5. 说明吸收瓶是通过什么途径送到工作人员手中的
主要因素：吸收瓶运输过程中必须防止溢流、破碎或温度过高

① ACS 为美国化学会。

质量保证检查单上的条目是根据对数据质量的影响区分的，每一条目代表下述一种类型的影响。

关键因素：它总是影响着采样结果，并且是不可补救的。

主要因素：它很可能对采样结果有不利影响，但不总是不可补救的。

次要因素：它通常对数据没有影响，只是作为一种好的习惯作法。

除了这三项代表影响性质的因素以外，检查单上还有某些细目，例如质量控制点，特别列出这些细目是要说明对这些细目必须按规定进行质量控制检查。

按规定，分析实验室不仅负责收集与分析样品以及把准确的数据传递给管理部门，而且还负责提供前述各项质量保证措施。这种检查单不仅可用来记录质量保证计划的有效性，而且能把工作人员和管理人员的注意力集中在那些可能存在着的薄弱环节上。检查单把质量控制因素规定并区分为关键因素、主要因素和次要因素。当条件有限不能马上改善全部不足之处时，这种规定和区分是有价值的。

美国出版的《美国环境保护局质量保证指南》、美国环境保护局空气污染训练班的《质量保证培训教程》、DEQ 的《大容量和气体鼓泡采样器操作人员参考手册》等对此皆有系统和详细的规定。

8.4.2 环境质量图

8.4.2.1 环境质量图的组成与作用

用不同的符号、线条或颜色来表示各种环境要素的质量或各种环境单元的综合质量的分布特征和变化规律的图称为环境质量图。环境质量图既是环境质量研究的成果，又是环境质量评价结果的表示方法。好的环境质量图不但可以节省大量的文字说明，而且具有直观、可以量度和对比等优点，有助于了解环境质量在空间上的分布原因和在时间上的发展趋向。这对进行环境规划和制定环境保护措施都有一定的意义。

不同类型的环境质量图根据它所表示内容的不同，其组成各不相同。下面我们来共同学习几种常用的环境质量图。

8.4.2.2 环境质量图的种类和绘制方法

环境质量图有多种分类方法。按所表示的环境质量评价项目可分为单项环境质量图、单要素环境质量图和综合环境质量图等；按区域可分为城市环境质量图、工矿区环境质量图、农业区域环境质量图、旅游区域环境质量图和自然区域环境质量图；按时间可分为历史环境质量图、现状环境质量图和环境质量变化趋势图等；按编制环境质量图的方法不同，又可分为定位图、等值线图、分级统计图和网格图等。下面将重点介绍几种。

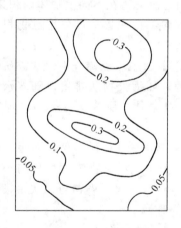

图 8-8　SO_2 污染的等浓度线表示法

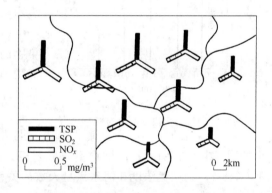

图 8-9　环境监测点的大气污染表示法

(1) 等值线图　在一个区域内，根据一定密度测点的测定资料，用内插法画出等值线。这种图可以表示在空间分布上连续的和渐变的环境质量，一般用来表示大气、海、湖和土壤中各种污染物的分布（图 8-8）。

(2) 点的环境质量表示法　在确定的测点上，用不同颜色或不同形状的符号表示各种环境要素及与之有关的事物（图 8-9）。

(3) 区域的环境质量表示法　将规定的范围，如一个间段、一个水域、一个行政区域或功能区域的某种环境要素质量、综合质量以及可以反映环境质量的综合等级，用各种不同的符号、线条或颜色表示出来，可以清楚地看到环境质量空间变化（图 8-10）。

(4) 时间变化图　用图来表示各种污染物含量在时

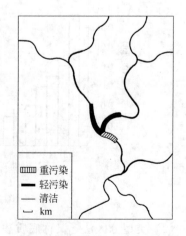

图 8-10　河流水质污染表示法

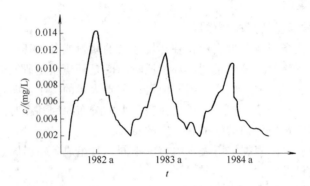

图 8-11　某水域酚浓度变化曲线

间上的变化（如日变化、季节变化等）（图 8-11）。

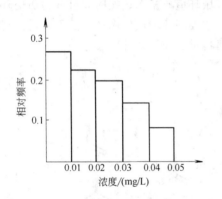

图 8-12　污染物浓度的相对频率

(5) 相对频率图　当污染物浓度变化较大，常以相对频率表示某一种浓度出现机会的多少（图 8-12）。

(6) 累积图　污染物在不同生物体内积累量、在同一生物体内各部位积累量可以用毒物积累图表示（图 8-13）。

(7) 过程线图　在环境调查中，常需研究污染物的自净过程，如污染物从排出口随着水域距离增加的浓度变化规律。图 8-14 表示酚在某水域的自净过程。

(8) 相关图　相关图有很多种，如污染物含量与人体健康相关图；污染物浓度变化与环境要素间的相关图（图 8-15）；污染物不同形态相关图（图 8-16）；一次污染物与二次污染物相关图（图 8-17）；氨氮浓度和河水黑臭天数的关系图（图 8-18）。

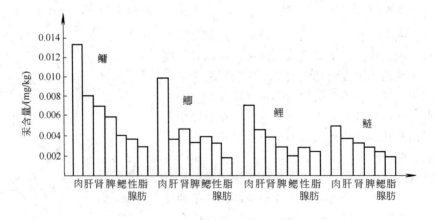

图 8-13　汞在各种鱼类中的含量

(9) 类型分区法　又称底质法。在一个区域范围内，按环境特征分区，并用不同的晕线或颜色将各分区的环境质量特征显示出来。这种方法常用于绘制功能分区图（图 8-19）、环境规划图等。

（10）网格表示法　把被评价的区域分成许多正方形（或矩形）网格，用不同的晕线或颜色将各种环境要素按评定级别在每个网格中标出，或在网格中注明数值，城市环境质量评价图（图 8-20）常用此法。

此外，还可以根据实际情况设计和绘制各种形式的环境质量图。例如，对城市大气中总悬浮颗粒的测定表明，数值不呈正态分布，需经对数转换方可近似呈正态分布。但对较清洁城市的测定表明，即使数值经过对数转换也不呈正态分

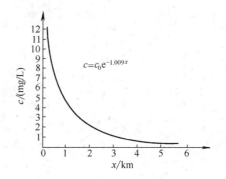

图 8-14　水域中酚浓度变化图

布，此时用一种统计参数（如 $\bar{x}$）来表示环境质量就有局限性。如采用多个参数表示在同一图上就比较清楚，方法是将测定数据经统计处理列出 P_{20}、P_{50}、P_{80}、P_{90}、P_{95}、$\bar{x}$ 和 $\bar{x}_g$（P_{20}——数值从小到大排列，占测定数据 20% 的数值，P_{50}、P_{80}、P_{90}、P_{95} 定义依此类推），然后作图。如图 8-21 是某城市中工业区、商业区、居民区和对照区总悬浮颗粒浓度图。

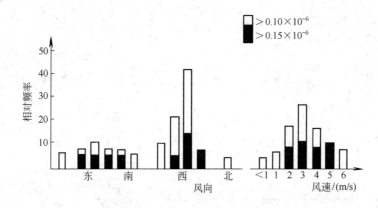

图 8-15　氧化剂高浓度出现频率与风向、风速之间的关系

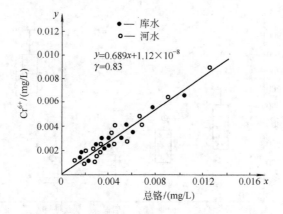

图 8-16　某水域中六价铬与总铬含量之间的关系

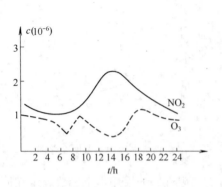

图 8-17 臭氧和二氧化碳消长图

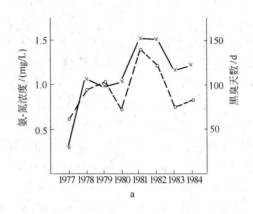

图 8-18 某河流氨-氮浓度和一年中河水黑臭天数的关系

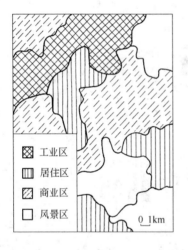

图 8-19 城市环境功能分区表示法

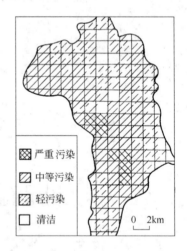

图 8-20 城市环境质量网格表示法

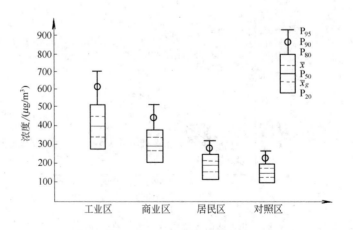

图 8-21 某城市悬浮颗粒浓度图

在《环境质量报告书编写技术规范》(HJ 641—2012)中对编图图式做了规定,以便全国统一图式(见图8-22)。

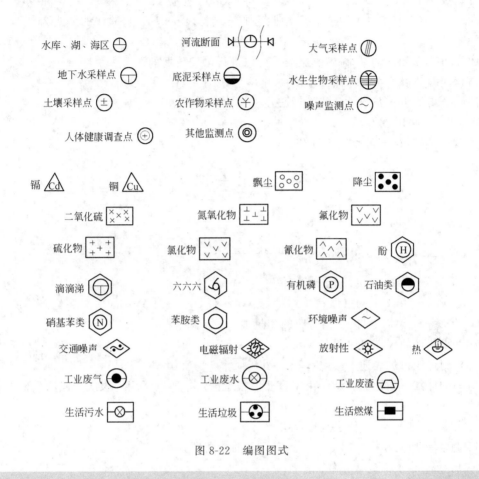

图 8-22 编图图式

本 章 小 结

1. 数据处理和结果的表达

(1) 误差和偏差

误差可以分为系统误差和随机误差两类,误差的大小决定了测定数据的准确度,可以用绝对误差和相对误差来表示。

偏差的大小决定了测定数据的精密度,它可以用绝对偏差与相对偏差、平均偏差与相对平均偏差、标准偏差与变异系数、极差等来表示。

(2) 有效数字及其运算规则

有效数字是指在分析工作中实际能够测量得到的数字,在保留的有效数字中,只有最后一位数字是可疑的(有±1的误差),其余数字都是准确的。

数字修约时可归纳如下口诀:"四舍六入五成双;五后非零就进一,五后皆零视奇偶,五前为偶应舍去,五前为奇则进一。"

有效数字在运算中需要遵循运算的规则,才能得到理想的实验结果。

(3) 可疑数据的取舍

可疑数据的取舍常用的有狄克逊（Dixon）检验法（Q 检验法）和格鲁布斯（Grubbs）法（T 检验法）两种。Q 检验法的公式见表 8-1，T 检验法的公式为

$$T=(\bar{x}-x_{\min})/s \text{ 或 } T=(x_{\max}-\bar{x})/s$$

计算的 T 值与表 8-2 的 T 临界值比较，可以进行可疑数据的取舍。

(4) 回归分析法在工作曲线上的应用

回归分析法主要介绍一元线性回归在工作曲线中的运用。其公式为：

$$y=a+bx$$

常数 a、b 的确定可以用下列公式：

$$b=\frac{\sum(x_i-\bar{x})(y_i-\bar{y})}{\sum(x_i-\bar{x})^2}=\frac{\sum x_i y_i - \frac{1}{n}\sum x_i \sum y_i}{\sum x_i^2 - \frac{1}{n}(\sum x_i)^2}$$

$$a=\frac{\sum y_i - b\sum x_i}{n}=\bar{y}-b\bar{x}$$

式中 $\bar{x}$、$\bar{y}$——分别为 x、y 的平均值；

x_i——第 i 个测量值；

y_i——第 i 个与 x_i 相对应的测量值。

该直线线性的好坏可以用相关系数 r 来表示。

(5) 测定结果的表述

对一试样某一指标的测定，由于真实值很难测定，所以常用有限次的监测数值来反映真实值，其结果表达方式一般有如下几种：

a. 用算术均值（$\bar{x}$）代表集中趋势；

b. 用算术均值和标准偏差表示测定结果的精密度（$\bar{x}\pm s$）；

c. 用（$\bar{x}\pm s$，C_v）表示结果。

(6) 测定结果的统计检验

考察样本测量平均数（$\bar{x}$）与总体平均数（μ）之间的关系称为均数置信区间，用它来考察以样本平均数代表总体平均数的可靠程度。而监测结果的检验就是运用数理统计方法检验分析结果是否能为人们接受，也就是对分析结果的准确度进行检验。常用的方法有 t 检验法和 F 检验法两种。

2. 实验室质量保证

(1) 名词解释

在实验室质量控制中常用到这样一些名词：灵敏度、空白试验、校准曲线和线性范围、检测限、测定限等。

(2) 实验室内部质量控制图

质量控制图是实验室内部实行质量控制的一种常用的、简便有效的方法，它可以用于准确度和精密度的检验。质量控制图常用的有两种，分别为均值控制图（$\bar{x}$ 图）和均数-极差控制图（$\bar{x}$-R 控制图）。当然还有其他的控制方法如比较实验和对照分析等。

3. 环境标准物质

环境标准物质是标准物质的一种，但至今仍没有被普遍接受的定义。因此本章只简单

地介绍了美国和我国的环境标准物质的定义方法及一些相应的规定。

对于固体环境标准物质通常是直接采用环境样品制备的；多数环境的液体和气体样品则通过准确称量多种化学试剂并经过准确稀释制成。

4. 质量保证检查单和环境质量图

了解质量保证检查单的内容、作用；了解环境质量图的组成、种类、作用及绘制方法。

附　　录

附录1　环境空气质量标准（GB 3095—2012）

表1　环境空气污染物基本项目浓度限值

序号	污染物项目	平均时间	浓度限值 一级	浓度限值 二级	单位
1	二氧化硫(SO_2)	年平均	20	60	$\mu g/m^3$
		24h平均	50	150	
		1h平均	150	500	
2	二氧化氮(NO_2)	年平均	40	40	
		24h平均	80	80	
		1h平均	200	200	
3	一氧化碳(CO)	24h平均	4	4	mg/m^3
		1h平均	10	10	
4	臭氧(O_3)	日最大8h平均	100	160	
		1h平均	160	200	
5	颗粒物(粒径小于等于10μm)	年平均	40	70	$\mu g/m^3$
		24h平均	50	150	
6	颗粒物(粒径小于等于2.5μm)	年平均	15	35	
		24h平均	35	75	

表2　环境空气污染物其他项目浓度限值

序号	污染物项目	平均时间	浓度限值 一级	浓度限值 二级	单位
1	总悬浮颗粒物(TSP)	年平均	80	200	$\mu g/m^3$
		24h平均	120	300	
2	氮氧化物(NO_x)	年平均	50	50	
		24h平均	100	100	
		1h平均	250	250	
3	铅(Pb)	年平均	0.5	0.5	
		季平均	1	1	
4	苯并[a]芘(BaP)	年平均	0.001	0.001	
		24h平均	0.0025	0.0025	

注：本标准自2016年1月1日起在全国实施。

表3 各项污染物分析方法

序号	污染物项目	手工分析方法 分析方法	手工分析方法 标准编号	自动分析方法
1	二氧化硫(SO_2)	环境空气 二氧化硫的测定 甲醛吸收-副玫瑰苯胺分光光度法	HJ 482	紫外荧光法、差分吸收光谱分析法
		环境空气 二氧化硫的测定 四氯汞盐吸收-副玫瑰苯胺分光光度法	HJ 483	
2	二氧化氮(NO_2)	环境空气 氮氧化物(一氧化氮和二氧化氮)的测定 盐酸萘乙二胺分光光度法	HJ 479	化学发光法、差分吸收光谱分析法
3	一氧化碳(CO)	空气质量 一氧化碳的测定 非分散红外法	GB 9801	气体滤波相关红外吸收法、非分散红外法
4	臭氧(O_3)	环境空气 臭氧的测定 靛蓝二磺酸钠分光光度法	HJ 504	紫外荧光法、差分吸收光谱分析法
		环境空气 臭氧的测定 紫外光度法	HJ 590	
5	颗粒物(粒径小于等于$10\mu m$)	环境空气 PM_{10}和$PM_{2.5}$的测定 重量法	HJ 618	微量振荡天平法、β射线法
6	颗粒物(粒径小于等于$2.5\mu m$)	环境空气 PM_{10}和$PM_{2.5}$的测定 重量法	HJ 618	微量振荡天平法、β射线法
7	总悬浮颗粒物(TSP)	环境空气 总悬浮颗粒物的测定 重量法	GB/T 15432	—
8	氮氧化物(NO_x)	环境空气 氮氧化物(一氧化氮和二氧化氮)的测定 盐酸萘乙二胺分光光度法	HJ 479	化学发光法、差分吸收光谱分析法
9	铅(Pb)	环境空气 铅的测定 石墨炉原子吸收分光光度法(暂行)	HJ 539	—
		环境空气 铅的测定 火焰原子吸收分光光度法	GB/T 15264	
10	苯并[a]芘(BaP)	空气质量 飘尘中苯并[a]芘的测定 乙酰化滤纸层析荧光分光光度法	GB 8971	
		环境空气 苯并[a]芘的测定 高效液相色谱法	GB/T 15439	

表4 污染物浓度数据有效性的最低要求

污染物项目	平均时间	数据有效性规定
二氧化硫(SO_2)、二氧化氮(NO_2)、颗粒物(粒径小于等于$10\mu m$)、颗粒物(粒径小于等于$2.5\mu m$)、氮氧化物(NO_x)	年平均	每年至少有324个日平均浓度值 每月至少有27个日平均浓度值(二月至少有25个日平均浓度值)
二氧化硫(SO_2)、二氧化氮(NO_2)、一氧化碳(CO)、颗粒物(粒径小于等于$10\mu m$)、颗粒物(粒径小于等于$2.5\mu m$)、氮氧化物(NO_x)	24h平均	每日至少有20h平均浓度值或采样时间
臭氧(O_3)	8h平均	每8h至少有6h平均浓度值
二氧化硫(SO_2)、二氧化氮(NO_2)、一氧化碳(CO)、臭氧(O_3)、氮氧化物(NO_x)	1h平均	每小时至少有45min的采样时间
总悬浮颗粒物(TSP)、苯并[a]芘(BaP)、铅(Pb)	年平均	每年至少有分布均匀的60个日平均浓度值 每月至少有分布均匀的5个日平均浓度值
铅(Pb)	季平均	每季至少有分布均匀的15个日平均浓度值 每月至少有分布均匀的5个日平均浓度值
总悬浮颗粒物(TSP)、苯并[a]芘(BaP)、铅(Pb)	24h平均	每日应有24h的采样时间

附录 2 地表水环境质量标准（GB 3838—2002）

表 1 地表水环境质量标准基本项目标准限值

（代替 GB 3838—88，GHZB 1—1999） 单位：mg/L

序号	项目 标准值 分类		I 类	II 类	III 类	IV 类	V 类
1	水温(℃)		人为造成的环境水温变化应限制在：周平均最大温升≤1；周平均最大温降≤2				
2	pH 值(无量纲)		6～9				
3	溶解氧	≥	饱和率90%（或7.5）	6	5	3	2
4	高锰酸盐指数	≤	2	4	6	10	15
5	化学需氧量(COD)	≤	15	15	20	30	40
6	五日生化需氧量(BOD$_5$)	≤	3	3	4	6	10
7	氨氮(NH$_3$-N)	≤	0.15	0.5	1.0	1.5	2.0
8	总磷(以 P 计)	≤	0.02（湖、库0.01）	0.1（湖、库0.025）	0.2（湖、库0.05）	0.3（湖、库0.1）	0.4（湖、库0.2）
9	总氮(湖、库，以 N 计)	≤	0.2	0.5	1.0	1.5	2.0
10	铜	≤	0.01	1.0	1.0	1.0	1.0
11	锌	≤	0.05	1.0	1.0	2.0	2.0
12	氟化物(以 F$^-$ 计)	≤	1.0	1.0	1.0	1.5	1.5
13	硒	≤	0.01	0.01	0.01	0.02	0.02
14	砷	≤	0.05	0.05	0.05	0.1	0.1
15	汞	≤	0.00005	0.00005	0.0001	0.001	0.001
16	镉	≤	0.001	0.005	0.005	0.005	0.01
17	铬(六价)	≤	0.01	0.05	0.05	0.05	0.1
18	铅	≤	0.01	0.01	0.05	0.05	0.1
19	氰化物	≤	0.005	0.05	0.2	0.2	0.2
20	挥发酚	≤	0.002	0.002	0.005	0.01	0.1
21	石油类	≤	0.05	0.05	0.05	0.5	1.0
22	阴离子表面活性剂	≤	0.2	0.2	0.2	0.3	0.3
23	硫化物	≤	0.05	0.1	0.05	0.5	1.0
24	粪大肠菌群/(个/L)	≤	200	2000	10000	20000	40000

表 2　地表水环境质量标准基本项目分析方法

序号	项目	分析方法	最低检出限/(mg/L)	方法来源
1	水温	温度计法		GB 13195—91
2	pH 值	玻璃电极法		GB 6920—86
3	溶解氧	碘量法	0.2	GB 7489—87
		电化学探头法		GB 11913—89
4	高锰酸盐指数		0.5	GB 11892—89
5	化学需氧量		10	GB 11914—89
6	五日生化需氧量		2	GB 7488—87
7	氨氮	纳氏试剂比色法	0.05	GB 7479—87
		水杨酸分光光度法	0.01	GB 7481—87
8	总磷	钼酸铵分光光度法	0.01	GB 11893—89
9	总氮	碱性过硫酸钾消解紫外分光光度法	0.05	GB 11894—89
10	铜	2,9-二甲基-1,10-菲啰啉分光光度法	0.06	GB 7473—87
		二乙基二硫代氨基甲酸钠分光光度法	0.010	GB 7474—87
		原子吸收分光光度法(螯合萃取法)	0.001	GB 7475—87
11	锌	原子吸收分光光度法	0.05	GB 7475—87
12	氟化物	氟试剂分光光度法	0.05	GB 7483—87
		离子选择电极法	0.05	GB 7484—87
		离子色谱法	0.02	HJ/T 84—2001
13	硒	2,3-二氨基萘荧光法	0.00025	GB 11902—89
		石墨炉原子吸收分光光度法	0.003	GB/T 15505—1995
14	砷	二乙基二硫代氨基甲酸银分光光度法	0.007	GB 7485—87
		冷原子荧光法	0.00006	①
15	汞	冷原子吸收分光光度法	0.00005	GB 7486—87
		冷原子荧光法	0.00005	①
16	镉	原子吸收分光光度法(螯合萃取法)	0.001	GB 7475—87
17	铬(六价)	二苯碳酰二肼分光光度法	0.004	GB 7467—87
18	铅	原子吸收分光光度法(螯合萃取法)	0.01	GB 7475—87
19	氰化物	异烟酸-吡唑啉酮比色法	0.004	GB 7487—87
		吡啶-巴比妥酸比色法	0.002	
20	挥发酚	蒸馏后 4-氨基安替比林分光光度法	0.002	GB 7490—87
21	石油类	红外分光光度法	0.01	GB/T 16488—1996
22	阴离子表面活性剂	亚甲蓝分光光度法	0.05	GB 7494—87
23	硫化物	亚甲基蓝分光光度法	0.005	GB/T 16489—1996
		直接显色分光光度法	0.004	GB/T 17133—1997
24	粪大肠菌群	多管发酵法、滤膜法		①

① 国家环境保护总局. 水和废水监测分析方法. 第 4 版. 北京：中国环境科学出版社，2002。

注：暂采用下列分析方法，待国家方法标准公布后，执行国家标准。

附录3 水样常用保存技术

	待测项目	容器类别	保存方法	分析地点	可保存时间	建议
物理、化学及生化分析	pH	P或G		现场		现场直接测定
	酸度及碱度	P或G	在2~5℃暗处冷藏	实验室	24h	水样充满整个容器
	溴	G		实验室	6h	最好在现场进行测定
	电导	P或G	冷藏于2~5℃	实验室	24h	最好在现场进行测定
	色度	P或G	在2~5℃暗处冷藏	现场、实验室	24h	
	悬浮物及沉积物	P或G		实验室	24h	单独定容采样
	浊度	P或G		实验室	尽快	最好在现场测定
	臭氧	P或G		现场		
	余氯	P或G		现场		最好在现场分析,如果做不到,在现场用过量NaOH固定,保存不应超过6h
	二氧化碳	P或G		实验室		
	溶解氧	(溶解氧瓶)	现场固定氧并存入在暗处	现场、实验室	几小时	碘量法加1mL1mol/L高锰酸钾和2mL1mol/L碱性碘化钾
	油脂、油类、碳氢化合物、石油及衍生物	用分析时使用的溶剂冲洗容器	现场萃取 冷冻至-20℃	实验室	24h~数月	建议于采样后立即加入在分析方法中所用的萃取剂,或进行现场萃取
	离子型表面活性剂	G	在2~5℃下冷藏,硫酸酸化pH<2	实验室	短暂~48h	
	非离子型表面活性剂	G	加入体积分数为40%的甲醛,使样品成为体积分数为1%的甲醛溶液,在2~5℃下冷藏,并使水样充满容器	实验室	短暂~48h	
	砷	P	加H_2SO_4,pH为1~2,加NaOH,pH为1~2	实验室	1月	不能硝酸酸化生活污水及工业废水,应使用这种方法
	硫化物			实验室	24h	必须现场固定
	总氰	P	用NaOH调节至pH为12	实验室	24h	若含余氯,应加$Na_2S_2O_3$
	COD	G	在2~5℃暗处冷藏 用H_2SO_4酸化至pH<2 -20℃冷冻(一般不使用)	实验室	短暂 1周 1月	如果COD是因为存在有机物引起的,则必须加以酸化。COD值低时,最好用玻璃瓶保存
	BOD	G	在2~5℃下暗处冷藏 -20℃冷冻(一般不使用)	实验室	短暂 1月	BOD值低时,最好用玻璃容器
	凯氏氮 氨氮	P或G P或G	用H_2SO_4酸化至pH<2并在2~5℃冷藏	实验室	尽快	为了阻止硝化细菌的新陈代谢,应考虑加入杀菌剂如丙烯基硫脲或氯化汞或三氯甲烷等
	硝酸盐氮	P或G	酸化至pH<2并在2~5℃冷藏	实验室	24h	有些废水样品不能保存,应尽快分析

续表

	待测项目	容器类别	保存方法	分析地点	可保存时间	建 议
物理、化学及生化分析	亚硝酸盐氮	P 或 G	在 2~5℃暗处冷藏	实验室	短暂	有些废水不能保存,应尽快分析
	有机碳	G	用 H_2SO_4 酸化至 pH<12 并在 2~5℃下冷藏	实验室	24h 1 周	应该尽快测试,有些情况下,可以应用干冻法(-20℃)。建议于采样后立即加入在分析方法中所用的萃取剂,或在现场进行萃取
	有机氯农药	G	在 2~5℃下冷藏	实验室	1 周	
	有机磷农药	G	在 2~5℃下冷藏	实验室	24h	建议于采样后立即加入分析方法中所用萃取剂,或现场进行萃取
	"游离"氰化物	P	保存方法取决于分析方法	现场	24h	
	酚	BG	用 $CuSO_4$ 抑制生化并用 H_3PO_4 酸化或用 NaOH 调节至 pH 为 12	实验室	24h	保存方法取决于所用的分析方法
	叶绿素	P 或 G	2~5℃下冷藏 过滤后冷冻滤渣	实验室	24h 1 个月	
	肼	G	用 HCl 调至 1mol/L(每升样品 100mL)并于暗处储存	实验室	24h	
	洗涤剂		见表面活性剂			
	汞	P、BG		实验室	2 周	保存方法取决于分析方法
	可过滤铝	P	在现场过滤并用硝酸酸化滤液至 pH1~2(如测定时用原子吸收法则不能用 H_2SO_4)	实验室	1 个月	滤渣用于测定不可滤态铝,滤液用于该项测定
	附着在悬浮物上的铝	P	现场过滤	实验室	1 个月	
	总铝	P	酸化至 pH1~2	实验室	1 个月	取均匀样品消解后测定,酸化时不能使用 H_2SO_4
	钡	P 或 G	见铝			
	镉	P 或 BG	见铝			
	铜	P 或 BG	见铝			
	总铁	P 或 BG	见铝			
	铅	P 或 BG	见铝			酸化时不能使用 H_2SO_4
	锰	P 或 BG	见铝			
	镍	P 或 BG	见铝			
	银	BG	见铝			
	锡	P 或 BG	见铝			
	铀	P 或 BG	见铝			
	锌	P 或 BG	见铝			
	总铬	P 或 BG	酸化使 pH<2	实验室	短暂	不得使用磨口及内壁已磨毛的容器,以避免对铬的吸附
	六价铬	BG	用氢氧化钠调节使 pH=7~9			

续表

	待测项目	容器类别	保存方法	分析地点	可保存时间	建议
物理、化学及生化分析	钴	P 或 BG	见铝	实验室	24h	酸化时不要用 H_2SO_4 酸化的样品可同时用于测钙和其他金属
	钙	P 或 BG	过滤后将滤液酸化至 pH<2	实验室	数月	
	总硬度	P 或 BG	见钙			
	镁	P 或 G	见钙			
	锂	P	酸化至 pH<2	实验室		
	钾	P	见锂			
	钠	P	见锂			
	溴化物及含溴化合物	P 或 G	于 2~5℃冷藏	实验室	尽快	样品应避光保存
	氯化物	P 或 G	—	实验室	数月	
	氟化物	P	—	实验室	若样品是中性的可保存数月	
	碘化物	棕色玻璃瓶	于 2~5℃冷藏 加碱调整 pH=8	实验室	24h 1个月	样品应避免日光直射
	正磷酸盐	BG	于 2~5℃冷藏	实验室	24h	尽快分析可溶性磷酸盐
	总磷	BG	用 H_2SO_4 酸化至 pH<2	实验室	数月	
	硒	G 或 BG	用 NaOH 调节 pH>11	实验室	数月	
	硅酸盐	P	过滤并用 H_2SO_4 酸化至 pH<2,于 2~5℃冷藏	实验室	24h	
	总硅	P	—	实验室	数月	
	硫酸盐	P 或 G	于 2~5℃冷藏	实验室	1周	
	亚硫酸盐	P 或 G	在现场按每 100mL 水样加 1mL 质量分数 25% 的 EDTA 溶液	实验室	1周	
	硼及硼酸盐	P	—	实验室	数月	
微生物分析	细菌总计数 大肠菌总数 粪便大肠菌 粪便链球菌 志贺菌等	灭菌容器 G	于 2~5℃冷藏	实验室	短暂（地表水、污水及饮用水）	取氯化或溴化过的水样时,所用的样品瓶消毒之前,每 125mL 加入 0.1mL 质量分数 10% 的硫代硫酸钠（$Na_2S_2O_3$）以消除氯或溴对细菌的抑制作用。对重金属含量高于 0.01mg/L 的水样,应在容器消毒之前,按每 125mL 容积加入 0.3mL 的 15%（质量分数）EDTA

注：P 为聚乙烯容器，G 为玻璃容器，BG 为硼硅玻璃容器。

参 考 文 献

[1] 中国标准出版社第二编辑室. 中国环境保护标准汇编·废气废水废渣分析方法. 北京：中国标准出版社，2001.
[2] 刘德生主编. 环境监测. 第2版. 北京：化学工业出版社，2011.
[3] 奚旦立等编. 环境监测. 第4版. 北京：高等教育出版社，2010.
[4] 蒲恩奇主编. 大气污染治理工程. 北京：高等教育出版社，1999.
[5] 崔九思等编. 大气污染监测方法. 第2版. 北京：化学工业出版社，2000.
[6] 何燧源等编. 环境化学. 修订版. 上海：华东理工大学出版社，1996.
[7] 俞誉福等编. 环境化学. 上海：复旦大学出版社，1997.
[8] 马玉琴主编. 环境监测. 武汉：武汉理工大学出版社，1998.
[9] 胡侃主编. 水污染控制. 武汉：武汉理工大学出版社，1998.
[10] 彭俐俐主编. 20世纪环境警示录. 北京：华夏出版社，2001.
[11] 王燕飞主编. 水污染控制技术. 第2版. 北京：化学工业出版社，2008.
[12] 蔡宝森主编. 环境统计. 武汉：武汉理工大学出版社，1998.
[13] 黄晓云主编. 无机物化学分析. 北京：化学工业出版社，2000.
[14] 张正奇主编. 分析化学. 北京：科学出版社，2001.
[15] 何燧源主编. 环境污染物分析监测. 北京：化学工业出版社，2001.
[16] 中国环境监测部站编. 环境水质量监测保证手册. 第2版. 北京：化学工业出版社，2002.
[17] 吴邦灿，费龙编著. 现代环境监测技术. 北京：中国环境科学出版社，1999.
[18] 聂永丰主编. 三废处理工程技术手册·固体废物卷. 北京：化学工业出版社，2000.